U0258698

物理学名家名作译丛

编　委　会

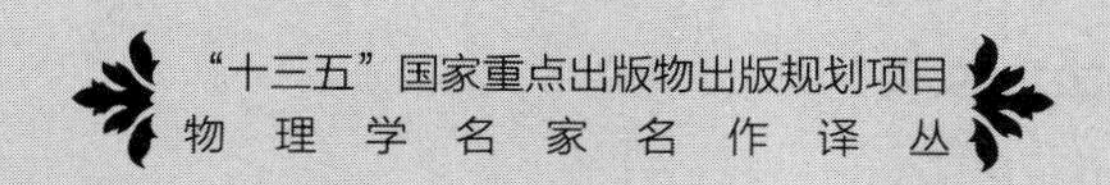

［德］沃尔特·格雷纳　［德］约阿希姆·马鲁恩　著
沈水法　译

原子核模型

Nuclear Models

中国科学技术大学出版社

安徽省版权局著作权合同登记号:12201959 号

图书在版编目(CIP)数据

原子核模型/(德)沃尔特·格雷纳,(德)约阿希姆·马鲁恩著;沈水法译.—合肥:中国科学技术大学出版社,2021.5
(物理学名家名作译丛)
"十三五"国家重点出版物出版规划项目
书名原文:Nuclear Models
ISBN 978-7-312-04993-4

Ⅰ.原… Ⅱ.①沃… ②约… ③沈… Ⅲ.核物理学 Ⅳ.O571

中国版本图书馆 CIP 数据核字(2020)第 178045 号

原子核模型
YUANZIHE MOXING

出版 中国科学技术大学出版社
安徽省合肥市金寨路 96 号,230026
http://press.ustc.edu.cn
https://zgkxjsdxcbs.tmall.com
印刷 安徽国文彩印有限公司
发行 中国科学技术大学出版社
经销 全国新华书店
开本 710 mm×1000 mm 1/16
印张 20.75
字数 418 千
版次 2021 年 5 月第 1 版
印次 2021 年 5 月第 1 次印刷
定价 78.00 元

内 容 简 介

本书专门介绍原子核模型理论。前半部分介绍了必要的数学方法，包括对称、角动量耦合和二次量子化的重要方法，并有一个简短的群理论方法的讨论。后半部分讨论了各种原子核模型，包括多极跃迁概率定义下的辐射场理论、经典的集体模型、微观模型、单粒子运动和集体运动的耦合、大振幅集体运动，其中集体模型是本书的核心部分。本书还穿插了对当今热门话题（比如超重元素、高自旋态和相对论平均场模型）的简短讨论。

本书可供粒子物理学、核物理学和天体物理学等专业的高校师生和科研人员参考使用。

前　　言

理论物理学已经成为一门多面科学。对于年轻的学生来说,要应付大量必须学习的新科学材料是相当困难的,更不用说全面了解整个领域了,它涵盖了从力学、电动力学、量子力学、场理论、核与重离子科学、统计力学、热力学和固态理论到基本粒子物理的诸多内容。这些知识应该在8～10个学期内学会。除此之外,在这期间,学生还必须取得文凭、撰写硕士论文或准备考试。只有大学教师尽早地帮助学生了解新学科,使他们对新学科产生兴趣和激情,从而释放出必要的新能量,这一切才能实现。当然,所有不必要的材料都必须简单地去除。

因此,在法兰克福的约翰·沃尔夫冈·歌德大学,我们在第1学期就让学生接触理论物理。理论力学Ⅰ和Ⅱ、电动力学和量子力学导论是前两年的基础课程。这些课程辅以许多数学解释和辅助材料。在第4学期之后,研究生工作开始了,量子力学Ⅱ(对称性)、统计力学和热力学、相对论量子力学、量子电动力学、弱相互作用的规范理论和量子色动力学是必需的。除此之外,还开设了一些专题补充课程,例如流体动力学、经典场论、狭义和广义相对论、多体理论、核模型、基本粒子模型和固态理论。其中有些是必需的,例如课时长达2个学期的关于理论核物理和理论固态物理的课程。

本书专门讨论核模型理论,它与核反应课程一起构成一个课时长达2个学期的模块。对于这一领域来说,特别重要的是提供一本实际上能与课程配套的相对较薄的教科书,因为虽然有关于核模型的优秀和综合性的论著，但这些论著中所呈现的丰富材料往往会在一开始就压倒学生。在这方面，我们优先推荐艾森伯格(Eisenberg)和格雷纳(Greiner)的三卷著作[①](目前的处理在许多方面基于它们)与林(Ring)和舒克(Schuck)的教科书[②](其更强调多体方法)。

直接用于课堂的教科书必须集中于最基本的要点，强调对思想和方法的解释，放弃呈现大量个人成果(如果不简化为幻灯片的话，这些成果是无论如何都不能在演讲中展示出来的)。使核模型理论不同于理论物理经典场的另一个特点是缺乏可以从头到尾不用计算机计算的例子。

基于上述原因，本书的重点是讨论模型的最重要类型和必要数学方法。经验表明，大多数学生还没有真正掌握角动量耦合和二次量子化的关键方法，因此我们并没有将这些主题归入附录，而是在开头对它们进行了处理。当然，如果需要的话，可以忽略这些章节。即使在这些章节中，材料也被严格限制在书的其余部分中实际使用的内容。在这之后有一个简短的关于群理论方法的讨论，这些方法对于某些模型如相互作用玻色子近似模型是必不可少的。

第 5 章讨论了多极跃迁概率定义下的辐射场理论。同样为了简洁起见，我们只讨论一般意义下的磁跃迁。第 6 章介绍了经典的集体模型，出于其教学价值和对引入概念的根本性，它们是本书的核心部分。在简要概述了核物质的唯象性质后，接着对各种极限情况下的几何集体模型(表面振动、转动-振动模型等)、相互作用玻色子近似模型和巨共振的集体理论进行了处理。

在第 7 章中，对于微观模型只用了一点篇幅，对从哈特里-福克(Hartree-Fock)理论到唯象单粒子模型再到相对论平均场模型等中的

---

① Eisenberg J M, Greiner W. Nuclear Theory: 3 Volumes[M]. 3rd ed. Amsterdam: North Holland, 1973－1987.

② Ring P, Schuck P. The Nuclear Many-body Problem[M]. New York: Springer-Verlag, 1980.

重要概念相继作了介绍。第8章讨论了单粒子和集体运动的耦合,包括粒子+核芯模型和集体振动的微观描述。

最后一章介绍了大振幅集体运动,集中讨论了描述核裂变和类似过程的方法,包括双中心模型、集体质量参数的一般问题、含时哈特里-福克、生成坐标方法以及高自旋态的基本概述。

除了核模型(它仍然是核理论家的基本工具)的经典教学大纲之外,本书许多地方穿插着对当今热门话题的简短讨论,比如超重元素、高自旋态和相对论平均场模型。这些应该会给年轻的物理学家一个印象,让他们看到这门学科持续的生命力。读者也会注意到,本书建立在这门课程的反复实践经验的基础上,并以典型的学生问题为引子,提供了许多解释和说明。

我们真诚地感谢德克·特罗尔特涅尔(Dirk Troltenier)博士、迈克尔·本德(Michael Bender)、克里斯蒂安·斯皮尔斯(Christian Spieles)和克莱门斯·鲁茨(Klemens Rutz)在书稿的编写、排版和编辑方面提供的有效帮助,并感谢阿斯特里德·施泰德(Astrid Steidl)女士在制作一些图形时提供的支持。

最后,我们要感谢斯普林格出版公司,特别是科尔施(H. J. Kölsch)博士的鼓励和耐心,以及佩特拉·特雷伯(Petra Treiber)为本书出版的付出和维多利亚·威克斯(Victoria Wicks)博士对英文版的专业编辑。

沃尔特· 格雷纳(Walter Greiner)

约阿希姆·马鲁恩(Joachim Maruhn)

1995年11月于美因河畔法兰克福

目　　次

第1章　引　　言

1.1　核结构物理

本书讨论的核模型属于核结构理论领域。按现在的惯例,核结构物理致力于研究核在低激发能下的性质,此时单独的能级能被分解。这意味着典型的量子效应占主导地位,核态有很复杂的结构,其依赖于涉及的所有多个核子的错综复杂的相互关系。

相比之下,在高能尤其是重离子反应中,量子力学变得不那么重要了,其让位于统计力学的方法。此时理论通常利用核物质的体性质,比如状态方程或耗散系数,甚至基于纯粹的经典多体物理,如级联模型。

当然不太可能给出这两类理论的确切能量分界线,呈现于此的理论通常适用于直到2～3 MeV激发能。通常只有最低的几个能级能被理论模型描述得好,高出那一能量范围后能级数量增加很快,以至变得没法对理论和实验作合理的对比(对奇中子数核或奇质子数核或双奇核,这更加具有戏剧性——大多数核模型倾向于偶-偶核,因为它们具有相对简单的能谱)。你也应该记住,实验谱中只有相对少数态可被确定为自旋和宇称,而且为了真正检验模型,跃迁(即波函数之间本质上的重叠)是需要的,这对最有趣的态而言又是不知道的。

因此并不奇怪,本书呈现的模型通常以适中的精度解释相对少数的低位态,即使这样也是一个相当大的进步。为了尊重这一点,记住我们是在处理一个粒子系统,其粒子数目既没有小到允许直接求解,也没有大到使统计方法高度精确,粒子通过还没有被固定到任何明确形式的相互作用力来相互作用。正是这个异常的困难和其他许多分支学科的方法和思想应用于此的自由度,使得核结构物理这么吸引人和有活力。

1.2 基本方程

为找到一个合适的理论出发点，一些相关物理量的大概估计需要介绍一下。让我们首先从基本的实验核物理回忆一些数字。

写作这本书时已知元素的原子核包括(到目前为止)$Z=1,\cdots,111$ 个质子和 $N=0,\cdots,161$ 个中子，由此给出总的核子数 A。核半径遵循如下经验规律：

$$R(A) = r_0 A^{1/3} \tag{1.1}$$

其中 $r_0 \approx 1.2$ fm。这样核半径大约可达 7.5 fm。此公式也暗示核体积正比于核内粒子数，指出核物质的不可压缩性(由电子散射所观测到的真正的密度轮廓稍微复杂一点)。最小束缚核子的结合能大概为 8 MeV，而动能接近于 40 MeV。

这个信息已经足够让人形成一些有关什么是理论中最本质的东西的粗略想法。因为一个核子具有质量 $mc^2 \approx 938$ MeV，相比之下动能可以完全忽略不计，以至非相对论方法显得完全足够了，绝大多数核结构模型中作了这一假定。然而最近相对论方法变得重要——这个主题将在 7.4 节介绍，其联系着相对论平均场模型，在那里我们也将解释为什么相对论效应可以是重要的，尽管上面给出了粗略估计。

具有动能 $T=40$ MeV 的核子的速度为

$$v = \sqrt{\frac{2T}{m}} = c\sqrt{\frac{2T}{mc^2}} \approx 0.3c \tag{1.2}$$

对应的德布罗意波长为

$$\lambda = \frac{2\pi\hbar}{mv} = \frac{2\pi(\hbar c)}{(mc^2)(v/c)} \approx 4.5 \text{ fm} \tag{1.3}$$

这里用了有用的常数 $\hbar c \approx 197.32$ MeV · fm。结果显示量子效应当然不能忽略，因为与核半径相比，λ 绝不是小值。这对于紧束缚核子越发明显，因为其动能较小。

考虑到这些，关于核本征态的理论的出发点应该是定态薛定谔方程，通常给出如下形式：

$$\hat{H}\psi = E\psi \tag{1.4}$$

本书的其余部分就是关于怎么写出这个 $\hat{H}$ 和在波函数中使用何种自由度。

1.3 微观模型与集体模型

当然,最自然的自由度选择是核子自由度,即 A 套位置 $\boldsymbol{r}_i$、自旋 $\boldsymbol{s}_i$ 和同位旋 $\boldsymbol{\tau}_i$。然后波函数采用一般形式

$$\psi(\boldsymbol{r}_1,\boldsymbol{s}_1,\boldsymbol{\tau}_1,\boldsymbol{r}_2,\boldsymbol{s}_2,\boldsymbol{\tau}_2,\cdots,\boldsymbol{r}_A,\boldsymbol{s}_A,\boldsymbol{\tau}_A) \tag{1.5}$$

而对哈密顿量我们将试着用自然的表达式

$$\hat{H} = -\sum_{i=1}^{A}\frac{\hbar^2}{2m}\nabla^2 + \frac{1}{2}\sum_{i,j}v(i,j) \tag{1.6}$$

这是微观模型的主要出发点,其自由度是核的组成粒子。这里 $v(i,j)$是核子-核子相互作用,其可能依赖于核子对的所有自由度。显然,即使使用现代计算机,直接求解 A 大于 3 或 4 的多粒子薛定谔方程也是不现实的,所以为此类模型寻找合适的近似是压倒一切的。

核理论的一个重要特点是没有一个关于 $v(i,j)$的先验理论。取而代之的是使用各种参数化,它们适用于不同目的——一种参数化适用于描述核子-核子散射,而另一种适用于对重核的哈特里-福克计算。甚至不清楚在上述哈密顿量中不包含三体力可能有多重要。我们将不得不维持这种做法,直到核子-核子相互作用能够由更基本的理论(比如量子色动力学)导出。原子物理的情况与此截然不同,在那里基本的相互作用理论量子电动力学是众所周知的,寻找问题的解只是一个近似方法问题。

于是一个典型的微观模型依赖于核子-核子相互作用,其必然包含拟合以再现实验数据的参数。这甚至证明了微观方法的名称“模型”的合理性:基本相互作用相关知识的缺乏由带有有限数目的参数的合理函数形式代替,这些参数不能由一个基础理论决定。

关于核子-核子相互作用的适当函数形式的建议很大程度上取决于对称性的要求。这些考虑和实际使用中的一些相互作用的概述将于 7.1 节给出。

集体模型也起到补充的和重要的作用。这些模型基于不涉及个别核子的自由度,取而代之的是指出核作为一个整体的一些体性质。集体坐标的简单但是琐碎的例子有核的质心矢量和四极矩:

$$\boldsymbol{R} = \frac{1}{A}\sum_{i=1}^{A}\boldsymbol{r}_i,\quad Q_{20} = \sum_{i=1}^{A}r_i^2Y_{2\mu}(\Omega_i) \tag{1.7}$$

注意在这些情况下有可能用微观坐标表示集体坐标,这样我们至少在理论上应该能够在两种描述间变换。然而在实践中,人们经常引入坐标定义而不涉及任何微

观物理,例如把核表面用球谐函数展开并用系数作为坐标。这里我们只对这个问题有一个印象,其细节读者可参见第6章。

在几何模型的特殊情况下,用球坐标系给出核表面为

$$R(\Omega) = R_0(1 + \alpha(t) Y_{20}(\Omega)) \tag{1.8}$$

上式被用来描述接近椭球的形状,其中的形变 α 不是很大。时间依赖的 $\alpha(t)$ 描述核形状的振动。如果核的平衡态为球形,很自然地假定围绕 $\alpha = 0$ 做简谐振动,导致经典拉氏量

$$L = \frac{1}{2}B\dot{\alpha}^2 - \frac{1}{2}C\alpha^2 \tag{1.9}$$

其中 B 为质量参数,C 为刚度参数,它们还没有确定。要将它发展成为成熟的模型并加以运用,要采取如下步骤:

(1) 拉氏量量子化。对于谐振子,这很好办,但是如果集体坐标以更复杂的方式定义,量子化可能是个问题。6.4 节讨论的转动-振动模型给出一个例子。

(2) 确定本征态。这主要是一个数学能力方面的问题。

(3) 建立其他可观测量的表达式。确定能谱是不充分的;计算跃迁概率还需要算符,例如四极算符,其必须用集体坐标给出。于是又得使用物理模型来发现这种表达式。

(4) 与实验对比。因为模型总是包含一些未确定的参数,我们应该将注意力集中于特征结构。例如对于谐振子,我们期望有一个等间隔能级的谱(在现实情况下,我们确实发现一个等间隔谱,但是叠加了丰富的角动量结构)。如果一个实验谱接近于此,能级间隔确定振子频率 $\omega = \sqrt{C/B}$,结果表明一个单一的跃迁概率就足够用来独立确定 B 和 C。这完全定义了这个简单模型,实验中与模型相符的任何附加量都支持模型作为对数据的合理解释。在这个阶段,人们可能会声称已经获得对某个原子核的结构的理解。

(5) 最后如果有可能,检查一下参数 B 和 C 是否可以从对物理的更深刻的描述中理解,比如质量参数 B 可能从一个关于表面振动过程中核内物质运动的模型中计算出来。

本书最终的目标是通过微观模型来解释集体模型以统一两者:集体模型用于对谱作分类和解释它们的结构,而微观模型则用于解释为什么某种类型的集体坐标导致一个可行的模型。

1.4 对称的作用

就像本章中所讨论的,很多核结构理论的基础还是不清楚的。在这种情况下,在为核子-核子相互作用、集体哈密顿量等建立新模型时,用对称性讨论限制固有自由度是很重要的。所以对量子物理中的对称性讨论的深刻理解对每一位对核结构感兴趣的人来说是必要的。这个主题最重要的部分将在下一章中重复,在那里我们只给出本书实际需要的细节。对核结构理论中活跃工作的介绍所要求的篇幅比本书所能提供的要多得多,而且需要参考关于角动量理论的合适著作。

第2章 对 称 性

2.1 总 论

本章将介绍核物理学中有趣的主对称性及它们的数学处理。对这些数学处理的重要性怎样高估都不为过。许多有用的概念，比如同位旋，如果没有看到形式类比，就变得晦涩难懂。就同位旋而言，它可类比于角动量。

对称运算一般对应于一个数学群，即它们满足如下四个性质：

(1) 如果 $\hat{S}$ 和 $\hat{S}'$ 是两个对称操作，那么总可以定义一个乘积 $\hat{T}=\hat{S}\cdot\hat{S}'$，这样 $\hat{T}$ 也是同类型的对称操作(属于相同的群)。一般我们定义这个乘积是先 $\hat{S}'$ 后 $\hat{S}$ 作用于系统。比如，对于转动，群属性意味着先后两次转动的结果能被单次转动描述。

(2) 乘法结合律，即对所有的 $\hat{S}$，$\hat{S}'$ 和 $\hat{S}''$，我们有

$$\hat{S}\cdot(\hat{S}'\cdot\hat{S}'')=(\hat{S}\cdot\hat{S}')\cdot\hat{S}'' \tag{2.1}$$

(3) 存在一个恒等操作 1，其具有性质：

$$1\cdot\hat{S}=\hat{S},\quad \hat{S}\cdot 1=\hat{S} \tag{2.2}$$

一般恒等操作通过“什么都不做”的操作实现，例如角度为零的转动。

(4) 对每一个 $\hat{S}$，有一个逆 $\hat{S}^{-1}$，即

$$\hat{S}\cdot\hat{S}^{-1}=1,\quad \hat{S}^{-1}\cdot\hat{S}=1 \tag{2.3}$$

比如，绕一个轴转动角度 φ 的逆是绕同一个轴转动角度 $-\varphi$。

我们感兴趣的群可以划分为两种截然不同的类：一类群的群元素依赖于连续参数，比如平动和转动群，其分别就平移矢量和转动角度而言是参数化的；另一类群由分立(不连续)操作组成，比如空间或时间反演。

2.2 平 移

2.2.1 平移算符

平移不变性提供了一种对称性，然而这在核物理中并不太有用，但其作为一个很简单的例子可用于说明许多方法，这些方法将被用于更复杂的转动情况。平移不变性通常可以很简单地被考虑，但是在核物理的一些情况中它扮演了更微妙的角色。例如一个带有规定势的唯象单粒子模型不满足平移不变性，因为势必须在空间处于固定位置，必须特别考虑以纠正这个问题。

一个带有动量 $\boldsymbol{p}$ 和自旋 $\boldsymbol{s}$、位于 $\boldsymbol{r}$ 的点粒子的平移由以下操作定义：

$$\boldsymbol{r} \rightarrow \boldsymbol{r}' = \boldsymbol{r} + \boldsymbol{a}, \quad \boldsymbol{p} \rightarrow \boldsymbol{p}' = \boldsymbol{p}, \quad \boldsymbol{s} \rightarrow \boldsymbol{s}' = \boldsymbol{s} \tag{2.4}$$

（这里如下面所示，为完整起见包括了自旋 $\boldsymbol{s}$ 的变换，虽然自旋将在以后的章节中讨论角动量时正式定义。）矢量 $\boldsymbol{a}$ 是表示粒子所作移动的常矢量。这是变换的主动视角。被动视角可以通过移动坐标系统来实现，其对应于移动粒子 $-\boldsymbol{a}$。这两种变换表述是等价的，但是可能导致公式中的符号不同。本书自始至终使用主动视角。

如果粒子用波函数 $\psi(\boldsymbol{r}, \boldsymbol{p}, \boldsymbol{s})$ 描述，平移的波函数被简单地定义为让波函数值随粒子一起移动，即新位置 $\boldsymbol{r}'$ 的值与在位置 $\boldsymbol{r}$ 的原波函数值相同：

$$\psi'(\boldsymbol{r}') = \psi'(\boldsymbol{r} + \boldsymbol{a}) = \psi(\boldsymbol{r}) \tag{2.5}$$

而在点 $\boldsymbol{r}$ 处的值通过将这两点移动 $-\boldsymbol{a}$ 给出：

$$\psi'(\boldsymbol{r}) = \psi(\boldsymbol{r} - \boldsymbol{a}) \tag{2.6}$$

量子力学中将 $\psi(\boldsymbol{r})$ 变换到 $\psi'(\boldsymbol{r})$ 的行为由算符 $\hat{U}(\boldsymbol{a})$ 表示。这可以通过用泰勒级数展开式(2.6)做到：

$$\begin{aligned} \psi'(\boldsymbol{r}) &= \psi(\boldsymbol{r}) - \boldsymbol{a} \cdot \nabla\psi(\boldsymbol{r}) + \frac{1}{2!}(-\boldsymbol{a} \cdot \nabla)^2\psi(\boldsymbol{r}) - \cdots \\ &= \sum_{n=0}^{\infty} \frac{(-\boldsymbol{a} \cdot \nabla)^n}{n!}\psi(\boldsymbol{r}) \end{aligned} \tag{2.7}$$

形式上求和可以写成指数函数，算符 ∇ 可以用动量算符 $\hat{\boldsymbol{p}} = -\mathrm{i}\hbar\nabla$ 表示，这样

$$\psi'(\boldsymbol{r}) = \exp(-\boldsymbol{a} \cdot \nabla)\psi(\boldsymbol{r}) = \exp\left(-\frac{\mathrm{i}}{\hbar}\boldsymbol{a} \cdot \hat{\boldsymbol{p}}\right)\psi(\boldsymbol{r}) \tag{2.8}$$

这样动量算符直接与平动联系在一起；实际上，关于小位移 $\boldsymbol{a}$ 的展开导致

$$\psi'(\boldsymbol{r}) \approx \left(1 - \frac{\mathrm{i}}{\hbar}\boldsymbol{a} \cdot \hat{\boldsymbol{p}}\right)\psi(\boldsymbol{r}) \tag{2.9}$$

所以 $\hat{\boldsymbol{p}}$ 可以称为算符，或者称为无限小平移的生成元。

这样我们得到了平移算符

$$\hat{U}(\boldsymbol{a}) = \exp\left(-\frac{\mathrm{i}}{\hbar}\boldsymbol{a}\cdot\hat{\boldsymbol{p}}\right) \tag{2.10}$$

波函数按下式变换：

$$\psi'(\boldsymbol{r}) = \psi(\boldsymbol{r}-\boldsymbol{a}) = \hat{U}(\boldsymbol{a})\psi(\boldsymbol{r}) \tag{2.11}$$

为找出位置依赖算子 $\hat{A}(\boldsymbol{r})$如何转换，只要记住 $\hat{A}(\boldsymbol{r})\psi(\boldsymbol{r})$必须像一个波函数那样变换，这样

$$\begin{aligned}\hat{A}'(\boldsymbol{r})\psi'(\boldsymbol{r}) &= \hat{A}(\boldsymbol{r}-\boldsymbol{a})\psi(\boldsymbol{r}-\boldsymbol{a})\\ &= \hat{U}(\boldsymbol{a})(\hat{A}(\boldsymbol{r})\psi(\boldsymbol{r}))\\ &= \hat{U}(\boldsymbol{a})\hat{A}(\boldsymbol{r})\hat{U}^{-1}(\boldsymbol{a})\hat{U}(\boldsymbol{a})\psi(\boldsymbol{r})\end{aligned} \tag{2.12}$$

所以算符按照下式变换：

$$\hat{A}' = \hat{U}\hat{A}\hat{U}^{-1} \tag{2.13}$$

显然这是一般的结果，对任何变换群类似。

如果我们采用幂级数展开，立即可以看到对于算符的指数有

$$\exp(\hat{T})^{\dagger} = \exp(\hat{T}^{\dagger}),\quad \exp(\hat{T})^{-1} = \exp(-\hat{T}) \tag{2.14}$$

由于 $\hat{\boldsymbol{p}}$ 是一个厄米算符，它与一个虚数的乘积在厄米共轭下改变符号，我们有

$$\hat{U}^{\dagger}(\boldsymbol{a}) = \hat{U}^{-1}(\boldsymbol{a}) = \hat{U}(-\boldsymbol{a}) \tag{2.15}$$

这样算符 $\hat{U}(\boldsymbol{a})$是幺正的，于是它既使波函数的范数守恒也使它们之间的矩阵元守恒。反向平移和平移 $-\boldsymbol{a}$ 一样，这只是正式地表述直觉上显而易见的东西。

2.2.2　平移不变性

这些讨论仍然适用于任意单粒子系统。推导的公式简单地表达了平动对波函数的作用而没有假定任何不变性质。如果哈密顿量在平移下不变的话，一个物理系统是平移不变的(注意 $\hat{H}$ 的所有其他自变量如自旋和动量为简洁起见都省略了)。对一个任意的 $\boldsymbol{a}$，一定有

$$\hat{H}'(\boldsymbol{r}) = \hat{H}(\boldsymbol{r}-\boldsymbol{a}) = \hat{H}(\boldsymbol{r}) \tag{2.16}$$

这意味着

$$\hat{H}(\boldsymbol{r}) = \hat{U}(\boldsymbol{a})\hat{H}(\boldsymbol{r})\hat{U}^{-1}(\boldsymbol{a}) \tag{2.17}$$

或通过右乘以 $\hat{U}(\boldsymbol{a})$，得

$$\hat{H}(\boldsymbol{r})\hat{U}(\boldsymbol{a}) = \hat{U}(\boldsymbol{a})\hat{H}(\boldsymbol{r}) \tag{2.18}$$

即

$$[\hat{H}(\boldsymbol{r}), \hat{U}(\boldsymbol{a})] = 0 \tag{2.19}$$

这样哈密顿量与任意平移量为 $\boldsymbol{a}$ 的平移算符对易。在这一点上使用式(2.10)变得有利：假如动量算符与 $\hat{H}$ 对易，很显然 $\hat{U}(\boldsymbol{a})$与 $\hat{H}$ 对易不受特定位移 $\boldsymbol{a}$ 的影响。这导致一个比较简单的情况：

$$[\hat{H}, \hat{p}] = 0 \tag{2.20}$$

综上所述，我们可以得出这样的结论：物理系统关于平动的性质都可以用动量算符表示。

2.2.3 多粒子系统

一个多粒子系统的平动自然导致总动量的概念，再次给出一个对角动量来说将会更复杂的概念的简单介绍。N 个粒子组成的系统平移一个位移 $\boldsymbol{a}$ 表示为

$$(\boldsymbol{r}_1, \boldsymbol{r}_2, \cdots, \boldsymbol{r}_N) \rightarrow (\boldsymbol{r}_1 + \boldsymbol{a}, \boldsymbol{r}_2 + \boldsymbol{a}, \cdots, \boldsymbol{r}_N + \boldsymbol{a}) \tag{2.21}$$

(就像此前一样，动量和自旋不受影响。)对于多体波函数，变换由下式给出：

$$\psi'(\boldsymbol{r}_1, \boldsymbol{r}_2, \cdots, \boldsymbol{r}_N) = \psi(\boldsymbol{r}_1 - \boldsymbol{a}, \boldsymbol{r}_2 - \boldsymbol{a}, \cdots, \boldsymbol{r}_N - \boldsymbol{a}) \tag{2.22}$$

可以对每个坐标单独运用平移算符。因为这些算符指的是不同的自由度，它们对易，所以我们可以选择任意次序。

$$\psi'(\boldsymbol{r}_1, \boldsymbol{r}_2, \cdots, \boldsymbol{r}_N) = \hat{U}_1(\boldsymbol{a})\hat{U}_2(\boldsymbol{a})\cdots\hat{U}_N(\boldsymbol{a})\psi(\boldsymbol{r}_1, \boldsymbol{r}_2, \cdots, \boldsymbol{r}_N) \tag{2.23}$$

这里 $\hat{U}_i(\boldsymbol{a})$对 i 号坐标起作用：

$$\hat{U}_i(\boldsymbol{a}) = \exp(-\boldsymbol{a} \cdot \nabla_i) = \exp\left(-\frac{\mathrm{i}}{\hbar}\boldsymbol{a} \cdot \hat{\boldsymbol{p}}_i\right) \tag{2.24}$$

又由于 $\hat{\boldsymbol{p}}_i$ 对易，指数可以结合在一起而得出：

$$\psi'(\boldsymbol{r}_1, \boldsymbol{r}_2, \cdots, \boldsymbol{r}_N) = \exp\left(-\frac{\mathrm{i}}{\hbar}\boldsymbol{a} \cdot \hat{\boldsymbol{P}}\right)\psi(\boldsymbol{r}_1, \boldsymbol{r}_2, \cdots, \boldsymbol{r}_N) \tag{2.25}$$

其中 $\hat{\boldsymbol{P}}$ 是总动量算符：

$$\hat{\boldsymbol{P}} = \sum_{i=1}^{N} \hat{\boldsymbol{p}}_i \tag{2.26}$$

所以总动量算符表现为所有粒子同时作无穷小平移的算符。

这也使得我们很容易明白多粒子系统的平移不变性实际上意味着什么：哈密顿量在所有粒子同时平移时应该是不变的。例如，对于二体相互作用，如果势能仅依赖于相对位置 $\boldsymbol{r}_i - \boldsymbol{r}_j$，一个标准形式的哈密顿量

$$\hat{H} = \sum_{i=1}^{N} \frac{\hat{\boldsymbol{p}}_i^2}{2m_i} + \frac{1}{2}\sum_{\substack{i,j=1 \\ i \neq j}}^{N} V(\boldsymbol{r}_i, \boldsymbol{r}_j) \tag{2.27}$$

将是不变的。

总动量的正则共轭坐标是质心矢量：

$$\boldsymbol{R} = \frac{\sum_{i=1}^{N} m_i \boldsymbol{r}_i}{\sum_{i=1}^{N} m_i} \tag{2.28}$$

通过验证，笛卡儿分量 $\hat{R}_k$ 和 $\hat{P}_{k'}$ 满足

$$[\hat{R}_k, \hat{P}_{k'}] = \mathrm{i}\hbar\delta_{kk'} \tag{2.29}$$

可以很容易地证明这一点。

2.3 转　　动

2.3.1 角动量算符

对于旋转这样一个更复杂的情况，只要有可能，我们将沿着与讨论平动相同的路线。不过，先让我们作一点一般说明。本书只讨论基本定义和方法。核理论里面的活跃研究要求角动量理论的更深层次的知识，为此，一些教科书可供参考[37,62,177]。应注意可能存在的定义上的差异，这会影响符号、标记，甚至附加因子，例如在维格纳-埃卡特(Wigner-Eckart)定理中。本书引用的教科书都采用在当今核理论中普遍使用的一套定义，但是读者应该仔细检查使用的是哪种约定，尤其是在查阅较早的论文时。角动量公式的一个综合性现代集合在瓦沙洛维奇(Varshalovich)等人的书[208]中给出。为了简化初步结论，首先考虑在极坐标系中的二维转动(图 2.1)。点 $\boldsymbol{r} = (r, \varphi)$ 通过转动一个角度 θ 变为 $\boldsymbol{r}' = (r, \varphi + \theta)$。这个转动将用 $\mathcal{R}(\theta)$ 表示。与平移情况相似，我们能够定义转动后的波函数 ψ'：

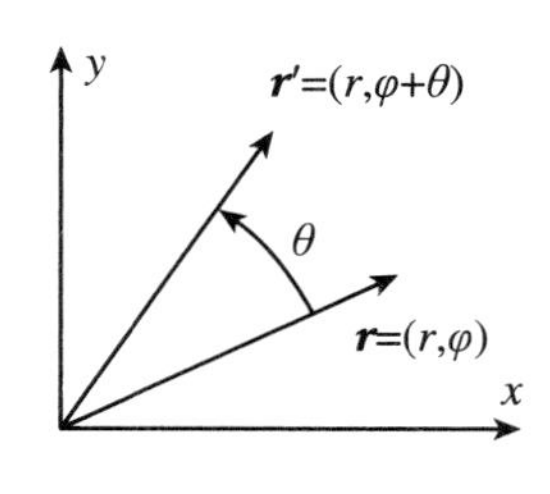

图 2.1　在平面上转动角度 θ，把矢量 $\boldsymbol{r}$ 变成 $\boldsymbol{r}'$

$$\psi'(\boldsymbol{r}') = \psi(\boldsymbol{r}) \tag{2.30}$$

它在 $\boldsymbol{r}$ 处的值由 ψ 在那点的值决定，后者由转动带到 $\boldsymbol{r}$：

$$\mathcal{R}(\theta)\psi(r, \varphi) = \psi'(r, \varphi) = \psi(r, \varphi - \theta) \tag{2.31}$$

角度 θ 的变动也可用泰勒级数展开表示：

$$\begin{aligned}\psi'(r, \varphi) &= \sum_{n=0}^{\infty} \frac{(-\theta)^n}{n!} \frac{\partial^n}{\partial \varphi^n} \psi(r, \varphi) \\ &= \exp\left(-\theta \frac{\partial}{\partial \varphi}\right) \psi(r, \varphi)\end{aligned}$$

$$= \exp\left(-\frac{\mathrm{i}}{\hbar}\theta\hat{J}_z\right)\psi(r,\varphi) \tag{2.32}$$

无穷小转动算符 $\hat{J}_z$ 也可以在直角坐标系中写为

$$\hat{J}_z = -\mathrm{i}\hbar\frac{\partial}{\partial\varphi} = -\mathrm{i}\hbar\left(x\frac{\partial}{\partial y} - y\frac{\partial}{\partial x}\right) \tag{2.33}$$

因而与角动量算符是同一的。

练习 2.1 角动量算符 $\hat{J}_z$ 的笛卡儿形式

问题 推导角动量算符 $\hat{J}_z$ 的笛卡儿形式。

解答 一种方法是简单地把柱坐标系中的表达式转换到笛卡儿坐标系中。然而,回到转动波函数的定义更具启发性。转动一个角度 $-\theta$ 由 $x\to x\cos\theta + y\sin\theta$ 和 $y\to y\cos\theta - x\sin\theta$ 给出,这样

$$\mathscr{R}(\theta)\psi(x,y) = \psi(x\cos\theta + y\sin\theta, y\cos\theta - x\sin\theta) \quad ①$$

对于小角度 θ,上式简化为

$$\begin{aligned}\mathscr{R}(\theta)\psi(x,y) &\approx \psi(x + y\theta, y - x\theta)\\ &= \left(1 + \theta\left(y\frac{\partial}{\partial x} - x\frac{\partial}{\partial y}\right)\right)\psi(x,y)\end{aligned} \quad ②$$

比较对应的小角结果:

$$\mathscr{R}(\theta) = \exp\left(-\frac{\mathrm{i}}{\hbar}\theta\hat{J}_z\right) \approx 1 - \frac{\mathrm{i}}{\hbar}\theta\hat{J}_z \quad ③$$

立即得到上面有关 $\hat{J}_z$ 的结果。

在笛卡儿坐标系中矢量 $\boldsymbol{r}$ 的转动本身可以写成矩阵形式:

$$\begin{pmatrix} x' \\ y' \end{pmatrix} = \begin{pmatrix} \cos\theta & -\sin\theta \\ \sin\theta & \cos\theta \end{pmatrix}\begin{pmatrix} x \\ y \end{pmatrix} \tag{2.34}$$

如果转动矩阵对小角度 θ 展开到一阶,我们也能够得到 $\hat{J}_z$ 的矩阵表示:

$$\begin{pmatrix} x' \\ y' \end{pmatrix} \approx \begin{pmatrix} 1 & -\theta \\ \theta & 1 \end{pmatrix}\begin{pmatrix} x \\ y \end{pmatrix} = \left[1 - \theta\begin{pmatrix} 0 & 1 \\ -1 & 0 \end{pmatrix}\right]\begin{pmatrix} x \\ y \end{pmatrix} \tag{2.35}$$

这样

$$J_z = -\mathrm{i}\hbar\begin{pmatrix} 0 & 1 \\ -1 & 0 \end{pmatrix} \tag{2.36}$$

我们现在来展示有限转动可以从这个矩阵复原。对一个矩阵的指数函数的这个评估本身是很有启发性的,因为在这种情况下,使用的技巧总是重复出现:如果指数中矩阵的某个幂与单位矩阵成比例,就可以应用它。在现在这个情况下,我们有

$$\exp\left(-\frac{\mathrm{i}}{\hbar}\theta J_z\right) = \sum_{n=0}^{\infty}\frac{(-\theta)^n}{n!}\begin{pmatrix} 0 & 1 \\ -1 & 0 \end{pmatrix}^n$$

$$
\begin{aligned}
&= \sum_{n=0}^{\infty} \frac{(-\theta)^{2n}}{(2n)!}\begin{pmatrix} 0 & 1 \\ -1 & 0 \end{pmatrix}^{2n} + \sum_{n=0}^{\infty} \frac{(-\theta)^{2n+1}}{(2n+1)!}\begin{pmatrix} 0 & 1 \\ -1 & 0 \end{pmatrix}^{2n+1} \\
&= \begin{pmatrix} 1 & 0 \\ 0 & 1 \end{pmatrix}\sum_{n=0}^{\infty} \frac{(-1)^n\theta^{2n}}{(2n)!} - \begin{pmatrix} 0 & 1 \\ -1 & 0 \end{pmatrix}\sum_{n=0}^{\infty} \frac{(-1)^n\theta^{2n+1}}{(2n+1)!} \\
&= \cos\theta\begin{pmatrix} 1 & 0 \\ 0 & 1 \end{pmatrix} - \sin\theta\begin{pmatrix} 0 & 1 \\ -1 & 0 \end{pmatrix} \\
&= \begin{pmatrix} \cos\theta & -\sin\theta \\ \sin\theta & \cos\theta \end{pmatrix}
\end{aligned}
\tag{2.37}
$$

这里我们利用了

$$
\begin{pmatrix} 0 & 1 \\ -1 & 0 \end{pmatrix}^2 = -\begin{pmatrix} 1 & 0 \\ 0 & 1 \end{pmatrix}
\tag{2.38}
$$

这样，对于偶次幂一般有

$$
\begin{pmatrix} 0 & 1 \\ -1 & 0 \end{pmatrix}^{2n} = (-1)^n\begin{pmatrix} 1 & 0 \\ 0 & 1 \end{pmatrix}
\tag{2.39}
$$

而对于奇次幂一般有

$$
\begin{pmatrix} 0 & 1 \\ -1 & 0 \end{pmatrix}^{2n+1} = (-1)^n\begin{pmatrix} 0 & 1 \\ -1 & 0 \end{pmatrix}
\tag{2.40}
$$

这允许从连加号中取出矩阵而连加被三角函数取代。

通过无穷小变换算符的指数函数给出的有限变换的表示(前者反过来也可以表示为微分算符或矩阵)称为指数表示。

推导角动量算符的另一种可供选择的方法是用有限转动的导数。对于矩阵和微分算符形式，我们可以写出

$$
\hat{J}_z = \mathrm{i}\hbar \left.\frac{\partial \mathscr{R}(\theta)}{\partial\theta}\right|_{\theta=0}
\tag{2.41}
$$

这仅仅是由于它被定义为泰勒级数中的一阶系数。

在三维的情况下转动有三个自由度，检查绕三个笛卡儿坐标轴的转动导致对二维结果的一个简单推广。对于绕 z 轴的转动，有

$$
\begin{pmatrix} x' \\ y' \\ z' \end{pmatrix} = \begin{pmatrix} \cos\theta_z & -\sin\theta_z & 0 \\ \sin\theta_z & \cos\theta_z & 0 \\ 0 & 0 & 1 \end{pmatrix}\begin{pmatrix} x \\ y \\ z \end{pmatrix}
\tag{2.42}
$$

这样根据式(2.41)，角动量矩阵为

$$
J_z = -\mathrm{i}\hbar\begin{pmatrix} 0 & 1 & 0 \\ -1 & 0 & 0 \\ 0 & 0 & 0 \end{pmatrix}
\tag{2.43}
$$

类似地，对于绕 y 轴的转动，有

$$\begin{pmatrix} x' \\ y' \\ z' \end{pmatrix} = \begin{pmatrix} \cos\theta_y & 0 & \sin\theta_y \\ 0 & 1 & 0 \\ -\sin\theta_y & 0 & \cos\theta_y \end{pmatrix} \begin{pmatrix} x \\ y \\ z \end{pmatrix} \tag{2.44}$$

对于矩阵中的符号,考虑了绕 y 轴的正向转动把 x 轴转到 z 轴负方向这一事实。相关的角动量矩阵是

$$J_y = -\mathrm{i}\hbar \begin{pmatrix} 0 & 0 & -1 \\ 0 & 0 & 0 \\ 1 & 0 & 0 \end{pmatrix} \tag{2.45}$$

最后,对于绕 x 轴的转动,有

$$\begin{pmatrix} x' \\ y' \\ z' \end{pmatrix} = \begin{pmatrix} 1 & 0 & 0 \\ 0 & \cos\theta_x & -\sin\theta_x \\ 0 & \sin\theta_x & \cos\theta_x \end{pmatrix} \begin{pmatrix} x \\ y \\ z \end{pmatrix} \tag{2.46}$$

和

$$J_x = -\mathrm{i}\hbar \begin{pmatrix} 0 & 0 & 0 \\ 0 & 0 & 1 \\ 0 & -1 & 0 \end{pmatrix} \tag{2.47}$$

角动量矩阵满足大家熟悉的关于角动量的对易关系:

$$[J_x, J_y] = \mathrm{i}\hbar J_z, \quad [J_y, J_z] = \mathrm{i}\hbar J_x, \quad [J_z, J_x] = \mathrm{i}\hbar J_y \tag{2.48}$$

角动量微分算符表示保持相同的对易关系:

$$\begin{aligned} \hat{J}_x &= -\mathrm{i}\hbar\left(y\frac{\partial}{\partial z} - z\frac{\partial}{\partial y}\right) \\ \hat{J}_y &= -\mathrm{i}\hbar\left(z\frac{\partial}{\partial x} - x\frac{\partial}{\partial z}\right) \\ \hat{J}_z &= -\mathrm{i}\hbar\left(x\frac{\partial}{\partial y} - y\frac{\partial}{\partial x}\right) \end{aligned} \tag{2.49}$$

角动量算符形成一个李代数,其性质由对易关系决定。我们将看到,这些对易关系本身很大程度上决定了有限转动的性质,通常在数学上研究李代数比研究转动群本身要简单得多。形式上李代数是一组在线性组合和对易关系下封闭的算符。李代数的两个元素的对易子必须可以表示为代数元素的线性组合。角动量代数的对易关系显然有这个性质。

绕任意轴的有限转动可以用指数表示为

$$\mathcal{R}(\theta_k) = \exp\left(-\frac{\mathrm{i}}{\hbar}\theta_k\hat{J}_k\right) \quad (k \in \{x, y, z\}) \tag{2.50}$$

然而,在表示任意转动时有一个问题,因为绕不同轴的转动不对易。如果有一个复合转动由 $\boldsymbol{\theta} = (\theta_x, \theta_y, \theta_z)$ 正式表示,应该精确地指定绕三个坐标轴的转动按什么顺序进行。此外,尚不清楚给定的有限转动是否能被 $\boldsymbol{\theta}$ 唯一地参数化以及这样的

参数化在实践中如何决定。我们稍后会看到，为了这个目的，最好使用欧拉角而不是绕三轴的转动。为了正式展开本章，我们仅仅假设有限转动 $\mathcal{R}(\boldsymbol{\theta})$可以以某种方式被唯一地定义。

关于群的术语，最后再说一句：三维转动用实 3×3 矩阵表示，并保持矢量之间的标量积守恒。条件

$$\boldsymbol{a} \cdot \boldsymbol{b} = \boldsymbol{a}' \cdot \boldsymbol{b}' = (\mathcal{R}(\boldsymbol{\theta})\boldsymbol{a}) \cdot (\mathcal{R}(\boldsymbol{\theta})\boldsymbol{b}) \tag{2.51}$$

能够用矩阵符号重写为

$$a^{\mathrm{T}} b = (\mathcal{R}(\boldsymbol{\theta}) a)^{\mathrm{T}} \mathcal{R}(\boldsymbol{\theta}) b = a^{\mathrm{T}} \mathcal{R}^{\mathrm{T}}(\boldsymbol{\theta}) \mathcal{R}(\boldsymbol{\theta}) b \tag{2.52}$$

这样 $\mathcal{R}(\boldsymbol{\theta})$的矩阵必须满足正交性条件

$$\mathcal{R}^{\mathrm{T}}(\boldsymbol{\theta}) \mathcal{R}(\boldsymbol{\theta}) = 1 \tag{2.53}$$

因为

$$\det \mathcal{R}^{\mathrm{T}}(\boldsymbol{\theta}) = \det \mathcal{R}(\boldsymbol{\theta}) \tag{2.54}$$

所以正交矩阵可以有值为 +1 或 −1 的行列式。那些负值行列式不应该包括在内，因为它们改变了坐标系的左右手性，所以不是真的转动（它们是转动和空间反演的结合）。

因此，我们可以得出结论：三维转动由属于特殊正交群 $SO(3)$的矩阵来表示，即群由所有 3×3 矩阵 $\mathcal{R}$ 组成，而 $\mathcal{R}$ 满足

$$\mathcal{R}^{\mathrm{T}} \mathcal{R} = 1, \quad \det \mathcal{R} = 1 \tag{2.55}$$

2.3.2 转动群的表示

我们已经看到，角动量算符可以用矩阵表示。用同样的方法，任何抽象的转动 $\mathcal{R}(\boldsymbol{\theta})$作用到波函数上通过一个基展开可以用矩阵表示。在一个完整的正交基 $\varphi_i(\boldsymbol{r})$下展开

$$\psi'(\boldsymbol{r}) = \mathcal{R}(\boldsymbol{\theta}) \psi(\boldsymbol{r}) \tag{2.56}$$

在两边考虑与 φ_i 的重叠，得出

$$\langle \varphi_i \mid \psi' \rangle = \langle \varphi_i \mid \mathcal{R}(\boldsymbol{\theta}) \mid \psi \rangle = \sum_j \langle \varphi_i \mid \mathcal{R}(\boldsymbol{\theta}) \mid \varphi_j \rangle \langle \varphi_j \mid \psi \rangle \tag{2.57}$$

这样抽象的转动 $\mathcal{R}(\boldsymbol{\theta})$就用矩阵表示，其矩阵元为

$$R_{ij}(\boldsymbol{\theta}) = \langle \varphi_i \mid \mathcal{R}(\boldsymbol{\theta}) \mid \varphi_j \rangle \tag{2.58}$$

从群里的乘积和逆用矩阵的乘积和逆表示这个意义上来说，显然这个表示必须重现群结构：

$$\begin{aligned} &\mathcal{R}(\boldsymbol{\theta}'') = \mathcal{R}(\boldsymbol{\theta}) \mathcal{R}(\boldsymbol{\theta}') \quad \rightarrow \quad R_{ij}(\boldsymbol{\theta}'') = \sum_k R_{ik}(\boldsymbol{\theta}) R_{kj}(\boldsymbol{\theta}') \\ &\mathcal{R}(\boldsymbol{\theta}') = \mathcal{R}^{-1}(\boldsymbol{\theta}) \quad \rightarrow \quad R_{ij}(\boldsymbol{\theta}') = R_{ij}^{-1}(\boldsymbol{\theta}) \end{aligned} \tag{2.59}$$

一个矩阵集叫做转动群的一个表示。它不需要是忠实的，也就是说，不同的转动可以用同一个矩阵来表示。一个简单的例子是标量波函数，它的所有转动对应于恒

等变换。基本函数 φ_i 的数目也是矩阵的维数,叫做表示的维数。

在许多情况下,表示可以被约化为比较简单的形式。比如,波函数的总空间可分解为两个不变子空间,仅在转动下每个子空间的波函数自己相互混合。选择合适的基,表示的矩阵就都取形式

$$R_{ij}(\boldsymbol{\theta}) = \begin{pmatrix} R_{ij}^{(1)}(\boldsymbol{\theta}) & 0 \\ 0 & R_{ij}^{(2)}(\boldsymbol{\theta}) \end{pmatrix} \tag{2.60}$$

这里 $R_{ij}^{(1)}(\boldsymbol{\theta})$和 $R_{ij}^{(2)}(\boldsymbol{\theta})$都是较低维的表示。特别令人感兴趣的是不可约表示,其在这个意义上不能分解。对于转动群,可以证明所有表示能够由有限维不可约表示来建立。

在实践中,在构造具有正确对易性质的矩阵的意义上,构造李代数的表示通常要容易得多,然后用指数公式求出群的那些矩阵。对于转动群,这意味着我们只需要确定表示三个算符 $\hat{J}_x$,$\hat{J}_y$ 和 $\hat{J}_z$ 的矩阵。因为所有这些算符与 $\hat{J}^2$ 对易,任何转动都不能改变 $\hat{J}^2$ 的本征值,且在一个不可约表示中它必须是一样的。因为角动量矢量的各分量彼此不对易,所以除了 $\hat{J}^2$,它们中只有一个可被选择是对角的。

现在我们试着用一个在 $\hat{J}^2$ 和 $\hat{J}_z$ 中都对角的基:

$$\hat{J}^2 \mid jm\rangle = \hbar^2 \Lambda_j \mid jm\rangle, \quad \hat{J}_z \mid jm\rangle = \hbar m \mid jm\rangle \tag{2.61}$$

j 为常数,m 在一定范围内变化,这个范围有待确定(初等量子力学表明虽然 $\hat{J}_z$ 的本征值将会是$\hbar m$,但 $\hat{J}^2$ 的本征值不会那么简单,所以我们姑且写为 Λ_j)。因为 $\hat{J}_x$ 和 $\hat{J}_y$ 与$\hat{J}_z$ 不对易,它们不能同时被选择为对角的。相较于研究 $\hat{J}_x$ 和$\hat{J}_y$ 对这些波函数的作用,研究移位算符比较简单:

$$\hat{J}_+ = \hat{J}_x + \mathrm{i}\hat{J}_y, \quad \hat{J}_- = \hat{J}_x - \mathrm{i}\hat{J}_y \tag{2.62}$$

通过对易关系

$$[\hat{J}_z, \hat{J}_\pm] = \pm \hbar \hat{J}_\pm \tag{2.63}$$

术语“移位算符”的含义变得清晰。这允许我们计算对应于 $\hat{J}_\pm \mid jm\rangle$的本征值:

$$\begin{aligned} \hat{J}_z(\hat{J}_\pm \mid jm\rangle) &= \hat{J}_\pm \hat{J}_z \mid jm\rangle[\hat{J}_\pm, \hat{J}_z] \mid jm\rangle \\ &= \hbar(m \pm 1) \mid jm\rangle \end{aligned} \tag{2.64}$$

这说明 $\hat{J}_\pm$ 使 $\hat{J}_z$ 的本征值改变$\pm\hbar$,或者说使 m 的值改变± 1。

本书将要多次使用的基本思想是,如果两个算符 A 和 B 有如下形式的对易关系:

$$[A, B] = \beta B \tag{2.65}$$

其中 β 是某个数,那么和上述一样的计算显示 B 使A 的本征值改变β。

给定一个特定的基态$\mid jm\rangle$,通过使用算符 $\hat{J}_\pm$,我们可以依次构造态$\mid jm \pm 1\rangle$,

$|jm\pm 2\rangle$等。因为我们在寻找有限维的表示，这个过程必须在某处结束(事实上，可以证明“一个连通单紧群的所有不可约酉表示”是有限维的，详情见群理论的教科书。我们只说这个定理适用于转动群)。用 μ 表示 m 所能达到的最大值，则我们一定有

$$\hat{J}_+ | j\mu\rangle = 0 \tag{2.66}$$

因为任何其他结果都暗示一个具有本征值 $\mu+1$ 的矢量的存在。现在用

$$\hat{J}^2 = \frac{1}{2}(\hat{J}_+ \hat{J}_- + \hat{J}_- \hat{J}_+) + \hat{J}_z^2 \tag{2.67}$$

计算 $\hat{J}^2$ 对$|j\mu\rangle$的作用。由对易关系

$$[\hat{J}_+, \hat{J}_-] = 2\hbar\hat{J}_z \tag{2.68}$$

式(2.67)能被改写为

$$\hat{J}^2 = \hat{J}_- \hat{J}_+ + \hat{J}_z^2 + \hbar\hat{J}_z \tag{2.69}$$

右边第一项作用到$|j\mu\rangle$上产生 0，而 $\hat{J}_z$ 有本征值 $\hbar\mu$，所以我们得到 $\hat{J}^2$ 的本征值：

$$\hat{J}^2 | j\mu\rangle = \hbar^2\mu(\mu+1) | j\mu\rangle \tag{2.70}$$

这样

$$\Lambda_j = \hbar^2\mu(\mu+1) \tag{2.71}$$

到目前为止变量 j 没有直接的物理意义，只是列举了 $\hat{J}^2$ 的本征值。前面的公式建议我们用 $\hat{J}_z$ 的最大本征值来代替。这样我们将 j 与 μ 等同起来，并保留字母 j。于是表示的态满足

$$\hat{J}^2 | jm\rangle = \hbar^2 j(j+1) | jm\rangle, \quad \hat{J}_z | jm\rangle = \hbar m | jm\rangle \tag{2.72}$$

$\hat{J}_z$ 具有最大本征值的态是$|jj\rangle$。

现在同样的讨论可以应用于 m 的最小可能值。假设对某个正数 n 有

$$\hat{J}_- | j, j-n\rangle = 0 \tag{2.73}$$

以终止在低端的态的产生。式(2.67)的角动量平方也可以表示为

$$\hat{J}^2 = \hat{J}_+ \hat{J}_- + \hat{J}_z^2 - \hbar\hat{J}_z \tag{2.74}$$

第一项再次产生 0，所以

$$\hat{J}^2 | j, j-n\rangle = \hbar^2[(j-n)^2 - j + n] | j, j-n\rangle \tag{2.75}$$

因为 $\hat{J}^2$ 的本征值必须仍然相同，所以一定有

$$j(j+1) = (j-n)^2 - (j-n) \tag{2.76}$$

这是 n 的二次方程，具有唯一正解 $n=2j$。这使得最小投影等于 $-j$。

这样我们构建的表示具有基态

$$| jm\rangle \quad (m = -j, -j+1, \cdots, j) \tag{2.77}$$

共有 $2j+1$ 个,按照

$$\hat{J}^2 \mid jm\rangle = \hbar^2 j(j+1) \mid jm\rangle, \quad \hat{J}_z \mid jm\rangle = \hbar m \mid jm\rangle \tag{2.78}$$

它们是角动量平方和 z 轴投影的本征态。用移位算符作基的构建并没有使态显式地归一化,但是如果我们注意到 $\hat{J}_+$ 正好是 $\hat{J}_-$ 的厄米共轭,就可以很容易地做到这一点,因此态 $\hat{J}_\pm \mid jm\rangle$ 的范数由下式给出:

$$\begin{aligned}\langle jm \mid \hat{J}_\mp \hat{J}_\pm \mid jm\rangle &= \langle jm \mid \hat{J}^2 - \hat{J}_z^2 \mp \hat{J}_z \mid jm\rangle \\ &= \hbar^2[j(j+1) - m^2 \mp m] \\ &= \hbar^2(j \pm m + 1)(j \mp m)\end{aligned} \tag{2.79}$$

该表达式的平方根倒数是态 $\mid jm\pm 1\rangle$ 的归一化因子,移位算符的矩阵元也会导致

$$\langle jm \pm 1 \mid \hat{J}_\pm \mid jm\rangle = \hbar\sqrt{(j \pm m + 1)(j \mp m)} \tag{2.80}$$

这些矩阵元定义移位算符的矩阵表示,并由此通过

$$\hat{J}_x = \frac{1}{2}(\hat{J}_+ + \hat{J}_-), \quad \hat{J}_y = -\frac{\mathrm{i}}{2}(\hat{J}_+ - \hat{J}_-) \tag{2.81}$$

定义算符 $\hat{J}_x$ 和 $\hat{J}_y$,得到

$$\begin{aligned}\langle jm' \mid \hat{J}_x \mid jm\rangle &= \frac{\hbar}{2}\left(\sqrt{(j+m+1)(j-m)}\,\delta_{m',m+1}\right. \\ &\quad \left.+ \sqrt{(j-m+1)(j+m)}\,\delta_{m',m-1}\right) \\ \langle jm' \mid \hat{J}_y \mid jm\rangle &= -\frac{\mathrm{i}\hbar}{2}\left(\sqrt{(j+m+1)(j-m)}\,\delta_{m',m+1}\right. \\ &\quad \left.- \sqrt{(j-m+1)(j+m)}\,\delta_{m',m-1}\right) \\ \langle jm' \mid \hat{J}_z \mid jm\rangle &= \hbar m \delta_{m'm}\end{aligned} \tag{2.82}$$

这里为了完整起见也给出了 $\hat{J}_z$ 的矩阵元。这样用 $(2j+1)(2j+1)$ 个矩阵表示了完整的李代数。矩阵元的相位可自由选择,因为将它们乘以任意相位不会改变归一化讨论。这里选择的相位是康登(Condon)和肖特利(Shortley)相位,这是通常的选择。另一种相位选择将用于处理配对的 BCS 模型(7.5 节)。

2.3.3 转动矩阵

有限转动有点复杂。就按指定的次序绕一定的轴转动而言,重要的是要找到这些转动的唯一的参数化。次序是重要的,因为绕不同轴的转动一般不对易。最熟悉的一套角是欧拉角 $\boldsymbol{\theta}=(\theta_1,\theta_2,\theta_3)$,其定义如下(所有转动都为逆时针转动):

(1) 系统绕 z 轴转一角度 θ_1,产生新的轴 x',y' 和 z'。

(2) 第二个转动是绕新的 y' 轴转一角度 θ_2,这产生 (x'',y'',z'')。

(3) 最后绕在前两个步骤中产生的 z'' 轴转一角度 θ_3。

比起绕我们迄今为止一直在使用的三个笛卡儿坐标轴转动,使用欧拉角的优

点是什么？要在空间中唯一地定位一个物体，确定欧拉角要容易得多：通过使用前两个角度正确地定位体固定 z 轴（固定在物体上的坐标轴，记为 z 轴），然后绕这个轴转到正确的位置。对于欧拉角，转动的两个角也涉及一个对角的 $\hat{J}_z$。另一方面，对于无穷小转动，欧拉角是无用的，因为对于 $\theta_2 \approx 0$，θ_1 和 θ_3 绕同一轴转动，不导致独立的角动量算符。

为了用角动量算符写出这些转动，对转动角度 θ_2，我们需定义 $\hat{J}_{y'}$ 为绕转动轴 y' 的无穷小转动的算符；对转动角度 θ_3，我们需定义 $\hat{J}_{z''}$ 为绕最后的 z'' 轴无穷小转动的算符。于是转动算符由下式给出：

$$\mathscr{R}(\boldsymbol{\theta}) = \exp\left(-\frac{\mathrm{i}}{\hbar}\theta_3\hat{\boldsymbol{J}}_{z''}\right)\exp\left(-\frac{\mathrm{i}}{\hbar}\theta_2\hat{\boldsymbol{J}}_{y'}\right)\exp\left(-\frac{\mathrm{i}}{\hbar}\theta_1\hat{\boldsymbol{J}}_z\right) \tag{2.83}$$

按照现在的情况，它是很难被运用的，但幸运的是，它可以转化成绕固定轴转动的形式。代替系统绕 y' 轴的转动，我们可以清楚地先回到原坐标轴，绕原来的 y 轴转动，然后转回到带撇坐标系。用算符表示，转动算符的这部分变为

$$\exp\left(-\frac{\mathrm{i}}{\hbar}\theta_2\hat{\boldsymbol{J}}_{y'}\right) = \exp\left(-\frac{\mathrm{i}}{\hbar}\theta_1\hat{\boldsymbol{J}}_z\right)\exp\left(-\frac{\mathrm{i}}{\hbar}\theta_2\hat{\boldsymbol{J}}_y\right)\exp\left(\frac{\mathrm{i}}{\hbar}\theta_1\hat{\boldsymbol{J}}_z\right) \tag{2.84}$$

对 θ_3 的相似讨论导致

$$\begin{aligned}\exp\left(-\frac{\mathrm{i}}{\hbar}\theta_3\hat{\boldsymbol{J}}_{z''}\right) = {} & \exp\left(-\frac{\mathrm{i}}{\hbar}\theta_2\hat{\boldsymbol{J}}_{y'}\right)\exp\left(-\frac{\mathrm{i}}{\hbar}\theta_1\hat{\boldsymbol{J}}_z\right) \\ & \cdot \exp\left(-\frac{\mathrm{i}}{\hbar}\theta_3\hat{\boldsymbol{J}}_z\right)\exp\left(\frac{\mathrm{i}}{\hbar}\theta_1\hat{\boldsymbol{J}}_z\right)\exp\left(\frac{\mathrm{i}}{\hbar}\theta_2\hat{\boldsymbol{J}}_{y'}\right)\end{aligned} \tag{2.85}$$

其中其他两个转动是先往相反方向转，然后重新转回来。把该结果代入式(2.83)，尽可能地消去算符，然后对剩下的 $\hat{\boldsymbol{J}}_{y'}$ 项用公式(2.84)，最终得到

$$\mathscr{R}(\boldsymbol{\theta}) = \exp\left(-\frac{\mathrm{i}}{\hbar}\theta_1\hat{\boldsymbol{J}}_z\right)\exp\left(-\frac{\mathrm{i}}{\hbar}\theta_2\hat{\boldsymbol{J}}_y\right)\exp\left(-\frac{\mathrm{i}}{\hbar}\theta_3\hat{\boldsymbol{J}}_z\right) \tag{2.86}$$

即一个有趣的事实是：通过绕固定的原坐标轴而欧拉角的次序相反的转动产生了相同的转动。

在角动量 j 的不可约表示中，这些转动的矩阵定义为

$$\mathscr{D}^{(j)}_{m'm}(\boldsymbol{\theta}) = \langle jm' \mid \mathscr{R}(\boldsymbol{\theta}) \mid jm\rangle \tag{2.87}$$

这意味着态 $|jm\rangle$ 转换成

$$|jm\rangle' = \sum_{m'} |jm'\rangle \mathscr{D}^{(j)}_{m'm}(\boldsymbol{\theta}) \tag{2.88}$$

我们不需要矩阵 $\mathscr{D}^{(j)}_{m'm}(\boldsymbol{\theta})$ 的许多显式性质，需要时将提供。然而，注意到式(2.86)中第一个和最后一个算符在基 $|jm\rangle$ 中是对角的，将矩阵简化为较简单的形式是有用的，这样就可以把矩阵简化为

$$\mathscr{D}^{(j)}_{m'm}(\boldsymbol{\theta}) = \exp\left[-\frac{\mathrm{i}}{\hbar}(\theta_1 m' + \theta_3 m)\right] d^{(j)}_{m'm}(\theta_2) \tag{2.89}$$

这样一来,对其中两个角度的依赖就变得微不足道了,唯一的复杂函数是约化转动矩阵 $d_{m'm}^{(j)}(\theta_2)$。

2.3.4 SU(2)和自旋

让我们回到 j 实际取哪些可能值的问题。角动量代数表示的结构导致 $2j$ 应该为整数的状况,这是式(2.76)的结果。因此,令人有些惊讶的结果是 j 可能是整数或半整数,后一种情况导致自旋的自然出现。具有半整数角动量的表示不能对应于经典物体的正常转动。要理解这一点,只需检查一个角度为 2π 的转动。例如对于 z 轴,这由下式给出:

$$\mathscr{R}(\theta_z = 2\pi) = \exp\left(-2\pi \frac{\mathrm{i}}{\hbar}\hat{J}_z\right) \tag{2.90}$$

例如,对于角动量投影为$\frac{1}{2}$的态,将乘以一个因子 $\exp(-\pi\mathrm{i}) = -1$。对于波函数,这没有什么不对,因为所有可测量的量导致的矩阵元包含此因子的平方。但是如果一个经典物体(例如一个矢量)转动 2π 角,它应该永远转变成它自己。当然,我们着手的那个 $SO(3)$群具有转动 2π 角返回到恒等矩阵的特性,所以怎么可能它的表示通常没有这个特性呢? 答案是半整数表示不是 $SO(3)$表示。

记住,我们由角动量算符构建了表象。这些算符连同它们的对易关系一起形成与转动的李群相关的李代数,它们决定无穷小的转动。现在的结果是李代数并不能完全决定相联系的李群,在这种特殊情况下 $SO(3)$和 $SU(2)$具有相同的李代数。因为对 $SU(2)$和它与自旋的关系的理解对于更一般的应用(比如同位旋)是非常重要的,所以更详细地解释一下 $SU(2)$是很有必要的。

$SU(2)$群是特殊酉群,其所有 2×2 酉矩阵的行列式为 1,即矩阵 U 满足

$$U^\dagger U = I, \quad \det U = 1 \tag{2.91}$$

它与转动的关系已经用于与凯莱-克莱因(Cayley-Klein)参数有关的经典力学,这里我们简述推导。检查一个一般的 2×2 复数矩阵

$$U = \begin{pmatrix} a & b \\ c & d \end{pmatrix} \tag{2.92}$$

由要求行列式为 1 得到条件

$$ad - bc = 1 \tag{2.93}$$

而幺正性条件为

$$\begin{pmatrix} a^* & c^* \\ b^* & d^* \end{pmatrix}\begin{pmatrix} a & b \\ c & d \end{pmatrix} = \begin{pmatrix} 1 & 0 \\ 0 & 1 \end{pmatrix} \tag{2.94}$$

或者明确地表示如下:

$$a^* a + c^* c = 1 \tag{2.95a}$$

$$b^* b + d^* d = 1 \tag{2.95b}$$

$$a^* b + c^* d = 0 \tag{2.95c}$$

$$b^* a + d^* c = 0 \tag{2.95d}$$

最后一个方程只是前一个的复共轭，所以可以省略。这些条件允许人们减少矩阵自由度的数目。从式(2.95c)我们有

$$d = -\frac{a^* b}{c^*} \tag{2.96}$$

把上式代入式(2.93)得到

$$1 = -\frac{a^* ab}{c^*} - cb = -(a^* a + c^* c)\frac{b}{c^*} = -\frac{b}{c^*} \tag{2.97}$$

这里因为式(2.95a)，括号中的项等于1。所以必须有 $b = -c^*$，把此式再代入式(2.96)，得到 $d = a^*$。于是式(2.95b)自动得到满足，这样矩阵可以写成更具体的形式：

$$U = \begin{pmatrix} a & b \\ -b^* & a^* \end{pmatrix} \tag{2.98}$$

它具有附加条件

$$a^* a + b^* b = 1 \tag{2.99}$$

四个复数只剩下两个了，又由于附加条件，剩下三个实的自由度，在数量上与三维空间中转动的三个自由度同一。

为了看出这些转动的关系，联系一个矢量 $\boldsymbol{r} = (x, y, z)$ 和一个矩阵

$$P(\boldsymbol{r}) = \begin{pmatrix} z & x - \mathrm{i}y \\ x + \mathrm{i}y & -z \end{pmatrix} \tag{2.100}$$

这个矩阵是厄米的，其迹为0。反过来，任何一个迹为0的 2×2 厄米矩阵在三维空间中定义一个矢量，这可以通过读取矩阵元的实部和虚部来简单地获得。现在研究形式的转换：

$$P' = UPU^\dagger \tag{2.101}$$

这里 U 是 $SU(2)$ 中的任意矩阵。上式描述了关联矢量的一个转动吗？矩阵 P' 也是厄米的，因为

$$P'^\dagger = (UPU^\dagger)^\dagger = UP^\dagger U^\dagger = UPU^\dagger = P' \tag{2.102}$$

它的迹也为0。为了明白后者，我们用分量形式写出矩阵乘积的迹，验证乘积中的矩阵顺序可以轮换而不改变迹：

$$\begin{aligned} \mathrm{tr}\{ABC\cdots Z\} &= \sum_{ijkl\cdots n} A_{ij} B_{jk} C_{kl} \cdots Z_{ni} \\ &= \sum_{jkl\cdots ni} B_{jk} C_{kl} \cdots Z_{ni} A_{ij} \\ &= \mathrm{tr}\{BC\cdots ZA\} \end{aligned} \tag{2.103}$$

将其应用于我们的转换公式中，得到

$$\mathrm{tr}\{P'\} = \mathrm{tr}\{UPU^\dagger\} = \mathrm{tr}\{PU^\dagger U\} = \mathrm{tr}\{P\} = 0 \tag{2.104}$$

因为 $U^{\dagger}U=1$。这样 P'也定义了一个矢量 $\boldsymbol{r}'$。要证明 $\boldsymbol{r}'$是通过 $\boldsymbol{r}$ 转动得到的,我们只需检查它的长度,由行列式给出

$$\det P = -z^2-(x-\mathrm{i}y)(x+\mathrm{i}y) = -(x^2+y^2+z^2) = -r^2 \quad (2.105)$$

矩阵乘积的行列式等于行列式的乘积,所以

$$\det P' = \det(UPU^{\dagger}) = \det U \det P \det U^{\dagger} = \det P \quad (2.106)$$

且 $r'^2=r^2$。现在,保持所有矢量长度不变的线性变换一定是一个转动,可能与反射结合在一起。

为了完成构建,绕三个坐标轴的转动必须在这个表示中来构建(见练习 2.2)。绕 z 轴转动的结果是

$$U(\theta_z) = \begin{pmatrix} \mathrm{e}^{-\mathrm{i}\theta_z/2} & 0 \\ 0 & \mathrm{e}^{\mathrm{i}\theta_z/2} \end{pmatrix} \quad (2.107)$$

而绕 x 轴转动的结果是

$$U(\theta_x) = \begin{pmatrix} \cos(\theta_x/2) & -\mathrm{i}\sin(\theta_x/2) \\ -\mathrm{i}\sin(\theta_x/2) & \cos(\theta_x/2) \end{pmatrix} \quad (2.108)$$

最后绕 y 轴转动的结果是

$$U(\theta_y) = \begin{pmatrix} \cos(\theta_y/2) & \sin(\theta_y/2) \\ -\sin(\theta_y/2) & \cos(\theta_y/2) \end{pmatrix} \quad (2.109)$$

由这些表达式的形式得到两个重要的结论。首先,三角函数中的角度减半,且所有这些矩阵对 2π 角化为负单位矩阵。在这种情况下这不会造成问题,因为在转动规律式(2.101)中 U 出现两次,符号消去了。其次,对小角度展开转动矩阵产生角动量算符:

$$\hat{J}_x = \frac{1}{2}\begin{pmatrix} 0 & 1 \\ 1 & 0 \end{pmatrix}, \quad \hat{J}_y = \frac{1}{2}\begin{pmatrix} 0 & -\mathrm{i} \\ \mathrm{i} & 0 \end{pmatrix}, \quad \hat{J}_z = \frac{1}{2}\begin{pmatrix} 1 & 0 \\ 0 & -1 \end{pmatrix} \quad (2.110)$$

它们也可以用泡利矩阵表示:

$$\hat{\boldsymbol{J}} = \frac{1}{2}\boldsymbol{\sigma} \quad (2.111)$$

其中

$$\sigma_x = \begin{pmatrix} 0 & 1 \\ 1 & 0 \end{pmatrix}, \quad \sigma_y = \begin{pmatrix} 0 & -\mathrm{i} \\ \mathrm{i} & 0 \end{pmatrix}, \quad \sigma_z = \begin{pmatrix} 1 & 0 \\ 0 & -1 \end{pmatrix} \quad (2.112)$$

它们满足通常的角动量对易关系。这显示 $SU(2)$和 $SO(3)$有相同的李代数。

虽然如上所述的凯莱-克莱因公式化表示在本书中将不会进一步使用,但这一讨论应该使转动与 $SU(2)$群之间的密切联系变得清晰。因为 $SU(2)$描述波函数在二维空间中行列式为 1 的任意幺正变换,每当人们处理这样的空间中的对称性时,可以通过数学类比用角动量方法。同位旋是这一思想的主要应用。

练习 2.2 转动矩阵的凯莱-克莱因表示

问题 导出在凯莱-克莱因表示中绕 z 轴转动的变换矩阵。

解答 我们必须将通常的变换

$$x' = x\cos\theta - y\sin\theta,\quad y' = x\sin\theta + y\cos\theta,\quad z' = z \tag{①}$$

与式(2.101)给出的变换进行比较。用式(2.98)形式的矩阵,这导致矩阵方程

$$\begin{pmatrix} z' & x' - \mathrm{i}y' \\ x' + \mathrm{i}y' & -z' \end{pmatrix} = \begin{pmatrix} a & b \\ -b^* & a^* \end{pmatrix}\begin{pmatrix} z & x - \mathrm{i}y \\ x + \mathrm{i}y & -z \end{pmatrix}\begin{pmatrix} a^* & -b \\ b^* & a \end{pmatrix} \tag{②}$$

进行矩阵乘法,插入带撇坐标的表达式,得到四个复数方程,在那里 x,y 和 z 的系数可以分别比较。在对角线上,x 和 y 的系数必须为 0,而 z 的系数必须为 1 或 −1,导致

$$ab^* = a^*b = 0,\quad a^*a - b^*b = 1 \tag{③}$$

非对角项中 z 的系数必须消失,这要求 $ab=0$。现在将低阶非对角方程分解为实部和虚部。定义 $a=a_r+\mathrm{i}a_i$ 和 $b=b_r+\mathrm{i}b_i$,得到

$$\begin{aligned} \cos\theta &= -a_i^2 + a_r^2 + b_i^2 - b_r^2,\quad -\sin\theta = 2a_ia_r + 2b_ib_r \\ \cos\theta &= -a_i^2 + a_r^2 + b_i^2 - b_r^2,\quad \sin\theta = -2a_ia_r + 2b_ib_r \end{aligned} \tag{④}$$

从上面得出 $b_i=b_r=0$(即 $b=0$)和

$$2a_ia_r = -\sin\theta,\quad a_r^2 - a_i^2 = \cos\theta \tag{⑤}$$

接着,上面的 a_r 和 a_i 可以解出,得到

$$a_r = -\cos\frac{\theta}{2},\quad a_i = -\sin\frac{\theta}{2},\quad a = \exp\left(-\mathrm{i}\frac{\theta}{2}\right) \tag{⑥}$$

这样完成了矩阵的构建。

2.3.5 角动量耦合

在两粒子系统中,每个粒子都有一个角动量算符,定义该粒子绕坐标原点的无穷小转动,我们用 $\hat{\boldsymbol{J}}_1$ 和 $\hat{\boldsymbol{J}}_2$ 表示这些算符。如果粒子相互作用,若只有一个粒子转动,系统的能量就不会是不变的;但是如果两者同时转动,它们的相对位置、相对自旋取向等将不会改变,物理应该保持不变。因此研究这两个粒子的一个共同无穷小转动的算符是有道理的,这个算符就是总角动量算符:

$$\hat{\boldsymbol{J}} = \hat{\boldsymbol{J}}_1 + \hat{\boldsymbol{J}}_2 \tag{2.113}$$

(参见 2.2.3 小节中总动量的构成)对于二粒子系统,必须寻求 $\hat{J}^2$ 和 $\hat{J}_z$ 的本征函数。通常它们通过角动量耦合(来自独立的角动量本征函数的乘积)得到。

给出两套本征函数 $|j_1m_1\rangle$ 和 $|j_2m_2\rangle$,这样

$$\begin{aligned} \hat{J}_1^2\,|j_1m_1\rangle &= \hbar^2 j_1(j_1+1)\,|j_1m_1\rangle,\quad \hat{J}_{1z}\,|j_1m_1\rangle = \hbar m_1\,|j_1m_1\rangle \\ \hat{J}_2^2\,|j_2m_2\rangle &= \hbar^2 j_2(j_2+1)\,|j_2m_2\rangle,\quad \hat{J}_{2z}\,|j_2m_2\rangle = \hbar m_2\,|j_2m_2\rangle \end{aligned} \tag{2.114}$$

可以由这些态的乘积建立两粒子系统的基，形成所谓的非耦合基：

$$|j_1m_1j_2m_2\rangle = |j_1m_1\rangle|j_2m_2\rangle \tag{2.115}$$

马上可以看出这样的态是总角动量 z 分量的一个本征态，其本征值为 m_1+m_2，这是因为

$$\begin{aligned}\hat{J}_z|j_1m_1j_2m_2\rangle &= (\hat{J}_{1z}+\hat{J}_{2z})|j_1m_1j_2m_2\rangle \\ &= \hbar(m_1+m_2)|j_1m_1j_2m_2\rangle\end{aligned} \tag{2.116}$$

然而，它不可能是 $\hat{J}^2$ 的一个本征态。为了证明这一点，我们必须检查不同角动量的对易关系。

首先注意到 $\hat{J}_1$ 的所有分量和 $\hat{J}_2$ 的所有分量对易，因为它们指向不同的粒子。这样我们马上得到

$$[\hat{J}_z,\hat{J}_1^2] = [\hat{J}_z,\hat{J}_2^2] = [\hat{J}^2,\hat{J}_1^2] = [\hat{J}^2,\hat{J}_2^2] = 0 \tag{2.117}$$

以及

$$[\hat{J}_z,\hat{J}_{1z}] = [\hat{J}_z,\hat{J}_{2z}] = 0 \tag{2.118}$$

而总角动量的平方和单个粒子角动量的 z 轴投影不对易，例如，

$$[\hat{J}^2,\hat{J}_{1z}] = [\hat{J}_1^2,\hat{J}_{1z}] + [\hat{J}_2^2,\hat{J}_{1z}] + [2\hat{\boldsymbol{J}}_1\cdot\hat{\boldsymbol{J}}_2,\hat{J}_{1z}] \tag{2.119}$$

虽然右边的前两个对易式消失，但第三个保留，结果变为

$$[\hat{J}^2,\hat{J}_{1z}] = 2\mathrm{i}\hbar(\hat{J}_{2y}\hat{J}_{1x} - \hat{J}_{2x}\hat{J}_{1y}) \tag{2.120}$$

由此 $\hat{J}^2,\hat{J}_z,\hat{J}_1^2$ 和 $\hat{J}_2^2$ 给出算符的一个完全对易集，角动量耦合本质上在于用 j 和 m 代替量子数 m_1 和 m_2。新的基矢量可以表示为

$$|jmj_1j_2\rangle \tag{2.121}$$

导致此基的幺正矩阵简单地定义为

$$|jmj_1j_2\rangle = \sum_{m_1m_2}|j_1m_1j_2m_2\rangle\langle j_1m_1j_2m_2|jmj_1j_2\rangle \tag{2.122}$$

显然，为了使符号实用，矩阵元两边的 j_1 和 j_2 的重复是多余的，这样变换系数更简洁地定义为

$$(j_1j_2j|m_1m_2m) = \langle j_1m_1j_2m_2|jmj_1j_2\rangle \tag{2.123}$$

这是克莱布希-戈尔登(Clebsch-Gordan)系数。现在变换写为

$$|jmj_1j_2\rangle = \sum_{m_1m_2}|j_1m_1j_2m_2\rangle(j_1j_2j|m_1m_2m) \tag{2.124}$$

克莱布希-戈尔登系数的如下性质(其推导可参考有关角动量的文献)在本书中要用到：

(1) 选择定则：除非量子数满足

$$m_1+m_2 = m \tag{2.125}$$

和

$$|j_1-j_2| \leqslant j \leqslant j_1+j_2 \tag{2.126}$$

这两个条件,否则系数为0。前一个条件只是重复我们在上面说的关于 $\hat{J}_z$ 的本征值的内容,后一个条件被称为“三角条件”:总角动量的大小被限制于那些矢量相加法则允许的值,在那里矢量 $\hat{\boldsymbol{J}}_1$,$\hat{\boldsymbol{J}}_2$ 和 $\hat{\boldsymbol{J}}$ 形成一个三角形。

(2) 系数为实数。这不是一般条件,因为基态的相位原则上是任意的,但是由于康登和肖特利的相位规定,对基态的标准选择,此条件成立。注意到实变换矩阵是正交的,因此逆变换对应转置矩阵:

$$\begin{aligned}\langle j_1 m_1 j_2 m_2 \mid j m j_1 j_2\rangle &= \langle j m j_1 j_2 \mid j_1 m_1 j_2 m_2\rangle \\ &= (j_1 j_2 j \mid m_1 m_2 m)\end{aligned} \tag{2.127}$$

回到非耦合基的变换使用相同的系数,但是对不同的指标求和:

$$| j_1 m_1 j_2 m_2\rangle = \sum_{jm} | j m j_1 j_2\rangle (j_1 j_2 j \mid m_1 m_2 m) \tag{2.128}$$

(3) 在群表示语言中,角动量耦合对应于两个表示的积的约化:

$$\mathscr{D}^{(j_1)} \times \mathscr{D}^{(j_2)} = \mathscr{D}^{(j_1+j_2)} + \mathscr{D}^{(j_1+j_2-1)} + \cdots + \mathscr{D}^{(|j_1-j_2|)} \tag{2.129}$$

两边包含的基的维数相符,即

$$(2j_1+1)(2j_2+1) = \sum_{j=|j_1-j_2|}^{j_1+j_2} (2j+1) \tag{2.130}$$

通过直接计算可以容易地验证。

(4) 克莱布希-戈尔登系数的专门公式可以在有关角动量的教科书和专门的表中找到。本书所需的少数公式将总是被明确地引用。

2.3.6 内禀角动量

到目前为止,就波函数对空间坐标的依赖性,我们研究了它们的转动不变性,得到轨道角动量。也有一些具有内禀角动量的场,例如矢量场。图2.2显示这种情况。转动不仅将场移动到空间中的不同点 $\boldsymbol{r}'$,而且转动矢量本身。所以我们必须有

$$\boldsymbol{A}'(\boldsymbol{r}') = \mathscr{R}\boldsymbol{A}(\boldsymbol{r}) \tag{2.131}$$

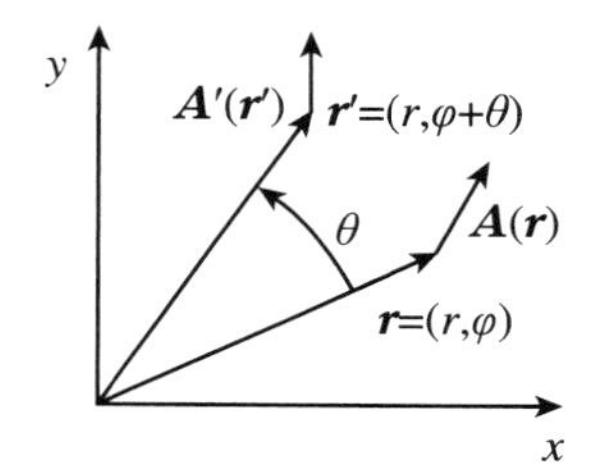

图2.2 矢量场的转动,除了基点的变换外,场矢量本身也发生转动

其中 $\mathscr{R}$ 是三维空间中一个矢量的适当转动矩阵,例如绕 z 轴的转动:

$$\mathscr{R}(\theta_z) = \begin{pmatrix} \cos\theta_z & -\sin\theta_z & 0 \\ \sin\theta_z & \cos\theta_z & 0 \\ 0 & 0 & 1 \end{pmatrix} \tag{2.132}$$

于是 $\boldsymbol{r}$ 处的转动场由下式给出:

$$\boldsymbol{A}'(\boldsymbol{r}) = \mathscr{R}\boldsymbol{A}(\mathscr{R}^{-1}\boldsymbol{r}) \tag{2.133}$$

无穷小转动很容易从这个表达式导出:对于对坐标的依赖,我们得到通常的角动量算符;对于矢量本身的转动,矩阵 $\mathscr{R}$ 必须按角度展开。对于绕 z 轴的转动,有

$$\mathscr{R}(\theta_z) \approx \begin{pmatrix} 1 & -\theta_z & 0 \\ \theta_z & 1 & 0 \\ 0 & 0 & 0 \end{pmatrix} = 1 - \frac{\mathrm{i}}{\hbar}\theta_z \hat{S}_z \tag{2.134}$$

其中 $\hat{S}_z$ 是一个矩阵：

$$\hat{S}_z = \hbar \begin{pmatrix} 0 & -\mathrm{i} & 0 \\ \mathrm{i} & 0 & 0 \\ 0 & 0 & 0 \end{pmatrix} \tag{2.135}$$

这是内禀角动量(通常称为自旋)算符的一个分量，即使它不涉及半整数角动量。在这种情况下，对于矢量场，角动量是一个单位，对应于 $j=1$ 的三维表示。这种类型的场的一个例子是光子。

用同样的方法得到其他的角动量分量，它们是

$$\hat{S}_y = \hbar \begin{pmatrix} 0 & 0 & \mathrm{i} \\ 0 & 0 & 0 \\ -\mathrm{i} & 0 & 0 \end{pmatrix}, \quad \hat{S}_x = \hbar \begin{pmatrix} 0 & 0 & 0 \\ 0 & 0 & -\mathrm{i} \\ 0 & \mathrm{i} & 0 \end{pmatrix} \tag{2.136}$$

这些矩阵满足角动量所需满足的对易关系，事实上它们必须满足。

对于场 $\boldsymbol{A}(\boldsymbol{r})$，无穷小转动由下式给出：

$$\boldsymbol{A}'(\boldsymbol{r}) = \left[1 - \frac{\mathrm{i}}{\hbar}\theta_z(\hat{L}_z + \hat{S}_z)\right]\boldsymbol{A}(\boldsymbol{r}) \tag{2.137}$$

这里轨道角动量用 $\hat{L}$ 表示，保留字母 J 为总角动量，$\hat{\boldsymbol{J}}$ 由下式给出：

$$\hat{\boldsymbol{J}} = \hat{\boldsymbol{L}} + \hat{\boldsymbol{S}} \tag{2.138}$$

显然 $\hat{\boldsymbol{J}}$ 对矢量场产生转动，$\hat{J}^2$ 和 $\hat{J}_z$ 的本征态必须由角动量耦合构建。

然而，对于这种耦合，用于矢量的坐标系是不恰当的。从矩阵 $\hat{S}_z$ 的形式可以看得很清楚，它在直角坐标中不是对角的，必须转到球坐标来得到自旋本征态。形式上我们需要构建满足 $\hat{S}_z\boldsymbol{e}_\mu = \hbar\mu\boldsymbol{e}_\mu$ 的矢量，或者如果我们设未知的本征矢量有分量 a,b,c，则

$$\begin{pmatrix} 0 & -\mathrm{i} & 0 \\ \mathrm{i} & 0 & 0 \\ 0 & 0 & 0 \end{pmatrix}\begin{pmatrix} a \\ b \\ c \end{pmatrix} = \hbar\mu\begin{pmatrix} a \\ b \\ c \end{pmatrix} \tag{2.139}$$

只有当行列式 $\det(\hat{S}_z - \hbar\mu)$ 消失时，这个方程才有解，因此有

$$\mu(\mu^2 - 1) = 0 \tag{2.140}$$

得到解 $\mu = -1,0,1$，正如对单位角动量的三个投影所预期的。在方程中代入这些本征值，找到 a,b 和 c 之间所需满足的关系，对得到的矢量进行归一化处理，得到

$$\boldsymbol{e}_{+1} = -\frac{1}{\sqrt{2}}(\boldsymbol{e}_x + \mathrm{i}\boldsymbol{e}_y), \quad \boldsymbol{e}_0 = \boldsymbol{e}_z, \quad \boldsymbol{e}_{-1} = \frac{1}{\sqrt{2}}(\boldsymbol{e}_x - \mathrm{i}\boldsymbol{e}_y) \tag{2.141}$$

这些复矢量原则上能够乘以一个任意相位而不改变自身的本征矢性质，这里作的特殊选择部分是基于习惯，也是为了使一般性质

$$\boldsymbol{e}_{\mu}^{*} = (-1)^{\mu}\boldsymbol{e}_{-\mu} \tag{2.142}$$

得到满足。这类似于球谐函数，且对应于角动量本征态的康登-肖特利相位选择。

我们列出球坐标的几个性质。复矢量的广义表示中式(2.141)所示的基矢量是正交的：

$$\boldsymbol{e}_{\mu}^{*}\boldsymbol{e}_{\mu'} = \delta_{\mu\mu'} \tag{2.143}$$

如果一个矢量 $\boldsymbol{a}$ 的球分量 $a_{\mu}(\mu=-1,0,1)$ 通过下式定义：

$$\sum_{\mu} a_{\mu}^{*}\boldsymbol{e}_{\mu} = \boldsymbol{a} \tag{2.144}$$

它们与笛卡儿分量的关系如下：

$$a_{\pm 1} = \mp\frac{1}{\sqrt{2}}(a_x \pm \mathrm{i}a_y),\quad a_0 = a_z \tag{2.145}$$

为了了解球分量的物理意义，考虑平面波电磁场的情况，用球基矢量之一给出一个极化矢量：

$$\begin{aligned}\boldsymbol{A}(\boldsymbol{r},t) &= \boldsymbol{e}_1\exp(\mathrm{i}\boldsymbol{k}\cdot\boldsymbol{r}-\mathrm{i}\omega t)\\ &= -\frac{1}{\sqrt{2}}[\boldsymbol{e}_x\cos(\boldsymbol{k}\cdot\boldsymbol{r}-\omega t)-\boldsymbol{e}_y\sin(\boldsymbol{k}\cdot\boldsymbol{r}-\omega t)]\\ &\quad -\frac{\mathrm{i}}{\sqrt{2}}[\boldsymbol{e}_x\sin(\boldsymbol{k}\cdot\boldsymbol{r}-\omega t)+\boldsymbol{e}_y\cos(\boldsymbol{k}\cdot\boldsymbol{r}-\omega t)]\end{aligned} \tag{2.146}$$

其对应于物理场的实部是(为简单起见求 $\boldsymbol{r}=\boldsymbol{0}$ 处的值)

$$\mathrm{Re}\{\boldsymbol{A}(\boldsymbol{0},t)\} = -\frac{1}{\sqrt{2}}[\boldsymbol{e}_x\cos(\omega t)+\boldsymbol{e}_y\sin(\omega t)] \tag{2.147}$$

它描述一个从数学角度来说绕 z 轴正向转动的场，这样很好地符合绕该轴有正内禀角动量这个想法。

内禀角动量的第二个重要事例是自旋场。在这种情况下，波函数在空间的每一点上都有两个分量，其根据具有角动量 $j=1/2$ 的转动群的表示在转动下进行变换。这没有经典的类比，在这种情况下我们也不必担心基的选取：因为没有预定义的物理基，所以可以直接用角动量 $\hat{s}_z$ 的本征态。这两个状态可以称为 $|1/2\rangle$ 和 $|-1/2\rangle$，且

$$\hat{s}_z\left|\pm\frac{1}{2}\right\rangle = \pm\frac{1}{2}\hbar\left|\pm\frac{1}{2}\right\rangle \tag{2.148}$$

自旋算符用小写字母 s 表示，以把它与单位内禀角动量的情况区别开来，在那里通常使用 $\hat{S}$。它的分量由

$$\hat{\boldsymbol{s}} = \frac{1}{2}\hbar\hat{\boldsymbol{\sigma}} \tag{2.149}$$

决定，其中$\hat{\boldsymbol{\sigma}}$是式(2.112)定义的泡利矩阵。对于算符 $\hat{S}$ 和 $\hat{s}$，这都与在 2.3.2 小节

中构建的表示一致，因为可以通过计算这些特殊情况下那里给出的 $\hat{J}_z$ 和 $\hat{J}_\pm$ 的矩阵元来验证，然后从它们得到 $\hat{J}_x$ 和 $\hat{J}_y$。

2.3.7 张量算符

到目前为止，只研究了转动下波函数的变换。在详细考虑算符之前，我们首先介绍变换性质的各种类型。标量是转动时不改变的量，而矢量或一阶张量是具有三个分量的客体，它们像位置矢量 $\boldsymbol{r}$ 一样变换。正如上一小节所讨论的，这对应于单位角动量。

高阶张量能够用两种方法构建，使人联想起可供选择的角动量耦合或非耦合基。一个 n 阶笛卡儿张量的分量具有 n 个指标，每个指标都取 -1 到 $+1$（即假设为球分量，但也可以使用笛卡儿分量），并根据单位角动量表示对各指标进行变换：

$$a'_{m_1 m_2 \cdots m_n} = \sum_{m'_1 m'_2 \cdots m'_n} a_{m'_1 m'_2 \cdots m'_n} \mathscr{D}^{(1)}_{m'_1 m_1} \mathscr{D}^{(1)}_{m'_2 m_2} \cdots \mathscr{D}^{(1)}_{m'_n m_n} \tag{2.150}$$

对于最简单的二阶张量的情况，即为

$$a'_{ij} = \sum_{i'j'} a_{i'j'} \mathscr{D}^{(1)}_{i'i} \mathscr{D}^{(1)}_{j'j} \tag{2.151}$$

上式本质上是和给出了由两个大小为1的角动量建立的非耦合基的转动公式相同的公式。这样一个笛卡儿张量有 3^n 个分量。

等价地，可以使用球张量（更确切地说，是不可约球张量），这通常在核结构中更有用，它们是在转动下变换的客体，就像一个具有好角动量的波函数。这样，具有角动量 $\hat{T}^k$ 的一个不可约张量包括分量 $\hat{T}^k_q(q=-k,\cdots,+k)$，其在转动下按照下式变换：

$$\hat{T}'^k_q = \sum_{q'=-k}^{k} \hat{T}^k_{q'} \mathscr{D}^{(k)}_{q'q}(\boldsymbol{\theta}) \tag{2.152}$$

当然，最有用的应用是这种张量的耦合，其中对波函数的所有考虑仍然适用。两个角动量分别为 k 和 k' 的张量 R^k 和 $\hat{S}^{k'}$ 可采用下式耦合成总角动量 K：

$$\hat{T}^K_Q = \sum_{qq'} (kk'K \mid qq'Q) R^k_q \hat{S}^{k'}_{q'} \quad (Q=-K,\cdots,K) \tag{2.153}$$

这种角动量耦合类型非常重要，因此我们引入一个更简洁的记号：

$$\hat{T}^K_Q = [R^k \times \hat{S}^{k'}]^K_Q \quad 或 \quad \hat{T}^K = [R^k \times \hat{S}^{k'}]^K \tag{2.154}$$

当人们对投影不感兴趣时，后一版本是有用的。

练习 2.3 两个矢量耦合成好角动量

问题 两个矢量 $\boldsymbol{a}$ 和 $\boldsymbol{b}$ 耦合成好的总角动量的可能耦合是什么？

解答 根据三角形法则，矢量耦合是指具有单位角动量的两个张量耦合成角动量 $K=0,1,2$。一般公式是

$$T_Q^K = \sum_q (11K \mid q\,Q-q\,Q) a_q b_{Q-q} \quad ①$$

包括矢量的球分量。对于 $K=0$,我们利用 $(110 \mid q-q0) = -(-1)^q/\sqrt{3}$ 得到

$$\begin{aligned} T_0^0 &= -\frac{1}{\sqrt{3}}(a_0 b_0 - a_1 b_{-1} - a_{-1} b_1) \\ &= -\frac{1}{\sqrt{3}}\left[a_z b_z + \frac{1}{2}(a_x + \mathrm{i} a_y)(b_x - \mathrm{i} b_y) + \frac{1}{2}(a_x - \mathrm{i} a_y)(b_x + \mathrm{i} b_y)\right] \\ &= -\frac{1}{\sqrt{3}}(a_x b_x + a_y b_y + a_z b_z) = -\frac{1}{\sqrt{3}}\boldsymbol{a}\cdot\boldsymbol{b} \end{aligned} \quad ②$$

一个并不那么令人惊讶的结果是,除了一个常数因子之外,由两个矢量构成的标量只是标量积。

对于 $K=1$,我们只明确地处理一个分量:$Q=1$。这里我们有 $(111 \mid 101) = -(111 \mid 011) = 1/\sqrt{2}$,且

$$\begin{aligned} T_1^1 &= \frac{1}{\sqrt{2}}(-a_0 b_1 + a_1 b_0) \\ &= \frac{1}{2}[a_z(b_x + \mathrm{i} b_y) - b_z(a_x + \mathrm{i} a_y)] \\ &= -\frac{\mathrm{i}}{2}[(a_y b_z - a_z b_y) + \mathrm{i}(a_z b_x - a_x b_z)] \\ &= \frac{\mathrm{i}}{\sqrt{2}}(\boldsymbol{a}\times\boldsymbol{b})_{+1} \end{aligned} \quad ③$$

这是矢量积的球分量。其他的分量可以类似求出,一般地,我们有

$$[\boldsymbol{a}\times\boldsymbol{b}]_Q^1 = \frac{\mathrm{i}}{\sqrt{2}}(\boldsymbol{a}\times\boldsymbol{b})_Q \quad ④$$

同样,这个结果直观明了。最后,对于 $K=2$,我们明确地写出前三个分量:

$$\begin{aligned} T_2^2 &= a_1 b_1 = \frac{1}{2}(a_x b_x - a_y b_y + 2\mathrm{i} a_x b_y) \\ T_1^2 &= \frac{1}{\sqrt{2}}(a_1 b_0 + a_0 b_1) = -\frac{1}{2}[a_x b_z + a_z b_x + \mathrm{i}(a_y b_z + a_z b_y)] \\ T_0^2 &= \frac{1}{\sqrt{6}}(a_1 b_{-1} + a_{-1} b_1) + \sqrt{\frac{2}{3}} a_0 b_0 = -\frac{1}{\sqrt{6}}(a_x b_x + a_y b_y) + \sqrt{\frac{2}{3}} a_z b_z \end{aligned} \quad ⑤$$

负 Q 分量可以由法则 $T_{-Q}^K = (-1)^Q T_Q^{*K}$ 获得。

人们也可以根据笛卡儿张量积

$$\begin{pmatrix} a_x b_x & a_x b_y & a_x b_z \\ a_y b_x & a_y b_y & a_y b_z \\ a_z b_x & a_z b_y & a_z b_z \end{pmatrix} \quad ⑥$$

分解成标量 $\boldsymbol{a}\cdot\boldsymbol{b}$、矢量 $\boldsymbol{a}\times\boldsymbol{b}$ 和有 $a_x b_y + a_y b_x$ 这样的分量的对称张量 T_Q^2 来得到

这些结果。

不可约球张量算符现在不过是分量是算符的不可约球张量。这里引入了一个新的条件，因为算符 $\hat{T}_q^k$ 可以通过使用式(2.152)或通过下面的一般公式来进行变换：

$$\hat{T}'^k_q = \mathscr{D}(\boldsymbol{\theta})\hat{T}_q^k\mathscr{D}^{-1}(\boldsymbol{\theta}) \tag{2.155}$$

其中 $\mathscr{D}(\boldsymbol{\theta})$是转动波函数的适当算符(它对于好角动量的波函数来说可能又是转动矩阵，虽然可能仅适于除 k 以外的角动量)。这两种不同的变换规律暗示着什么？虽然式(2.155)对任何算符都成立，从本质上说，可以通过首先往回转动波函数，然后应用原始算符，最后将结果向前转动到期望的位置来应用转动算符。式(2.152)仅适用于不可约球张量算符。它要求与球张量算符的分量对应的一组算符按照式(2.152)规定的方式在转动下像一组球分量一样进行变换。

例 2.1　位置算符作为一个不可约球张量

三个算符 x，y 和 z(由相应坐标的值乘以波函数)可组合成单位角动量的不可约球张量算符 r_q，分量遵循通常的球分量定义：

$$r_0 = z,\quad r_{+1} = -\frac{1}{\sqrt{2}}(x+\mathrm{i}y),\quad r_{-1} = \frac{1}{\sqrt{2}}(x-\mathrm{i}y) \tag{①}$$

根据对矢量场的讨论，应该明确地说，r_q 确实是按照 $k=1$ 时的式(2.152)变换的。

比较变换不可约球张量算符的两种方法，人们会预期，如果考虑无穷小转动，$\hat{T}^k$ 和角动量算符的对易关系的一些条件应该被遵循。如果我们假定绕 α 轴的一个无穷小转动，式(2.155)可以写到二阶：

$$\begin{aligned}\hat{T}'^k_q &\approx \left(1-\frac{\mathrm{i}}{\hbar}\theta_\alpha\hat{J}_\alpha\right)\hat{T}_q^k\left(1+\frac{\mathrm{i}}{\hbar}\theta_\alpha\hat{J}_\alpha\right)\\ &\approx \hat{T}_q^k-\frac{\mathrm{i}}{\hbar}\theta_\alpha[\hat{J}_\alpha,\hat{T}_q^k]\end{aligned} \tag{2.156}$$

另一方面，式(2.152)中的转动矩阵元对于无穷小转动也可以简化：

$$\begin{aligned}\mathscr{D}^{(k)}_{q'q}(\theta_\alpha) &\approx \langle kq' \mid 1-\frac{\mathrm{i}}{\hbar}\theta_\alpha\hat{J}_\alpha \mid kq\rangle\\ &= \delta_{qq'}-\frac{\mathrm{i}}{\hbar}\theta_\alpha\langle kq' \mid \hat{J}_\alpha \mid kq\rangle\end{aligned} \tag{2.157}$$

这样，比较转动的两种方式得出

$$[\hat{J}_\alpha,\hat{T}_q^k] = \sum_{q'}\hat{T}^k_{q'}\langle kq' \mid \hat{J}_\alpha \mid kq\rangle \tag{2.158}$$

使用2.3.2小节末尾给出的角动量算符的矩阵元，我们得到

$$[\hat{J}_z,\hat{T}_q^k] = q\hat{T}_q^k,\quad [\hat{J}_\pm,\hat{T}_q^k] = \hbar\sqrt{(k\pm q+1)(k\mp q)}\,\hat{T}^k_{q\pm1} \tag{2.159}$$

注意这个结果本质上意味着角动量算符作用在不可约球张量算符的分量上的方式与它们作用在波函数上的方式相同。对于算符来说，乘积只需要用对易式来代替，因为 $\hat{J}$ 也需要“被通过”而作用于波函数。

例 2.2　位置算符的对易关系

位置矢量算符 $\hat{\boldsymbol{r}}$ 应该满足

$$
\begin{aligned}
&[\hat{J}_z,\hat{r}_0]=0, \quad [\hat{J}_z,\hat{r}_{\pm1}]=\pm\hbar\hat{r}_{\pm1} \\
&[\hat{J}_\pm,\hat{r}_0]=\sqrt{2}\hbar\hat{r}_{\pm1}, \quad [\hat{J}_+,\hat{r}_{+1}]=0, \quad [\hat{J}_-,\hat{r}_{-1}]=0 \\
&[\hat{J}_+,\hat{r}_{-1}]=\sqrt{2}\hbar\hat{r}_0, \quad [\hat{J}_-,\hat{r}_{+1}]=\sqrt{2}\hbar\hat{r}_0
\end{aligned} \tag{①}
$$

利用 $\hat{J}$ 的微分算符定义可以很容易地验证上式。角动量算符本身也是具有单位角动量的球张量,但重要的是要认识到分量与移位算符不是同一的。球分量用下标 +1 和 −1 表示,由下式给出:

$$
\begin{aligned}
\hat{J}_0 &= \hat{J}_z \\
\hat{J}_{+1} &= -\frac{1}{\sqrt{2}}(\hat{J}_x+\mathrm{i}\hat{J}_y)=-\frac{1}{\sqrt{2}}\hat{J}_+ \\
\hat{J}_{-1} &= \frac{1}{\sqrt{2}}(\hat{J}_x-\mathrm{i}\hat{J}_y)=\frac{1}{\sqrt{2}}\hat{J}_-
\end{aligned} \tag{②}
$$

在一般情况下,任何矢量算符都可以通过使用球分量写成具有单位角动量的球张量算符。

张量算符的应用主要涉及它们与下面两者耦合的可能性:

- 波函数:一个具有好角动量的新波函数可以通过下式构建:

$$
|\beta KM\rangle=\sum_{qm}(jkK\mid mqM)\hat{T}_q^k\mid\alpha jm\rangle \tag{2.160}
$$

这里 α 和 β 是指受算符影响的任何其他量子数。由此产生的角动量由隐含在克莱布希-戈尔登系数中的选择规则确定。

- 其他算符:这类似于上面的式(2.154)。当然对于算符,必须留意次序,因为它们可能不对易。这样,算符的标量积和矢量积可以如上定义为与零或单位角动量的耦合。

算符和场之间的区别对于某些考虑是至关重要的,“同样的”数学表达式根据它被如何使用而可能要被区别对待。我们用位置矢量来说明这一点。

作用到波函数上,$\boldsymbol{r}$ 实际上是由三个算符 x,y 和 z 组成的,其可组合成如上所述的不可约球张量算符 $r_\mu(\mu=-1,0,1)$。它应用于一个波函数会产生三个新函数 $r_\mu\psi(\boldsymbol{r})$,其中每一个新波函数都可以使用转动算符来转动:

$$
(r_\mu\psi(\boldsymbol{r}))'=(r''_\mu\psi(\boldsymbol{r}''))_{(\boldsymbol{r}''=\mathscr{D}^{-1}(\boldsymbol{\theta}))}=\mathscr{D}(\boldsymbol{\theta})(r_\mu\psi(\boldsymbol{r})) \tag{2.161}
$$

因为 $\boldsymbol{r}$ 是球张量算符,我们可以另写为

$$
\begin{aligned}
(r_\mu\psi(\boldsymbol{r}))' &= \Big(\sum_{\mu'}r_{\mu'}\mathscr{D}^{(1)}_{\mu'\mu}\Big)\mathscr{D}(\boldsymbol{\theta})\psi(\boldsymbol{r}) \\
&= \Big(\sum_{\mu'}r_{\mu'}\mathscr{D}^{(1)}_{\mu'\mu}\Big)\psi(\mathscr{D}^{-1}(\boldsymbol{\theta})\boldsymbol{r})
\end{aligned} \tag{2.162}
$$

最后一种描写转动的方式明确它是如何起作用的：球算符 $\boldsymbol{r}$ 在一个定点旋转，从而使波函数乘以与位置有关的值 $\mathscr{D}^{-1}(\boldsymbol{\theta})\boldsymbol{r}$。

如果 $\boldsymbol{r}$ 被看作一个内禀角动量为 1 的矢量场，情况就不一样了。现在我们有一个矢量函数 $\boldsymbol{r}(x,y,z)$，在转动时在受到影响的一个固定的点上它将同时依赖于坐标和它的方向。事实上，它可以写成

$$\boldsymbol{r} = -\sqrt{3}\sum_{\mu=-1}^{+1}(110 \mid \mu - \mu 0)\, r_{\mu}\boldsymbol{e}_{-\mu} \tag{2.163}$$

因此可以以显式形式作为标量出现。这与直觉一致，因为场 $\boldsymbol{r}$ 显然是球对称的。形式上，位置无关的基矢量 $\boldsymbol{e}_{\mu}$ 携带内禀角动量，系数 r_{μ} 携带轨道角动量，在这种情况下刚好耦合成为零总角动量。

2.3.8 维格纳-埃卡特定理

由于属于固定角动量多重态的不同投影的态在某种意义上通过算符 $\hat{J}_{+}$ 或 $\hat{J}_{-}$ 的应用而平凡地相互联系，可以预料，矩阵元素也应该在某种程度上“平凡地”取决于所涉及的投影，即简单地通过操作与转动群及其表示有关。事实上，这就是现在将要推导的维格纳-埃卡特定理的内容。

取形式为 $|\alpha jm\rangle$ 的两个角动量态之间的一个不可约球张量算符 $\hat{T}_q^k$ 的矩阵元。由于算符也可以改变非转动量子数，故它们显式地用 α 和 β 表示。我们感兴趣的矩阵元是

$$\langle \beta j' m' \mid \hat{T}_q^k \mid \alpha jm\rangle \tag{2.164}$$

现在的想法是将右边的态和张量算符耦合到好角动量，然后利用与左边的态的正交性。耦合产生中间态

$$|\gamma j'' m''\rangle = \sum_{mq}(jkj'' \mid mqm'')\hat{T}_q^k \mid \alpha jm\rangle \tag{2.165}$$

j'' 和 m'' 取所有允许的值。根据 2.3.5 小节，这个耦合可以倒过来，得到

$$\hat{T}_q^k \mid \alpha jm\rangle = \sum_{j''m''}(jkj'' \mid mqm'') \mid \gamma j'' m''\rangle \tag{2.166}$$

取与 $|\beta j' m'\rangle$ 的重叠，得出

$$\begin{aligned}\langle \beta j' m' \mid \hat{T}_q^k \mid \alpha jm\rangle &= \sum_{j''m''}(jkj'' \mid mqm'')\langle \beta j' m' \mid \gamma j'' m''\rangle \\ &= (jkj' \mid mqm')\langle \beta j' m' \mid \gamma j' m'\rangle\end{aligned} \tag{2.167}$$

右边的第二个矩阵元不依赖于 m'，这可以通过如下检查看出：

$$\begin{aligned}\langle \beta jm+1 \mid \gamma jm+1\rangle &= \frac{\langle \beta jm \mid \hat{J}_{-}\hat{J}_{+} \mid \gamma jm\rangle}{\sqrt{\langle \beta jm \mid \hat{J}_{-}\hat{J}_{+} \mid \beta jm\rangle\langle \gamma jm \mid \hat{J}_{-}\hat{J}_{+} \mid \gamma jm\rangle}} \\ &= \langle \beta jm \mid \gamma jm\rangle\end{aligned} \tag{2.168}$$

其中算符组合 $\hat{J}_{-}\hat{J}_{+}$ 是对角的，它的本征值与任何附加量子数无关。事实上，这个

表达式在2.3.2小节中用来导出$\hat{J}_+$的矩阵元。当然,同样的讨论可以用来降低投影。

结论是矩阵元可以被拆分成一个克莱布希-戈尔登系数(其包含关于投影依赖的所有信息)和一个到现在为止还未知的矩阵元$\langle \beta j' m' | \gamma j' m' \rangle$(其描述算符$\hat{T}^k_q$的物理)。为了明确这个事实,我们定义一个约化矩阵元:

$$\langle \beta j' m' \mid \hat{T}^k_q \mid \alpha j m \rangle = (-1)^{2k} \langle \beta j' \| \hat{T}^k \| \alpha j \rangle (j k j' \mid m q m') \quad (2.169)$$

约化矩阵元$\langle \beta j' \| \hat{T}^k \| \alpha j \rangle$以隐式形式确定:要计算它的值,只需对投影$m$,$m'$和$q$的任何方便的组合计算式(2.169)的左边,前提是对于这种组合它不会消失,然后用这个方程求得约化矩阵元本身。其优点是所有其他投影组合都可以很容易地计算出来,并且所定义的约化矩阵元没有显式地包含任何投影,从而给出算符行为的一个更一般的特性。因子$(-1)^{2k}$是传统的相位因子,不同的作者对约化矩阵元使用不同的定义。

2.3.9 6j和9j符号

由三个或四个角动量的耦合得到6j和9j符号的定义。它们最重要的应用是约化矩阵元的分解。因为本书很少用到它们,故我们只作简短的讨论,请读者参阅有关角动量理论的书籍,了解它们的性质和评价。

假设由单个角动量量子数给出的一个非耦合基为$|j_1 m_1, j_2 m_2, j_3 m_3\rangle$。总的角动量由$\hat{J} = \hat{\boldsymbol{j}}_1 + \hat{\boldsymbol{j}}_3 + \hat{\boldsymbol{j}}_3$给出,它的平方和$z$分量都会产生好量子数。附加量子数由单个角动量的平方提供,所有这些算符与两角动量之和的平方(例如$\hat{J}^2_{12} = (\hat{\boldsymbol{j}}_1 + \hat{\boldsymbol{j}}_2)^2$)也对易。但显然我们有$[\hat{J}_{12}, \hat{J}_{23}] \neq 0$,所以这些中间耦合算符至多有一个是对角的。如果选择$\hat{J}^2_{12}$对角,构建过程是首先用标准方法耦合$\hat{\boldsymbol{j}}_1$和$\hat{\boldsymbol{j}}_2$:

$$| j_1 j_2 J_{12} M_{12} \rangle = \sum_{m_1 m_2} (j_1 j_2 J_{12} \mid m_1 m_2 M_{12}) \mid j_1 m_1 \rangle \mid j_2 m_2 \rangle \quad (2.170)$$

然后执行附加耦合:

$$| jM, (j_1 j_2) J_{12} j_3 \rangle = \sum_{M_{12} m_3} (J_{12} j_3 J \mid M_{12} m_3 M) \mid j_1 j_2 J_{12} M_{12} \rangle \mid j_3 m_3 \rangle \quad (2.171)$$

另一种选择是先耦合$\hat{\boldsymbol{j}}_2$和$\hat{\boldsymbol{j}}_3$,得到如下的构建:

$$| j_2 j_3 J_{23} M_{23} \rangle = \sum_{m_2 m_3} (j_2 j_3 J_{23} \mid m_2 m_3 M_{23}) \mid j_2 m_2 \rangle \mid j_3 m_3 \rangle$$

$$| jM, j_1 (j_2 j_3) J_{23} \rangle = \sum_{M_{23}, m_1} (j_1 J_{23} J \mid m_1 M_{23} M) \mid j_1 m_1 \rangle \mid j_2 j_3 J_{23} M_{23} \rangle$$

(2.172)

这样,对于三个耦合角动量的系统,我们有两组可供选择的基态,其必然通过变换联系。按照惯例，将使用下面两个定义。一个是拉卡(Racah)系数 W，由下式给出：

$$W(j_1 j_2 J j_3; J_{12} J_{23}) = \sqrt{(2J_{12}+1)(2J_{23}+1)}\langle J,(j_1 j_2)J_{12} j_3 \mid J, j_1(j_2 j_3)J_{23}\rangle \tag{2.173}$$

注意 M 在波函数中被省略，因为结果表明 W 与 M 无关。归一化因子有助于使 W 更对称。变换为

$$\mid jM,(j_1 j_2)J_{12} j_3\rangle = \sum_{J_{23}} \sqrt{(2J_{12}+1)(2J_{23}+1)} \cdot W(j_1 j_2 J j_3; J_{12} J_{23}) \mid jM, j_1(j_2 j_3)J_{23}\rangle \tag{2.174}$$

$6j$ 符号拥有更高程度的对称性，其定义为

$$\begin{Bmatrix} j_1 & j_2 & J_{12} \\ j_3 & J & J_{23} \end{Bmatrix} = (-1)^{j_1+j_2+J+j_3} W(j_1 j_2 J j_3; J_{12} J_{23}) \tag{2.175}$$

在四个角动量的情况下，做法是非常相似的。例如可以把 j_1 和 j_2 耦合成 J_{12} 以及 j_3 和 j_4 耦合成 J_{34}，然后把它们结合成总的 J，或把 J_{13} 和 J_{24} 耦合成 J。变换由 $9j$ 符号给出，通过下式定义：

$$\langle J,(j_1 j_2)J_{12}(j_3 j_4)J_{34} \mid J,(j_1 j_3)J_{13}(j_2 j_4)J_{24}\rangle = \sqrt{(2J_{12}+1)(2J_{34}+1)(2J_{13}+1)(2J_{24}+1)} \begin{Bmatrix} j_1 & j_2 & J_{12} \\ j_3 & j_4 & J_{34} \\ J_{13} & J_{24} & J \end{Bmatrix} \tag{2.176}$$

注意每一列或每一行描述一个角动量耦合。$9j$ 符号又叫法诺(Fano)X 系数，用 $X(j_1 j_2 J_{12}, j_3 j_4 J_{34}, J_{13} J_{24} J)$ 表示。

如上所述，这些符号对张量算符矩阵元的分解非常有用，现在简要讨论一下。

人们经常需要处理不同子系统的波函数和张量算符。例如，波函数可以从轨道和自旋部分建立起来，算符也是自旋和轨道贡献的耦合。另一个例子是两个粒子结合它们的角动量和一个算符(由两个算符的乘积组成，这两个算符中的每一个只作用于其中一个粒子)。于是我们不得不考虑类型为 $\langle j_1 j_2 J || \hat{T}^k || j_1' j_2' J'\rangle$ 的矩阵元，这里

$$\hat{T}^k = [\hat{R}^{k_1} \times \hat{S}^{k_2}]^k \tag{2.177}$$

$\hat{R}$ 作用在以 j_1 和 j_1' 表征的粒子 1 上，而 $\hat{S}$ 仅作用在以 j_2 和 j_2' 表征的粒子 2 上。如下的通式允许以子系统的矩阵元的乘积表达总矩阵元：

$$\langle j_1 j_2 J || \hat{T}^k || j'_1 j'_2 J'\rangle = \sqrt{(2J'+1)(2k+1)(2j_1+1)(2j_2+1)} \cdot \begin{Bmatrix} J & J' & k \\ j_1 & j_1' & k_1 \\ j_2 & j_2' & k_2 \end{Bmatrix} \langle j_1 || \hat{R}^{k_1} || j_1'\rangle \langle j_2 || \hat{S}^{k_2} || j_2'\rangle \tag{2.178}$$

在其中一个算符是恒等式的特殊情况下,例如 $\hat{T}=\hat{S}$,矩阵元对粒子 2 必须是对角的,但结果仍然依赖于出现在波函数中的角动量耦合,公式是

$$\langle j_1 j_2 J \| \hat{R}^k \| j_1' j_2' J' \rangle = (-1)^{J+j_1'-k-j_2} \sqrt{(2J'+1)(2j_1+1)} \cdot W(j_1 j_1' J J'; k j_2) \langle j_1 \| \hat{R}^k \| j_1' \rangle \delta_{j_2 j_2'} \tag{2.179}$$

2.4 同 位 旋

如 2.3.4 小节所示,自旋算符与 $SU(2)$ 群的生成元密切相关,在波函数的二维空间中它描述幺正变换(用单位行列式)。因此,无须惊讶,每当人们考虑这样一个空间时,不管它的物理解释是什么,$SU(2)$ 群和自旋表示将发挥作用。

核物理中令人感兴趣的应用是同位旋。质子和中子似乎是同一粒子的两种状态,其在强相互作用下难以分辨。如果在一阶近似中库仑力被忽略,那么原子核的物理在质子和中子状态相互转化的变换下是不变的。在数学上,如果我们指定质子基态 $|\mathrm{p}\rangle$ 和中子基态 $|\mathrm{n}\rangle$ 为二维空间中的单位基:

$$|\mathrm{p}\rangle = \begin{pmatrix}1\\0\end{pmatrix}, \quad |\mathrm{n}\rangle = \begin{pmatrix}0\\1\end{pmatrix} \tag{2.180}$$

那么 $SU(2)$ 中的变换将混合质子和中子态,由于群结构相同,我们可以照搬角动量理论的所有结果。选择"同位旋"这个名称是为了显示数学的相似性和物理含义的不同(这个术语起源于"同位素的"自旋)。

群的生成元是同位旋算符 $\hat{\boldsymbol{t}}=(1/2)\hat{\boldsymbol{\tau}}$,其中 $\hat{\boldsymbol{\tau}}$ 是矩阵的一个矢量,是和泡利矢量 $\hat{\boldsymbol{\sigma}}$ 同一的矢量,只是用不同的记号来表明它指的是不同的物理自由度。质子和中子在对应于同位旋 1/2 的二维表示中一定是 $\hat{t}_z$ 的本征态;是否为质子或中子选择正本征值是一个选择问题。在本书以及大多数有关核物理学的出版物中,质子得到正的同位旋投影,这样

$$\hat{t}_z |\mathrm{p}\rangle = \frac{1}{2} |\mathrm{p}\rangle, \quad \hat{t}_z |\mathrm{n}\rangle = -\frac{1}{2} |\mathrm{n}\rangle \tag{2.181}$$

算符 $\hat{t}^2$ 有本征值 $(1/2)(1/2+1)=3/4$,$\hat{t}_x$ 和 $\hat{t}_y$ 分别把质子转化成中子及反过来。例如

$$\hat{t}_x |\mathrm{p}\rangle = \frac{1}{2}\begin{pmatrix}0 & 1\\1 & 0\end{pmatrix}\begin{pmatrix}1\\0\end{pmatrix} = \frac{1}{2}\begin{pmatrix}0\\1\end{pmatrix} = \frac{1}{2}|\mathrm{n}\rangle \tag{2.182}$$

如果一个哈密顿量与算符 $\hat{\boldsymbol{t}}$ 对易,则它具有同位旋不变性。这实际上比一开始的

考虑要稍微一般一些:哈密顿量将在同位旋任何有限转动(即质子和中子态的任何混合)下保持不变,而自然界中只有 $\hat{t}_z$ 的本征态(质子和中子)能实现。然而,要求这种更一般的不变性是相当成功的,没有必要考虑质子和中子之间的特殊转换。因为同位旋不是角动量,量纲因子 $\hbar$ 是不必要的,故从所有公式中删除。

当然,如果仅考虑同位旋 1/2 的单态表示,那么同位旋形式是相当无用的。然而,可把角动量耦合的概念有用地扩展到同位旋。在数学上,这完全一样,使用相同的克莱布希-戈尔登系数。如果一个系统由 A 个核子组成,其总同位旋的定义是

$$\hat{\boldsymbol{T}} = \sum_{i=1}^{A} \hat{\boldsymbol{t}}_i \tag{2.183}$$

哈密顿量的同位旋不变性意味着它与 $\hat{\boldsymbol{T}}$ 对易,所以它的本征态也可以用类似于 $\mathscr{D}^j$ 的表示来分类,其中 j 被 t 所取代。用 λ 表示核的所有其他量子数,本征态将满足

$$\hat{T}^2 \mid tt_z\lambda\rangle = t(t+1) \mid tt_z\lambda\rangle, \quad \hat{T}_z \mid tt_z\lambda\rangle = t_z \mid tt_z\lambda\rangle \tag{2.184}$$

至于角动量,投影的本征值就是单核子投影的和。由于每一个质子都贡献 +1/2,每一个中子都贡献 −1/2,因此它由下式给出:

$$t_z = \frac{1}{2}(Z - N) \tag{2.185}$$

从而不同 t_z 的本征态对应于核子数相同,但是质子中子比不同的核。如果哈密顿量是同位旋不变的,这些核都必须具有相同的能量,因为同位旋移位算子与 $\hat{H}$ 对易,我们还得到一个预测,即在具有相同内部结构的同量异位核链中应该存在相似态。事实上这种态存在于轻核中,在那里库仑效应可以忽略不计。这些都是众所周知的同位旋相似态。

这样的态可能是什么样的多重态的成员取决于核的 Z 和 N。例如,对称核有一个为零的同位旋投影,因此可以是任何同位旋多重态的成员。最简单的是同位旋为零的单态,在此情况下在相邻的同量异位素中没有相似态。一般而言,核(Z,N)的一个态要求同位旋

$$t \geqslant t_z = \frac{1}{2}(Z - N) \tag{2.186}$$

同位旋的另一个优势是所有核子可以用同样的方式处理。如果质子和中子保持不同,人们必须分别对每种类型的粒子波函数反对称化,没有反对称化被强加在质子和中子的交换上,因为它们是不同的粒子。如果添加了包含同位旋依赖的波函数是反对称的这一要求,同位旋允许我们把它们看成相同的粒子。

例 2.3　二核子系统

对波函数的同位旋部分,我们有四个态组成的非耦合基(指标 1 和 2 指的是两个粒子):

$$|\mathrm{p}_1\rangle|\mathrm{p}_2\rangle,\quad |\mathrm{p}_1\rangle|\mathrm{n}_2\rangle,\quad |\mathrm{n}_1\rangle|\mathrm{p}_2\rangle,\quad |\mathrm{n}_1\rangle|\mathrm{n}_2\rangle \tag{①}$$

把角动量结果应用到耦合基上,得

$$|t=0,t_z=0\rangle=\frac{1}{\sqrt{2}}(|\mathrm{p}_1\rangle|\mathrm{n}_2\rangle-|\mathrm{n}_1\rangle|\mathrm{p}_2\rangle)$$

$$|t=1,t_z=0\rangle=\frac{1}{\sqrt{2}}(|\mathrm{p}_1\rangle|\mathrm{n}_2\rangle+|\mathrm{n}_1\rangle|\mathrm{p}_2\rangle) \tag{②}$$

$$|t=1,t_z=1\rangle=|\mathrm{p}_1\rangle|\mathrm{p}_2\rangle$$

$$|t=1,t_z=-1\rangle=|\mathrm{n}_1\rangle|\mathrm{n}_2\rangle$$

总同位旋 $t=1$ 的态在两粒子的交换下是明显地对称的,而同位旋为 0 的态是反对称的,因此,为了使总波函数反对称,波函数的自旋和轨道部分必须具有相反的对称性。强相互作用的同位旋不变性意味着它不应该依赖于同位旋投影,从而 p-p 系统和 n-n 系统应该具有相似的散射行为。对于 p-n 系统,只有同位旋为 1 的对称分量表现出相同的行为,而同位旋为 0 的反对称分量可能具有完全不同的散射特性。因此,同位旋不变性并不预测 p-n 系统和 p-p 系统及 n-n 系统有相同的行为(由于库仑效应而引起的修正在本次讨论中均被忽略)。

最后,我们将给出用同位旋表达核子或核的电荷的有用公式。因为质子的电荷为 $+e$,中子没有电荷,这可以简单地通过添加 1/2 到同位旋中然后乘以 e 得到,所以对于一个核子,电荷算符是

$$\hat{q}=e\left(\hat{t}_z+\frac{1}{2}\right) \tag{2.187}$$

类似地,对于核为

$$\hat{Q}=e\left(\hat{T}_z+\frac{1}{2}A\right) \tag{2.188}$$

2.5 宇　　称

2.5.1 定义

空间反射的操作定义如下:

$$\boldsymbol{r}\rightarrow-\boldsymbol{r},\quad \boldsymbol{p}\rightarrow-\boldsymbol{p},\quad \boldsymbol{s}\rightarrow\boldsymbol{s},\quad t\rightarrow t \tag{2.189}$$

自旋矢量不反向的原因是作为角动量它对应于矢量积。如果形成一个矢量积的两个矢量反向,矢量积的右手约定使得得到的矢量指向同一方向(图 2.3)。

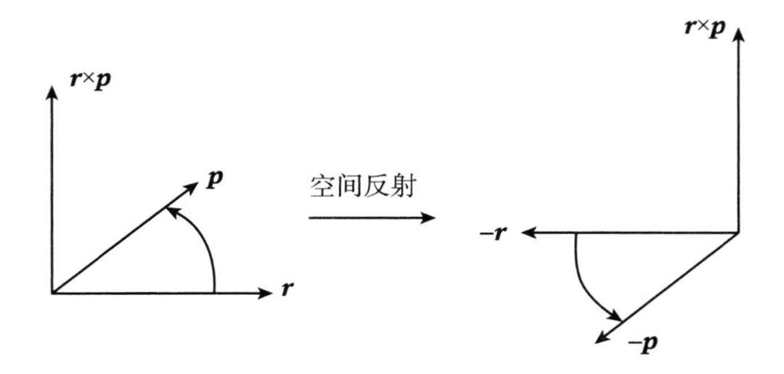

图 2.3 空间反射下轴矢量的行为:如果 r 和 p 都反向,矢量积 $r\times p$ 不改变方向

这样有两种类型的矢量:像 $\boldsymbol{r}$ 和 $\boldsymbol{p}$ 这种基本矢量,称为极矢量;像角动量这种轴矢量,其根据转动或矢量积定义,在空间反射时不改变符号。

引入空间反射算符 $\hat{P}$,我们也可以把式(2.189)写为

$$\hat{P}\boldsymbol{r} = -\boldsymbol{r},\quad \hat{P}\boldsymbol{p} = -\boldsymbol{p},\quad \hat{P}\boldsymbol{s} = \boldsymbol{s},\quad \hat{P}t = t \tag{2.190}$$

算符 $\hat{P}$ 以类似于前几节的连续变换的精神作用到波函数上:新点处变换后的波函数取旧点处旧波函数的值:

$$(\hat{P}\psi)(\hat{P}\boldsymbol{r}) = \psi(\boldsymbol{r}) \tag{2.191}$$

既然 $\hat{P}$ 必须是它自己的反射(平凡地写为 $\hat{P}^2=1$),我们还有

$$\hat{P}\psi(\boldsymbol{r}) = \psi(-\boldsymbol{r}) \tag{2.192}$$

又一次,就像平动和转动,如果哈密顿量在空间反射下不变,则它一定与 $\hat{P}$ 对易,波函数可以被选为 $\hat{H}$ 和 $\hat{P}$ 的共同本征态。如果我们用 π 表示 $\hat{P}$ 的本征值,有

$$\psi(-\boldsymbol{r}) = \hat{P}\psi(\boldsymbol{r}) = \pi\psi(\boldsymbol{r}) \tag{2.193}$$

然后再次应用 $\hat{P}$:

$$\psi(\boldsymbol{r}) = \hat{P}^2\psi(\boldsymbol{r}) = \pi^2\psi(\boldsymbol{r}) \tag{2.194}$$

这样宇称量子数只能取 ± 1。

2.5.2 矢量场

类似于角动量的情况,对于矢量场,宇称的定义必须仔细考虑。如果我们处理单个矢量,比如位置或动量矢量,那么很明显,如果它是一个极矢量,则它反向;如果它是轴矢量,则保持不变。对于矢量场,我们必须在每一点都做同样的处理并检验它对坐标的依赖性。

例如，对于有好宇称的极矢量场 $\boldsymbol{A}(\boldsymbol{r})$，要求所有分量满足

$$A_x(\boldsymbol{r}) = \pi_r A_x(-\boldsymbol{r}), \quad A_y(\boldsymbol{r}) = \pi_r A_y(-\boldsymbol{r}), \quad A_z(\boldsymbol{r}) = \pi_r A_z(-\boldsymbol{r}) \tag{2.195}$$

这里 π_r 是轨道宇称，而总宇称也包含一个描述极矢量场内禀宇称的额外因子 -1。那么它的总宇称 π 由 $-\pi_r$ 给出，而对轴矢量场则由 π_r 给出，所以可以由不同状况来定义。对于极矢量场，有

$$-\boldsymbol{A} = \boldsymbol{A}(-\boldsymbol{r}) \tag{2.196}$$

对于轴矢量场，有

$$\boldsymbol{A} = \boldsymbol{A}(-\boldsymbol{r}) \tag{2.197}$$

作为例子，考虑位置矢量场 $\boldsymbol{r}$。它的分量 $x(\boldsymbol{r})$，$y(\boldsymbol{r})$ 和 $z(\boldsymbol{r})$ 具有负轨道宇称，因矢量 $\boldsymbol{r}$ 的极性特征而附加的负宇称使得总宇称是 $+1$。这与场绘制时的反射不变特性是一致的。这个例子也清楚地表明，单个矢量和矢量场之间的区别是非常重要的：矢量 $\boldsymbol{r}$ 本身仅具有 -1 的内禀宇称。记住 2.3.7 小节中关于场 $\boldsymbol{r}$ 的角动量的类似讨论。

注意，有些作者使用 π_r 表示总宇称，如果符号始终保持一致的话，物理计算的最终结果当然会相同。通常需要标量积的宇称，如果矢量场是同一类型的，则内禀宇称将消去。因此，积的宇称实际上仅由轨道宇称决定。

2.6 时间反演

虽然库仑作用和强相互作用在时间反演下都保持不变，但这种对称在核结构物理学中只起着次要作用（它对核反应更为重要，在那里自然对时间反演的过程感兴趣）。时间反演由下式定义：

$$\boldsymbol{r} \to \boldsymbol{r}, \quad \boldsymbol{p} \to -\boldsymbol{p}, \quad \boldsymbol{s} \to -\boldsymbol{s}, \quad t \to -t \tag{2.198}$$

它的一个应用是限制哈密顿量的函数形式。比如，不允许有如 $\boldsymbol{r} \cdot \boldsymbol{p}$ 这样的项。然而本书中的主要应用将在配对理论（7.3 节）中，这样读者可以跳过本节，直到有需要时再阅读。

与其他讨论过的对称性比较，时间反演具有不寻常的特性。使用已定义的属性，位置和动量的对易式应按照下式变换：

$$\mathrm{i}\hbar = [x, p_x] \quad \to \quad [x, -p_x] = -\mathrm{i}\hbar \tag{2.199}$$

这意味着常数 $\mathrm{i}\hbar$ 在时间反演下改变符号！实现这一点的唯一方法是假设时间反

演包括复共轭。如果我们考虑时间依赖的薛定谔方程

$$\mathrm{i}\hbar\frac{\partial}{\partial t}\psi(\boldsymbol{r},t)=\hat{H}\psi(\boldsymbol{r},t) \tag{2.200}$$

这似乎也是合理的。由于 $\hat{H}$ 不应在时间反演下改变，如果 t 的符号改变被 $\mathrm{i}\hbar$ 的符号改变平衡，则这个等式就保持它的形式不变。

其结果是时间反演算符 $\hat{\mathscr{T}}$ 不能是幺正的，因为它甚至不是线性算符。线性算符与任意常数 c 对易，所以应该有

$$\hat{\mathscr{T}}\mathrm{i}\hbar\hat{\mathscr{T}}^{-1}=\mathrm{i}\hbar\hat{\mathscr{T}}\hat{\mathscr{T}}^{-1}=\mathrm{i}\hbar \tag{2.201}$$

这就不允许所需要的复共轭。具有 $\hat{\mathscr{T}}\alpha=\alpha^*\hat{\mathscr{T}}$ 性质的算符叫反线性算符。

当构建 $\hat{\mathscr{T}}$ 的本征态时必须非常小心，因为许多通常的算符属性不成立。假定 $|A\rangle$ 是 $\hat{\mathscr{T}}$ 的一个本征态，其本征值为 A。应用 $\hat{\mathscr{T}}^2$，得到

$$\hat{\mathscr{T}}^2|A\rangle=\hat{\mathscr{T}}A|A\rangle=A^*\hat{\mathscr{T}}|A\rangle=|A|^2|A\rangle \tag{2.202}$$

因为时间反演的定义表明它仍然满足 $\hat{\mathscr{T}}^2=1$，所以一定有

$$A=\mathrm{e}^{\mathrm{i}\varphi_A} \tag{2.203}$$

带有某一角度 φ_A。角度取决于对本征态相位的选择。如果 $|A\rangle$ 被一个新态所代替：

$$|A'\rangle=\mathrm{e}^{\frac{1}{2}\mathrm{i}\varphi_A}|A\rangle \tag{2.204}$$

本征值也随之改变：

$$\begin{aligned}\hat{\mathscr{T}}|A'\rangle&=\hat{\mathscr{T}}\mathrm{e}^{\frac{1}{2}\mathrm{i}\varphi_A}|A\rangle=\mathrm{e}^{-\frac{1}{2}\mathrm{i}\varphi_A}\hat{\mathscr{T}}|A\rangle\\&=\mathrm{e}^{-\frac{1}{2}\mathrm{i}\varphi_A}\mathrm{e}^{\mathrm{i}\varphi_A}|A\rangle=|A'\rangle\end{aligned} \tag{2.205}$$

这样，可以通过相位的改变使 $\hat{\mathscr{T}}$ 的本征值等于 1。读者应该记住，时间反演的性质与波函数的相位密切相关。

对于核物理学来说，角动量和时间反演之间的相互作用是有趣的。因 $\hat{\mathscr{T}}$ 改变 $\hat{\boldsymbol{J}}$ 的符号，它与 $\hat{\boldsymbol{J}}^2$ 对易但不与 $\hat{J}_z$ 对易。如果它与使 z 轴方向反向的转动 $\mathscr{R}$ 相结合，它应该与两者都对易：

$$[\mathscr{R}\hat{\mathscr{T}},\hat{\boldsymbol{J}}^2]=0,\quad[\mathscr{R}\hat{\mathscr{T}},\hat{J}_z]=0 \tag{2.206}$$

$\mathscr{R}\hat{\mathscr{T}}$ 可以在通常的角动量基上对角化。和 $\hat{\mathscr{T}}$ 同样的道理，可能的本征值一定具有形式 $\exp(\mathrm{i}\varphi_A)$，并且通过波函数相位的变化可以再次等于 1。用 α 表示任何额外的量子数，于是除了通常的角动量本征值关系之外，我们可以假设一个本征函数为 $|\alpha JM\rangle$ 的系统，这样

$$\mathscr{R}\hat{\mathscr{T}}|\alpha JM\rangle=|\alpha JM\rangle \tag{2.207}$$

这就需要对基本函数进行特殊的相位选择。

除了使 z 轴方向反向的条件外，转动 $\mathscr{R}$ 是任意的。习惯上选择绕 y 轴转动 π 角，$\mathscr{R}=R_y(\pi)$。

$R_y(\pi)$对波函数的作用可以用转动矩阵来计算：

$$\langle \alpha JM' \mid R_y(\pi) \mid \alpha' JM\rangle = d^J_{M'M}(\pi)\delta_{\alpha\alpha'} = (-1)^{J-M}\delta_{M-M'}\delta_{\alpha\alpha'} \tag{2.208}$$

这样

$$R_y^{-1}(\pi) \mid \alpha JM\rangle = (-1)^{J-M} \mid \alpha J - M\rangle \tag{2.209}$$

因为 $\mathscr{R}\hat{\mathscr{T}}$ 的本征值是 1，这意味着

$$\hat{\mathscr{T}} \mid \alpha JM\rangle = R_y^{-1}(\pi)(\mathscr{R}\hat{\mathscr{T}} \mid \alpha JM\rangle) = (-1)^{J-M} \mid \alpha J - M\rangle \tag{2.210}$$

现在我们来看看$(\mathscr{R}\hat{\mathscr{T}})^2$ 的作用。一方面，由于它的本征值是 1，因此有

$$(\mathscr{R}\hat{\mathscr{T}})^2 \mid \alpha JM\rangle = \mid \alpha JM\rangle \tag{2.211}$$

另一方面，$\mathscr{R}$ 与 $\hat{\mathscr{T}}$ 对易，因为有限转动 $R_y(\pi)$由 $\exp(\mathrm{i}\pi\hat{J}_y)$给出，$\hat{\mathscr{T}}$改变$\hat{J}_y$ 和虚数因子 $\mathrm{i}\pi$ 的符号。这样我们也可以写出

$$(\mathscr{R}\hat{\mathscr{T}})^2 \mid \alpha JM\rangle = \mathscr{R}^2\hat{\mathscr{T}}^2 \mid \alpha JM\rangle = R_y(2\pi)\hat{\mathscr{T}}^2 \mid \alpha JM\rangle \tag{2.212}$$

现在 $R_y(2\pi)$对于整数自旋粒子是 +1，对于分数自旋粒子是 −1。我们必有

$$\hat{\mathscr{T}}^2 = \begin{cases} +1 & (\text{整数自旋}) \\ -1 & (\text{分数自旋}) \end{cases} \tag{2.213}$$

而 $\hat{\mathscr{T}}^2$ 只能具有 +1 的本征值，因为由 $\hat{\mathscr{T}}$ 的本征值可知，如果 $\hat{\mathscr{T}}\mid A\rangle = \exp(\mathrm{i}\varphi_A)\mid A\rangle$，则

$$\hat{\mathscr{T}}^2 \mid A\rangle = \hat{\mathscr{T}}\mathrm{e}^{\mathrm{i}\varphi_A} \mid A\rangle = \mathrm{e}^{-\mathrm{i}\varphi_A}\hat{\mathscr{T}} \mid A\rangle = \mid A\rangle \tag{2.214}$$

所以对整数自旋，这没有问题：两方面都表明，对于 $\hat{\mathscr{T}}$ 的本征矢，$\hat{\mathscr{T}}^2$ 的本征值为 +1。而对于分数自旋，在符号上有一个冲突。解决的办法是在这种情况下没有 $\hat{\mathscr{T}}$ 的本征矢量，换句话说，$\hat{\mathscr{T}}\mid A\rangle$总与$\mid A\rangle$线性无关。由于哈密顿量在时间反演下是不变的，因此和 $\hat{\mathscr{T}}$ 对易，$\mid A\rangle$和 $\hat{\mathscr{T}}\mid A\rangle$是哈密顿量的两个线性独立但简并的本征态。

这个一般结果可以重述如下：如果一个由奇数个费米子组成（因此有分数自旋）的系统的哈密顿量在时间反演下是不变的，它的本征态将总是显示二重简并，这两个态彼此互为时间反演。这叫做克拉默斯（Kramers）简并。一个典型的应用是在微观核模型里，在那里具有角动量投影相反值的单粒子波函数总是简并的。

练习 2.4　自旋为 1/2 的旋量的时间反演算符

问题　给出自旋为 1/2 的旋量的时间反演算符的明确形式。

解答　由式(2.210)，时间反演按照下式作用到 $\sigma = \pm 1/2$ 的旋量$\mid\sigma\rangle$上：

$$\hat{\mathscr{T}}|\sigma\rangle = (-1)^{\frac{1}{2}-\sigma}|-\sigma\rangle \qquad ①$$

或

$$\hat{\mathscr{T}}\left|\frac{1}{2}\right\rangle = \left|-\frac{1}{2}\right\rangle,\quad \hat{\mathscr{T}}\left|-\frac{1}{2}\right\rangle = -\left|\frac{1}{2}\right\rangle \qquad ②$$

这可以很容易地重新构造成为一个矩阵算符：

$$\hat{\mathscr{T}} = \begin{pmatrix} 0 & -1 \\ 1 & 0 \end{pmatrix} = -\mathrm{i}\sigma_y \qquad ③$$

鉴于使用绕 y 轴的转动时的相位的定义，泡利矩阵 σ_y 出现在这个结果里并不奇怪。

第3章　二次量子化

3.1　一般形式

3.1.1　动机

二次量子化的数学方法对于处理多体系统非常有用。尽管在核物理中，粒子总数在大多数问题中是固定的(低能核物理中可以产生和消灭的主要粒子是光子和声子(从广义上理解“粒子”的概念))，但公式仍将所需的对称性更为优雅地考虑进来并允许极为有用的核激发的粒子-空穴图像的构想。

这里我们将首先通过检查产生和消灭粒子需要什么样的算符来引出数学结构，推导最恰当的对易关系，然后就后面的需要在这些对易的基础上发展公式理论。

最简单的出发点是一个无相互作用的粒子系统。“无相互作用”意味着系统的总哈密顿量即为每个粒子的哈密顿量的总和，没有依赖于多于一个粒子坐标的相互作用项。对于这样一个哈密顿量：

$$\hat{H} = \sum_{i=1}^{A} \hat{h}(\boldsymbol{r}_i, \hat{p}_i) \tag{3.1}$$

依据单粒子态的乘积可以很容易地找到一个解。如果我们有一组单粒子波函数 $\psi_k(\boldsymbol{r})$满足 $\hat{h}(\boldsymbol{r}, \hat{p})\psi_k(\boldsymbol{r}) = \varepsilon_k\psi_k(\boldsymbol{r})$，类似

$$\Psi(\boldsymbol{r}_1, \cdots, \boldsymbol{r}_A) = \psi_{k_1}(\boldsymbol{r}_1)\cdots\psi_{k_A}(\boldsymbol{r}_A) \tag{3.2}$$

的乘积态将是 $\hat{H}$ 的一个本征态，且

$$\hat{H}\Psi = E\Psi, \quad E = \sum_{k=1}^{A} \varepsilon_k \tag{3.3}$$

然而，这还不是正确的答案，因为为了在两粒子交换下满足对于玻色子取相同值和对于费米子改变符号的要求，波函数还必须对于玻色子对称和对于费米子反对称。这样，对于 A 个费米子的情况，我们就得到了一个像斯莱特(Slater)行列式的表达式：

$$\Psi(\boldsymbol{r}_1,\boldsymbol{r}_2,\cdots,\boldsymbol{r}_A) = \frac{1}{\sqrt{A!}}\sum_{\pi}(-1)^{\pi}\prod_{k=1}^{A}\psi_k(\boldsymbol{r}_{k_\pi}) \tag{3.4}$$

这里 π 是指标 $i=1,\cdots,A$ 的一个置换，$(-1)^{\pi}$ 是它的符号，即对于偶置换为 $+1$，对于奇置换为 -1。置换将指标 i 变为 i_π。对于玻色子，这个符号去掉。求和是对 A 个指标的全部 $A!$ 个置换进行的，归一化因子可简单地由这些项的数目得到，因为每一项都是归一化的。显然，至少可以说直接处理这种波函数是很麻烦的。

然而，也很明显，这些表达式中包含了大量的多余信息。量子力学坚持认为，因为粒子的不可区分性，关于哪个粒子占有哪个波函数的信息是没有意义的，所以更好的形式不应该以显式形式包含此信息。唯一有意义的信息是有多少粒子填充每一个状态 $\psi_i(\boldsymbol{r})$，这称为占有数 n_i。于是在粒子数表象中我们可以把多粒子态定义为一个抽象的(归一的)矢量。

$$|\Psi\rangle = |n_1,n_2,\cdots,n_A\rangle \tag{3.5}$$

这些以变化粒子数为特征的抽象矢量空间称为福克空间。对于费米子，每一个占有数 n_i 可取0或1；对于玻色子，可取 $0,\cdots,\infty$。

为了简化问题，看一个简单的情况，即只有一个单粒子波函数可供占有。当我们去掉指标 k 时，多粒子态将只以这个波函数的占有数 n 为特征，我们可以简单地用 $|n\rangle$ 表示它。我们需要一个改变数字 n 的算符。可以尝试如下定义：

$$|n-1\rangle = \hat{c}\,|n\rangle \tag{3.6}$$

则态的归一化要求

$$1 = \langle n-1\,|\,n-1\rangle = \langle n\,|\,\hat{c}^{\dagger}\hat{c}\,|\,n\rangle \tag{3.7}$$

这是算符 $\hat{c}^{\dagger}\hat{c}$ 唯一的非零矩阵元，所以这个算符在态 $|n\rangle$ 中一定是对角的，其本征值为1。遗憾的是，这会给 $n=0$ 带来麻烦：$\hat{c}$ 作用到 $|0\rangle$ 后我们得到一个归一化态 $|-1\rangle$，其具有负占有数，这显然在物理上是无用的。人们应该要求 $\hat{c}\,|0\rangle=0$，所以较低粒子数态的构造在 $n=0$ 处停止。但是 $\hat{c}^{\dagger}\hat{c}$ 必须对态 $|0\rangle$ 有一个本征值0，而我们对算符 $\hat{c}$ 的尝试性定义不起作用。

一个自然的解决方法是假设 $\hat{c}^{\dagger}\hat{c}$ 的本征值不是1而是 n，这样就不会出现这个困难(我们还得到了一个确定波函数中粒子数的简单算符)。于是态 $\hat{c}\,|n\rangle$ 不能被归一化为1，取而代之的是范数

$$\langle n\,|\,\hat{c}^{\dagger}\hat{c}\,|\,n\rangle = n \tag{3.8}$$

所以我们尝试一个新的定义：

$$\hat{c}\,|\,n\rangle = \sqrt{n}\,|\,n-1\rangle \tag{3.9}$$

或者写成矩阵元的形式：

$$\langle n-1\,|\,\hat{c}\,|\,n\rangle = \sqrt{n} \tag{3.10}$$

假定该算符的所有其他矩阵元都消失。取该矩阵元的厄米共轭，得到

$$\langle n\,|\,\hat{c}^{\dagger}\,|\,n-1\rangle = \sqrt{n} \tag{3.11}$$

很明显，$\hat{c}$ 使粒子数减少1，$\hat{c}^{\dagger}$ 使粒子数增加1。为完成这一推导，我们要做的只是去检验 $\hat{c}$ 和 $\hat{c}^{\dagger}$ 之间的对易关系。对于任何 n，必须有

$$\begin{aligned}\langle n \mid [\hat{c}, \hat{c}^{\dagger}] \mid n \rangle &= \langle n \mid \hat{c}\hat{c}^{\dagger} \mid n \rangle - \langle n \mid \hat{c}^{\dagger}\hat{c} \mid n \rangle \\ &= (n+1) - n = 1\end{aligned} \tag{3.12}$$

因此对易关系必须是

$$[\hat{c}, \hat{c}^{\dagger}] = 1, \quad [\hat{c}, \hat{c}] = 0, \quad [\hat{c}^{\dagger}, \hat{c}^{\dagger}] = 0 \tag{3.13}$$

当然后两者是平常的。

离开一个单粒子态的简单情况，让我们回到一组单粒子波函数 $\psi_k(\boldsymbol{r})$。算符也必须加上这个指标，所以 $\hat{c}_k$ 使波函数 $\psi_k(\boldsymbol{r})$ 中的粒子数减少1。对于玻色子，粒子填入状态的次序是无关紧要的，因此不同指标的算符应该对易，我们得到

$$[\hat{c}_i, \hat{c}_j^{\dagger}] = \delta_{ij}, \quad [\hat{c}_i, \hat{c}_j] = 0, \quad [\hat{c}_i^{\dagger}, \hat{c}_j^{\dagger}] = 0 \tag{3.14}$$

这些结果表明，至少在一个单粒子波函数的情况下，对易关系对于玻色子和费米子可以以同样的方法使用。这不成立，因为在设置算符 $\hat{c}^{\dagger}$ 时，它允许在相同的单粒子波函数中任意大数目粒子的态的构造。相反，泡利原理要求 n 应该只取0和1这两个值，对于增加的粒子数，构建必须以同样的方式切断，在 $|0\rangle$ 时是

$$0 = \hat{c}^{\dagger} \mid 1 \rangle = \hat{c}^{\dagger}\hat{c}^{\dagger} \mid 0 \rangle \tag{3.15}$$

显然 $\hat{c}^{\dagger}$ 的任何大于1的幂必须消失，这可以通过要求 $\hat{c}^{\dagger 2} = 0$ 来完成。因为在任何态中最多只能有一个粒子，也必须满足 $\hat{c}^2 = 0$。对于处于不同单粒子波函数中的粒子，波函数也应在粒子交换下改变符号，所以我们预期如果它们互换，则这两个算符的乘积改变符号：$\hat{c}_i^{\dagger}\hat{c}_j^{\dagger} = -\hat{c}_j^{\dagger}\hat{c}_i^{\dagger}$。所有这些状况可以用反对易关系公式化(用通常的反对易式 $\{\hat{A}, \hat{B}\} = \hat{A}\hat{B} + \hat{B}\hat{A}$ 标记)：

$$\{\hat{c}_i, \hat{c}_j^{\dagger}\} = \delta_{ij}, \quad \{\hat{c}_i, \hat{c}_j\} = 0, \quad \{\hat{c}_i^{\dagger}, \hat{c}_j^{\dagger}\} = 0 \tag{3.16}$$

这些关系中的第一个仍然需要检查其正确性。对于 $i = j$，唯一的矩阵元是

$$\langle 0 \mid \hat{c}\hat{c}^{\dagger} + \hat{c}^{\dagger}\hat{c} \mid 0 \rangle = \langle 0 \mid \hat{c}\hat{c}^{\dagger} \mid 0 \rangle = 1 \tag{3.17}$$

和

$$\langle 1 \mid \hat{c}\hat{c}^{\dagger} + \hat{c}^{\dagger}\hat{c} \mid 1 \rangle = \langle 1 \mid \hat{c}^{\dagger}\hat{c} \mid 1 \rangle = 1 \tag{3.18}$$

由于 $\hat{c}|0\rangle = 0$ 和 $\hat{c}^{\dagger}|1\rangle = 0$，因此反对易关系也对这个组合成立。

这就完成了二次量子化中关于对易和反对易关系的引入。我们现在将使用这些关系作为发展下一小节二次量子化公式的起点。

3.1.2 玻色子的二次量子化

在前一小节中，定义了两个算符，它们彼此厄米共轭，现在将用习惯名称和标记来表示它们：湮没算符 $\hat{a}$ 和产生算符 $\hat{a}^{\dagger}$，在一个给定的单粒子态中分别描述粒子的湮没和产生。对于玻色子，它们必须满足对易关系

$$[\hat{a}, \hat{a}] = 0, \quad [\hat{a}^{\dagger}, \hat{a}^{\dagger}] = 0, \quad [\hat{a}, \hat{a}^{\dagger}] = 1 \tag{3.19}$$

现在定义粒子数算符 $\hat{n}$ 为

$$\hat{n} = \hat{a}^{\dagger}\hat{a} \tag{3.20}$$

并研究它与 $\hat{a}$ 和 $\hat{a}^{\dagger}$ 的对易规则：

$$[\hat{a},\hat{n}] = [\hat{a},\hat{a}^{\dagger}\hat{a}] = \hat{a}\hat{a}^{\dagger}\hat{a} - \hat{a}^{\dagger}\hat{a}\hat{a} = [\hat{a},\hat{a}^{\dagger}]\hat{a} = \hat{a} \tag{3.21}$$

和

$$[\hat{a}^{\dagger},\hat{n}] = [\hat{a}^{\dagger},\hat{a}^{\dagger}\hat{a}] = \hat{a}^{\dagger}\hat{a}^{\dagger}\hat{a} - \hat{a}^{\dagger}\hat{a}\hat{a}^{\dagger} = \hat{a}^{\dagger}[\hat{a}^{\dagger},\hat{a}] = -\hat{a}^{\dagger} \tag{3.22}$$

这些是移位算符类型的对易关系，如同2.3.2小节中关于角动量算符的讨论。这样，我们可以立即得出结论：$\hat{a}$ 和 $\hat{a}^{\dagger}$ 分别使 $\hat{n}$ 的本征值减少和增加1。假定 $\hat{n}$ 的本征态具有如下形式：

$$\hat{n}\mid n\rangle = n\mid n\rangle \tag{3.23}$$

如同前一小节，我们得到

$$\hat{a}\mid n\rangle = \sqrt{n}\mid n-1\rangle,\quad \hat{a}^{\dagger}\mid n\rangle = \sqrt{n+1}\mid n+1\rangle \tag{3.24}$$

n 有什么值？因为

$$n = \langle n\mid \hat{n}\mid n\rangle = \langle n\mid \hat{a}^{\dagger}\hat{a}\mid n\rangle \tag{3.25}$$

对应于态 $\hat{a}|n\rangle$ 的范数的平方，它一定是一个正数。如果我们反复将 $\hat{a}$ 应用到这样的态，本征值最终变为负值，这将是不一致的，或者构建必须在某个地方中断。这发生在真空态 $n=0$ 的情况下，这里

$$a\mid 0\rangle = 0 \tag{3.26}$$

方程(3.26)可以用作真空态定义。

态 n 也可以通过重复应用 $\hat{a}^{\dagger}$ 而由真空产生。考虑到从式(3.24)得出的归一化因子，得到

$$\mid n\rangle = \frac{1}{\sqrt{n!}}(\hat{a}^{\dagger})^{n}\mid 0\rangle \tag{3.27}$$

对于被玻色子占据的具有指标 i 的许多单粒子态的情况，算符标以指标 i，以表示它们影响哪个态，对易关系变为

$$[\hat{a}_i,\hat{a}_j] = 0,\quad [\hat{a}_i^{\dagger},\hat{a}_j^{\dagger}] = 0,\quad [\hat{a}_i,\hat{a}_j^{\dagger}] = \delta_{ij} \tag{3.28}$$

对于每一个单粒子态，现在也有一个粒子数算符：

$$\hat{n}_i = \hat{a}_i^{\dagger}\hat{a}_i \tag{3.29}$$

也可以计算粒子总数：

$$\hat{n} = \sum_i \hat{n}_i = \sum_i \hat{a}_i^{\dagger}\hat{a}_i \tag{3.30}$$

系统的态以所有的占有数表征：

$$\hat{n}_i\mid n_1,n_2,\cdots,n_i,\cdots\rangle = n_i\mid n_1,n_2,\cdots,n_i,\cdots\rangle \tag{3.31}$$

可以用真空态写成

$$\mid n_1,n_2,\cdots,n_i,\cdots\rangle = \prod_i \frac{(\hat{a}_i^{\dagger})^{n_i}}{\sqrt{n_i!}}\mid 0\rangle \tag{3.32}$$

这里通常写为$|0\rangle$,以代替更加正确但冗长的$|0,0,\cdots,0,\cdots\rangle$,后者每个量子数用一个0表示。注意算符的顺序不重要,因为它们可以自由对易。对于费米子,这将是不同的。算符 $\hat{a}_i$ 和$\hat{a}_i^\dagger$ 的应用简单地由下式给出:

$$\begin{aligned}\hat{a}_i \mid n_1,n_2,\cdots,n_i,\cdots\rangle &= \sqrt{n_i} \mid n_1,n_2,\cdots,n_i-1,\cdots\rangle \\ \hat{a}_i^\dagger \mid n_1,n_2,\cdots,n_i,\cdots\rangle &= \sqrt{n_i+1} \mid n_1,n_2,\cdots,n_i+1,\cdots\rangle\end{aligned} \tag{3.33}$$

本书中玻色子的二次量子化的应用包括辐射场的光子和出现在集体模型中的各种声子。

3.1.3 费米子的二次量子化

在费米子的情况下,基本反对易关系是(再次首先引用单一能级的情况)

$$\{\hat{a},\hat{a}\} = 0, \quad \{\hat{a}^\dagger,\hat{a}^\dagger\} = 0, \quad \{\hat{a},\hat{a}^\dagger\} = 1 \tag{3.34}$$

现在许多结果形式上与玻色子的情况类似,但数学细节上的细微差别引起了物理学上的巨大差异。粒子数算符是用同样的方式定义的:

$$\hat{n}^\dagger = \hat{a}^\dagger\hat{a} \tag{3.35}$$

移位算符的性质可以类似得出,例如

$$\begin{aligned}[\hat{a},\hat{n}] = [\hat{a},\hat{a}^\dagger\hat{a}] &= \hat{a}\hat{a}^\dagger\hat{a} - \hat{a}^\dagger\hat{a}\hat{a} = \hat{a}\hat{a}^\dagger\hat{a} + \hat{a}^\dagger\hat{a}\hat{a} \\ &= \{\hat{a},\hat{a}^\dagger\}\hat{a} = \hat{a}\end{aligned} \tag{3.36}$$

第一行中的最后一个等式的符号改变是由于两个 $\hat{a}$ 的反对易(事实上,这个乘积(即 $\hat{a}\hat{a}$)为0,所以一个消失的项正在被操作)。这样,我们可以再次使用 $\hat{n}$ 的本征态,本征值因 $\hat{a}^\dagger$ 和 $\hat{a}$ 而分别增加和减少。从 $\hat{a}^\dagger\hat{a}^\dagger=\hat{a}\hat{a}=0$ 这个事实可以推断 n 只有两个可能的取值,导致

$$\begin{aligned}\hat{n}^2 = \hat{a}^\dagger\hat{a}\hat{a}^\dagger\hat{a} &= \hat{a}^\dagger(\{\hat{a},\hat{a}^\dagger\} - \hat{a}^\dagger\hat{a})\hat{a} = \hat{a}^\dagger\hat{a} - \hat{a}^\dagger\hat{a}^\dagger\hat{a}\hat{a} \\ &= \hat{a}^\dagger\hat{a} = \hat{n}\end{aligned} \tag{3.37}$$

所以 $\hat{n}$ 只能有本征值0和1。这样仅有两个本征态:真空态$|0\rangle$和单粒子态$|1\rangle$,算符的作用由下式给出:

$$\begin{aligned}&\hat{n} \mid 0\rangle = 0, \quad \hat{a}^\dagger \mid 0\rangle = \mid 1\rangle, \quad \hat{a} \mid 0\rangle = 0 \\ &\hat{n} \mid 1\rangle = \mid 1\rangle, \quad \hat{a}^\dagger \mid 1\rangle = 0, \quad \hat{a} \mid 1\rangle = \mid 0\rangle\end{aligned} \tag{3.38}$$

算符的矩阵元以与玻色子完全相同的方式作了计算,但在这种情况下,约化到平凡的因子1。这些方程对两个态可以采用如下同一形式:

$$\hat{n} \mid n\rangle = n \mid n\rangle, \quad \hat{a}^\dagger \mid n\rangle = (1-n) \mid n+1\rangle, \quad a \mid n\rangle = n \mid n-1\rangle \tag{3.39}$$

对于多个单粒子能级的系统,步骤的出发点与玻色子相似。我们现在有许多算符 $\hat{a}_i$ 和$\hat{a}_i^\dagger$ 及反对易关系

$$\{\hat{a}_i,\hat{a}_j\} = 0, \quad \{\hat{a}_i^\dagger,\hat{a}_j^\dagger\} = 0, \quad \{\hat{a}_i,\hat{a}_j^\dagger\} = \delta_{ij} \tag{3.40}$$

同样,态以粒子数算符的本征值为特征:

$$\hat{n}_i = \hat{a}_i^\dagger \hat{a}_i, \quad \hat{n}_i \mid n_1, n_2, \cdots, n_i, \cdots\rangle = n_i \mid n_1, n_2, \cdots, n_i, \cdots\rangle \tag{3.41}$$

尽管限制所有 n_i值为 0 或 1。然而,有一个新的问题,即当它表示为产生算符的乘积作用到真空态上时,算符的次序对于波函数的整体符号是重要的。我们使用约定

$$\mid n_1, n_2, \cdots, n_i, \cdots\rangle = (\hat{a}_1^\dagger)^{n_1}(\hat{a}_2^\dagger)^{n_2}\cdots(\hat{a}_i^\dagger)^{n_i}\cdots \mid 0\rangle \tag{3.42}$$

即算符的次序与态矢中量子数的次序相同。没有归一化因子,因为 1! 和 0! 都为 1。

将算符 $\hat{a}_i$ 或 $\hat{a}_j$ 应用到类似于式(3.42)的态将产生一个符号,这取决于产生算符的确切顺序。以算符 $\hat{a}_i$ 为例。如果态具有 $n_i = 0$,则 $\hat{a}_i$ 的应用一定得到零。但是如果 $n_i = 1$,那么表达式(3.42)在某一位置包含 $\hat{a}_i^\dagger$ 一次。为求得符号,我们对 $\hat{a}_i$ 与乘积中在 $\hat{a}_i^\dagger$ 前面的所有算符做反对易:

$$\hat{a}_i(\hat{a}_1^\dagger)^{n_1}\cdots(\hat{a}_{i-1}^\dagger)^{n_{i-1}}\hat{a}_i^\dagger\cdots \mid 0\rangle = \sigma_i(\hat{a}_1^\dagger)^{n_1}\cdots(\hat{a}_{i-1}^\dagger)^{n_{i-1}}\hat{a}_i\hat{a}_i^\dagger\cdots \mid 0\rangle \tag{3.43}$$

符号因子 σ_i 取决于乘积中 $\hat{a}_i^\dagger$ 前面的算符因子数目,这样由下式给出:

$$\sigma_i = (-1)^{\sum_{j=1}^{i-1} n_j} \tag{3.44}$$

乘积 $\hat{a}_i\hat{a}_i^\dagger$ 现在能与它和$|0\rangle$之间的所有其他算符对易。这是可能的,因为所有这些算符与 $\hat{a}_i$ 和$\hat{a}_i^\dagger$ 都反对易,并因此与它们的乘积对易,因为符号改变两次。最后,由式(3.39)可得

$$\hat{a}_i\hat{a}_i^\dagger \mid 0\rangle = \mid 0\rangle \tag{3.45}$$

这样

$$\begin{aligned}\hat{a}_i(\hat{a}_1^\dagger)^{n_1}\cdots(\hat{a}_{i-1}^\dagger)^{n_{i-1}}\hat{a}_i^\dagger\cdots \mid 0\rangle &= \sigma_i(\hat{a}_1^\dagger)^{n_1}\cdots(\hat{a}_{i-1}^\dagger)^{n_{i-1}}(\hat{a}_{i+1}^\dagger)^{n_{i+1}} \mid 0\rangle \\ &= \sigma_i \mid n_1, n_2, \cdots, n_{i-1}, 0, n_{i+1}, \cdots\rangle\end{aligned} \tag{3.46}$$

我们可以总结一下对 $\hat{a}_i^\dagger$ 作同样的推导的结果:

$$\begin{aligned}\hat{a}_i \mid n_1, \cdots, n_i, \cdots\rangle &= \sigma_i(1 - n_i) \mid n_1, \cdots, n_i - 1, \cdots\rangle \\ \hat{a}_i^\dagger \mid n_1, \cdots, n_i, \cdots\rangle &= \sigma_i n_i \mid n_1, \cdots, n_i + 1, \cdots\rangle\end{aligned} \tag{3.47}$$

3.2　算符的表示

3.2.1　单粒子算符

到现在为止,我们已经看到了无相互作用多体系统的波函数如何在占有数表象中表示。为完成这个描述,我们还必须把算符转换到这种表象里去。需要的算

符类型是只依赖一个粒子坐标的单体算符,例如动能或外部势能,和涉及两粒子坐标的二体算符,例如相互作用势。必须在斯莱特行列式之间求解此类算符的矩阵元,然后在二次量子化中构造一个算符,其在等价的占有数态中产生相同的矩阵元。这提供了一个很好的说明使用原来的表象会有多麻烦的例子。

正如我们使用斯莱特行列式时已经暗示的,我们将只考虑费米子的情况。对于玻色子,其结论很相似,但是本书里只需要一些平凡的例子。

一个单粒子算符有一般形式 $\hat{f}(\boldsymbol{r}_k)$,这里第 k 个粒子的坐标 $\boldsymbol{r}_k$ 也代表动量、自旋以及任何其他需要的自由度。现在在一个粒子不可分辨的系统中,询问某一粒子的性质是没有意义的,取而代之的是只应计算在粒子的任意排列下不变的量。因此,一个单粒子算符的合理定义是这样的:

$$\hat{f} = \sum_{k=1}^{A} \hat{f}(\boldsymbol{r}_k) \tag{3.48}$$

它的矩阵元是什么?取两个行列式波函数

$$\Psi(\boldsymbol{r}_1,\cdots,\boldsymbol{r}_A) = \frac{1}{\sqrt{A!}}\sum_{\pi}(-1)^{\pi}\prod_{i\in O}\psi_{i_\pi}(\boldsymbol{r}_i) \tag{3.49}$$

和

$$\Psi'(\boldsymbol{r}_1,\cdots,\boldsymbol{r}_A) = \frac{1}{\sqrt{A!}}\sum_{\pi'}(-1)^{\pi'}\prod_{i'\in O'}\psi_{i'_{\pi'}}(\boldsymbol{r}_{i'}) \tag{3.50}$$

之和中的一项。注意指标 i'和 i 分别取自指标集合 O'和 O,这指的是从一个完备的正交归一集 $\psi_k(\boldsymbol{r})(k=1,\cdots,\infty)$中 A 个单粒子波函数的不同选择。矩阵元变为

$$\begin{aligned}\langle\Psi\mid\hat{f}\mid\Psi'\rangle = &\sum_{k=1}^{A}\frac{1}{A!}\int \mathrm{d}^3 r_1\cdots\int \mathrm{d}^3 r_A\\ &\cdot\sum_{\pi\pi'}(-1)^{\pi+\pi'}\Big(\prod_{i\in O}\psi^*_{i_\pi}(\boldsymbol{r}_i)\Big)\hat{f}(\boldsymbol{r}_k)\Big(\prod_{i'\in O'}\psi_{i'_{\pi'}}(\boldsymbol{r}_{i'})\Big)\end{aligned} \tag{3.51}$$

乘积可以分解成 A 个单粒子矩阵元。它们中的一个包含算符 $\hat{f}(\boldsymbol{r}_k)$:

$$\int \mathrm{d}^3 r_k \psi^*_{k_\pi}(\boldsymbol{r}_k)\hat{f}(\boldsymbol{r}_k)\psi_{k_{\pi'}}(\boldsymbol{r}_k) = f_{k_\pi k_{\pi'}} \tag{3.52}$$

而其他的因波函数的正交归一性而可以被约化:

$$\int \mathrm{d}^3 r_k \psi^*_{i_\pi}(\boldsymbol{r}_i)\psi_{i'_{\pi'}}(\boldsymbol{r}_i) = \delta_{i_\pi i'_{\pi'}} \tag{3.53}$$

总矩阵元现在可以写成

$$\langle\Psi\mid\hat{f}\mid\Psi'\rangle = \sum_{k}\frac{1}{A!}\sum_{\pi\pi'}(-1)^{\pi+\pi'}f_{k_\pi k_{\pi'}}\prod_{\substack{i\in O,\, i'\in O'\\ i\neq k,\, i'\neq k}}^{A}\delta_{i_\pi i'_{\pi'}} \tag{3.54}$$

在继续深入下去之前,有必要陈述一下这个公式的一些结果。

(1) 克罗内克(Kronecker)符号要求对于一个非零矩阵元,Ψ 和 Ψ'中相同的态被占据,只有一个例外。这样一个单粒子算符只改变一个粒子的状态。

(2) 为了得到非零矩阵元,对于一个固定置换 π,有且仅有一个置换 π',它将 Ψ'中的单粒子波函数与 Ψ 中的单粒子波函数正确地配对。无需对置换双重求和,一次求和就足够了;我们只需记录符号。由于 π 和 π'是需要将以 i 和 i'编号的态从原顺序改为相同顺序的置换(指标 k_π 和 $k_{\pi'}$ 也在同一位置),因子 $\sigma=(-1)^{\pi+\pi'}$告诉我们是否需要偶置换或奇置换,以将这些原始顺序转换成彼此,这不取决于 π 或π'。

(3) 于是对置换 π 求和仅有效地运行在各种对Φ 和Φ'中都被占据的 $A-1$ 个态编号的方法。

由此矩阵元与置换完全无关。它仅包含因子 σ,矩阵元 $f_{k_\pi k_{\pi'}}$ 总是得到相同的下标,即 Ψ 和Ψ'的两个单粒子态中有区别的那些,我们简单地称之为 j 和j'。矩阵元现在是

$$\langle\Psi\mid\hat{f}\mid\Psi'\rangle=\sum_{k=1}^{A}\frac{1}{A!}\sigma f_{jj'}\sum_{\pi,j\text{固定}}1=\frac{1}{A!}\sigma Af_{jj'}(A-1)!=\sigma f_{jj'}\qquad(3.55)$$

二次量子化中的等价算符应该是什么样的?它必须从态 j'中移去一个粒子,并将其放入态 j,而对其他态不做任何操作,得到的矩阵元是 $f_{jj'}$。很自然地作如下尝试:

$$\hat{f}=\sum_{jj'}f_{jj'}\hat{a}_j^\dagger\hat{a}_{j'}\qquad(3.56)$$

求和包括在内,因为它应该对所有可能的状态 j 和j'有效。剩下只需要检查一下符号是否正确。在二次量子化中态是

$$|\Psi\rangle=\hat{a}_{i_1}^\dagger\cdots\hat{a}_{i_A}^\dagger|0\rangle,\quad|\Psi'\rangle=\hat{a}_{i_1'}^\dagger\cdots\hat{a}_{i_A'}^\dagger|0\rangle\qquad(3.57)$$

矩阵元是

$$\langle\Psi\mid\hat{f}\mid\Psi'\rangle=\sum_{jj'}f_{jj'}\langle0\mid\hat{a}_{i_A}\cdots\hat{a}_{i_1}\hat{a}_j^\dagger\hat{a}_{j'}\hat{a}_{i_1'}^\dagger\cdots\hat{a}_{i_A'}^\dagger\mid0\rangle\qquad(3.58)$$

很明显,指标 i 又一次必须与i'表示相同的态,除了 j 取代j'。以这样一种方式排列 i',使得它们与 i 顺序相同(j'和 j 在同一个位置),这将产生与上面定义相同的符号因子 σ。在 $\hat{a}_{j'}^\dagger$ 前面置换算符组合 $\hat{a}_j^\dagger\hat{a}_{j'}$不改变符号,我们得到

$$\langle\Psi\mid\hat{f}\mid\Psi'\rangle=\sum_{jj'}f_{jj'}\langle0\mid\hat{a}_{i_A}\cdots\hat{a}_{i_1}\hat{a}_{i_1}^\dagger\cdots\hat{a}_j^\dagger\hat{a}_{j'}\hat{a}_{j'}^\dagger\cdots\hat{a}_{i_A}^\dagger\mid0\rangle\qquad(3.59)$$

在这个表达式中算符组合 $\hat{a}_i^\dagger\hat{a}_{i'}$产生因子 1,这样我们以下式结束:

$$\langle\Psi\mid\hat{a}\mid\Psi'\rangle=\sigma f_{jj'}\qquad(3.60)$$

这与以前的结果是一致的。

把单粒子算符写成二次量子化形式的规则是这样的:

$$\hat{f}=\sum_{k=1}^{A}\hat{f}(\boldsymbol{r}_k)\quad\rightarrow\quad\hat{f}=\sum_{jj'}f_{jj'}\hat{a}_j^\dagger\hat{a}_{j'}\qquad(3.61)$$

单粒子矩阵元 $f_{jj'}$ 由式(3.52)给出。

3.2.2 二粒子算符

对二粒子算符(比如势能),可以导出类似的结果:

$$\hat{V} = \frac{1}{2}\sum_{k \neq k'} \hat{v}(\boldsymbol{r}_k, \boldsymbol{r}_{k'}) \tag{3.62}$$

但更费力。我们更愿意只给出结果,在练习 3.1 中对一个简单的特殊情形提供验证。

二次量子化算符是

$$\hat{V} = \frac{1}{2}\sum_{ijkl} v_{ijkl}\hat{a}_i^{\dagger}\hat{a}_j^{\dagger}\hat{a}_l\hat{a}_k \tag{3.63}$$

二粒子矩阵元定义为

$$v_{ijkl} = \int \mathrm{d}^3 r \int \mathrm{d}^3 r' \psi_i^*(\boldsymbol{r})\psi_j^*(\boldsymbol{r}')v(\boldsymbol{r},\boldsymbol{r}')\psi_k(\boldsymbol{r})\psi_l(\boldsymbol{r}') \tag{3.64}$$

注意,正如预期的那样,算符可以同时改变两个单粒子态,算符乘积中的指标次序相对于矩阵元中的次序,最后两个指标发生了互换。

在许多计算中,矩阵元的求解导致反对称组合,因此给出一个特殊的简写:

$$\bar{v}_{ijkl} = v_{ijkl} - v_{ijlk} \tag{3.65}$$

也要注意在两对单粒子波函数交换下矩阵元的对称性:

$$v_{ijkl} = v_{klij} \tag{3.66}$$

练习 3.1　二次量子化中的二体算符

问题　对二粒子波函数的特殊情况,推导把二体算符写成二次量子化的转换。

解答　二粒子波函数写成斯莱特行列式是

$$\boldsymbol{\Psi}_{ij}(\boldsymbol{r},\boldsymbol{r}') = \frac{1}{\sqrt{2}}(\psi_i(\boldsymbol{r})\psi_j(\boldsymbol{r}') - \psi_i(\boldsymbol{r}')\psi_i(\boldsymbol{r})) \tag{①}$$

和

$$\boldsymbol{\Psi}_{kl}(\boldsymbol{r},\boldsymbol{r}') = \frac{1}{\sqrt{2}}(\psi_k(\boldsymbol{r})\psi_l(\boldsymbol{r}') - \psi_k(\boldsymbol{r}')\psi_l(\boldsymbol{r})) \tag{②}$$

这样矩阵元变为

$$\begin{aligned}\langle \boldsymbol{\Psi}_{ij} \mid \hat{V} \mid \boldsymbol{\Psi}_{kl} \rangle = &\frac{1}{2}\int \mathrm{d}^3 r \int \mathrm{d}^3 r' \psi_i^*(\boldsymbol{r})\psi_j^*(\boldsymbol{r}')\hat{v}(\boldsymbol{r},\boldsymbol{r}')\psi_k(\boldsymbol{r})\psi_l(\boldsymbol{r}') \\ &- \frac{1}{2}\int \mathrm{d}^3 r \int \mathrm{d}^3 r' \psi_i^*(\boldsymbol{r}')\psi_j^*(\boldsymbol{r})\hat{v}(\boldsymbol{r},\boldsymbol{r}')\psi_k(\boldsymbol{r})\psi_l(\boldsymbol{r}') \\ &- \frac{1}{2}\int \mathrm{d}^3 r \int \mathrm{d}^3 r' \psi_i^*(\boldsymbol{r})\psi_j^*(\boldsymbol{r}')\hat{v}(\boldsymbol{r},\boldsymbol{r}')\psi_k(\boldsymbol{r}')\psi_l(\boldsymbol{r}) \\ &+ \frac{1}{2}\int \mathrm{d}^3 r \int \mathrm{d}^3 r' \psi_i^*(\boldsymbol{r}')\psi_j^*(\boldsymbol{r})\hat{v}(\boldsymbol{r},\boldsymbol{r}')\psi_k(\boldsymbol{r}')\psi_l(\boldsymbol{r})\end{aligned} \tag{③}$$

使用定义式(3.64)和对称性 $\hat{v}(\boldsymbol{r},\boldsymbol{r}')=\hat{v}(\boldsymbol{r}',\boldsymbol{r})$，上式可以再写为

$$\begin{aligned}\langle \Psi_{ij} \mid \hat{V} \mid \Psi_{kl} \rangle &= \frac{1}{2}(v_{ijkl} - v_{ijlk} - v_{ijlk} + v_{ijkl}) \\ &= v_{ijkl} - v_{ijlk} \\ &= \bar{v}_{ijkl} \end{aligned} \tag{④}$$

现在在二次量子化中进行相同的计算。这两个态是

$$| \Psi_{ij} \rangle = \hat{a}_i^\dagger \hat{a}_j^\dagger \mid 0 \rangle \tag{⑤}$$

和

$$| \Psi_{kl} \rangle = \hat{a}_k^\dagger \hat{a}_l^\dagger \mid 0 \rangle \tag{⑥}$$

矩阵元变成

$$\langle \Psi_{ij} \mid \hat{V} \mid \Psi_{kl} \rangle = \frac{1}{2} \sum_{i'j'k'l'} v_{i'j'k'l'} \langle 0 \mid \hat{a}_j \hat{a}_i \hat{a}_{i'}^\dagger \hat{a}_{j'}^\dagger \hat{a}_{l'} \hat{a}_{k'} \hat{a}_k^\dagger \hat{a}_l^\dagger \mid 0 \rangle \tag{⑦}$$

用3.3节中的方法求解它，得

$$\begin{aligned}\langle \Psi_{ij} \mid \hat{V} \mid \Psi_{kl} \rangle &= \frac{1}{2} \sum_{i'j'k'l'} v_{i'j'k'l'} (\delta_{i'i}\delta_{j'j}\delta_{k'k}\delta_{l'l} - \delta_{i'j}\delta_{j'i}\delta_{k'k}\delta_{l'l} \\ &\quad - \delta_{i'i}\delta_{j'j}\delta_{k'l}\delta_{l'k} + \delta_{i'j}\delta_{j'j}\delta_{k'l}\delta_{l'k}) \\ &= \frac{1}{2}(v_{ijkl} - v_{jikl} - v_{ijlk} + v_{jilk}) \\ &= v_{ijkl} - v_{ijlk} \\ &= \bar{v}_{ijkl} \end{aligned} \tag{⑧}$$

在最后一步利用了矩阵元的对称性。

这个推导使得引起矩阵元和算符乘积中指标次序差异的原因变得相当明显：当将波函数从右矢变到左矢时它必须弥补算符的互换。

3.3　对费米子矩阵元的求解

微观核模型所要求的最常见类型计算是费米子产生和湮没算符乘积的矩阵元计算。最简单的情况是真空中这样一个算符的期望值，我们将以下式为例说明一般程序：

$$M = \langle 0 \mid \hat{a}_i \hat{a}_j \hat{a}_k^\dagger \hat{a}_l \hat{a}_m^\dagger \hat{a}_n^\dagger \mid 0 \rangle \tag{3.67}$$

任何非零矩阵元必须有相同数目的产生和湮没算符，这是因为将算符乘积应用于右侧的真空态必须返回真空态，所有产生的粒子必须再次消灭。如果有剩余的湮没算符，在任何情况下它们作用到真空态上都产生零。

注意，如果在乘积的右边有一个湮没算符，或者乘积的左边有一个产生算符，矩阵元将消失，这是因为

$$\hat{a}_i \mid 0\rangle = 0, \quad \langle 0 \mid \hat{a}_i^\dagger = 0 \tag{3.68}$$

现在的策略是利用这一事实及把湮没算符交换到右边，当然也把产生算符交换到左边。

为此，反对易规则可以表述为如下两条简单规则：

(1) 相同类型的两个算符(都是产生算符或都是湮没算符)的交换只颠倒符号(也就是改变符号)。

(2) 相反类型的两个算符产生一个附加项，用一个克罗内克符号代替两算符：

$$\hat{a}_i^\dagger \hat{a}_j = -\hat{a}_j \hat{a}_i^\dagger + \delta_{ij}, \quad \hat{a}_i \hat{a}_j^\dagger = -\hat{a}_j^\dagger \hat{a}_i + \delta_{ij} \tag{3.69}$$

这样，在我们的程序中，每次交换要么只改变符号，要么添加一个用克罗内克符号代替两算符的项。如果过程继续，最后只有完全由克罗内克符号组成的项剩下来，因为算符进行足够多的交换以产生零。

让我们将此应用于示例矩阵元。着手开始的一种可能性是将 $\hat{a}_l$ 交换到右边。第一步之后，与 $\hat{a}_m^\dagger$ 交换，这就产生了

$$\boldsymbol{M} = -\langle 0 \mid \hat{a}_i \hat{a}_j \hat{a}_k^\dagger \hat{a}_m^\dagger \hat{a}_l \hat{a}_n^\dagger \mid 0\rangle + \delta_{lm}\langle 0 \mid \hat{a}_i \hat{a}_j \hat{a}_k^\dagger \hat{a}_n^\dagger \mid 0\rangle \tag{3.70}$$

在右边的第一个矩阵元中，这个过程必须通过与 $\hat{a}_n^\dagger$ 的交换继续下去；而在第二个矩阵元中，我们可以开始将 $\hat{a}_j$ 交换到右边。其结果是

$$\begin{aligned}\boldsymbol{M} = &\langle 0 \mid \hat{a}_i \hat{a}_j \hat{a}_k^\dagger \hat{a}_m^\dagger \hat{a}_n^\dagger \hat{a}_l \mid 0\rangle - \delta_{ln}\langle 0 \mid \hat{a}_i \hat{a}_j \hat{a}_k^\dagger \hat{a}_m^\dagger \mid 0\rangle \\ &- \delta_{lm}\langle 0 \mid \hat{a}_i \hat{a}_k^\dagger \hat{a}_j \hat{a}_n^\dagger \mid 0\rangle + \delta_{lm}\delta_{jk}\langle 0 \mid \hat{a}_i \hat{a}_n^\dagger \mid 0\rangle\end{aligned} \tag{3.71}$$

右边的第一个矩阵元消失，因为 $\hat{a}_l$ 直接作用在真空态上。在第二个和第三个矩阵元中，$\hat{a}_j$ 与右边的交换继续进行，而最后一个矩阵元需要最后一次交换。于是剩下

$$\begin{aligned}\boldsymbol{M} = &\delta_{ln}\langle 0 \mid \hat{a}_i \hat{a}_k^\dagger \hat{a}_j \hat{a}_m^\dagger \mid 0\rangle - \delta_{ln}\delta_{jk}\langle 0 \mid \hat{a}_i \hat{a}_m^\dagger \mid 0\rangle \\ &- \delta_{lm}\delta_{jn}\langle 0 \mid \hat{a}_i \hat{a}_k^\dagger \mid 0\rangle + \delta_{lm}\delta_{jk}\delta_{in}\end{aligned} \tag{3.72}$$

作为一种快捷方法，值得记住的是

$$\langle 0 \mid \hat{a}_i \hat{a}_j^\dagger \mid 0\rangle = \delta_{ij} \tag{3.73}$$

这意味着从真空中产生一个粒子然后立即湮没它只提供一个因子 1。这一事实已经使剩下的三个矩阵元中的两个变得微不足道，而对另一个我们继续交换：

$$\begin{aligned}\boldsymbol{M} &= \delta_{ln}\delta_{jm}\langle 0 \mid \hat{a}_i \hat{a}_k^\dagger \mid 0\rangle - \delta_{ln}\delta_{jk}\delta_{im} - \delta_{lm}\delta_{jn}\delta_{ik} + \delta_{lm}\delta_{jk}\delta_{in} \\ &= \delta_{ln}\delta_{jm}\delta_{ik} - \delta_{ln}\delta_{jk}\delta_{im} - \delta_{lm}\delta_{jn}\delta_{ik} + \delta_{lm}\delta_{jk}\delta_{in}\end{aligned} \tag{3.74}$$

注意这个最终结果的形式，同时记住它是如何得到的，可以使这种类型的计算未来更迅速地完成。

- 矩阵元约化到克罗内克符号的组合，考虑到反对称性而用不同的符号。

- 克罗内克符号里的指标组合显示一个湮没算符和一个产生算符的所有可能组合，其中在原始矩阵元中湮没算符处于产生算符之前。正是在这种情况中，交换过程会留下一个克罗内克符号。
- 最后结果的某一项的符号可以由以下考虑获得：重新排列原矩阵元中的算符，直到产生出现在克罗内克符号中的湮没算符处于产生算符之前的组合为止。对于这个重新排序，只考虑符号的改变，而不是交换后剩下来的，得到的符号正是想得到的。其他算符是在这对的前面还是后面并不重要，因为矩阵元的符号不依赖于此（与对的交换总是产生一个加号）。

回到示例原始矩阵元，我们可以通过注意使组合成克罗内克符号的指标 i 和 j 分别与 k，m 和 n 组合，而 l 只与 m 和 n 组合（因为 $\hat{a}_l$ 在 $\hat{a}_k^\dagger$ 的右边），来更简单地生成最终结果。这产生组合 $\delta_{ln}\delta_{jm}\delta_{ik}$，$\delta_{ln}\delta_{jk}\delta_{im}$，$\delta_{lm}\delta_{jn}\delta_{ik}$ 和 $\delta_{lm}\delta_{jk}\delta_{in}$，正如矩阵元中所见。比如，为理解第二项的符号，注意到从 $\hat{a}_i\hat{a}_j\hat{a}_k^\dagger\hat{a}_l\hat{a}_m^\dagger\hat{a}_n^\dagger$ 到 $\hat{a}_j\hat{a}_k^\dagger\hat{a}_i\hat{a}_m^\dagger\hat{a}_l\hat{a}_n^\dagger$ 需要三次交换，所以这个符号应该是负的。

实际上，这里的推导方法构成了威克（Wick）定理的一个简单例子，该定理可处理更一般的矩阵元。然而，就本书的目的而言，目前的结果已相当充分了。

如果期望值取自一个更复杂的态，方法只需稍加修改即可。这是下一节的主题。

3.4　粒子-空穴图像

真空中算符的期望值在理论核物理中并不经常出现。更频繁的情况是核基态的矩阵元，在单粒子模型中由 A 个核子占据最低可获得的单粒子态给出。如果我们按单粒子能量递增的顺序排列指标：

$$\varepsilon_1 < \varepsilon_2 < \cdots < \varepsilon_A < \varepsilon_{A+1} < \cdots \tag{3.75}$$

A 核子系统的最低态是

$$|\Psi_0\rangle = \prod_{i=1}^{A} \hat{a}_i^\dagger |0\rangle \tag{3.76}$$

具有能量

$$E_0 = \sum_{i=1}^{A} \varepsilon_i \tag{3.77}$$

具有能量 ε_A 的最高占据态是费米能级。于是可以将算符 $\hat{O}$ 在基态中的期望值写为

$$\langle \Psi_0 \mid \hat{O} \mid \Psi_0 \rangle = \langle 0 \mid \hat{a}_A \cdots \hat{a}_1 \hat{O} \hat{a}_1^\dagger \cdots \hat{a}_A^\dagger \mid 0 \rangle \tag{3.78}$$

这正是右边矩阵元中更复杂的算符的真空期望值，因此，在这个意义上，这样的期望值总是可以重写为真空期望值。原则上，它们可以用上面讨论的方法进行求值，但它们当然包含不切实际的大量算符。然而，如果我们记得在数学上基态的性质与真空相似，就有可能作一些简化。对于后者我们有

$$\hat{a}_i \mid 0 \rangle = 0 \quad (\text{对所有 } i) \tag{3.79}$$

基态满足

$$\hat{a}_i \mid 0 \rangle = 0 \quad (i > A), \quad \hat{a}_i^\dagger \mid 0 \rangle = 0 \quad (i \leqslant A) \tag{3.80}$$

这意味着，如果 A 以上和以下的指标有不同的处理方法，就可以使用类似的方法。有两种方法可以正式地处理这个问题：

- 保持现在的记号并在公式中明确指出每一项的每个指标取什么范围的值。
- 重新定义算符，这样一来使基态代替真空的作用。

我们通过观察矩阵元和系统的激发态，在这两种记号方法中举例说明这一点。

最简单的激发态将有一个粒子从一个占据态提到一个未占据态。它们可以被写成

$$\mid \Psi_{mi} \rangle = \hat{a}_m^\dagger \hat{a}_i \mid \Psi_0 \rangle \quad (m > A, i \leqslant A) \tag{3.81}$$

相关激发能为

$$E_{mi} - E_0 = \varepsilon_m - \varepsilon_i \tag{3.82}$$

态$\mid \Psi_{mi} \rangle$有一个未占据能级 i，费米能级下面有一个空穴，在费米能级之上有一个粒子在态 m。由于这个原因，它被称为单粒子/单空穴态或 1p1h 态。下一个更复杂的激发类型是二粒子/二空穴(2p2h)态，如

$$\mid \Psi_{mnij} \rangle = \hat{a}_m^\dagger \hat{a}_n^\dagger \hat{a}_i \hat{a}_j \mid \Psi_0 \rangle \tag{3.83}$$

具有激发能

$$E_{mnij} = \varepsilon_m + \varepsilon_n - \varepsilon_i - \varepsilon_j \tag{3.84}$$

观察一个单粒子算符的期望值：

$$\langle \Psi_0 \mid \sum_{ij=1}^{\infty} t_{ij} \hat{a}_i^\dagger \hat{a}_j \mid \Psi_0 \rangle = \sum_{ij=1}^{\infty} t_{ij} \langle \Psi_0 \mid \hat{a}_i^\dagger \hat{a}_j \mid \Psi_0 \rangle \tag{3.85}$$

很显然，对于 $j > A$，贡献将消失。对于 $j \leqslant A$，算符可以交换，得到

$$\langle \Psi_0 \mid \hat{a}_i^\dagger \hat{a}_j \mid \Psi_0 \rangle = \delta_{ij} - \langle \Psi_0 \mid \hat{a}_j \hat{a}_i^\dagger \mid \Psi_0 \rangle \tag{3.86}$$

右边的第二项现在消失。这个结果的一个方便的记号是

$$\langle \Psi_0 \mid \hat{a}_i^\dagger \hat{a}_j \mid \Psi_0 \rangle = \delta_{ij} \theta_{iA} \tag{3.87}$$

符号 θ_{kl} 是 θ 函数改写过的类似符号，定义为

$$\theta_{iA} = \begin{cases} 1 & (i \leqslant A) \\ 0 & (i > A) \end{cases} \tag{3.88}$$

它的功能是将总和限制在指标 i 为 $1, \cdots, A$ 范围。完整的矩阵元现在变成

$$\langle \Psi_0 \mid \sum_{i,j=1}^{\infty} t_{ij}\hat{a}_i^\dagger \hat{a}_j \mid \Psi_0 \rangle = \sum_{i,j=1}^{\infty} t_{ij}\delta_{ij}\theta_{iA} = \sum_{i=1}^{A} t_{ii} \tag{3.89}$$

也就是说,只是所有占据态对角矩阵元的和。

本书中通常使用这种处理基态的方法。另一种变通方法是以以下方式重新定义算符。我们引入新的产生和湮没算符 $\hat{\beta}_i^\dagger$ 和$\hat{\beta}_i$,通过如下方式与通常的产生和湮没算符相联系:

$$\hat{\beta}_i^\dagger = \begin{cases} \hat{a}_i^\dagger & (i > A) \\ \hat{a}_i & (i \leqslant A) \end{cases}, \quad \hat{\beta}_i = \begin{cases} \hat{a}_i & (i > A) \\ \hat{a}_i^\dagger & (i \leqslant A) \end{cases} \tag{3.90}$$

对于这些算符,核基态是真空态:

$$\hat{\beta}_i \mid \Psi_0 \rangle = 0 \quad (\text{对所有 } i) \tag{3.91}$$

算符 $\hat{\beta}_i^\dagger(i \leqslant A)$通过湮没相应态的粒子来描述空穴的产生。

在这个框架中,1p1h 态由下式给出:

$$\mid \Psi_{mi} \rangle = \hat{\beta}_m^\dagger \hat{\beta}_i^\dagger \mid \Psi_0 \rangle \quad (m > A, i \leqslant A) \tag{3.92}$$

2p2h 态是

$$\mid \Psi_{mnij} \rangle = \hat{\beta}_m^\dagger \hat{\beta}_n^\dagger \hat{\beta}_i^\dagger \hat{\beta}_j^\dagger \mid \Psi_0 \rangle \quad (m, n > A, i, j \leqslant A) \tag{3.93}$$

重写算符之后,上面讨论的矩阵元现在也可以以这种记号计算:

$$\begin{aligned} \sum_{i,j=1}^{\infty} t_{ij}\hat{a}_i^\dagger \hat{a}_j &= \sum_{i=1}^{A}\sum_{j=1}^{A} t_{ij}\hat{\beta}_i\hat{\beta}_j^\dagger + \sum_{i=A+1}^{\infty}\sum_{j=1}^{A} t_{ij}\hat{\beta}_i^\dagger\hat{\beta}_j^\dagger \\ &\quad + \sum_{i=1}^{A}\sum_{j=A+1}^{\infty} t_{ij}\hat{\beta}_i\hat{\beta}_j + \sum_{i=A+1}^{\infty}\sum_{j=A+1}^{\infty} t_{ij}\hat{\beta}_i^\dagger\hat{\beta}_j \end{aligned} \tag{3.94}$$

记住,对于这些算符,$|\Psi_0\rangle$是真空态,我们立即看到第二项至最后一项将产生零期望值,而第一项给出上面计算的结果。

显然第二种方法对这里讨论的问题类型没有特别的优势。在这两种情况下,指标范围都必须划分为占据态和未占据态。在可以把空穴与粒子类似地处理的情况下其真正的威力变得明显。例如,封闭壳内的一个空穴可以与空壳中的单个粒子非常类似地处理(有关例子请参见关于配对的7.5.5小节)。

我们简单地提及空穴的量子数应该如何与处于同一态中的粒子的量子数联系起来。因为一个空穴是通过消灭一个粒子而产生的,所以它的所有附加量子数的符号与消灭的那个粒子的量子数的符号是相反的。这需要在这种量子数的情况下修改式(3.90)。例如,如果态有好角动量,则有算符 $\hat{a}_{jm}^\dagger(m = -j, \cdots, j)$的多重态。在这种情况下,空穴产生算符应定义为

$$\hat{\beta}_{jm}^\dagger = (-1)^m \hat{a}_{j-m} \tag{3.95}$$

添加一个相位因子以满足康登-肖特利相位约定(参见2.3.2小节)。

第4章　核物理中的群论

4.1　李群和李代数

2.1节中我们讨论了群的概念，它主要应用于转动的研究。在本章中，群论的处理将被充分地扩展用于理解诸如相互作用玻色子模型的数学。

连续群是其元素 g 连续地依赖于 r 个参数 $\alpha_i(i=1,2,\cdots,r)$ 的群，这样元素就可以写成函数 $g(\alpha_1,\alpha_2,\cdots,\alpha_r)$。为了缩短符号，我们用矢量 $\boldsymbol{\alpha}$ 表示 r 个 α_i，这样群元素被写成 $g(\boldsymbol{\alpha})$（为避免混淆，我们将总是用希腊字母来表示群参数）。r 是连续群 G 的阶。如果在一个 r 维空间中由 $(\alpha_1,\alpha_2,\cdots,\alpha_r)$ 张成的参数范围是有界的和封闭的（即紧致的），则我们称 G 是一个紧致群。

李群是连续群，它满足所有群操作的连续性需求。由于对于物理学中的应用这个条件通常是满足的，我们将总是处理李群，并假设描述这个群的所有数学函数都是任意可微的。

通常情况下，考虑在多维矢量空间上充当变换的元素的连续群。例如，考虑三维转动群 $SO(3)$，其元素转动普通三维空间的矢量。另一个例子是二维的酉变换群 $SU(2)$，其将一个波函数中的两个同位旋投影混合。

群元素 $g(\boldsymbol{\alpha})$ 在 N 维空间中的矢量 $\boldsymbol{x}=(x_1,x_2,\cdots,x_N)$ 上的应用可以写成

$$\boldsymbol{x}' = g(\boldsymbol{\alpha})\boldsymbol{x} = \boldsymbol{f}(\boldsymbol{x},\boldsymbol{\alpha}) \tag{4.1}$$

矢量函数 $\boldsymbol{f}(\boldsymbol{x},\boldsymbol{\alpha})$ 仍有待确定。在这种形式中，我们将群乘法写为

$$[g(\boldsymbol{\alpha})\cdot g(\boldsymbol{\beta})]\boldsymbol{x} = \boldsymbol{f}(\boldsymbol{f}(\boldsymbol{x},\boldsymbol{\beta}),\boldsymbol{\alpha}) = \boldsymbol{f}(\boldsymbol{x},\boldsymbol{\gamma}) \tag{4.2}$$

其中 $\boldsymbol{\gamma}$ 使 $g(\boldsymbol{\alpha})\cdot g(\boldsymbol{\beta})=g(\boldsymbol{\gamma})$ 成立。这样就用参数表示了群中乘法的规律，可能相当复杂，且往往是不能解析表示的。

作为例子，现在考虑二维平移群 T_2 按照下式作用在二维空间上：

$$g(\alpha,\beta)\boldsymbol{x} = g(\alpha,\beta)(x,y) = (x+\alpha,y+\beta) \tag{4.3}$$

这里位移 α 和 β 是实数。注意，T_2 是非紧致群，因为 (α,β) 的参数范围非紧致（两者范围都是无限），且这个群的阶和维数都等于2。下面我们检验四个基本群关系。

- 封闭性：

$$[g(\alpha,\beta)\cdot g(\gamma,\delta)](x,y) = g(\alpha,\beta)(x+\gamma,y+\delta) = (x+\alpha+\gamma,y+\beta+\delta) = g(\alpha+\gamma,\beta+\delta)(x,y) \tag{4.4}$$

这表明该群的乘法规则是通过增加参数来表示的。

- 结合律：

$$\begin{aligned}&[g(\alpha,\beta)\cdot(g(\gamma,\delta)\cdot g(\varepsilon,\zeta))](x,y)\\&=(x+\alpha+(\gamma+\varepsilon),y+\beta+(\delta+\zeta))\\&=(x+(\alpha+\gamma)+\varepsilon,y+(\beta+\delta)+\zeta)\\&=[(g(\alpha,\beta)\cdot g(\gamma,\delta))\cdot g(\varepsilon,\zeta)](x,y)\end{aligned} \tag{4.5}$$

- 中性元素：这显然是由 $g(0,0)$给出的。
- 逆元素：

$$g^{-1}(\alpha,\beta) = g(-\alpha,-\beta) \tag{4.6}$$

推广在 2.2.1 小节中的讨论，现在我们介绍连续群的生成元，这是由单位元素附近的群元素决定的，按照惯例，假定单位元素对应于零参数值，$\boldsymbol{\alpha}=\mathbf{0}$。考虑变换

$$\boldsymbol{x} \rightarrow \boldsymbol{x}' = \boldsymbol{f}(\boldsymbol{x},\boldsymbol{\alpha}) \tag{4.7}$$

对于小 $\boldsymbol{\alpha}$，把 $\boldsymbol{f}(\boldsymbol{x},\boldsymbol{\alpha})$作泰勒级数展开：

$$\boldsymbol{f}(\boldsymbol{x},\boldsymbol{\alpha}) = \boldsymbol{f}(\boldsymbol{x},\mathbf{0}) + \boldsymbol{\alpha}\cdot\nabla_{\boldsymbol{\alpha}}\boldsymbol{f}(\boldsymbol{x},\boldsymbol{\alpha})\Big|_{\boldsymbol{\alpha}=\mathbf{0}} + \cdots \tag{4.8}$$

$\nabla_{\boldsymbol{\alpha}}$是 r 维参数空间中的梯度算符。设

$$\boldsymbol{x}' = \boldsymbol{x} + \mathrm{d}\boldsymbol{x} \tag{4.9}$$

取 $\boldsymbol{\alpha}$ 的小量，即 $\boldsymbol{\alpha}\rightarrow\mathrm{d}\boldsymbol{\alpha}$，我们得到

$$\mathrm{d}\boldsymbol{x} = \mathrm{d}\boldsymbol{\alpha}\cdot\nabla_{\boldsymbol{\alpha}}\boldsymbol{f}(\boldsymbol{x},\boldsymbol{\alpha})\Big|_{\boldsymbol{\alpha}=\mathbf{0}} = \sum_{i=1}^{r}\mathrm{d}\alpha_i\frac{\partial}{\partial\alpha_i}\boldsymbol{f}(\boldsymbol{x},\boldsymbol{\alpha})\Big|_{\boldsymbol{\alpha}=\mathbf{0}} \tag{4.10}$$

就分量而言，我们可以写为

$$\mathrm{d}x_k = \sum_{i=1}^{r}\mathrm{d}\alpha_i U_i^k \tag{4.11}$$

这里定义

$$U_i^k = \frac{\partial}{\partial\alpha_i}f_k(\boldsymbol{x},\boldsymbol{\alpha})\Big|_{\boldsymbol{\alpha}=\mathbf{0}} \tag{4.12}$$

下面我们考虑如果有一个无穷小群变换(即一个群元素接近单位元素)被应用于自变量 $\boldsymbol{x}$，一个任意标量函数 $F(\boldsymbol{x})$会如何变化。$F(\boldsymbol{x})$的全微分是

$$\begin{aligned}\mathrm{d}F(\boldsymbol{x}) &= \sum_{k=1}^{N}\frac{\partial F(x_1,\cdots,x_N)}{\partial x_k}\mathrm{d}x^k\\&=\sum_{k=1}^{N}\frac{\partial F(\boldsymbol{x})}{\partial x_k}\sum_{i=1}^{r}\mathrm{d}\alpha_i U_i^k = \sum_{i=1}^{r}\mathrm{d}\alpha_i\hat{G}_i F(\boldsymbol{x})\end{aligned} \tag{4.13}$$

这里定义

$$\hat{G}_i = \sum_{k=1}^{N} U_i^k \frac{\partial}{\partial x_k} \tag{4.14}$$

量 $\hat{G}_i$ 被称为群 G 的生成元,这是由于它们因变换而引起一个任意函数 $F(\boldsymbol{x})$的无穷小变化。

作为例子,我们讨论二维正交变换群 $SO(2)$,即

$$\begin{aligned} x' &\equiv f_x(x,y) = x\cos\varphi - y\sin\varphi \\ y' &\equiv f_y(x,y) = x\sin\varphi + y\cos\varphi \end{aligned} \tag{4.15}$$

$SO(2)$显然是一阶的,因为它只有一个参数,即转动角度 φ。对于函数 U_i^k,当我们作符号替换 $i\equiv\varphi, k\equiv x, y$ 时,得到

$$U_\varphi^x = \left.\frac{\partial f_x}{\partial\varphi}\right|_{\varphi=0} = -y, \quad U_\varphi^y = \left.\frac{\partial f_y}{\partial\varphi}\right|_{\varphi=0} = +x \tag{4.16}$$

对于生成元 $\hat{G}_\varphi$,有

$$\hat{G}_\varphi = U_\varphi^x \frac{\partial}{\partial x} + U_\varphi^y \frac{\partial}{\partial y} = x\frac{\partial}{\partial y} - y\frac{\partial}{\partial x} = -\frac{\mathrm{i}}{\hbar}\hat{L}_z \tag{4.17}$$

它等于角动量算符的 z 分量。

李代数是一个由对易子给出的具有附加反对称乘法的矢量空间。一个李群的生成元形成一个李代数,因为它们可以相加或与标量相乘,可以看到它们在对易下也形成封闭集,即

$$[\hat{G}_\mu, \hat{G}_\nu] = \sum_{\lambda=1}^{r} C_{\mu\nu}^\lambda \hat{G}_\lambda \tag{4.18}$$

这里 $C_{\mu\nu}^\lambda$是结构常数。对易子满足的性质如下:

- 定义:

$$[\hat{G}_\mu, \hat{G}_\nu] = \hat{G}_\mu\hat{G}_\nu - \hat{G}_\nu\hat{G}_\mu \tag{4.19}$$

- 反对称性:

$$[\hat{G}_\mu, \hat{G}_\nu] = -[\hat{G}_\nu, \hat{G}_\mu] \tag{4.20}$$

- 雅可比恒等式:

$$[[\hat{G}_\mu, \hat{G}_\nu], \hat{G}_\tau] = [[\hat{G}_\tau, \hat{G}_\mu], \hat{G}_\nu] = [[\hat{G}_\nu, \hat{G}_\tau], \hat{G}_\mu] \tag{4.21}$$

作为李代数生成元的这些性质的一个直接结果,结构常数自身必须是反对称的:$C_{\mu\nu}^\lambda = -C_{\nu\mu}^\lambda$,并满足雅可比恒等式:

$$\sum_\sigma (C_{\alpha\beta}^\sigma C_{\sigma\gamma}^\rho + C_{\beta\gamma}^\sigma C_{\sigma\alpha}^\rho + C_{\gamma\alpha}^\sigma C_{\sigma\beta}^\rho) = 0 \tag{4.22}$$

反过来可以证明,如果结构常数具有这两个性质,则相应的生成元形成了一个具有给定性质的李代数。

练习 4.1　角动量算符的李代数

问题　证明角动量算符形成李代数。

解答　在第2章中角动量算符 $\hat{L}_i$ 被构造成绕三个坐标轴转动的生成元(注意,欧拉角的参数化不能用于此目的,因为它们对于小转动不是独立的:事实上,θ_1 和 θ_3 都把 $\hat{L}_z$ 作为生成元)。它们遵循对易关系:

$$[\hat{L}_i,\hat{L}_k] = \mathrm{i}\hbar\varepsilon_{ijk}\hat{L}_k \quad ①$$

因此,与 $SO(3)$ 相关联的代数的结构常数由反对称张量 ε_{ijk} 给出。反对称性显然满足,因为 $\varepsilon_{jik} = -\varepsilon_{ijk}$,雅可比恒等式可以从下式看出:

$$\begin{aligned}
&\sum_\sigma(\varepsilon_{\alpha\beta\sigma}\varepsilon_{\sigma\gamma\rho} + \varepsilon_{\beta\gamma\sigma}\varepsilon_{\sigma\alpha\rho} + \varepsilon_{\gamma\alpha\sigma}\varepsilon_{\sigma\beta\rho})\\
&= \sum_\sigma(\varepsilon_{\alpha\beta\sigma}\varepsilon_{\gamma\rho\sigma} + \varepsilon_{\beta\gamma\sigma}\varepsilon_{\alpha\rho\sigma} + \varepsilon_{\gamma\alpha\sigma}\varepsilon_{\beta\rho\sigma})\\
&= \delta_{\alpha\gamma}\delta_{\beta\rho} - \delta_{\alpha\rho}\delta_{\beta\gamma} + \delta_{\beta\alpha}\delta_{\gamma\rho} - \delta_{\beta\rho}\delta_{\gamma\alpha} + \delta_{\gamma\beta}\delta_{\alpha\rho} - \delta_{\gamma\rho}\delta_{\alpha\beta}\\
&= 0
\end{aligned} \quad ②$$

李群在物理中的应用至关重要的是卡西米尔(Casimir)算子 $\hat{C}_\lambda$,其定义为与代数的所有生成元 $\hat{G}_i$ 对易的算符:

$$[\hat{C}_\lambda,\hat{G}_i] = 0 \quad (4.23)$$

对于一个给定群,一般存在几个卡西米尔算子,它们的明确形式并不唯一:如果 $\hat{C}_\lambda$ 和 $\hat{C}_\sigma$ 是卡西米尔算子,它们的任何组合也是,例如,$\hat{C}_\lambda - \hat{C}_\sigma$,$\hat{C}_\lambda + \hat{C}_\sigma$,$\hat{C}_\lambda\hat{C}_\sigma$,等等。

对于一个给定的代数,一般来说确定所有的卡西米尔算子很难,但有一条从生成元获取至少一个非平凡的卡西米尔算子的简单规则,即

$$\hat{C}_\lambda = \sum_{\mu,\nu} g_{\mu\nu}\hat{G}_\mu\hat{G}_\nu \quad (4.24)$$

张量 $g_{\mu\nu}$ 被称为代数的度规,它被定义为

$$g_{\mu\nu} = \sum_{\tau\rho} C^\rho_{\mu\tau}C^\tau_{\nu\rho} \quad (4.25)$$

练习 4.2　角动量代数的卡西米尔算子

问题　用式(4.24)对角动量代数构建卡西米尔算子。

解答　使用结构常数 $C^k_{ij} = \varepsilon_{ijk}$,对于度规我们得到

$$g_{\mu\nu} = \sum_{\tau\rho} C^\rho_{\mu\tau}C^\tau_{\nu\rho} = \sum_{\tau\sigma}\varepsilon_{\mu\tau\rho}\varepsilon_{\nu\rho\tau} = -\sum_{\tau\sigma}\varepsilon_{\mu\tau\rho}\varepsilon_{\nu\tau\rho} = -2\delta_{\mu\nu} \quad ①$$

卡西米尔算子变为

$$\hat{C}_{SO(3)} = \sum_{\mu\nu} g_{\mu\nu}\hat{L}_\mu\hat{L}_\nu = -2\sum_{\mu\nu}\delta_{\mu\nu}\hat{L}_\mu\hat{L}_\nu = -2\hat{\boldsymbol{J}}^2 \quad ②$$

这就简单地再现了众所周知的事实:算符 $\hat{\boldsymbol{J}}^2$ 是角动量代数的卡西米尔算子,与所有的角动量算符 $\hat{J}_i$ 对易。它也是这个代数唯一的卡西米尔算子。

最后，我们要使表示的概念更加精确。考虑一个群 G，其元素为 g_m。如果从元素 g_m 到矩阵 $D(g_m)$ 的映射存在，则只要 $g_1 \cdot g_2 = g_3$ 成立，$D(g_1) \cdot D(g_2) = D(g_3)$ 就成立，我们称矩阵 $D(g_m)$ 为群 G 的一个表示。一个例子是由 2.3.3 小节给出的转动矩阵提供的。

一般情况下，通过考虑将群元素应用于其上的 n 维矢量空间，得到一个群的表示。如果 $|\varphi_i\rangle(i=1,\cdots,n)$ 是这个矢量空间的基，群元素对基矢量的影响可以展开为

$$g_m \mid \varphi_j\rangle = \sum_{i=1}^{n} D_{ji}^{m} \mid \varphi_i\rangle \tag{4.26}$$

其中

$$D(g_m)_{ji} = \langle \varphi_i \mid g_m \mid \varphi_j\rangle \tag{4.27}$$

系数 $D(g_m)_{ji}$ 被解释为表示矩阵 $D(g_m)$ 的矩阵元素。$D(g)$ 形成一个具有所要求的表示性质的矩阵群，这可以通过如下计算看出：

$$\begin{aligned}(D(g_1) \cdot D(g_2))_{ik} &= \sum_{j=1}^{n} D(g_1)_{ij} D(g_2)_{jk} \\ &= \sum_{j=1}^{n} \langle \varphi_i \mid g_1 \mid \varphi_j\rangle\langle \varphi_j \mid g_2 \mid \varphi_k\rangle \\ &= \langle i \mid g_1 g_2 \mid k\rangle = D(g_1 g_2)_{ik}\end{aligned} \tag{4.28}$$

这样，很容易得到一个特殊的表示。通常重要而更加困难的任务是通过构造所有不可约表示作为组成部分来系统地确定所有可能的表示，正如 2.3.2 小节中对转动群所做的那样。

练习 4.3　$SO(n)$ 的李代数

问题　从 $SO(n)$ 群（即行列式为 1 的 n 维正交变换群）的矩阵表示出发，推导它的李代数。

解答　前面已经提及，李群的代数完全由单位元素附近的群元素的性质决定，在那里所有群参数都是无穷小的。这样，我们需要矩阵形式的 $SO(n)$ 元素与单位矩阵有无穷小的差别。n 维正交变换的定义性质是使矢量范数不变。这意味着如果变换后的矢量被定义为 $\boldsymbol{x}' = A\boldsymbol{x}$，而 $A \in SO(n)$，则方程

$$(\boldsymbol{x}')^{\mathrm{T}}\boldsymbol{x}' = \boldsymbol{x}^{\mathrm{T}}\boldsymbol{x} \tag{①}$$

一定成立。接下来我们考虑如下形式的无穷小变换：

$$\boldsymbol{x}' = (I + \delta A)\boldsymbol{x} \tag{②}$$

其中 I 代表单位矩阵。到 δA 中的第一阶意味着

$$(\boldsymbol{x}')^{\mathrm{T}}\boldsymbol{x}' = (\boldsymbol{x})^{\mathrm{T}}(I + \delta A^{\mathrm{T}})(I + \delta A)\boldsymbol{x} \approx (\boldsymbol{x})^{\mathrm{T}}(I + \delta A + \delta A^{\mathrm{T}})\boldsymbol{x} \tag{③}$$

因此矩阵 A 一定是反对称的：

$$\delta A^{\mathrm{T}} = -\delta A \tag{④}$$

作为群参数，可以这样选择一个反对称矩阵的独立矩阵元。对于 n 维的情况，矩阵元

的数目是 $n(n-1)/2$(这是对角线上方的矩阵元的数目,或不包括对角线的总数 n^2-n 的一半),所以 $SO(n)$群的阶是 $n(n-1)/2$。每一个都可以用一个指标对(i,j)来标记,其中 $i<j$,我们可以记群参数为 r_{ij}。则一个任意无穷小变换由下式给出:

$$\delta A(r_{ij}) = r_{ij}(E^{(ij)} - E^{(ji)}) \quad ⑤$$

这里 $E^{(ij)}$是一个矩阵,其第 i 行第 j 列有一个 1,其余所有矩阵元等于 0。生成元的矩阵形式可以简单地读出为

$$G_{ij} = E^{(ij)} - E^{(ji)} \quad ⑥$$

我们现在可以使用练习 4.1,4.2 中的定义很容易地推导出 $SO(n)$的生成元 $\hat{G}_{ij}$ 的一个实现:

$$\begin{aligned}\hat{G}_{ij} &= \sum_k U_{ij}^k \frac{\partial}{\partial x_j} = \sum_k \frac{\partial}{\partial r_{ij}}\Big(\sum_l \delta A(r_{ij})_{kl} x_l\Big)\frac{\partial}{\partial x_k} \\ &= \sum_{kl}(\delta_{ik}\delta_{jl} - \delta_{il}\delta_{jk})x_l \frac{\partial}{\partial x_k} = x_i \frac{\partial}{\partial x_j} - x_j \frac{\partial}{\partial x_i}\end{aligned} \quad ⑦$$

生成元的对易关系(即 $SO(n)$的李代数)现在如下:

$$\begin{aligned}[\hat{G}_{ij},\hat{G}_{km}] &= \left(x_i \frac{\partial}{\partial x_j} - x_j \frac{\partial}{\partial x_i}\right)\left(x_k \frac{\partial}{\partial x_m} - x_m \frac{\partial}{\partial x_k}\right) \\ &\quad - \left(x_k \frac{\partial}{\partial x_m} - x_m \frac{\partial}{\partial x_k}\right)\left(x_i \frac{\partial}{\partial x_j} - x_j \frac{\partial}{\partial x_i}\right) \\ &= \delta_{jk}\hat{G}_{im} + \delta_{im}\hat{G}_{jk} + \delta_{jm}\hat{G}_{ki} + \delta_{ki}\hat{G}_{mj}\end{aligned} \quad ⑧$$

在 $n=3$ 的情况下,如果作如下约定:

$$\hat{L}_x = \mathrm{i}\hat{G}_{23}, \quad \hat{L}_y = \mathrm{i}\hat{G}_{31}, \quad \hat{L}_z = \mathrm{i}\hat{G}_{12} \quad ⑨$$

则这些方程约化为角动量对易关系。

4.2 群　　链

一个经常被用于构建更复杂的群表示的方法是基于子群链和卡西米尔算子。它将广泛应用于 IBM 模型中(6.8 节),但最简单的例子是 2.3.2 小节转动群表示的推导,我们将用这个例子来解释所涉及的想法。

2.3.2 小节使用的算符是 $\hat{J}^2$,$\hat{J}_\pm$ 和 $\hat{J}_z$。这当中群理论的作用清楚地仅限于 $\hat{J}^2$,它只是 $SU(2)$(或 $SO(3)$)群的卡西米尔算子,这样根据舒尔(Schur)引理区分不同的不可约表示。$\hat{J}_z$ 的意义是什么?它是绕 z 轴转动群的生成元,其显然是完全转动群的一个子群。

二维转动群 $SO(2)$由如下类型矩阵组成：

$$\begin{pmatrix} \cos\theta & -\sin\theta \\ \sin\theta & \cos\theta \end{pmatrix} \tag{4.29}$$

其与复相位因子 $e^{i\theta}$成一一对应关系，所以 $SO(2)$群与 $U(1)$群同构。由于只有一个群参数 θ，因此只有一个生成元 $\hat{J}_z$，其平凡地也是群的一个卡西米尔算子。这样，不可约表示都是一维的，由 $\hat{J}_z$ 的本征值 $\hbar m$ 标记。

发生在 2.3.2 小节中的事情现在在更广泛的层面上变得清晰：$SU(2)$或 $SO(3)$的表示被分解成子群 $U(1)$或 $SO(2)$的表示。固定投影 m 的子空间只在 $SO(2)$下（而不是在完全转动群下）是不变的，而附加的生成元 $\hat{J}_\pm$ 或 $\hat{J}_x$ 和 $\hat{J}_y$ 连接不同的投影。我们正式地写出群、卡西米尔算子和本征值的关系如下：

$$\begin{array}{ccc} SO(3) & \supset & SO(2) \\ \hat{J}^2 & & \hat{J}_z \\ \hbar^2 j(j+1) & & \hbar m \end{array} \tag{4.30}$$

当然这是一个相当简单的例子。例如，在 IBM 中群链将是

$$U(6) \supset U(5) \supset O(5) \supset O(3) \supset O(2) \tag{4.31}$$

我们总是希望能有一条链以 $O(3)$和 $O(2)$结尾，因为这样角动量量子数将会出现，这些表示变得对物理更有用。

每个表示以群链中的第一个群的卡西米尔算子的本征值表征，然后将表示空间分解为下一个群下不变的子空间，反过来以它的卡西米尔算子表征，等等。如果哈密顿量可以用卡西米尔算子表示，这就产生了一组量子数和解决这个问题的完整方法。

如果哈密顿量在群下是不变的，它一定与该群的所有生成元对易，它自己是一个卡西米尔算子。一般空间中球对称系统的哈密顿量提供了一个例子，其对转动角度的依赖性完全包含在与 $\hat{J}^2$ 成比例的离心项中。在这种情况下，波函数的角度依赖和相关的量子数可以通过纯粹的群理论方法得到。径向依赖性需要更复杂的处理，通常情况下，可以找到一个更一般的包含了系统的所有自由度的对称群，用群理论构造完整的解决方案。

4.3 二次量子化中的李代数

李代数的生成元往往以二次量子化的形式出现。数学上的原因很简单：如果粒子是在 n 个单粒子波函数空间中产生的，它可以用这些波函数的一些线性组合

来描述。将波函数改变为另一个这样的线性组合的变换对应于 $U(n)$群的一个元素。或者,这种再分布可以通过产生和湮没算符的一些结合 $\hat{a}_j^\dagger\hat{a}_k$ 来实现,其作用是把粒子从原来的态中除去,然后把它放入新的态。最简单的例子又是由无处不在的转动群提供的,在这种情况下,它化身为 $SU(2)$。

考虑一个能存在于两种不同态的费米子。考虑同位旋作为最简单的例子,把它们记为$|\mathrm{p}\rangle$和$|\mathrm{n}\rangle$,它们将通过使用算符 $\hat{a}_\mathrm{p}^\dagger$ 和 $\hat{a}_\mathrm{n}^\dagger$ 产生,这样

$$|\mathrm{p}\rangle = \hat{a}_\mathrm{p}^\dagger |0\rangle, \quad |\mathrm{n}\rangle = \hat{a}_\mathrm{n}^\dagger |0\rangle \tag{4.32}$$

于是粒子的状态改变可以由算符 $\hat{a}_\mathrm{n}^\dagger\hat{a}_\mathrm{p}$ 和 $\hat{a}_\mathrm{p}^\dagger\hat{a}_\mathrm{n}$ 分别促成。这可能与角动量理论的移位算符相对应。如果将 1/2 的投影赋值给态$|\mathrm{p}\rangle$,将 $-1/2$ 的投影赋值给态$|\mathrm{n}\rangle$,我们就可以定义角动量算符:

$$\hat{J}_+ = \hat{a}_\mathrm{p}^\dagger \hat{a}_\mathrm{n}, \quad \hat{J}_- = \hat{a}_\mathrm{n}^\dagger \hat{a}_\mathrm{p} \tag{4.33}$$

此外,可以推测角动量算符的 z 分量为

$$\hat{J}_z = \frac{1}{2}(\hat{a}_\mathrm{p}^\dagger \hat{a}_\mathrm{p} - \hat{a}_\mathrm{n}^\dagger \hat{a}_\mathrm{n}) \tag{4.34}$$

这清楚地产生了两个态所希望的本征值$\pm 1/2$。

这是否确实产生李代数可以通过求对易关系来检验。由于算符 $\hat{a}_\mathrm{n}$ 能反对易到后面,我们有

$$[\hat{a}_\mathrm{p}^\dagger \hat{a}_\mathrm{p}, \hat{a}_\mathrm{p}^\dagger \hat{a}_\mathrm{n}] = [\hat{a}_\mathrm{p}^\dagger \hat{a}_\mathrm{p}, \hat{a}_\mathrm{p}^\dagger] \hat{a}_\mathrm{n} = \hat{a}_\mathrm{p}^\dagger \hat{a}_\mathrm{n} \tag{4.35}$$

(后一个对易子是 3.1.2 小节的“移位算符”关系之一),使用算符 $\hat{a}_\mathrm{n}^\dagger\hat{a}_\mathrm{n}$ 的类似结果,我们得到

$$\left[\frac{1}{2}(\hat{a}_\mathrm{p}^\dagger \hat{a}_\mathrm{p} - \hat{a}_\mathrm{n}^\dagger \hat{a}_\mathrm{n}), \hat{a}_\mathrm{p}^\dagger \hat{a}_\mathrm{n}\right] = \hat{a}_\mathrm{p}^\dagger \hat{a}_\mathrm{n} \tag{4.36}$$

或

$$[\hat{J}_z, \hat{J}_+] = \hat{J}_+ \tag{4.37}$$

正如角动量移位算符一样。类似地,所有其他的角动量对易规则都可以得到确认。这样,我们用二次量子化算符形式实现了 $SU(2)$群的全李代数。

类似地,$SO(n)$的生成元可以简单地从练习 4.3 式⑥中的矩阵表示看出。每个矩阵 $E^{(ij)}$ 对应于一个算符对 $\hat{a}_i^\dagger\hat{a}_j$,这样二次量子化形式变为

$$\hat{G}_{ij} = \hat{a}_i^\dagger \hat{a}_j - \hat{a}_j^\dagger \hat{a}_i \tag{4.38}$$

该方法将被应用到一个六维空间的更复杂的相互作用玻色子近似情况(6.8 节)。然而,也有一个角动量代数应用的例子,在这种情况下,与 $SU(2)$群的连接不是那么平凡,这个例子是 7.5.3 小节解释的准自旋模型。

第5章　电磁矩和跃迁

5.1　引　　言

电磁场与原子核相互作用的测量提供了实验信息的最重要来源。γ 射线既可以被核吸收也可以被核发射，并在其角动量和能量以及相关的跃迁概率里携带信息。这些信息允许直接得出关于核的定态的角动量、宇称、激发能和跃迁矩阵元的结论。在某些情况下，信息可以简单地用电磁多极矩（例如四极矩）来概括，这与核电荷分布的形状有着直接的关系。

本章的目的是导出必要的公式，以便允许从核模型计算电磁跃迁概率和矩。电磁场首先要量子化和分解成具有确定宇称与多极性的场。然后，这些场与核内的电荷和电流分布的相互作用必须公式化，这样可以插入核模型分布。上述步骤将是以下各节的主题。

5.2　量子化的电磁场

电磁场的量子化将仅以其最终形式显示，没有许多与场论相关的细微之处，因为本质上我们只对它作为研究核的工具感兴趣。以矢势 $\boldsymbol{A}(\boldsymbol{r},t)$ 为主要的动力学场并使用库仑（或横向）规范。于是场满足规范条件

$$\nabla\cdot\boldsymbol{A} = 0 \tag{5.1}$$

并在没有电荷或电流的情况下，满足波动方程

$$\left(\frac{1}{c^2}\frac{\partial^2}{\partial t^2} - \nabla^2\right)\boldsymbol{A} = 0 \tag{5.2}$$

电磁场用 $\boldsymbol{A}$ 给出如下：

$$\boldsymbol{E} = -\frac{1}{c}\frac{\partial}{\partial t}\boldsymbol{A},\quad \boldsymbol{H} = \nabla\times\boldsymbol{A} \tag{5.3}$$

这个场的能量密度是

$$\varepsilon_{\mathrm{em}} = \frac{1}{8\pi}(|\boldsymbol{E}|^2 + |\boldsymbol{H}|^2) \tag{5.4}$$

由矢势的平面波

$$\boldsymbol{A}_k(\boldsymbol{r},t) = \boldsymbol{A}_0\cos(\boldsymbol{k}\cdot\boldsymbol{r} - \omega t) \tag{5.5}$$

这些表达式成为(利用波动方程的直接结果 $\omega = ck = c|\boldsymbol{k}|$)

$$\boldsymbol{E}_k = -k\boldsymbol{A}_0\sin(\boldsymbol{k}\cdot\boldsymbol{r} - \omega t),\quad \boldsymbol{H}_k = -\boldsymbol{k}\times\boldsymbol{A}_0\sin(\boldsymbol{k}\cdot\boldsymbol{r} - \omega t) \tag{5.6}$$

能量密度将是

$$\varepsilon_{\mathrm{em}} = \frac{1}{8\pi}k^2|A_0|^2 \tag{5.7}$$

对于单光子的场,$\varepsilon_{\mathrm{em}}$应该等于 $\hbar\omega/V$,V 是系统体积,则适当的振幅变为

$$A_0 = \sqrt{\frac{8\pi\hbar\omega}{k^2V}} = \sqrt{\frac{8\pi\hbar c^2}{\omega V}} \tag{5.8}$$

产生相同的平均能量密度的相应复数表达式是

$$\boldsymbol{A}_{\mathrm{em}}(\boldsymbol{r},t) = \boldsymbol{\varepsilon}\sqrt{\frac{2\pi\hbar c^2}{\omega V}}(a_0\mathrm{e}^{\mathrm{i}\boldsymbol{k}\cdot\boldsymbol{r}-\mathrm{i}\omega t} + a_0^*\mathrm{e}^{-\mathrm{i}\boldsymbol{k}\cdot\boldsymbol{r}+\mathrm{i}\omega t}) \tag{5.9}$$

其中 a_0 是单位模的复数,它决定波的相位;$\boldsymbol{\varepsilon}$ 是表示极化的单位矢量。由于电磁波的横向性质,有两个独立的偏振方向 $\boldsymbol{\varepsilon}_l(l=1,\ 2)$都满足 $\boldsymbol{\varepsilon}_l\cdot\boldsymbol{k}=0$。

我们现在给出这个矢势的量子化形式的引子。与物质相互作用的哈密顿密度将是经典的量子化版本:

$$\varepsilon_{\mathrm{int}} = -\frac{1}{c}\boldsymbol{j}(\boldsymbol{r})\cdot\boldsymbol{A}(\boldsymbol{r}) \tag{5.10}$$

$\boldsymbol{j}$ 是电流分布。上式应描述光子的发射和吸收,核态 Ψ_i 和 Ψ_f 之间典型的跃迁矩阵元应该是下面这样的:

$$\int \mathrm{d}^3 r\left\langle \Psi_f,\text{单光子}\left|-\frac{1}{c}\boldsymbol{j}\cdot\boldsymbol{A}\right|\Psi_i,\text{无光子}\right\rangle \tag{5.11}$$

上式是对光子的发射,厄米共轭是对光子的吸收。这样,场算符应该包含两个涉及光子的产生和湮没算符的厄米共轭部分,仅用光子的产生和湮没算符 $\hat{\beta}^\dagger$ 和 $\hat{\beta}$ 代替振幅a_0 和 a_0^* 看起来很自然。现在只剩下决定对这两项中的每一项各使用哪个算符,这可以由能量平衡看出。在上述有关光子发射的矩阵元中,总的时间依赖的相位是

$$\frac{\mathrm{i}}{\hbar}(E_f - E_i)t + \mathrm{i}\varphi \tag{5.12}$$

其中 φ 是伴随辐射场中的产生算符的未知相位。总能量守恒暗示 $E_f = E_i - \hbar\omega$,所以我们必须有 $\varphi = \omega t$。与此一致,产生和湮没算符与具有相反方向动量的平面波相关,因为动量守恒要求在产生或湮没一个光子时总动量有适当的改变。归一化因子保证了场的能量将依据光子数正确给出。为了看出这个,只需计算上面场

的能量,并去掉谐振子的零点能。

对于辐射场的最后形式,算符需要加上指标,指出它们在场(由波矢 $\boldsymbol{k}$ 和极化指标 μ 决定)中作用的模式。在下面,符号 ω 总是代表 ck。这样合计所有模式($\boldsymbol{k}$, μ)得出的场算符是

$$\hat{\boldsymbol{A}}(\boldsymbol{r},t)=\sum_{k\mu}\sqrt{\frac{2\pi\hbar c^2}{\omega V}}\left(\hat{\beta}_{k\mu}\varepsilon_{\mu}^{*}\mathrm{e}^{\mathrm{i}\boldsymbol{k}\cdot\boldsymbol{r}-\mathrm{i}\omega t}+\hat{\beta}_{k\mu}^{\dagger}\varepsilon_{\mu}\mathrm{e}^{-\mathrm{i}\boldsymbol{k}\cdot\boldsymbol{r}+\mathrm{i}\omega t}\right) \tag{5.13}$$

(ε_μ 或其复共轭的选择考虑了带有角动量投影 μ 的球基矢量 ε_μ 应伴随该投影的产生算符。)

这个场的总能量(对体积 V 积分)的算符是

$$\hat{H}=\sum_{k\mu}\hbar\omega_k\left(\hat{\beta}_{k\mu}^{\dagger}\hat{\beta}_{k\mu}+\frac{1}{2}\right) \tag{5.14}$$

总动量由下式给出:

$$\hat{\boldsymbol{P}}=\sum_{k\mu}\hbar\boldsymbol{k}\hat{\beta}_{k\mu}^{\dagger}\hat{\beta}_{k\mu} \tag{5.15}$$

此处处理的光子态是动量算符的本征态。然而,对于它们与核之间的相互作用,使用角动量本征态更方便。下一节给出它们的构建。

5.3 好角动量的辐射场

5.3.1 标量亥姆霍兹方程的解

如 2.3.6 小节所示,描述光子的矢量场 $\boldsymbol{A}$ 有一个为 1 的内禀角动量,其基态(basis state)用球单位矢量 $\boldsymbol{e}_\mu$($\mu=-1,0,1$)给出。要构造好的总角动量的态,这些矢量必须与具有好轨道角动量的标量函数 $\Phi_{\lambda\mu}(\boldsymbol{r})$ 耦合,这是由通常的谐波时间依赖性来完成的:

$$\boldsymbol{A}_{lm,\lambda}(\boldsymbol{r},t)=\sum_{\mu\mu'}(\lambda 1 l\mid\mu\mu' m)\Phi_{\lambda\mu}(\boldsymbol{r})\boldsymbol{e}_{\mu'}\mathrm{e}^{-\mathrm{i}\omega t} \tag{5.16}$$

注意,λ 对于耦合场来说仍为一个好量子数。由 $\omega=ck$,波动方程化简为 $\Phi_{\lambda\mu}$ 的亥姆霍兹(Helmholtz)方程:

$$(\Delta+k^2)\Phi_{\lambda\mu}(\boldsymbol{r})=0 \tag{5.17}$$

边界条件是函数在无穷远处消失。由初等散射理论可以很好地解决这个问题:

$$\Phi_{\lambda\mu}(\boldsymbol{r})=j_\lambda(kr)Y_{\lambda\mu}(\Omega) \tag{5.18}$$

其中 $j_\lambda(kr)$ 表示球贝塞尔函数。

在这里，总结球贝塞尔函数的几个性质是很有帮助的，本章将用到以下性质：

(1) 第一类贝塞尔函数的定义：

$$j_l(x)=\sqrt{\frac{\pi}{2x}}J_{l+1/2}(x)\quad(l=0,\pm 1,\pm 2,\cdots)\tag{5.19}$$

(2) 小自变量值的近似：

$$j_l(x)\approx\frac{x^l}{(2l+1)!!}\quad(x\to 0)\tag{5.20}$$

(3) 大自变量值的近似：

$$j_l(x)\approx\frac{1}{x}\sin\left(x-\frac{1}{2}l\pi\right)\quad(x\to\infty)\tag{5.21}$$

(4) 微分方程：

$$\left[\frac{\mathrm{d}^2}{\mathrm{d}x^2}+\frac{2}{x}\frac{\mathrm{d}}{\mathrm{d}x}+1-\frac{l(l+1)}{x^2}\right]j_l(x)=0\tag{5.22}$$

解 $\Phi_{\lambda\mu}(\boldsymbol{r})$ 显然有角动量 λ 和投影 μ。它们的宇称是由球谐函数的宇称决定的，为 $(-1)^\lambda$。

5.3.2　矢量亥姆霍兹方程的解

具有好角动量的亥姆霍兹方程的矢量解现在可以用所列出的角动量耦合来构造。它们是

$$\boldsymbol{A}_{lm,\lambda}(\boldsymbol{r})=\sum_{\mu\mu'}(\lambda 1 l\mid\mu\mu' m)j_\lambda(kr)Y_{\lambda\mu}(\Omega)\boldsymbol{e}_{\mu'}\tag{5.23}$$

基矢量 $\boldsymbol{e}_\mu$ 是按习惯选择的，这样波沿正 z 方向传播，即 $\boldsymbol{e}_0$ 和 $\boldsymbol{k}$ 方向一致。

对于角动量耦合，径向函数仅作为一个平凡因子出现，这样，将矢量球谐函数定义为该表达式的角度和矢量部分是有用的：

$$\boldsymbol{Y}_{lm,\lambda}(\Omega)=\sum_{\mu\mu'}(\lambda 1 l\mid\mu\mu' m)Y_{\lambda\mu}(\Omega)\boldsymbol{e}_{\mu'}\tag{5.24}$$

$\boldsymbol{Y}_{lm,\lambda}$ 保留指标 λ，因为 λ 在耦合基里依然是一个好量子数。另一个牵涉进来的角动量是常数 1，这样就没有必要把它记在记号里（虽然在其他记号中，它被用作区分这些函数与例如自旋球谐函数的指标，在后者那里 $Y_{\lambda\mu}$ 耦合旋量）。

这里给出矢量球谐函数的两个有用的性质：

(1) 复共轭：

$$\boldsymbol{Y}^*_{lm,\lambda}(\Omega)=(-1)^{m+l+\lambda+1}\boldsymbol{Y}_{l-m,\lambda}(\Omega)\tag{5.25}$$

(2) 正交归一性：

$$\int\mathrm{d}\Omega\boldsymbol{Y}^*_{l'm',\lambda'}(\Omega)\cdot\boldsymbol{Y}_{lm,\lambda}(\Omega)=\delta_{ll'}\delta_{\lambda\lambda'}\delta_{mm'}\tag{5.26}$$

注意，这涉及函数空间中的标量积（对 Ω 的积分）和两个矢量的标量积。

练习 5.1 矢量球谐函数

问题 计算矢量球谐函数 $\boldsymbol{Y}_{00,1}(\Omega)$。它是否显示了与它的总角动量为零相关的对称性？

解答 根据定义，有

$$\boldsymbol{Y}_{00,1}(\Omega) = \sum_{\mu}(110 \mid \mu - \mu 0) Y_{1\mu}(\Omega)\boldsymbol{e}_{-\mu} \tag{①}$$

将克莱布希-戈尔登系数代入，得到

$$\boldsymbol{Y}_{00,1}(\Omega) = \frac{1}{\sqrt{3}}\sum_{\mu}(-1)^{1-\mu} Y_{1\mu}(\Omega)\boldsymbol{e}_{-\mu} \tag{②}$$

进一步简化只有通过以显式形式使用球谐函数才能做到：

$$\begin{aligned}\boldsymbol{Y}_{00,1}(\Omega) &= \frac{1}{\sqrt{3}}\left[-\sqrt{\frac{3}{8\pi}}\sin\theta \mathrm{e}^{\mathrm{i}\varphi}\frac{1}{\sqrt{2}}(\boldsymbol{e}_x - \mathrm{i}\boldsymbol{e}_y) - \sqrt{\frac{3}{4\pi}}\cos\theta \boldsymbol{e}_z\right.\\ &\qquad\left. - \sqrt{\frac{3}{8\pi}}\sin\theta \mathrm{e}^{-\mathrm{i}\varphi}\frac{1}{\sqrt{2}}(\boldsymbol{e}_x + \mathrm{i}\boldsymbol{e}_y)\right]\\ &= -\frac{1}{\sqrt{4\pi}}(\cos\theta\boldsymbol{e}_z + \sin\theta\cos\varphi\boldsymbol{e}_x + \sin\theta\sin\varphi\boldsymbol{e}_y)\\ &= -\frac{1}{\sqrt{4\pi}}\boldsymbol{e}_r\end{aligned} \tag{③}$$

所以结果是球对称矢量场在每一点的径向方向与单位矢量成正比。它可以与 r 的任意函数相结合而不破坏其标量特征。例如，我们有

$$\boldsymbol{r} = -r\sqrt{4\pi}\boldsymbol{Y}_{00,1}(\Omega) \tag{④}$$

同样有趣的是它的宇称。矢量的分量 (x,y,z) 在空间反射下改变符号，但是作为矢量场，矢量必须在每一点上有一个附加的反转，这样总宇称是正的。这符合几何图像。

矢量球谐函数的一个重要应用是梯度公式，我们将在这里直接陈述而不证明它。它允许用矢量球谐函数表示球谐函数和径向函数乘积的梯度：

$$\begin{aligned}\nabla f(r) Y_{lm}(\Omega) = &\sqrt{\frac{l}{2l+1}}\left(\frac{\mathrm{d}f}{\mathrm{d}r} + \frac{l+1}{r}f\right)\boldsymbol{Y}_{lm,l-1}(\Omega)\\ &- \sqrt{\frac{l+1}{2l+1}}\left(\frac{\mathrm{d}f}{\mathrm{d}r} - \frac{l}{r}f\right)\boldsymbol{Y}_{lm,l+1}(\Omega)\end{aligned} \tag{5.27}$$

现在是回到亥姆霍兹方程矢量解的构造的时候了。它是通过标量解 $\Phi_{\lambda\mu}(\Omega)$ 与极化矢量 $\boldsymbol{e}_\mu$ 的耦合而得到的。对于给定的总角动量 l，角动量耦合的不同选择（即 $\lambda = l, l\pm 1$）产生三个独立的矢量场：

$$j_l(kr)\boldsymbol{Y}_{lm,l}(\Omega),\quad j_{l-1}(kr)\boldsymbol{Y}_{lm,l-1}(\Omega),\quad j_{l+1}(kr)\boldsymbol{Y}_{lm,l+1}(\Omega) \tag{5.28}$$

这对应于 $\boldsymbol{e}_\mu$ 的三维基。但 $\boldsymbol{e}_0$ 并没有描述物理解，因为场必须是横向的，即 $\nabla\cdot\boldsymbol{A} = 0$ 或对于平面波 $\boldsymbol{k}\cdot\boldsymbol{A} = 0$。这种情况剩下两个独立的解，人们可以通过要求好

宇称进一步缩小选择范围。

记住在 2.5.2 小节中给出的对矢量场宇称的讨论和使用那里所给出的特殊定义，我们发现矢量球谐函数 $\boldsymbol{Y}_{lm,\lambda}$ 的宇称是轨道宇称（这由球谐函数 $Y_{\lambda\mu}$ 产生，其结果是 $(-1)^{\lambda}$）和极矢量 $\boldsymbol{e}_{\mu}$ 的一个 -1 的乘积，所以总宇称是 $(-1)^{\lambda+1}$。好宇称的场必须构造如下：

$$\begin{aligned}
&\boldsymbol{A}_{lm}(\boldsymbol{r};\mathrm{M}) = j_l(kr)\boldsymbol{Y}_{lm,l}(\Omega)\\
&\text{宇称}:(-1)^{l+1}\\
&\boldsymbol{A}_{lm}(\boldsymbol{r};\mathrm{E}) = c_{l-1}j_{l-1}(kr)\boldsymbol{Y}_{lm,l-1}(\Omega) + c_{l+1}j_{l+1}(kr)\boldsymbol{Y}_{lm,l+1}(\Omega)\\
&\text{宇称}:(-1)^{l}
\end{aligned} \tag{5.29}$$

变量 M 和 E 分别表示磁多极场和电多极场。

因为 $\boldsymbol{A}_{lm}(\boldsymbol{r};\mathrm{M})$ 是那个宇称的唯一场，自然地它应该是横向的。这可以通过直接计算得到证实，或者直接由下面给出的这个场的替代形式看出。对于电多极子，横向条件决定系数 c_{l+1} 和 c_{l-1} 之比。这种类型有第二个线性无关的场，它应该对应于 $\nabla\times\boldsymbol{A}=0$ 的纵向场。

从横向性条件 $\nabla\cdot\boldsymbol{A}_{lm}(\boldsymbol{r};\mathrm{E})=0$ 确定系数是简单但费力的：插入矢量球谐函数的定义，使用梯度公式和球贝塞尔函数导数的递推关系，然后再插入矢量球谐函数的定义，把一切都化为径向函数和球谐函数乘积之和。最后，作如下选择，将看到 $\nabla\cdot\boldsymbol{A}_{lm}(\boldsymbol{r};\mathrm{E})$ 消失：

$$c_{l-1} = \sqrt{\frac{l+1}{2l+1}},\quad c_{l+1} = -\sqrt{\frac{l}{2l+1}} \tag{5.30}$$

类似地，纵向多极子由下式给出：

$$c_{l-1} = \sqrt{\frac{l}{2l+1}},\quad c_{l+1} = \sqrt{\frac{l+1}{2l+1}} \tag{5.31}$$

5.3.3　多极场的性质

我们通过给出不同多极场的表达式以及替代的公式（基于亥姆霍兹方程标量解的矢量微分，在许多操作中更有用）来总结这些发展。所有这些结果都可以用梯度公式来检验。

- 磁多极场：

$$\boldsymbol{A}_{lm}(\boldsymbol{r};\mathrm{M}) = j_l(kr)\boldsymbol{Y}_{lm,l}(\Omega) = \frac{1}{\hbar\sqrt{l(l+1)}}\hat{\boldsymbol{L}}j_l(kr)Y_{lm}(\Omega) \tag{5.32}$$

后一种形式立即显示该场实际上是横向的，这是由于 $\nabla\cdot\hat{\boldsymbol{L}}=0$。

- 电多极场：

$$\boldsymbol{A}_{lm}(\boldsymbol{r};\mathrm{E}) = \sqrt{\frac{l+1}{2l+1}}j_{l-1}(kr)\boldsymbol{Y}_{lm,l-1}(\Omega) - \sqrt{\frac{l}{2l+1}}j_{l+1}(kr)\boldsymbol{Y}_{lm,l+1}(\Omega)$$

$$= \frac{-\mathrm{i}}{\hbar k\sqrt{l(l+1)}}\nabla\times(\hat{\boldsymbol{L}}j_l(kr)Y_{lm}(\Omega)) \tag{5.33}$$

散度又一次明显消失。

- 纵向多极场：

$$\boldsymbol{A}_{lm}(\boldsymbol{r};\mathrm{L}) = \sqrt{\frac{l}{2l+1}}j_{l-1}(kr)\boldsymbol{Y}_{lm,l-1}(\Omega) + \sqrt{\frac{l+1}{2l+1}}j_{l+1}(kr)\boldsymbol{Y}_{lm,l+1}(\Omega)$$
$$= \frac{1}{k}\nabla j_l(kr)Y_{lm}(\Omega) \tag{5.34}$$

最后一个公式立即表明$\nabla\times\boldsymbol{A}_{lm}(\boldsymbol{r};\mathrm{L})=0$。

这些场的一些附加特性也可以总结在这里。

(1) 它们都是亥姆霍兹方程的解：

$$(\nabla^2+k^2)\boldsymbol{A}_{lm}(\boldsymbol{r};R) = 0 \quad (R = \mathrm{E,M,L}) \tag{5.35}$$

(2) 横向和纵向性质：

$$\nabla\cdot\boldsymbol{A}_{lm}(\boldsymbol{r};\mathrm{E}) = \nabla\cdot\boldsymbol{A}_{lm}(\boldsymbol{r};\mathrm{M}) = 0, \quad \nabla\times\boldsymbol{A}_{lm}(\boldsymbol{r};\mathrm{L}) = \boldsymbol{0} \tag{5.36}$$

(3) 对于电多极场和纵向多极场，宇称为$(-1)^l$；对于磁多极场，宇称为$(-1)^{l+1}$。

(4) 相互关系：定义的直接操作显示

$$\nabla\times\boldsymbol{A}_{lm}(\boldsymbol{r};\mathrm{E}) = -\mathrm{i}k\boldsymbol{A}_{lm}(\boldsymbol{r};\mathrm{M}), \quad \nabla\times\boldsymbol{A}_{lm}(\boldsymbol{r};\mathrm{M}) = \mathrm{i}k\boldsymbol{A}_{lm}(\boldsymbol{r};\mathrm{E}) \tag{5.37}$$

(5) 名称：术语对于纵向多极场来说是显而易见的。其他名称指的是辐射源附近辐射场的性质。使用场之间的上述关系，我们看到电多极场和磁多极场本身由下式给出：

$$\begin{aligned}
\boldsymbol{E}(\boldsymbol{r};\mathrm{E}) &= -\frac{1}{c}\frac{\partial}{\partial t}\boldsymbol{A}(\boldsymbol{r};\mathrm{E}) = \mathrm{i}k\boldsymbol{A}(\boldsymbol{r};\mathrm{E})\\
\boldsymbol{E}(\boldsymbol{r};\mathrm{M}) &= -\frac{1}{c}\frac{\partial}{\partial t}\boldsymbol{A}(\boldsymbol{r};\mathrm{M}) = \mathrm{i}k\boldsymbol{A}(\boldsymbol{r};\mathrm{M})\\
\boldsymbol{H}(\boldsymbol{r};\mathrm{E}) &= \nabla\times\boldsymbol{A}(\boldsymbol{r};\mathrm{E}) = -\mathrm{i}k\boldsymbol{A}(\boldsymbol{r};\mathrm{M})\\
\boldsymbol{H}(\boldsymbol{r};\mathrm{M}) &= \nabla\times\boldsymbol{A}(\boldsymbol{r};\mathrm{M}) = \mathrm{i}k\boldsymbol{A}(\boldsymbol{r};\mathrm{E})
\end{aligned} \tag{5.38}$$

在源附近，在那里$kr\ll 1$，球贝塞尔函数$j_l(kr)$可以近似为$(kr)^l/(2l+1)!!$，所以场$\boldsymbol{A}(\boldsymbol{r};\mathrm{E})$(它包含一个指标降低1的球贝塞尔函数)将主导磁多极场。于是上述关系表明在这个区域

$$|\boldsymbol{E}(\boldsymbol{r};\mathrm{E})|\gg|\boldsymbol{H}(\boldsymbol{r};\mathrm{E})|, \quad |\boldsymbol{H}(\boldsymbol{r};\mathrm{M})|\gg|\boldsymbol{E}(\boldsymbol{r};\mathrm{M})| \tag{5.39}$$

证明专用名称有理。

5.3.4 平面波的多极展开

实验上，入射或出射光子通常处于具有确定动量的平面波态。这样，必须通过在这个基上扩展平面波来找到与好角动量态的连接。我们通常处理波矢$\boldsymbol{k}$沿z方

向的波，因为在这种情况下数学处理最简单。在这种情况下，极化矢量可以选择为球单位矢量 $\boldsymbol{e}_\mu(\mu=\pm1)$。

通过下式定义沿 z 方向传播的单位振幅平面波的展开系数：

$$\boldsymbol{e}_\mu \mathrm{e}^{\mathrm{i}kz} = \sum_{lm}(c_{lm}\boldsymbol{A}_{lm}(\boldsymbol{r};\mathrm{E}) + d_{lm}\boldsymbol{A}_{lm}(\boldsymbol{r};\mathrm{M})) \tag{5.40}$$

为求系数的值，先将两边取旋度。在左边得到

$$\nabla\times \boldsymbol{e}_\mu \mathrm{e}^{\mathrm{i}kz} = \mathrm{i}k\boldsymbol{e}_0 \times \boldsymbol{e}_\mu \mathrm{e}^{\mathrm{i}kz} = \mu k\boldsymbol{e}_\mu \mathrm{e}^{\mathrm{i}kz} \tag{5.41}$$

其中使用了 $\boldsymbol{e}_0\times\boldsymbol{e}_\mu=-\mathrm{i}\mu\boldsymbol{e}_\mu$（使用球基矢量的定义容易验证）。在右边，由多极场的性质(4)可以得到

$$\begin{aligned}&\nabla\times \sum_{lm}(c_{lm}\boldsymbol{A}_{lm}(\boldsymbol{r};\mathrm{E}) + d_{lm}\boldsymbol{A}_{lm}(\boldsymbol{r};\mathrm{M}))\\ &\quad= \sum_{lm}(-\mathrm{i}kc_{lm}\boldsymbol{A}_{lm}(\boldsymbol{r};\mathrm{M}) + \mathrm{i}kd_{lm}\boldsymbol{A}_{lm}(\boldsymbol{r};\mathrm{E}))\end{aligned} \tag{5.42}$$

比较这两个表达式可导出 $c_{lm}=\mathrm{i}\mu d_{lm}$。现在这个展开变为

$$\boldsymbol{e}_\mu \mathrm{e}^{\mathrm{i}kz} = \sum_{lm} d_{lm}(\boldsymbol{A}_{lm}(\boldsymbol{r};\mathrm{M}) + \mathrm{i}\mu\boldsymbol{A}_{lm}(\boldsymbol{r};\mathrm{E})) \tag{5.43}$$

寻找剩余的系数需要更长的计算过程。可能最简单的方法是使用标量平面波的展开：

$$\begin{aligned}\mathrm{e}^{\mathrm{i}kz} &= \sum_l (2l+1)\mathrm{i}^l j_l(kr)P_l(\cos\theta)\\ &= \sqrt{4\pi}\sum_l \sqrt{2l+1}\,\mathrm{i}^l j_l(kr)Y_{l0}(\theta,\varphi)\end{aligned} \tag{5.44}$$

其中 θ 表示球坐标中的极角。式(5.43)的矢量场可以通过让角动量算符用标量积作用于它而变成标量场（由于横向性，不能使用更简单的散度算子）。我们首先重写式(5.43)的左边，然后插入式(5.44)的展开式和式(5.32)的磁多极场的定义，从而得到

$$\hat{\boldsymbol{L}}\cdot \boldsymbol{e}_\mu \mathrm{e}^{\mathrm{i}kz} = \sqrt{4\pi}\sum_l \hbar\sqrt{l(l+1)(2l+1)}\,\mathrm{i}^l \boldsymbol{e}_\mu\cdot\boldsymbol{A}_{l0}(\boldsymbol{r};\mathrm{M}) \tag{5.45}$$

式(5.43)右边的磁多极再次被它的定义代替，以便两个 $\hat{\boldsymbol{L}}$ 算符结合成一个 $\hat{\boldsymbol{L}}^2$，而在第二项中，电多极用磁多极的旋度表示：

$$\hat{\boldsymbol{L}}\cdot \boldsymbol{e}_\mu \mathrm{e}^{\mathrm{i}kz} = \sum_{lm} d_{lm}\left[\frac{\hat{L}^2}{\hbar\sqrt{l(l+1)}}j_l(kr)Y_{lm}(\Omega) + \frac{\mu}{k}\hat{\boldsymbol{L}}\cdot(\nabla\times\boldsymbol{A}_{lm}(\boldsymbol{r};\mathrm{M}))\right] \tag{5.46}$$

右边的第二项中矢量积可以被如下操作：

$$\begin{aligned}\hat{\boldsymbol{L}}\cdot(\nabla\times\boldsymbol{A}_{lm}(\boldsymbol{r};\mathrm{M})) &= -\mathrm{i}\hbar(\boldsymbol{r}\times\nabla)\cdot(\nabla\times\boldsymbol{A}_{lm}(\boldsymbol{r};\mathrm{M}))\\ &= -\mathrm{i}\hbar\boldsymbol{r}\cdot[\nabla\times(\nabla\times\boldsymbol{A}_{lm}(\boldsymbol{r};\mathrm{M}))]\\ &= -\mathrm{i}\hbar\boldsymbol{r}\cdot[\nabla(\nabla\cdot\boldsymbol{A}_{lm}(\boldsymbol{r};\mathrm{M})) - \nabla^2\boldsymbol{A}_{lm}(\boldsymbol{r};\mathrm{M})]\\ &= -\mathrm{i}\hbar k^2\boldsymbol{r}\cdot\boldsymbol{A}_{lm}(\boldsymbol{r};\mathrm{M})\end{aligned} \tag{5.47}$$

在倒数第二步,使用了场的横向性和亥姆霍兹方程。然而,最终结果为零,这可以从式(5.32)中的定义看出。

结合两个中间结果,现在可以得到

$$\sqrt{4\pi}\sum_{l}\hbar\sqrt{l(l+1)(2l+1)}\mathrm{i}^{l}\boldsymbol{e}_{\mu}\cdot\boldsymbol{A}_{l0}(\boldsymbol{r};\mathrm{M})$$

$$=\sum_{lm}d_{lm}\frac{\hat{L}^{2}}{\hbar\sqrt{l(l+1)}}j_{l}(kr)Y_{lm}(\Omega)\tag{5.48}$$

确定系数 d_{lm} 还需要在函数的同一正交归一集中两边求和。在左边,磁多极可以用球谐函数表示:

$$\boldsymbol{e}_{\mu}\cdot\boldsymbol{A}_{l0}(\boldsymbol{r};\mathrm{M})=j_{l}(kr)\sum_{\mu'}(l1l\mid\mu'-\mu'0)Y_{l\mu'}(\Omega)\boldsymbol{e}_{\mu}\cdot\boldsymbol{e}_{-\mu'}$$

$$=-j_{l}(kr)\sum_{\mu}(l1l\mid\mu-\mu0)Y_{l\mu}(\Omega)\tag{5.49}$$

由于对横向场只有 $\mu=\pm1$ 出现,由球基矢量的性质(见 2.3.6 小节)得

$$\boldsymbol{e}_{\mu}\cdot\boldsymbol{e}_{-\mu'}=-\boldsymbol{e}_{\mu}\cdot\boldsymbol{e}_{\mu'}^{*}=-\delta_{\mu\mu'}\quad(\mu=\pm1)\tag{5.50}$$

其在上面使用过了。用本征值 $\hbar^{2}l(l+1)$ 代替 $\hat{\boldsymbol{L}}^{2}$ 后比较式(5.48)两边的系数可得

$$-\sqrt{4\pi}\hbar\sqrt{l(l+1)(2l+1)}\mathrm{i}^{l}(l1l\mid\mu-\mu0)\delta_{m\mu}=d_{lm}\hbar\sqrt{l(l+1)}\tag{5.51}$$

这样

$$d_{lm}=-\sqrt{4\pi(2l+1)}\mathrm{i}^{l}(l1l\mid\mu-\mu0)\delta_{m\mu}\tag{5.52}$$

插入附录中的克莱布希-戈尔登系数*:

$$d_{lm}=-\mu\sqrt{2\pi(2l+1)}\mathrm{i}^{l}\delta_{m\mu}\tag{5.53}$$

这就得到了平面波多极展开的最终结果:

$$\boldsymbol{e}_{\mu}\mathrm{e}^{\mathrm{i}kz}=-\mu\sqrt{2\pi}\sum_{l}\sqrt{2l+1}\mathrm{i}^{l}(\boldsymbol{A}_{l\mu}(\boldsymbol{r};\mathrm{M})+\mathrm{i}\mu\boldsymbol{A}_{l\mu}(\boldsymbol{r};\mathrm{E}))\tag{5.54}$$

上式可以通过应用适当的转动矩阵,推广到任意方向的波矢 $\boldsymbol{k}$,但这将仅在之后的中间操作中用到,所以我们跳过细节。

---

* 注意,对于 $M=0$ 的特殊情况,那里的表达式可以组合为 $(l1l\mid m-m0)=-m/\sqrt{2}$。

5.4　辐射与物质耦合

5.4.1　基本矩阵元

在扰动哈密顿量 $\hat{H}_{\text{int}}$ 的影响下，初态 $|i\rangle$ 与终态 $|f\rangle$ 之间的跃迁率由费米黄金法则给出：

$$w_{f\leftarrow i}=\frac{2\pi}{\hbar}|\langle f\mid\hat{\boldsymbol{H}}_{\text{int}}\mid i\rangle|^2\rho_f \tag{5.55}$$

这里 ρ_f 为终态密度。在本章中，我们将提供核与电磁场相互作用的特殊情况下所有项的详细表达式。

在这种情况下，初态和终态是由核态耦合辐射场态组成的。核态在下面将由 $|\alpha(t)\rangle$，$|\beta(t)\rangle$ 表示，这里核态的细节由核模型提供，而辐射场要么是在真空 $|0\rangle$ 中，要么是由波矢和极化决定的单声子态 $|\boldsymbol{k}\mu\rangle$。请注意，对于辐射场，我们假设在算符中具有时间依赖的海森伯绘景，而核在薛定谔绘景中处理，具有时间依赖的波函数。这是通过在态矢量中写入 $\alpha(t)$ 来表示的。这样，对于辐射的发射，我们将有

$$\begin{aligned}|i\rangle&=|\alpha(t),0\rangle=|\alpha(t)\rangle|0\rangle\\|f\rangle&=|\beta(t),\boldsymbol{k}\mu\rangle=|\beta(t)\rangle|\boldsymbol{k}\mu\rangle\end{aligned} \tag{5.56}$$

对于吸收，初态和终态的作用颠倒过来。

对于辐射与物质相互作用的哈密顿量，我们将采用通常的表示：

$$\hat{\boldsymbol{H}}_{\text{int}}=-\frac{1}{c}\int\mathrm{d}^3r\,\hat{\boldsymbol{j}}(\boldsymbol{r})\cdot\hat{\boldsymbol{A}}(\boldsymbol{r},t) \tag{5.57}$$

场算符 $\boldsymbol{A}$ 是 5.2 节中构建的福克空间算符。在单光子和真空态之间的算符 $\hat{\beta}^\dagger_{k\mu}$ 和 $\hat{\beta}_{k\mu}$ 的矩阵元等于 1，从而对于光子发射，组合矩阵元变为

$$\langle\beta(t),\boldsymbol{k}\mu\mid\hat{H}_{\text{int}}\mid\alpha(t),0\rangle=\int\mathrm{d}^3r\sqrt{\frac{2\pi\hbar c^2}{\omega V}}\varepsilon^*_{k\mu}\mathrm{e}^{-\mathrm{i}\boldsymbol{k}\cdot\boldsymbol{r}+\mathrm{i}\omega t}\cdot\langle\beta(t)\mid\hat{\boldsymbol{j}}(\boldsymbol{r})\mid\alpha(t)\rangle \tag{5.58}$$

对于光子吸收，组合矩阵元变为

$$\langle\beta(t),0\mid\hat{H}_{\text{int}}\mid\alpha(t),\boldsymbol{k}\mu\rangle=\int\mathrm{d}^3r\sqrt{\frac{2\pi\hbar c^2}{\omega V}}\varepsilon_{k\mu}\mathrm{e}^{\mathrm{i}\boldsymbol{k}\cdot\boldsymbol{r}-\mathrm{i}\omega t}\cdot\langle\beta(t)\mid\hat{\boldsymbol{j}}(\boldsymbol{r})\mid\alpha(t)\rangle \tag{5.59}$$

注意,这两个表达式仅是指数函数中的符号不同。因此,只对发射情况进行以下操作就足够了,然后通过简单的符号变化得到相应的吸收结果。

描述原子核中电流密度的算符 $\hat{\boldsymbol{j}}(\boldsymbol{r})$ 的矩阵元通过波函数获得其时间依赖性。因为它们是定态,我们有

$$|\alpha(t)\rangle = |\alpha\rangle \exp\left(-\frac{\mathrm{i}E_\alpha t}{\hbar}\right), \quad |\beta(t)\rangle = |\beta\rangle \exp\left(-\frac{\mathrm{i}E_\beta t}{\hbar}\right) \tag{5.60}$$

和

$$\langle\beta(t) | \hat{\boldsymbol{j}}(\boldsymbol{r}) | \alpha(t)\rangle = \langle\beta | \hat{\boldsymbol{j}}(\boldsymbol{r}) | \alpha\rangle \exp\left[\frac{\mathrm{i}(E_\beta - E_\alpha)t}{\hbar}\right] \tag{5.61}$$

对于费米黄金法则,和往常一样,矩阵元的时间依赖相位必须消失,以确保能量守恒。将核态的相位与光子算符的相位相结合,对于吸收得到条件 $E_\beta = E_\alpha + \hbar\omega$,而对于发射则得到条件 $E_\beta = E_\alpha - \hbar\omega$。

在后面要处理的特殊情况下,算符 $\hat{\boldsymbol{j}}(\boldsymbol{r})$ 可以以简单的方式被电荷密度算符 $\hat{\rho}(\boldsymbol{r})$ 代替:连续性方程对于海森伯绘景中的算符也必须是有效的:

$$\frac{\partial}{\partial t}\hat{\rho}(\boldsymbol{r},t) + \nabla\cdot\hat{\boldsymbol{j}}(\boldsymbol{r},t) = 0 \tag{5.62}$$

取这个方程的矩阵元,得出

$$\frac{\partial}{\partial t}\langle\beta | \hat{\rho}(\boldsymbol{r},t) | \alpha\rangle + \nabla\cdot\langle\beta | \hat{\boldsymbol{j}}(\boldsymbol{r},t) | \alpha\rangle = 0 \tag{5.63}$$

这是因为 $|\alpha\rangle$ 和 $|\beta\rangle$ 中的波函数既不依赖于 $\boldsymbol{r}$(密度和电流密度求值的空间中的固定位置)也不依赖于时间。但这很容易转化成薛定谔绘景:

$$\frac{\partial}{\partial t}\langle\beta(t) | \hat{\rho}(\boldsymbol{r}) | \alpha(t)\rangle + \nabla\cdot\langle\beta(t) | \hat{\boldsymbol{j}}(\boldsymbol{r}) | \alpha(t)\rangle = 0 \tag{5.64}$$

现在可以插入态的明确的时间依赖性,得到

$$-\frac{\mathrm{i}}{\hbar}(E_\alpha - E_\beta)\langle\beta | \hat{\rho}(\boldsymbol{r}) | \alpha\rangle + \nabla\cdot\langle\beta | \hat{\boldsymbol{j}}(\boldsymbol{r}) | \alpha\rangle = 0 \tag{5.65}$$

这样所有涉及 $\hat{\boldsymbol{j}}(\boldsymbol{r})$ 的散度的矩阵元可以简化为密度算符的矩阵元,后者通常更容易处理,由于密度的标量性质,这已经是貌似合理的了。

跃迁率公式中的其余成分是态密度。我们再次必须区分吸收和发射的情况。

• 吸收:本书感兴趣的事例是跃迁到核的一个孤立的能级或一个狭窄的共振态,在这两种情况下,人们只对在线或共振的范围内积分的总跃迁率感兴趣,并可以假定矩阵元在共振区域内作为能量的函数变化不大。在这两种情况下,有

$$\int_{\text{线}} \mathrm{d}E\,\frac{2\pi}{\hbar}\,|\langle f | \hat{H}_{\text{int}} | i\rangle|^2 \rho(E) \approx \frac{2\pi}{\hbar}\,|\langle f | \hat{H}_{\text{int}} | i\rangle|^2_{\text{avg}} \int \mathrm{d}E\rho(E) \tag{5.66}$$

并且在线的宽度上的剩余积分是一个单位。吸收截面定义为吸收率除以入射光子通量,在这种情况下,必须对应于单光子场的通量。这可以由场的坡印亭矢量计算

出来，但是也可以通过观察我们假设体积 V 中只有一个光子来更容易地获得，即光子密度为 $1/V$，从而产生光子数通量密度 c/V。这样截面为

$$\sigma_{\text{吸收}} = \frac{2\pi V}{\hbar c} \left| \langle f \mid \hat{H}_{\text{int}} \mid i \rangle \right|^2 \tag{5.67}$$

插入式(5.58)的表达式，我们有

$$\sigma_{\text{吸收}} = \frac{(2\pi)^2 c}{\omega} \left| \int \mathrm{d}^3 r \langle \beta \mid \hat{\boldsymbol{j}}(\boldsymbol{r}) \mid \alpha \rangle \cdot \boldsymbol{\varepsilon}_{k\mu} \mathrm{e}^{\mathrm{i}\boldsymbol{k}\cdot\boldsymbol{r}} \right|^2 \tag{5.68}$$

• 发射：在这种情况下，终态将是核的分立态或窄共振与能量给定但方向任意的一个光子态相结合，因此可用态密度由光子决定。为计算光子态的数目，取体积为 V、边长为 L 的立方体。对立方体中沿每个笛卡儿方向的光子场施加周期性边界条件，将每个方向上的波数限制为 $2\pi/L$ 的倍数，因此，反过来，光子态的数目由 $L/2\pi$ 乘以波数的范围给出。将此转换到球坐标意味着

$$\mathrm{d}^3 n = \left(\frac{L}{2\pi}\right)^3 \mathrm{d}^3 k = \left(\frac{L}{2\pi}\right)^3 k^2 \mathrm{d}k \mathrm{d}\Omega_k \tag{5.69}$$

其中 Ω_k 是发射立体角。态密度现在可以写成

$$\rho(E) = \frac{\mathrm{d}^3 n}{\mathrm{d}E} = \left(\frac{L}{2\pi}\right)^3 \frac{k^2}{\hbar c} \mathrm{d}\Omega_k \tag{5.70}$$

其中使用了 $E = \hbar\omega = \hbar ck$。于是跃迁率为

$$w_{f\leftarrow i} = \frac{V}{(2\pi)^2} \frac{k^2}{\hbar^2 c} \left| \langle f \mid \hat{H}_{\text{int}} \mid i \rangle \right|^2 \mathrm{d}\Omega_k \tag{5.71}$$

插入式(5.59)后有

$$w_{f\leftarrow i} = \frac{k}{2\pi \hbar c^2} \left| \int \mathrm{d}^3 r \langle \beta \mid \hat{\boldsymbol{j}}(\boldsymbol{r}) \mid \alpha \rangle \cdot \boldsymbol{\varepsilon}_{k\mu} \mathrm{e}^{-\mathrm{i}\boldsymbol{k}\cdot\boldsymbol{r}} \right|^2 \mathrm{d}\Omega_k \tag{5.72}$$

5.4.2 矩阵元的多极展开和选择定则

包含吸收和发射的核模型的关键矩阵元具有形式

$$M_{\beta\alpha}(k\mu) = \int \mathrm{d}^3 r \langle \beta \mid \hat{\boldsymbol{j}}(\boldsymbol{r}) \mid \alpha \rangle \cdot \boldsymbol{e}_\mu \mathrm{e}^{\mathrm{i}kr} \tag{5.73}$$

其中为了使用5.3.4小节的结果，假定波进入 z 方向，且其极化由球单位矢量 $\boldsymbol{e}_{\pm 1}$ 之一给出。将平面波的展开插入到好角动量的场中，得到

$$\begin{aligned} M_{\beta\alpha}(k\mu) = & -\mu \sqrt{2\pi} \sum_l \sqrt{2l+1}\, \mathrm{i}^l \int \mathrm{d}^3 r \langle \beta \mid \hat{\boldsymbol{j}}(\boldsymbol{r}) \mid \alpha \rangle \\ & \cdot (\boldsymbol{A}_{l\mu}(\boldsymbol{r};\mathrm{M}) + \mathrm{i}\mu \boldsymbol{A}_{l\mu}(\boldsymbol{r};\mathrm{E})) \end{aligned} \tag{5.74}$$

这一结果已经足够用来讨论角动量和宇称的选择规则。

• 角动量：只有当各项可以耦合成为零的总角动量时，式(5.74)中的积分是非零值(通过插入常量函数 $Y_{00}(\Omega)$ 可明白这一点，$Y_{00}(\Omega)$ 与任何具有非零角动量的函数正交)。算符 $\hat{j}$ 和场的矢量特征对于积分是不重要的，它们无论如何都被标

量积耦合到零。这就要求 J_α, J_β 和 l 服从三角形法则：

$$|J_\alpha - l| \leqslant J_\beta \leqslant J_\alpha + l \tag{5.75}$$

• 宇称：积分中包含的场的总宇称必须是正的，否则 $\boldsymbol{r}$ 和 $-\boldsymbol{r}$ 的贡献将抵消。多极场对于电和磁的情况分别具有宇称 $(-1)^l$ 和 $(-1)^{l+1}$，而矢量场 $\langle\beta|\hat{\boldsymbol{j}}(\boldsymbol{r})|\alpha\rangle$ 具有由所涉及的两个核态给出的宇称：$\pi_\alpha\pi_\beta$。所以选择定则为

$$\pi_\alpha\pi_\beta = \begin{cases}(-1)^l & (\text{电跃迁})\\ (-1)^{l+1} & (\text{磁跃迁})\end{cases} \tag{5.76}$$

为什么 $\hat{\boldsymbol{j}}$ 的矢量特征不给矩阵元的总宇称贡献一个额外的负号？事实上，核矩阵元的宇称涉及更多，正如矢量场宇称问题那样。为理解给出的结果，作为一个简单的例子，单粒子的概率流由 $\boldsymbol{j}(\boldsymbol{r}) = \hbar(\psi^*(\boldsymbol{r})\nabla\psi(\boldsymbol{r}) - \psi(\boldsymbol{r})\nabla\psi^*(\boldsymbol{r}))/(2m\mathrm{i})$ 给出。这可以转化为如下算符：

$$\hat{\boldsymbol{j}}(\boldsymbol{r}) = \frac{\hbar}{2m\mathrm{i}}[\delta(\boldsymbol{r}-\boldsymbol{r}')\nabla' - (\delta(\boldsymbol{r}-\boldsymbol{r}')\nabla')^\dagger] \tag{5.77}$$

其中 $\boldsymbol{r}'$ 是在 $\langle\psi|\hat{\boldsymbol{j}}(\boldsymbol{r})|\psi\rangle$ 中被积分的一个变量。这个表达式可行，因为

$$\begin{aligned}\langle\psi|\hat{\boldsymbol{j}}(\boldsymbol{r})|\psi\rangle &= \int \mathrm{d}^3 r'\psi^*(\boldsymbol{r}')\hat{\boldsymbol{j}}(\boldsymbol{r})\psi(\boldsymbol{r}')\\ &= \frac{\hbar}{2m\mathrm{i}}\int \mathrm{d}^3 r'(\psi^*(\boldsymbol{r}')\delta(\boldsymbol{r}'-\boldsymbol{r})\nabla'\psi(\boldsymbol{r}')\\ &\quad - \nabla'\psi^*(\boldsymbol{r}')\delta(\boldsymbol{r}'-\boldsymbol{r})\psi(\boldsymbol{r}'))\\ &= \frac{\hbar}{2m\mathrm{i}}(\psi^*(\boldsymbol{r})\nabla\psi(\boldsymbol{r}) - \nabla\psi^*(\boldsymbol{r})\psi(\boldsymbol{r}))\end{aligned} \tag{5.78}$$

用 $-\boldsymbol{r}$ 代替 $\boldsymbol{r}$，得到

$$\begin{aligned}\langle\psi|\hat{\boldsymbol{j}}(-\boldsymbol{r})|\psi\rangle &= \frac{\hbar}{2m\mathrm{i}}(-\pi'\pi\psi^*(\boldsymbol{r})\nabla\psi(\boldsymbol{r}) + \pi'\pi\nabla\psi^*(\boldsymbol{r})\psi(\boldsymbol{r}))\\ &= -\frac{\hbar}{2m\mathrm{i}}\pi\pi'\langle\psi|\hat{\boldsymbol{j}}(\boldsymbol{r})|\psi\rangle\end{aligned} \tag{5.79}$$

其中 π 和 π' 为波函数的宇称。负号来自

$$\left.\frac{\mathrm{d}f(x)}{\mathrm{d}x}\right|_{x\to -x} = \frac{\mathrm{d}f(-x)}{\mathrm{d}(-x)} = -\frac{\mathrm{d}f(-x)}{\mathrm{d}x} = -\pi\frac{\mathrm{d}f(x)}{\mathrm{d}x} \tag{5.80}$$

其显然与算符的轨道宇称有关。然后由算符 ∇ 的矢量特性添加一个附加符号。比较标量场 $r^2/2$，它具有正宇称，它的导数 $\nabla r^2/2 = \boldsymbol{r}$ 也是正宇称的矢量场。

显然，电多极和磁多极的不同选择定则使得分离它们的贡献和赋予适当的命名是有利的：

• El 跃迁：具有角动量 l 的电多极跃迁。宇称选择定则：$\pi_\alpha\pi_\beta = (-1)^l$。矩阵元：

$$M_{\beta\alpha}(k\mu;\mathrm{E}l) = -\sqrt{2\pi}\,\mathrm{i}^{l+1}\sqrt{2l+1}\int \mathrm{d}^3 r\langle\beta|\hat{\boldsymbol{j}}(\boldsymbol{r})|\alpha\rangle\cdot\boldsymbol{A}_{l\mu}(\boldsymbol{r};\mathrm{E}) \tag{5.81}$$

• Ml 跃迁：具有角动量 l 的磁多极跃迁。宇称选择定则：$\pi_\alpha\pi_\beta=(-1)^{l+1}$。矩阵元：

$$M_{\beta\alpha}(k\mu;\mathrm{M}l)=-\mu\sqrt{2\pi}\mathrm{i}^l\sqrt{2l+1}\int\mathrm{d}^3r\langle\beta\mid\hat{\boldsymbol{j}}(\boldsymbol{r})\mid\alpha\rangle\cdot\boldsymbol{A}_{l\mu}(\boldsymbol{r};\mathrm{M})\tag{5.82}$$

角动量选择定则在这两种情况下都是(J_α,J_β,l)的三角形法则。

对于给定的两个核态，宇称选择定则允许两种类型的跃迁，但具有交替角动量。例如，4^+ 和 6^+ 态之间的跃迁可以是 E2，M3，E4，M5，E6，M7，E8，M9 和 E10 类型的。角动量的上下截止是由三角形法则引起的。对于 4^- 和 6^+ 态之间的跃迁，同一系列 M 和 E 互换是允许的。我们稍后会看到，在每种情况下，最低可能的角动量占主导地位。如果两角动量之一较小，则上截止严重限制了可获得的跃迁。例如，$0^+\to J^+$ 跃迁仅允许偶数 J 的 EJ 跃迁和奇数J 的 MJ 跃迁。

5.4.3　西格特定理

以上推导的一般矩阵元在低能极限下有一些比较简单的形式，其中最重要的是西格特定理（Siegert's Theorem）在电辐射情况下的应用。“低能”指的是辐射能，即与原子核中的典型长度标度（核半径 R）相比，波长被假定是小的：

$$kR\ll 1\tag{5.83}$$

由于核半径小于 10 fm，这对应于能量

$$E=\hbar ck\approx(200\ \mathrm{MeV\cdot fm})k\ll\frac{200\ \mathrm{MeV\cdot fm}}{10\ \mathrm{fm}}=20\ \mathrm{MeV}\tag{5.84}$$

实际上本书中所有感兴趣的跃迁都满足上式，除了巨共振。

由于电流分布局限于核内，这个假定意味着在积分中总是有 $kr\ll1$，这可以用来简化辐射场。回顾电多极场和纵向多极场的定义：

$$\begin{aligned}\boldsymbol{A}_{lm}(\boldsymbol{r};\mathrm{E})&=\sqrt{\frac{l+1}{2l+1}}j_{l-1}(kr)\boldsymbol{Y}_{lm,l-1}(\Omega)-\sqrt{\frac{l}{2l+1}}j_{l+1}(kr)\boldsymbol{Y}_{lm,l+1}(\Omega)\\\boldsymbol{A}_{lm}(\boldsymbol{r};\mathrm{L})&=\sqrt{\frac{l}{2l+1}}j_{l-1}(kr)\boldsymbol{Y}_{lm,l-1}(\Omega)+\sqrt{\frac{l+1}{2l+1}}j_{l+1}(kr)\boldsymbol{Y}_{lm,l+1}(\Omega)\end{aligned}\tag{5.85}$$

我们注意到，如果在每种情况下第二项可以忽略，那么除了一个微不足道的因子，它们是相同的。在低能极限下事实上就是这样，因为

$$j_l(kr)\approx\frac{(kr)^l}{(2l+1)!!}\quad\rightarrow\quad\frac{j_{l+1}(kr)}{j_{l-1}(kr)}\approx\frac{(kr)^2}{(2l+1)(2l+3)}\ll 1\tag{5.86}$$

这样我们可以写成

$$\boldsymbol{A}_{lm}(\boldsymbol{r};\mathrm{E})\approx\sqrt{\frac{l+1}{l}}\boldsymbol{A}_{lm}(\boldsymbol{r};\mathrm{L})=\sqrt{\frac{l+1}{l}}\frac{1}{k}\nabla(j_l(kr)Y_{lm}(\Omega))\tag{5.87}$$

获得的优点是我们可以将这个场表示为标量的梯度，这使得我们能够进行部分积分：

$$M_{\beta\alpha}(\boldsymbol{k}\mu;\mathrm{E}l)\approx-\frac{\sqrt{2\pi}\mathrm{i}^{l+1}}{k}\sqrt{\frac{(2l+1)(l+1)}{l}}\cdot\int\mathrm{d}^3r\langle\beta\mid\hat{\boldsymbol{j}}(\boldsymbol{r})\mid\alpha\rangle\cdot\nabla(j_l(kr)Y_{l\mu}(\Omega))$$
$$=\frac{\sqrt{2\pi}\mathrm{i}^{l+1}}{k}\sqrt{\frac{(2l+1)(l+1)}{l}}\int\mathrm{d}^3r\,\nabla\cdot\langle\beta\mid\hat{\boldsymbol{j}}(\boldsymbol{r})\mid\alpha\rangle j_l(kr)Y_{l\mu}(\Omega)\tag{5.88}$$

由于核电流分布范围有限,表面项消失。

现在,根据式(5.65),可以应用电流的连续性方程:

$$M_{\beta\alpha}(\boldsymbol{k}\mu;\mathrm{E}l)\approx\frac{\sqrt{2\pi}\mathrm{i}^{l+1}}{k}\sqrt{\frac{(2l+1)(l+1)}{l}}\cdot\int\mathrm{d}^3r\,\frac{\mathrm{i}}{\hbar}(E_\alpha-E_\beta)\langle\beta\mid\hat{\rho}(\boldsymbol{r})\mid\alpha\rangle j_l(kr)Y_{l\mu}(\Omega)$$
$$=\mp\sqrt{2\pi}\mathrm{i}^lc\sqrt{\frac{(2l+1)(l+1)}{l}}\cdot\int\mathrm{d}^3r\langle\beta\mid\hat{\rho}(\boldsymbol{r})\mid\alpha\rangle j_l(kr)Y_{l\mu}(\Omega)\tag{5.89}$$

其中能量的差被光子能量取代:

$$E_\alpha-E_\beta=\begin{cases}\hbar ck & (\text{发射})\\-\hbar ck & (\text{吸收})\end{cases}\tag{5.90}$$

因此,式(5.89)中上符号对发射是正确的,而对于吸收则取下符号。

西格特定理本质上是由矩阵元中的 $\hat{\rho}(\boldsymbol{r})$ 置换 $\hat{\boldsymbol{j}}(\boldsymbol{r})$。密度通常更容易计算,对动态电流不敏感,例如核中的 π 介子交换。

5.4.4 在长波长极限下发射的矩阵元

对于光子的发射,我们在这里收集一下到目前为止得到的结果,然后从基本核矩阵元中分离出复杂的相空间和角动量因子。在 5.4.1 小节中计算的跃迁率是

$$\omega_{f\leftarrow i}=\frac{k}{2\pi\hbar c^2}\left|\int\mathrm{d}^3r\langle\beta\mid\hat{\boldsymbol{j}}(\boldsymbol{r})\mid\alpha\rangle\cdot\boldsymbol{e}_\mu\mathrm{e}^{-\mathrm{i}kz}\right|^2\mathrm{d}\Omega_k\tag{5.91}$$

插入在 5.4.2 小节中推导的多极展开,并为给定的 Rl 模式 $T_{\beta\alpha}(l\mu;R)$类型重命名跃迁率,其中 R 是 E 或 M,取决于辐射的电特性或磁特性,我们可以重写跃迁率为

$$T_{\beta\alpha}(l\mu;R)=\frac{k}{2\pi\hbar c^2}\mid M_{\beta\alpha}(k\mu;Rl)\mid^2\mathrm{d}\Omega_k\tag{5.92}$$

其中矩阵元

$$M_{\beta\alpha}(k\mu;\mathrm{E}l)=-\mathrm{i}\sqrt{2\pi(2l+1)}\mathrm{i}^l\int\mathrm{d}^3r\langle\beta\mid\hat{\rho}(\boldsymbol{r})\mid\alpha\rangle\cdot\boldsymbol{A}_{l\mu}(\boldsymbol{r};\mathrm{E})\tag{5.93}$$

和

$$M_{\beta\alpha}(k\mu;\mathrm{M}l)=-\mu\sqrt{2\pi(2l+1)}\mathrm{i}^l\int\mathrm{d}^3r\langle\beta\mid\hat{\boldsymbol{j}}(\boldsymbol{r})\mid\alpha\rangle\cdot\boldsymbol{A}_{l\mu}(\boldsymbol{r};\mathrm{M})\tag{5.94}$$

由于对长波长的限制，我们将用现在熟悉的公式 $j_l(kr)\approx(kr)^l/(2l+1)!!$ 来对这两种情况下的球贝塞尔函数取近似。对于电跃迁，我们也可以使用西格特定理，得到

$$M_{\beta\alpha}(k\mu;\mathrm{E}l)=-\sqrt{2\pi}\mathrm{i}^lc\sqrt{\frac{(2l+1)(l+1)}{l}}$$

$$\cdot\int\mathrm{d}^3r\langle\beta\mid\hat{\boldsymbol{j}}(\boldsymbol{r})\mid\alpha\rangle\frac{(kr)^l}{(2l+1)!!}Y_{l\mu}(\Omega)\tag{5.95}$$

并将此式插入到跃迁率中，得到

$$T_{\beta\alpha}(l\mu;\mathrm{E})=\frac{(2l+1)(l+1)}{l[(2l+1)!!]^2}\frac{k^{2l+1}}{\hbar}\mid\langle\beta\mid\hat{\Omega}_{l\mu}(\mathrm{E})\mid\alpha\rangle\mid^2\mathrm{d}\Omega_k\tag{5.96}$$

相对简单的部分依赖于核模型，已经定义为

$$\langle\beta\mid\hat{\Omega}_{l\mu}(\mathrm{E})\mid\alpha\rangle=\int\mathrm{d}^3r\langle\beta\mid\hat{\rho}(\boldsymbol{r})\mid\alpha\rangle r^lY_{l\mu}(\Omega)\tag{5.97}$$

对于磁跃迁，多极场的展开是

$$\boldsymbol{A}_{l\mu}(\boldsymbol{r};\mathrm{M})=\frac{1}{\sqrt{l(l+1)}}\hat{\boldsymbol{L}}j_l(kr)Y_{l\mu}(\Omega)$$

$$\approx\frac{1}{\sqrt{l(l+1)}}\hat{\boldsymbol{L}}\frac{(kr)^l}{(2l+1)!!}Y_{l\mu(\Omega)}\tag{5.98}$$

把上式插入到跃迁率之后，我们分离出与电情况相同的因子，得到

$$T_{\beta\alpha}(l\mu;\mathrm{M})=\frac{(2l+1)(l+1)}{l[(2l+1)!!]^2}\frac{k^{2l+1}}{\hbar}\mid\langle\beta\mid\hat{\Omega}_{l\mu}(\mathrm{M})\mid\alpha\rangle\mid^2\mathrm{d}\Omega_k\tag{5.99}$$

其中

$$\langle\beta\mid\hat{\Omega}_{l\mu}(\mathrm{M})\mid\alpha\rangle=\frac{-1}{c(l+1)}\int\mathrm{d}^3r\langle\beta\mid\hat{\boldsymbol{j}}(\boldsymbol{r})\mid\alpha\rangle\cdot\hat{\boldsymbol{L}}(r^lY_{l\mu}(\Omega))\tag{5.100}$$

这些结果已经显示关键核矩阵元(其中包含核模型信息)以及运动场和辐射场因子的分离。然而实验上，人们通常只对平均跃迁率感兴趣。例如，出射光子的方向往往是不重要的。在得到的公式中，我们假设光子只在 z 方向上发射。其他方向可以通过转动平面波的展开来计算，这反过来对应于转动多极场。由于它们是球张量，因此可以通过转动矩阵来实现，其中 $\theta_3=0$，因为两个欧拉角足以选择一个方向：

$$\boldsymbol{A}_{l\mu}(\boldsymbol{r};R)\rightarrow\sum_{\mu'}\mathscr{D}^{(l)}_{\mu\mu'}(\theta_1,\theta_2,0)\boldsymbol{A}_{l\mu'}(\boldsymbol{r};R)\tag{5.101}$$

没有必要担心这实际上对应什么方向，不管怎样，我们一会儿就对这些方向求和。然而，注意欧拉角 θ_1 对应于方位角，因为它绕 z 轴转动，而 θ_2 承担极转动作用。

转动不干扰执行的任何操作，这样我们就可以简单地转动矩阵元的最终结果：

$$\langle\beta\mid\hat{\Omega}_{l\mu}(R)\mid\alpha\rangle\rightarrow\sum_{\mu'}\mathscr{D}^{(l)}_{\mu\mu'}(\varphi,\theta,0)\langle\beta\mid\hat{\Omega}_{l\mu'}(R)\mid\alpha\rangle\tag{5.102}$$

但是我们必须求跃迁率的和,而不是矩阵元的和。这将会形成绝对值平方,然后在欧拉角上进行积分。由于只有转动矩阵参与这一过程,因此归结为求因子

$$\int \mathrm{d}\Omega \mathscr{D}_{mm'}^{(l)*}(\varphi,\theta,0)\mathscr{D}_{\mu\mu'}^{(l)}(\varphi,\theta,0) = \frac{4\pi}{2l+1}\delta_{m\mu}\delta_{m'\mu'} \tag{5.103}$$

这是转动矩阵的正交关系。

在光子的两个偏振态上求和也产生一个附加因子 2,我们得到

$$T_{\beta\alpha}(l;R) = \frac{8\pi(l+1)}{l[(2l+1)!!]^2}\frac{k^{2l+1}}{\hbar}|\langle\beta|\hat{\Omega}_{l\mu}(R)|\alpha\rangle|^2 \tag{5.104}$$

这里和以前一样,公式中的 R 代表 E 或 M,就像那些对电辐射和磁辐射具有相同形式的公式一样。

最后,不需要核角动量的投影 M_β 和 M_α,除非考虑极化束流和/或靶的实验。在这种情况下跃迁率必须在初始投影 M_α 上求平均,并在终态 M_β 上求和。这可以通过使用约化矩阵元以闭合的形式完成。约化跃迁概率定义为

$$\begin{aligned} B(Rl,J_\alpha \to J_\beta) &= \frac{1}{2J_\alpha+1}\sum_{M_\alpha M_\beta}|\langle\beta|\hat{\Omega}_{l\mu}(R)|\alpha\rangle|^2 \\ &= \frac{1}{2J_\alpha+1}|\langle\beta||\hat{\Omega}_l(R)||\alpha\rangle|^2\sum_{M_\alpha M_\beta}(J_\alpha lJ_\beta|M_\alpha\mu M_\beta)^2 \end{aligned} \tag{5.105}$$

在克莱布希-戈尔登系数上求和不是很困难。非耦合基 $|J_\alpha M_\alpha J_\beta M_\beta\rangle$ 和耦合基 $|l\mu J_\alpha J_\beta\rangle$ 都构成正交归一集的事实要求

$$\begin{aligned} &\sum_{M_\alpha M_\beta}\langle l\mu J_\alpha J_\beta|J_\alpha J_\beta M_\alpha M_\beta\rangle\langle J_\alpha J_\beta M_\alpha M_\beta|l'\mu' J_\alpha J_\beta\rangle \\ &= \sum_{M_\alpha M_\beta}(J_\alpha J_\beta l|M_\alpha M_\beta\mu)(J_\alpha J_\beta l'|M_\alpha M_\beta\mu') \\ &= \delta_{ll'}\delta_{\mu\mu'} \end{aligned} \tag{5.106}$$

在对角的情况下上式为

$$\sum_{M_\alpha M_\beta}(J_\alpha J_\beta l|M_\alpha M_\beta\mu)^2 = 1 \tag{5.107}$$

并且可以利用克莱布希-戈尔登系数的如下对称性质将其转换成期望的结果:

$$(j_1j_2J|m_1m_2M) = (-1)^{j_1-m_1}\sqrt{\frac{2J+1}{2j_2+1}}(j_1Jj_2|m_1-M-m_2) \tag{5.108}$$

得到

$$\sum_{M_\alpha M_\beta}(J_\alpha lJ_\beta|M_\alpha\mu M_\beta)^2 = \frac{2J_\beta+1}{2l+1} \tag{5.109}$$

请注意,我们需要的和这个推导之间有一个关键的区别。所需的求和遍及 M_α 和 M_β 的所有可能值,而 μ 随之变化,以满足投影的选择规则 $M_\alpha+\mu=M_\beta$。然而,在克莱布希-戈尔登求和中,隐含地假定 μ 是固定的,这样,只有一个投影可以自由地

变化。我们必须通过对 μ 值求和来弥补这一点,这增加了因子 $2l+1$,从而使分母去掉,约化跃迁概率的结果变为

$$B(Rl,J_\alpha\to J_\beta)=\frac{2J_\beta+1}{2J_\alpha+1}\left|\langle\beta\|\hat{\Omega}_l(R)\|\alpha\rangle\right|^2 \tag{5.110}$$

这是最终版本。

为了总结这些冗长操作的主要结果,我们重复三个关键的公式,用字母 i 和 f 替换字母 α 和 β,明确哪个是核的初态、哪个是核的终态。

- 光子发射的跃迁率:

$$T_{fi}(l;R)=\frac{8\pi(l+1)}{l[(2l+1)!!]^2}\frac{k^{2l+1}}{\hbar}B(Rl,J_i\to J_f) \tag{5.111}$$

这里 R 代表 E 或 M。

- 电多极辐射的约化跃迁概率:

$$B(\mathrm{E}l,J_i\to J_f)=\frac{2J_f+1}{2J_i+1}\left|\int\mathrm{d}^3r\langle f\|\hat{\rho}(\boldsymbol{r})r^lY_l(\Omega)\|i\rangle\right|^2 \tag{5.112}$$

- 磁多极辐射的约化跃迁概率:

$$B(\mathrm{M}l,J_i\to J_f)=\frac{2J_f+1}{2J_i+1}\frac{1}{c^2(l+1)^2}\left|\int\mathrm{d}^3r\langle f\|\hat{\boldsymbol{j}}(\boldsymbol{r})\cdot\hat{\boldsymbol{L}}r^lY_l(\Omega)\|i\rangle\right|^2 \tag{5.113}$$

这些值通常被简称为 $B(\mathrm{E}l)$ 和 $B(\mathrm{M}l)$ 值。

5.4.5　跃迁的相对重要性和韦斯科夫估计

即使我们考虑了选择定则,在两个核态之间通常也会允许多种跃迁类型,重要的是找到一些关于哪个允许的跃迁最强的指导。首先检查两个电跃迁的相对大小。$B(\mathrm{E}l)$ 值大致与 R^{2l} 成比例,这里 R 为核半径,因此跃迁率将取决于 l,为 $(kR)^{2l}$。既然假定 $kr\ll1$,这意味着最低极次将占主导地位。同样的论点适用于磁跃迁。

估计电跃迁和磁跃迁的相对强度涉及更多,因为必须详细说明核内的电流是如何产生的。我们并不这样做,只是引用简单韦斯科夫估计(Weisskopf estimate)的结果,它们本身是有用的,并给出了一个相对强度的指示。这也适用于一般情况。

韦斯科夫估计基于单个核子的电磁跃迁,这是由在 $r<R$ 内具有恒定径向波函数以及由球谐函数和旋量给出的角动量部分的图解波函数描述的,但携带角动量性质。假设 $l=0$ 的态与具有相同自旋态的 l 的一般值之间的跃迁产生跃迁概率

$$T(l;\mathrm{E})=\frac{2(l+1)}{l[(2l+1)!!]^2}\left(\frac{3}{l+3}\right)^2\frac{e^2}{\hbar c}(kR)^{2l}\omega \tag{5.114}$$

和

$$T(l;\mathrm{M})=\frac{20(l+1)}{l[(2l+1)!!]^2}\left(\frac{3}{l+3}\right)^2\left(\frac{\hbar}{mcR}\right)^2\frac{e^2}{\hbar c}(kR)^{2l}\omega \tag{5.115}$$

因子 $\hbar/(mcR)$源于核子磁矩中存在的核磁子。

比较这两个公式，很显然，相同角动量的磁跃迁和电跃迁之间的比值是

$$\frac{T(l;\mathrm{M})}{T(l;\mathrm{E})}=10\left(\frac{\hbar}{mcR}\right)^2\approx 0.3A^{-2/3} \tag{5.116}$$

这里在最后的估计中使用了核子质量 $mc^2\approx 938$ MeV 和核半径 $R\approx 1.2A^{1/3}$的标准值。因此在相同的角动量下电跃迁稍微强一些。然而，这通常不是一个有意义的比较，因为宇称选择定则禁止我们在相同的两个能级之间进行这两种跃迁。实际感兴趣的情况是 $\mathrm{E}(l+1)$跃迁与 $\mathrm{M}l$ 跃迁的混合。对于这种情况，我们得到

$$\frac{T(l+1;\mathrm{E})}{T(l;\mathrm{M})}=\frac{(kR)^2}{10}\left(\frac{\hbar}{mcR}\right)^{-2}l(l+2)\left[\frac{l+3}{(2l+3)(l+1)(l+4)}\right]^2 \tag{5.117}$$

包含角动量的因子产生一些接近于 1 的结果。代入剩余的数值(其中 k 对应于 1 MeV跃迁)，得到

$$\frac{T(l+1;\mathrm{E})}{T(l;\mathrm{M})}\approx 1.2\times 10^{-4}A^{4/3}(\hbar\omega[\mathrm{MeV}])^2 \tag{5.118}$$

例如，对于稀土区($A\approx 150$)的质量，该因子约为 0.1，表明磁跃迁在这情况下应该明显地占主导地位。

当然，应该记住，所有这些估计忽略了核结构效应，这可能会极大地改变矩阵元，而且它们仅在长波长极限下是严格有效的。

在理解韦斯科夫估计上还有一个附加的值：他们假设只有一个核子参与跃迁，而实验值远远大于这些估计表明存在集体跃迁，其中核中的大部分核子参与激发。这样的实验观测给出了原子核中集体运动的一个关键提示。

练习 5.2　电跃迁的韦斯科夫估计

问题　导出电跃迁的韦斯科夫估计。

解答　如正文中所提到的，假设韦斯科夫估计的波函数由在 $r<R$ 内一个恒定的径向部分、一个球谐函数和一个旋量组成：

$$\psi(\boldsymbol{r})=NY_{lm}(\Omega)\chi \tag{①}$$

常数 N 可由归一化条件确定：

$$1=N^2\int_0^R \mathrm{d}r r^2=N^2\frac{R^3}{3} \tag{②}$$

为 $N=\sqrt{3/R^3}$。现在对于具有电荷 e 的单个点粒子，电密度算符是

$$\hat{\rho}(\boldsymbol{r})=e\delta(\boldsymbol{r}-\boldsymbol{r}') \tag{③}$$

其中 $\boldsymbol{r}'$是粒子坐标。$B(\mathrm{E}l)$中对 $\boldsymbol{r}$ 的积分因此消去，矩阵元中固有的积分被留下。对于从 $l=0$ 到 l 的跃迁，它可以根据下式分解成一个 $\boldsymbol{r}$ 积分和一个约化矩阵元：

$$\langle l\,||\,\hat{\rho}r^lY_l\,||\,0\rangle=e^2\frac{3}{R^3}\int_0^R \mathrm{d}r r^{l+2}\times\langle l\,||\,Y_l\,||\,0\rangle \tag{④}$$

利用附录中球谐函数约化矩阵元的一般公式，我们得到

$$\langle l \| Y_l \| 0\rangle = \frac{1}{\sqrt{4\pi}}(0ll \mid 000) = \frac{1}{\sqrt{4\pi}} \quad ⑤$$

而径向积分是

$$\frac{3}{R^3}\int_0^R \mathrm{d}r r^{l+2} = \frac{3R^l}{l+3} \quad ⑥$$

完整的 $B(\mathrm{E}l)$ 变为

$$B(\mathrm{E}l;0\rightarrow l) = \frac{2l+1}{4\pi}\left(\frac{3R^l}{l+3}\right)^2 \quad ⑦$$

将所有这些结果代入到跃迁率公式中，得到正文中给出的最终结果，除了一个 $2l+1$ 的附加因子，它在那里缺失是因为韦斯科夫估计适合辐射的特定极化。

5.4.6　电多极矩

在式(5.112)的电跃迁率中出现的算符也用于确定电多极矩。我们定义电多极算符为

$$\hat{Q}_{lm} = \int \mathrm{d}^3 r r^l Y_{lm}(\Omega)\,\hat{\rho}(\boldsymbol{r}) \tag{5.119}$$

于是它的对角矩阵元产生多极矩，但由常规因子修正，常规因子可以追溯到笛卡儿坐标系中的原始定义。因此，例如，四极矩被定义为

$$\begin{aligned} Q &= \int \mathrm{d}^3 r \langle \Psi \mid (3z^2 - r^2)\,\hat{\rho}(\boldsymbol{r}) \mid \Psi\rangle \\ &= \sqrt{\frac{16\pi}{5}}\int \mathrm{d}^3 r \langle \Psi \mid r^2 Y_{20}(\Omega)\,\hat{\rho}(\boldsymbol{r}) \mid \Psi\rangle \end{aligned} \tag{5.120}$$

通常，这个矩阵元在具有最高角动量投影(即 $m=j$)的子态求值。

5.4.7　有效电荷

人们天真地预期在电磁跃迁的描述中只有质子会出现，因为在核内它们单独携带电荷。然而，这并不是故事的全部。一方面，核子之间的相互作用可以交换电荷，从而对电流有贡献；另一方面，中子和质子通过质心守恒耦合。前者的效应超出了本书的范围，而后者现在将被讨论。

例如，假设中子在轨道运动中被激发。它本身不带电荷，但是因为总的质心必须是静止的，核的其余部分将移动以保持平衡，也就产生电荷的位移。在偶极矩的情况下，形式化应用是简单的，偶极矩由矢量给出：

$$\boldsymbol{D} = \sum_{i=1}^{A} q_i(\boldsymbol{r}_i - \boldsymbol{R}) \tag{5.121}$$

其中 q_i 是第 i 个核子的电荷，$\boldsymbol{R}$ 是质心矢量。现在把注意力集中在一个特定的核子上，例如 $i=1$ 的那个核子，它以单粒子模式激发，并假定剩余的 $A-1$ 个粒子相

应地作为一个整体移动到 $\boldsymbol{R}'$位置。于是我们有

$$\boldsymbol{D} = q_1(\boldsymbol{r}_1 - \boldsymbol{R}) + (Ze - q_1)(\boldsymbol{R}' - \boldsymbol{R}) \tag{5.122}$$

质心是

$$\boldsymbol{R} = \frac{\boldsymbol{r}_1 + (A-1)\boldsymbol{R}'}{A} \tag{5.123}$$

将其代入式(5.122)得到

$$\boldsymbol{D} = q_1^{\text{eff}}\boldsymbol{r}_1' \tag{5.124}$$

其中 $\boldsymbol{r}_1' = \boldsymbol{r}_1 - \boldsymbol{R}$ 是单粒子与剩余部分之间的相对间隔，

$$q^{\text{eff}} = \frac{A-1}{A}q - \frac{Ze-q}{A} \tag{5.125}$$

是核子的有效电荷。通常通过令 $A-1 \approx A$ 和 $Ze - q \approx Ze$ 来简化这个表达式，这样

$$q^{\text{eff}} = q - \frac{Ze}{A} \tag{5.126}$$

表示有效电荷。注意，这意味着质子的电荷减少，而中子获得负电荷。对于 $Z = A/2$，核子的电荷是 $\pm e/2$，表明校正是非常有必要的。

对于更高的角动量，公式不那么简单，并且校正变得更小，因此通常忽略这种效应。在本书中，有效电荷将在讨论巨偶极共振时明确使用，参见 6.9 节。

第6章 集体模型

6.1 核物质

6.1.1 质量公式

在许多核模型中，核物质的性质作为限制条件加入。核物质是一个虚构的概念，它应该被认为是重核中心几乎均匀的条件到无限几何的外推。虚构意味着由于如下原因而不现实：

- 假设质子与中子的固定比率接近1。这意味着无限的库仑能，从而忽略库仑相互作用。事实上，β衰变会产生一个平衡比。注意，在中子星物质的相关情况下，质子的数量非常少，而核物质的研究当然是对中子星理论感兴趣的。
- 由于同样的原因，重核内部的密度实际上是降低的。因此，外推必须消除库仑相互作用的影响。
- 质子和中子的均质系统并不总是最低的态。在较低的密度下，它会分裂成更小的碎片；而在非常高的密度下，核子会溶解并形成夸克胶子等离子体。

虽然核物质不是一个物理可测量的系统，但它是非常有用的，它提供了一个简单的理论极限情况，可以对理论进行检验和定义有趣的参数。

应该提醒读者，由于篇幅的原因，我们忽略了核物质理论的一个非常重要和有趣的领域，它试图从核子-核子相互作用导出核物质的性质。这一理论在理论核物理学的许多专著中得到了处理，例如文献[64]。

有关核物质的基本信息来自半经验的质量公式，它根据核物质贡献和有限核的各种修正来确定原子核的结合能。这些公式当中最古老、最著名且仍然有用的是贝特-魏茨泽克(Bethe-Weizsäcker)公式[12,212]：

$$
\begin{aligned}
&B(A) = a_{\text{vol}} A + a_{\text{surf}} A^{2/3} + a_{\text{coul}} Z^2 A^{-1/3} + a_{\text{sym}} \frac{(N-Z)^2}{A} \\
&a_{\text{vol}} \approx -16\ \text{MeV}, \quad a_{\text{surf}} \approx 20\ \text{MeV} \\
&a_{\text{coul}} \approx 0.751\ \text{MeV}, \quad a_{\text{sym}} \approx 21.4\ \text{MeV}
\end{aligned}
\tag{6.1}
$$

这里第一项是体积项，表示在质子和中子等密度时每个核子的恒定结合能，因此提供了核物质的重要参数之一。第二项与核半径的平方成正比，因此它描述了由于核子在表面上而使结合能的减少——表面能。第三项描述了库仑能，对于均匀带电的球体，它与 Z^2/R 成正比，所以与 $Z^2/A^{1/3}$ 成正比。最后一项是对称能，表示质子和中子的不等量而引起的结合能减少。

表面能和库仑能将用于推导能量对表面形状的依赖性，而体积能和对称能与核物质的性质直接相关。

西格（Seeger）给出了一个更现代的质量公式[191]。它定义为

$$\begin{aligned}B(A) = {}& W_0 A - \gamma A^{2/3} \\ & - 0.86 r_0^{-1} Z^2 A^{-1/3}(1 - 0.76361 Z^{-1/3} - 2.543 r_0^{-2} A^{-2/3}) \\ & - (\eta A^{-4/3} - \beta A^{-1})(N - Z)^2 + \delta A^{-1/2}(0, \pm 1) \\ & + 7\mathrm{e}^{-6|N-Z|/A} + 14.33 \times 10^{-6} Z^{2.39}\end{aligned} \tag{6.2}$$

这里，第一项再次描述了体积贡献，第二项描述了表面能，而第三项通过交换和表面弥散校正来校正库仑能（括号中的第二和第三项）。第四项是对称能，现在由于表面效应而具有对 A 的依赖性。此外，还有一个配对项（与 B 成正比），括号内的表达式对奇-偶核为零，对偶-偶核为正，对奇-奇核为负。这一项代表了核子成对时束缚更紧密的事实，详情见 7.5 节。最后两项不太具有明显的物理意义，但增加了质量预测的准确性。未显式给出的系数的标准值为 $W_0 = 15.645$ MeV，$\gamma = 19.655$ MeV，$\beta = 30.586$ MeV，$\eta = 53.767$ MeV，$\delta = 10.609$ MeV，$r_0 = 1.2025$ fm。

这种类型的质量公式在结合能约 ± 10 MeV 内足以描述整个周期表中的核的体性质，包括 β 稳定谷的位置。此外，由于主要项的物理背景，它有助于导出直到和包括裂变势垒在内的变形性质。虽然对裂变的定量分析和对变形基态的描述来说壳效应（见 9.2 节）是必要的，但应该记住，这些是对大结合能的小扰动，结合能用这种简单的公式描述得相当好。

最近有更多的增强的质量公式，其中液滴模型[148]可能是最重要的一个。它包含大量的项来更详细地描述所有物理贡献的表面依赖性。在精神上它类似于密度依赖公式，如在 6.1.3 小节中给出的那些。

6.1.2 费米气体模型

另一个非常简单却能洞察核物质的许多重要性质的模型是费米气体模型。与前一章的液滴比喻相反，它通过把核处理成无相互作用费米子气体（其具有规定的质子和中子密度）来聚焦于单粒子的性质。

无限体积中的自由粒子由下式给出的波函数和本征能量来描述：

$$\psi_{\boldsymbol{k}}(\boldsymbol{r}) = \sin(\boldsymbol{k} \cdot \boldsymbol{r}), \quad \varepsilon_{\boldsymbol{k}} = \frac{\hbar^2 k^2}{2m} \tag{6.3}$$

为了离散化态的连续性，我们将波函数限制在边长为 a 的立方体里面。$x, y, z =$

$0, \cdots, a$。由波函数在区间的两端消失的要求立即得

$$k_x = \frac{\pi}{a} n_x, \quad k_y = \frac{\pi}{a} n_y, \quad k_z = \frac{\pi}{a} n_z \quad (n_x, n_y, n_z = 1, 2, \cdots) \tag{6.4}$$

那么能量本征值为

$$\varepsilon_{n_x n_y n_z} = \frac{\hbar^2}{2m} \frac{\pi^2}{a^2} (n_x^2 + n_y^2 + n_z^2) \tag{6.5}$$

下面的讨论与6.4.1小节结尾对光子给出的非常相似：在大 a 极限下，三元组 (n_x, n_y, n_z) 的数 N 可以通过转到微分中的球坐标 (n, Ω) 来确定：

$$\mathrm{d}N = \mathrm{d}n_x \mathrm{d}n_y \mathrm{d}n_z = n^2 \mathrm{d}n \mathrm{d}\Omega \tag{6.6}$$

利用球对称，我们可以用因子 $4\pi/8$（这个8是因为只有 n 的正值是允许的，对应于1/8角空间）代替对 Ω 的积分，n 是唯一独立的量。另一方面，因为式(6.4)，我们有

$$\varepsilon_n = \frac{\hbar^2}{2m} \frac{\pi^2}{a^2} n^2 \tag{6.7}$$

它可以用来替换式(6.6)右边的 n：

$$\mathrm{d}N = \frac{a^3}{\pi^2 \sqrt{2}} \left(\frac{m}{\hbar^2} \right)^{3/2} \sqrt{\varepsilon_n} \mathrm{d}\varepsilon_n \tag{6.8}$$

在推导中，假定与能量 $\varepsilon < \varepsilon_n$ 对应的球形区域中的所有态都被填满。态密度必须积分到费米能 ε_F，并除以体积 a^3，得到粒子密度 ρ：

$$\rho = \frac{N}{a^3} = \frac{1}{\pi^2 \sqrt{2}} \left(\frac{m}{\hbar^2} \right)^{3/2} \int_0^{\varepsilon_F} \mathrm{d}\varepsilon \sqrt{\varepsilon} \tag{6.9}$$

积分的平凡计算产生期望的结果：

$$\varepsilon_F = \frac{\hbar^2}{2m} \sqrt{6\pi^2 \rho} \tag{6.10}$$

在应用这个结果之前，我们必须添加一个关键成分——简并性。所有构造的态实际上可以填充两次，因此，相同数量的态和相同的费米能量对应于质子和中子数的两倍。人们还可以一起处理质子和中子，因此有一个额外的占有因子2。因而一般需要简并因子 g。很容易把这个因子插入推导中。我们只要注意到在最终结果中密度必须除以那个因子，于是得到

$$\varepsilon_F = \frac{\hbar^2}{2m} \left(\frac{3\pi^2}{\rho / g} \right)^{3/2} \tag{6.11}$$

一个相关且重要的附加量是费米动量，它常常代替密度在核理论中给出：

$$k_F = \sqrt[3]{\frac{3\pi^2 \rho}{g}} \tag{6.12}$$

总动能密度是占据态单粒子能量的总和：

$$E_{\mathrm{kin}} = g \frac{1}{\pi^2 \sqrt{2}} \left(\frac{m}{\hbar^2} \right)^{3/2} \int_0^{\varepsilon_F} \mathrm{d}\varepsilon \varepsilon \sqrt{\varepsilon} = \frac{1}{5} \frac{g m^{3/2} \sqrt{2}}{\pi^2 \hbar^3} \varepsilon_F^{5/2} \tag{6.13}$$

它被称为动能密度，因为它不以任何方式包括结合势。在这个模型中，核子像自由粒子一样运动，但实际上应该被束缚在一个非常大的均匀势阱中，这贡献一个负势能，这个负势能没有被考虑。每个粒子的平均能量由简单关系给出：

$$\bar{\varepsilon} = \frac{E_{\text{kin}}}{\rho} = \frac{3}{5}\varepsilon_{\text{F}} \tag{6.14}$$

它随 $\rho^{2/3}$ 增加，因此是核物质能量公式中的一个密度相关项。

请注意，所考虑的情况只是费米气体的最低态，对应于基态的核物质，或在统计极限，在温度为零的情况下。能量仅由泡利不相容原理产生，这迫使我们随着密度的增加而占据越来越高的能级。这是简并气体的情况。

费米气体模型的一个重要结果是核对称能的起源的解释。在所考虑的体积内，对于不同的质子数 Z 和中子数 N，$Z+N=A$，质子和中子的密度 ρ_{p} 和 ρ_{n} 可以是不同的，但仍然合计到总密度：

$$\rho_{\text{p}} + \rho_{\text{n}} = \rho_0 \tag{6.15}$$

因此费米能将不同，上面的所有公式都必须适应这样的混合。比较总动能的积分和粒子数得到平均动能的适当平均值：

$$\bar{\varepsilon} = \frac{3}{5}\,\frac{N\varepsilon_{\text{F}}^{\text{n}} + Z\varepsilon_{\text{F}}^{\text{p}}}{A} \tag{6.16}$$

按照式(6.11)，由密度给出费米能，因此只有密度需要用 Z,N,A 来表示，总密度也是如此。记住对称能对 $(Z-N)/A$ 的依赖性，我们能写出

$$\begin{aligned}\rho_{\text{p}} &= \frac{Z}{A}\rho_0 = \frac{\rho_0}{2}\left(1 + \frac{Z-N}{A}\right)\\ \rho_{\text{n}} &= \frac{N}{A}\rho_0 = \frac{\rho_0}{2}\left(1 - \frac{Z-N}{A}\right)\end{aligned} \tag{6.17}$$

将此插入费米能，然后代入平均动能，最后展开幂到 $(Z-N)/A$ 的最低阶，得

$$\Delta\bar{\varepsilon} \approx \bar{t}_N\left[1 + \frac{5}{9}\,\frac{(Z-N)^2}{A^2}\right] \tag{6.18}$$

其中常系数由下式给出：

$$\bar{t}_N = \frac{3}{5}\,\frac{\hbar^2}{2m}\left(\frac{3\pi^2\rho_0}{2}\right)^{2/3} \approx 21\ \text{MeV} \tag{6.19}$$

这一结果显示了正确的行为，从而解释了至少一种可以导致对称能的简单机制。定量比较表明，它太小了，小到 1/2。在文献[65]中可以找到一些用势能贡献修正它的讨论。

6.1.3 密度泛函模型

费米气体模型的自然推广是由托马斯-费米理论提供的，在那里真实的单粒子波函数被局部平面波替换，因此在每个点上都有与局部费米动量适当联系的核子密度。动量和位置都固定显然违反量子力学，但这种也称为局域密度近似(LDA)

的方法在例如原子物理学中仍然是相当成功的。对于原子核中的现代应用,必须增加许多校正和高阶项,从而得出所谓的能量密度公式。它可以用变分原理来概括:

$$\delta\int \mathrm{d}^3 r(E[\rho(\boldsymbol{r})]-\lambda\rho(\boldsymbol{r}))=0 \tag{6.20}$$

这里 $\rho(\boldsymbol{r})$是核内的密度,它一直变化,直到找到积分的极小值,$E[\rho]$是能量泛函,它用局域密度表示核能量。积分中的第二项表示核子总数必须是常数的附加条件。

这种方法的主要问题当然是找到合适的泛函 $E[\rho]$。在核物理学中,其发展开始时与贝特-魏茨泽克公式联系在一起[12,212],与核相互作用的不断深入的理解并行,加速发展[195,196,214],最终导致完全成熟的能量密度形式[15,35,133]。在随后的几年中,许多改进被添加,并且该方法已经成功地应用于核结构和集体激发的许多方面。在本书中,密度泛函的实际例子将出现在巨共振(6.9 节)和斯克姆(Skyrme)力哈特里-福克方法(7.2.9 小节)中。在本节中,我们没有深入讨论进一步的细节(例如,参见 M. Brack[41]和那一卷中其他文章的评论),相反,我们只讨论沿着文献[186]的线路的图解模型中的几个基本定义。

这个密度泛函仅包含最基本的成分,但已经足以描述核内的密度分布。它由下式给出:

$$\begin{aligned}E[\rho]=&\int \mathrm{d}^3 r\rho W(\rho)+\frac{e^2}{2}\int \mathrm{d}^3 r'\int \mathrm{d}^3 r\,\frac{\rho_{\mathrm{p}}(\boldsymbol{r})\rho_{\mathrm{p}}(\boldsymbol{r}')}{|\boldsymbol{r}-\boldsymbol{r}'|}\\&+C_{\mathrm{ex}}\int \mathrm{d}^3 r\rho_{\mathrm{p}}^{4/3}+C_{\mathrm{sym}}\int \mathrm{d}^3 r(\rho_{\mathrm{p}}-\rho_{\mathrm{n}})^2\rho^{\nu}\\&+\frac{V_0}{4\pi}\int \mathrm{d}^3 r'\int \mathrm{d}^3 r\,\rho(\boldsymbol{r})\,\frac{\mathrm{e}^{-|\boldsymbol{r}-\boldsymbol{r}'|/\mu}}{|\boldsymbol{r}-\boldsymbol{r}'|}(\rho(\boldsymbol{r}')-\rho(\boldsymbol{r}))\end{aligned} \tag{6.21}$$

大多数项在质量公式的背景下是容易理解的。第一项是体积能贡献,带有新的扭曲,即每核子体积能 $W(\rho)$的密度依赖是允许的。在这种形式下,它通常被称为核物质的状态方程,虽然严格地说,状态方程也应该描述热性质。

在正常核中,大部分物质接近平衡密度 $\rho_0\approx 0.17\ \mathrm{fm}^{-3}$,具有结合能 $W_0=W(\rho_0)\approx-16\ \mathrm{MeV}$。鲜为人知的是它远离平衡的行为。图 6.1 预示了该函数可能是什么样子。在(ρ_0,W_0)处有一极小值,两边都有抛物线上升段。在零密度下,应该达到零能量的适当极限;对于非常小的密度(此时核子还没有感受到足够的吸引力),由于费米气体动能,能量必须是正的。原则上,这两个点之间的行为应该在核表面的结构中被感觉到,但是在这个密度迅速变化的区域,这样的简单能量泛函当然不足以让我们得出确凿的结论。

近年来,在高密度下将会发生什么的问题已成为人们关注的焦点,因为在高能核碰撞时,有可能产生高密度和高温核物质。许多奇异的效应,如核物质的第二亚稳态、密度同核异能态或到夸克胶子等离子体的相变得到了讨论,但目前情况仍然

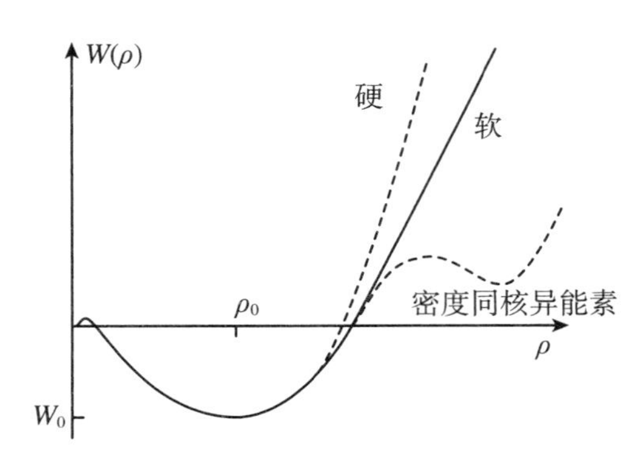

图 6.1　核状态方程 $W(\rho)$ 的示意图。注意由于费米气体的限制，有一个零密度以上的正的小区域。在平衡密度以上，几乎没有实验信息可获得，奇异效应可以推测。这里展示了两个具有不同硬度的状态方程和一个具有同核异能极小值的状态方程

是开放的。因为这个话题并非本书的主题，我们建议读者参考文献[145]等综述或文献[50]里的优秀文章来初步了解。

核模型的一个重要量是核物质的不可压缩性，它与 $W(\rho)$ 在极小值处的曲率有关，并且按照惯例被定义为

$$K = 9\rho_0^2 \frac{\mathrm{d}W}{\mathrm{d}\rho}\bigg|_{\rho=\rho_0} \tag{6.22}$$

K 不能直接测量，必须从密度振动(即所谓的巨单极共振)推导出来，可惜的是，后者需要一个有关表面行为的详细模型。这样人们对 K 的适当值仍然没有达成一致，但 $K\approx 210$ MeV 似乎被广泛接受。用抛物线展开法给出了一个具有合适的不可压缩性的简单状态方程：

$$W(\rho) = \frac{K}{18\rho_0^2}(\rho - \rho_0)^2 \tag{6.23}$$

但是请注意，尽管它对于平衡密度附近的小振荡应该是有效的，但它不能正确地产生真空极限，并且还不清楚抛物线的行为可以在更高的密度下推广到多远。类似简单的状态方程的各种参数化被应用于高能重离子反应的模拟中。

我们现在回到式(6.21)的讨论。第二项是人们熟知的由质子产生的电荷分布为 $e\rho_{\mathrm{p}}(\boldsymbol{r})$ 的库仑能。注意，这意味着质子和中子的密度是不同的，必须独立地变化，以确定核密度分布。第三项是对库仑交换能的一个近似[59]。我们将结合哈特里-福克方法讨论这种交换效应(7.2 节)。

下一项是对称能，现在被写为中子和质子密度之间局部偏离的积分。这完全是局部密度近似的思想，它在每个点产生一个局部费米气体模型，从而是式(6.18)的一个简单概括。附加密度因子的指数 ν 不是很清楚。费米气体模型建议 $\nu=-1/3$，但正如我们所看到的，它在定量上不可靠，所以我们尝试把它与实验数据相

拟合;在实践中,-1到1/3之间的值有效。

最后一项是表面能的密度泛函版本。它基本上是由汤川(Yukawa)相互作用所产生的能量,但是均匀分布的能量已经被减去(这就是为什么 $\rho(\boldsymbol{r}')-\rho(\boldsymbol{r})$ 出现),所以它只在表面上起作用。

6.2 核表面形变

6.2.1 一般参数化

在2 MeV的能量范围内偶-偶核的激发谱显示出特征带结构,在玻尔和莫特尔森首次提出的几何集体模型中被解释为核表面的振动和转动[24,25,27],并由费斯勒(Faessler)和格雷纳(Greiner)阐述[68—74]。深层的物理图像是以经典带电液滴为模型的核,推广得到核的动力学激发的贝特-魏茨泽克质量公式的概念。对于低能激发,核物质的压缩是不重要的,而且核表面层的厚度也将被忽略,因此,我们从恒定密度的液滴模型和锐表面开始。内部结构(即单个核子的存在)被忽略,以有利于像均匀流体一样的核物质图像。

结果与实验的比较将表明这些近似在何种程度上是合理的。然而,已经清楚的是,只要核子的大小相对于整个核的尺寸可忽略,液滴模型就是适用的。这一点以及表面层厚度的忽略在重核的情况下应该是效果最好的。

有了这些假设,运动的核表面可以很一般地描述为用时间依赖的形状参数作为系数的球谐函数的展开:

$$R(\theta,\varphi,t)=R_0\left(1+\sum_{\lambda=0}^{\infty}\sum_{\mu=-\lambda}^{\lambda}\alpha_{\lambda\mu}^{*}(t)Y_{\lambda\mu}(\theta,\varphi)\right)\tag{6.24}$$

其中 $R(\theta,\varphi,t)$ 表示 t 时刻在 (θ,φ) 方向上的核半径,R_0 是球形核的半径,当所有的 $\alpha_{\lambda\mu}$ 消失时,它才实现。

在以下所有公式中,如果没有另外指出,则意味着求和的范围为 $\lambda=0,\cdots,\infty$ 和 $\mu=-\lambda,\cdots,\lambda$。

时间依赖的振幅 $\alpha_{\lambda\mu}(t)$ 描述核的振动,从而作为集体坐标。

要完成集体模型的公式,必须建立依赖于 $\alpha_{\lambda\mu}$ 和它们的适当定义的共轭动量的哈密顿量。然而,在这样做之前,让我们更详细地检查 $\alpha_{\lambda\mu}$ 的物理意义。从式(6.24)可以很容易地导出系数 $\alpha_{\lambda\mu}$ 的一些性质。

(1) 复共轭:核半径必须是实的,即 $R(\theta,\varphi,t)=R^*(\theta,\varphi,t)$。将此应用于式(6.24),并利用球谐函数的如下性质:

$$Y^*_{\lambda\mu}(\theta,\varphi) = (-1)^\mu Y_{\lambda-\mu}(\theta,\varphi) \tag{6.25}$$

显然 $\alpha_{\lambda\mu}$必须满足

$$\alpha^*_{\lambda\mu} = (-1)^\mu \alpha_{\lambda-\mu} \tag{6.26}$$

(2) 球张量特征：$\alpha_{\lambda\mu}$在转动下的行为遵循函数$R(\theta,\varphi)$的不变性，后者在转动下必须是一个标量。一开始，这一陈述可能看起来令人惊讶，因为所描述的核形状显然不显示转动对称性。因此，为了解释这一点，我们仔细检查当转动系统时会发生什么。

原始核形状由函数 $R(\theta,\varphi)$描述。一个转动将方向(θ,φ)变为(θ',φ')，我们必须用新的函数 $R'(\theta',\varphi')$来描述形状，它满足(参见 2.2.1 小节开头的讨论)

$$R'(\theta',\varphi') = R(\theta,\varphi) \tag{6.27}$$

现在的想法是，从转动后的表面 $R'(\theta,\varphi)$具有相同的函数形式但具有转动的参数 $\alpha'_{\lambda\mu}$这个意义上来说，要求核表面的定义是转动不变的。这可以由下式决定：

$$\sum_{\lambda\mu}\alpha'^*_{\lambda\mu}Y'_{\lambda\mu}(\theta,\varphi) = \sum_{\lambda\mu}\alpha^*_{\lambda\mu}Y_{\lambda\mu}(\theta,\varphi) \tag{6.28}$$

其中 $Y'_{\lambda\mu}$通过通常的转动矩阵的应用由 $Y_{\lambda\mu}$获得。从这里很容易看出 $\alpha_{\lambda\mu}$是如何变换的：由式(6.26)，对 μ 的求和可以表示为耦合到零动量：

$$\begin{aligned}\sum_\mu \alpha^*_{\lambda\mu}Y_{\lambda\mu} &= \sum_\mu (-1)^\mu \alpha_{\lambda-\mu}Y_{\lambda\mu}\\ &= (-1)^\lambda\sqrt{2\lambda+1}\sum_\mu\frac{(-1)^{\lambda-\mu}}{\sqrt{2\lambda+1}}\alpha_{\lambda-\mu}Y_{\lambda\mu}\\ &= (-1)^\lambda\sqrt{2\lambda+1}\sum_{\mu\mu'}(\lambda\lambda 0\mid\mu\mu' 0)\alpha_{\lambda\mu'}Y_{\lambda\mu}\end{aligned} \tag{6.29}$$

这样，如果一套参数 $\alpha_{\lambda\mu}(\mu=-\lambda,\cdots,\lambda)$像角动量为 λ 的球张量那样变换，则得到式(6.24)中定义的期望的不变性。更精确地说，

$$\alpha'_{\lambda\mu} = \sum_\mu \mathscr{D}^{(\lambda)}_{\mu\mu'}\alpha_{\lambda\mu'} \tag{6.30}$$

(3) 宇称：同样的讨论适用于宇称变换。如果球谐函数被反射，张量 $\alpha_{\lambda\mu}$必须经历相同的符号变化，以保持表面定义的不变性。由于球谐函数具有宇称$(-1)^\lambda$，因此 $\alpha_{\lambda\mu}$也必须如此。

6.2.2 多极形变的类型

在式(6.24)中核表面的一般展开允许任意畸变。在本小节中，对于 λ 值的增加，将检查各种多极阶的物理意义及其应用。

(1) 单极模式，$\lambda=0$。球谐函数 $Y_{00}(\Omega)$是常数，因此 α_{00}的非零值对应于球半径的变化。相关的激发是所谓的核呼吸模式。然而，因为压缩核物质所需的大量

能量,这种模式的能量太高,对这里讨论的低能谱不重要*。形变参数 α_{00} 可以用来抵消在其他多极形变中作为副作用存在的整体密度变化。核体积的计算(见练习 6.1)显示这要求

$$\alpha_{00} = -\frac{1}{\sqrt{4\pi}}\sum_{\lambda\mu} |\alpha_{\lambda\mu}|^2 \tag{6.31}$$

到二阶。

(2) 偶极形变,$\lambda = 1$ 至最低阶,实际上不对应于原子核的形变,而是对应于质心的位移(见练习 6.1)。这样,最低阶 $\lambda = 1$ 只对应于原子核的平移,在核激发中应该不予考虑。

(3) 四极形变:$\lambda = 2$ 的模式被证明是核最重要的集体激发。下面的大多数集体模型的讨论将致力于这种情况,因此在下一小节中给出更详细的处理。

(4) 八极形变,$\lambda = 3$,与负宇称带有关的核的主要不对称模式。八极变形的形状有点像梨。

(5) 十六极形变,$\lambda = 4$,这是在核理论中已经很重要的最高的角动量。虽然没有纯十六极激发谱的证据,但作为四极激发的混合物和重核的基态形状,它似乎起到了重要的作用。

(6) 具有较高角动量的模式是没有实际意义的。然而,应该提到的是,λ 也有一个根本性的限制,这是由于 $Y_{\lambda\mu}(\theta,\varphi)$所描述的核表面上的单个"隆起物"的范围随着 λ 的增加而减小,但它显然不应小于核子直径。对于粗略的估计,足以注意到 $Y_{\lambda\mu}(\Omega)$的极值的数目大致由 λ^2 给出(在 $\sin\varphi$ 或 $\cos\varphi$ 的 θ 倍内连带勒让德函数的零的个数)。由于表面上的核子数是 $A^{2/3}$,我们得到了一个极限值 $\lambda < A^{1/3}$。这表明低于 $A = 64$ 时甚至十六极形变也变得边缘化。

图 6.2 中给出了最低四个角动量的多极形变的图解。

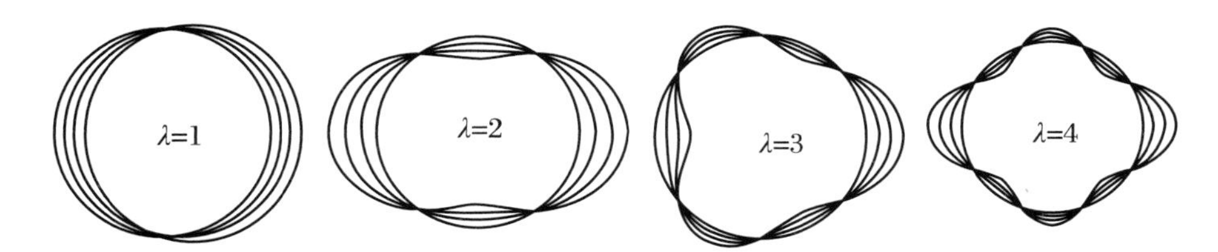

图 6.2　$\lambda = 1, \cdots, 4$ 的多极形变图解。在每种情况下,绘制 $\alpha_{\lambda 0} = n a_\lambda$ 的形状,其中 $n = 0, \cdots, 3$, $a_1 = 0.15$, $a_2 = 0.25$, $a_3 = a_4 = 0.15$。这些图形的缩放彼此不同,并且体积也没有随着形变的增加保持恒定。注意随着形变增加的复杂的形状常数。注意较大形变的复杂形状

* 压缩是实验可见的,对于确定核物质的压缩特性非常重要。然而,锐表面的假设并不足以用于定量描述,因为它的能量敏感地依赖于在振动过程中表面的密度分布如何变化。

练习 6.1　形变核的体积和质心矢量

问题　用式(6.24)给出的表面计算形变核的体积(到 $\alpha_{2\mu}$ 的二阶)和质心矢量(到一阶)。

解答　核的体积由下式给出：

$$V = \int \mathrm{d}\Omega \int_0^{R(\Omega)} \mathrm{d}r r^2 \quad ①$$

对 r 积分并把式(6.24)代入,得到

$$\begin{aligned} V &= \frac{1}{3} R_0^3 \int \mathrm{d}\Omega \left(1 + \sum_{\lambda\mu} \alpha_{\lambda\mu}^* Y_{\lambda\mu}(\Omega)\right)^3 \\ &\approx \frac{1}{3} R_0^3 \int \mathrm{d}\Omega \left(1 + 3\sum_{\lambda\mu} \alpha_{\lambda\mu}^* Y_{\lambda\mu}(\Omega) + 3\sum_{\lambda\mu}\sum_{\lambda'\mu'} \alpha_{\lambda\mu}^* \alpha_{\lambda'\mu'}^* Y_{\lambda\mu}(\Omega) Y_{\lambda'\mu'}(\Omega)\right) \\ &= \frac{1}{3} R_0^3 \left(4\pi + 3\sqrt{4\pi}\alpha_{00} + 3\sum_{\lambda\mu} |\alpha_{\lambda\mu}|^2\right) \end{aligned} \quad ②$$

其中保留到形变参数的二阶项,然后使用球谐函数的正交性。注意,在这样的单个函数上的积分可以使用

$$\begin{aligned} \int \mathrm{d}\Omega Y_{\lambda\mu}(\Omega) &= \sqrt{4\pi} \int \mathrm{d}\Omega \frac{1}{\sqrt{4\pi}} Y_{\lambda\mu}(\Omega) \\ &= \sqrt{4\pi} \int \mathrm{d}\Omega Y_{00}(\Omega) Y_{\lambda\mu}(\Omega) = \sqrt{4\pi}\delta_{\lambda 0}\delta_{\mu 0} \end{aligned} \quad ③$$

式②括号中的第一个项刚好是未变形核的体积。这样,如果

$$\sqrt{4\pi}\alpha_{00} + \sum_{\lambda\mu} |\alpha_{\lambda\mu}|^2 = 0 \quad ④$$

体积将不受形变的影响。对于质心矢量,我们必须求下式的值：

$$\boldsymbol{R}_{\mathrm{cm}} = \frac{\int \mathrm{d}^3 r \boldsymbol{r} \rho(\boldsymbol{r})}{\int \mathrm{d}^3 r \rho(\boldsymbol{r})} \quad ⑤$$

对于由式(6.24)给出的体积内恒定密度的情况和球坐标符号,这里 $r_\mu = \sqrt{4\pi/3} \times r Y_{1\mu}$,式⑤约化到

$$R_{\mathrm{cm},\mu} = \frac{1}{V}\sqrt{\frac{4\pi}{3}} \int \mathrm{d}\Omega \int_0^{R(\Omega)} \mathrm{d}r r^2 r Y_{1\mu} \quad ⑥$$

以与我们获得体积相同的方式进行,我们得到

$$\begin{aligned} R_{\mathrm{cm},\mu} &= \frac{1}{V}\sqrt{\frac{4\pi}{3}} \int \mathrm{d}\Omega \frac{R_0^4}{4} \left(1 + \sum_{\lambda\mu} \alpha_{\lambda\mu} Y_{\lambda\mu}^*\right)^4 Y_{1\mu} \\ &\approx \frac{1}{V}\sqrt{\frac{4\pi}{3}} \int \mathrm{d}\Omega \frac{R_0^4}{4} \left(1 + 4\sum_{\lambda\mu} \alpha_{\lambda\mu} Y_{\lambda\mu}^*\right) Y_{1\mu} \\ &= \frac{1}{V}\sqrt{\frac{4\pi}{3}} R_0^4 \alpha_{1\mu} \end{aligned}$$

$$= \sqrt{\frac{3}{4\pi}} R_0 \alpha_{1\mu} \qquad ⑦$$

6.2.3 四极形变

如上所述，这些形变是核的最重要的振动自由度，许多即将到来的推导将致力于描述这种情况。在本小节中，我们将仔细研究隐藏在四极形变张量 $\alpha_{\mu\nu}$ 中的各种参数的意义。

对于纯四极形变的情况，核表面由下式给出：

$$R(\theta,\varphi) = R_0 \left(1 + \sum_{\mu} \alpha_{2\mu}^{*} Y_{2\mu}(\theta,\varphi)\right) \tag{6.32}$$

注意，α_{00} 中的体积守恒项在 $\alpha_{2\mu}$ 中是二阶的，因此可以放心地省略。参数 $\alpha_{2\mu}$ 不是独立的，因为式(6.26)意味着 $\alpha_{2\mu} = (-1)^{\mu} \alpha_{2-\mu}^{*}$。所以 α_{20} 是实数，剩下五个独立的实数自由度：α_{20} 及 α_{21} 和 α_{22} 的实部和虚部。

为了研究核的实际形式，最好在笛卡儿坐标系中通过在方向(θ,φ)上用单位矢量的笛卡儿分量重写球谐函数来表示它：

$$\xi = \sin\theta\cos\varphi, \quad \eta = \sin\theta\sin\varphi, \quad \zeta = \cos\theta \tag{6.33}$$

上式满足辅助条件 $\xi^2 + \eta^2 + \zeta^2 = 1$：

$$\begin{aligned}
Y_{20}(\theta,\varphi) &= \sqrt{\frac{5}{16\pi}}(3\cos^2\theta - 1) = \sqrt{\frac{5}{16\pi}}(2\zeta^2 - \xi^2 - \eta^3) \\
Y_{2\pm1}(\theta,\varphi) &= \mp\sqrt{\frac{15}{8\pi}}\sin\theta\cos\theta e^{\pm i\varphi} = \mp\sqrt{\frac{15}{8\pi}}(\xi\zeta \pm i\eta\zeta) \\
Y_{2\pm2}(\theta,\varphi) &= \sqrt{\frac{15}{32\pi}}\sin^2\theta e^{\pm 2i\varphi} = \sqrt{\frac{15}{32\pi}}(\xi^2 - \eta^2 \pm 2i\xi\eta)
\end{aligned} \tag{6.34}$$

将这些式子插入到式(6.32)中，会产生如下形式的表达式：

$$\begin{aligned}
R(\xi,\eta,\zeta) = R_0(1 &+ \alpha_{\xi\xi}\xi^2 + \alpha_{\eta\eta}\eta^2 + \alpha_{\zeta\zeta}\zeta^2 \\
&+ 2\alpha_{\xi\eta}\xi\eta + 2\alpha_{\xi\zeta}\xi\zeta + 2\alpha_{\eta\zeta}\eta\zeta)
\end{aligned} \tag{6.35}$$

其中形变的笛卡儿分量与以下球分量有关：

$$\begin{aligned}
\alpha_{2\pm2} &= \frac{1}{2}\sqrt{\frac{8\pi}{15}}(\alpha_{\xi\xi} - \alpha_{\eta\eta} \pm 2i\alpha_{\xi\eta}) \\
\alpha_{2\pm1} &= \sqrt{\frac{8\pi}{15}}(\alpha_{\xi\zeta} \pm i\alpha_{\eta\zeta}) \\
\alpha_{20} &= \sqrt{\frac{8\pi}{15}}\frac{1}{\sqrt{6}}(2\alpha_{\zeta\zeta} - \alpha_{\xi\xi} - \alpha_{\eta\eta})
\end{aligned} \tag{6.36}$$

与包含在球分量中的五个自由度相比，出现了六个独立的笛卡儿分量（全部为实数）。但是，函数 $R(\theta,\varphi)$ 满足

$$\int R(\Omega)\mathrm{d}\Omega = 4\pi R_0 \tag{6.37}$$

因为对 $Y_{2\mu}(\Omega)$的积分消失了。在笛卡儿形式中做同样的积分是很容易的：由于对称的缘故，混合分量没有任何贡献；而由对称性，对角线分量应该给出

$$\int \xi^2 \mathrm{d}\Omega = \int \eta^2 \mathrm{d}\Omega = \int \zeta^2 \mathrm{d}\Omega \equiv a \tag{6.38}$$

（无需求 a 的值），我们有

$$\int R(\Omega)\mathrm{d}\Omega = 4\pi R_0 + a(\alpha_{\xi\xi} + \alpha_{\eta\eta} + \alpha_{\zeta\zeta}) \tag{6.39}$$

因此笛卡儿分量必须满足辅助条件

$$\alpha_{\xi\xi} + \alpha_{\eta\eta} + \alpha_{\zeta\zeta} = 0 \tag{6.40}$$

由于笛卡儿变形与核在适当方向上的伸展（或收缩）直接相关，我们可以得出：

- α_{20}描述 z 轴相对于 y 轴和 x 轴的拉伸；
- $\alpha_{2\pm2}$描述了 x 轴相对于 y 轴的相对长度（实数部分）以及 xy 平面上的倾斜形变；
- $\alpha_{2\pm1}$表示 z 轴的倾斜形变。

这些参数的一个问题是：核的对称轴（如果有的话）仍然可以在空间中具有任意取向，因此，在 $\alpha_{2\mu}$中核的形状和其方向在某种程度上是混合的。如果这个取向通过进入主轴系统被分离，则该情况的几何形状变得更加清晰。如果我们用带撇号的量表示这个新的坐标系，笛卡儿形变张量一定是对角的，这样

$$R(\xi',\eta',\zeta') = R_0(1 + \alpha'_{\xi\xi}\xi'^2 + \alpha'_{\eta\eta}\eta'^2 + \alpha'_{\zeta\zeta}\zeta'^2) \tag{6.41}$$

条件 $\alpha'_{\xi\eta} = \alpha'_{\xi\zeta} = \alpha'_{\eta\zeta} = 0$ 意味着对于球分量，

$$\begin{aligned} \alpha'_{2\pm1} &= 0 \\ \alpha'_{2\pm2} &= \sqrt{\frac{2\pi}{15}}(\alpha'_{\xi\xi} - \alpha'_{\eta\eta}) \equiv a_2 \\ \alpha'_{20} &= \sqrt{\frac{8\pi}{15}}\frac{1}{\sqrt{6}}(2\alpha'_{\zeta\zeta} - \alpha'_{\xi\xi} - \alpha'_{\eta\eta}) \equiv a_0 \end{aligned} \tag{6.42}$$

仍然有五个独立的实参数，但现在具有更清晰的几何意义：

- a_0表示 z'轴相对于 x'轴和 y'轴的拉伸；
- a_2决定 x'轴和 y'轴之间的长度差异；
- 三个欧拉角 $\boldsymbol{\theta} = (\theta_1, \theta_2, \theta_3)$决定主轴系统$(x', y', z')$相对于实验室固定参考系$(x, y, z)$的取向。

主轴系统的优点是转动和形状振动清晰地分离开；欧拉角的变化表示核的纯转动，而不包含形状的任何变化，形状只由 a_0和 a_2决定*。还要注意，$a_2 = 0$ 描述在 x 轴和 y 轴方向上具有相等轴长的形状，即围绕 z 轴具有轴对称的形状。

---

* 有趣的是，对于四极形变，这是完全可能的，其中只包含正确数量的参数来固定三个轴的方向和它们的相对长度。相比之下，偶极形变只决定一个轴的方向和长度，而八极形变要固定太多。

玻尔(A. Bohr)引入了另一组参数[24,27]。它对应于(a_0,a_2)空间中的极坐标,并通过下式定义:

$$a_0 = \beta\cos\gamma, \quad a_2 = \frac{1}{\sqrt{2}}\beta\sin\gamma \tag{6.43}$$

这里选择因子$1/\sqrt{2}$,这样

$$\sum_\mu |\alpha_{2\mu}|^2 = \sum_\mu |\alpha'_{2\mu}|^2 = a_0^2 + 2a_2^2 = \beta^2 \tag{6.44}$$

$\alpha_{2\mu}$的分量的这个特定求和是转动不变的,由于

$$\begin{aligned}\sum_\mu |\alpha_{2\mu}|^2 &= \sum_\mu (-1)^\mu \alpha_{2\mu}\alpha_{2-\mu} \\ &= \sqrt{5}\sum_{\mu\mu'}(220 \mid \mu\mu'0)\alpha_\mu\alpha_{\mu'} = \sqrt{5}[\alpha_2 \times \alpha_2]^0 \end{aligned} \tag{6.45}$$

因此在实验室和主轴系统中有相同的值,如式(6.44)中已经指出的。

练习6.2 四极形变

问题 在主轴系统中对固定的β描述核形状作为γ的函数。

解答 为了看出核的形状,用β和γ计算笛卡儿分量。首先,对于带撇分量,由条件式(6.32)得出

$$\alpha'_{\zeta\zeta} = -\alpha'_{\xi\xi} - \alpha'_{\eta\eta} \tag{①}$$

当此式代入式(6.42)中a_0的定义时,使用式(6.43)得

$$\alpha'_{\zeta\zeta} = \frac{\sqrt{6}}{3}\sqrt{\frac{15}{8\pi}}a_0 = \sqrt{\frac{5}{4\pi}}\beta\cos\gamma \tag{②}$$

再由式(6.40),有

$$\alpha'_{\xi\xi} - \alpha'_{\eta\eta} = 2\alpha'_{\xi\xi} + \alpha'_{\zeta\zeta} \tag{③}$$

这可以用于式(6.42)的a_2定义中,得到

$$\alpha'_{\xi\xi} = \sqrt{\frac{15}{8\pi}}\left(a_2 - \frac{1}{\sqrt{6}}a_0\right) = \sqrt{\frac{5}{4\pi}}\beta\left(\frac{1}{2}\sqrt{3}\sin\gamma - \frac{1}{2}\cos\gamma\right) \tag{④}$$

圆括号中的项可以用余弦加法定理组合起来:

$$\alpha'_{\xi\xi} = \sqrt{\frac{5}{4\pi}}\beta\cos\left(\gamma - \frac{2\pi}{3}\right) \tag{⑤}$$

按相似的方式有

$$\alpha'_{\eta\eta} = -\sqrt{\frac{5}{4\pi}}\beta\left(\frac{1}{2}\sqrt{3}\sin\gamma + \frac{1}{2}\cos\gamma\right) = \sqrt{\frac{5}{4\pi}}\beta\cos\left(\gamma - \frac{4\pi}{3}\right) \tag{⑥}$$

笛卡儿形变分量表示核的轴在该方向上的拉伸。对它们使用新的符号δR_k,其中$k=1,2,3$分别对应于x',y'和z',可以将这些结果组合成一个方程:

$$\delta R_k = \sqrt{\frac{5}{4\pi}}\beta\cos\left(\gamma - \frac{2\pi k}{3}\right) \tag{⑦}$$

由图6.3很容易理解三个轴随γ的变化。在$\gamma=0^\circ$时,核沿z'轴伸长,但x'轴和

y'轴相等。这种轴向对称的形状有点让人联想到雪茄，称为长椭球。当我们增加 γ 时，x'轴以 y'轴和 z'轴为代价延长，通过三个轴不等的三轴形状区域，直到 $\gamma=60^{\circ}$，再次实现轴对称。但是现在 z'轴和 x'轴的长度相等，这两个轴比 y'轴长。核具有扁平的像煎饼一样的形状，称为扁椭球。这种模式是重复的：每 60°轴对称重现，且长椭球和扁椭球形状交替出现，但是轴的相对长度被置换了。

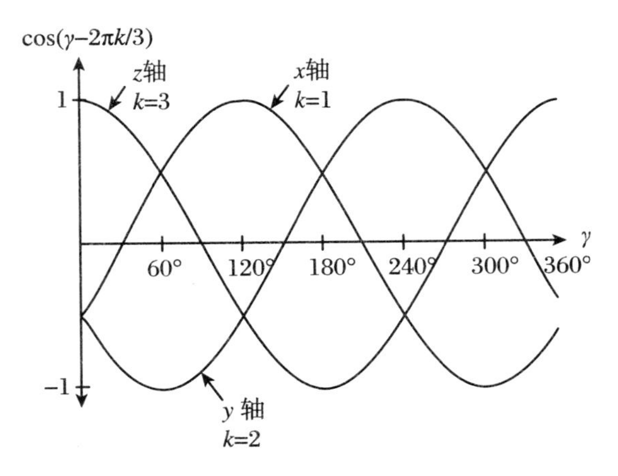

图 6.3　$k=1,2$ 和 3 的函数 $\beta\cos(\gamma-2\pi k/3)$ 的图像，分别对应于 x,y 和 z 方向上的轴长的变化

练习 6.2 的结果再次总结在图 6.4 中，它显示了在(β,γ)平面上各种核形状以及它们是如何每 60°重复出现的。

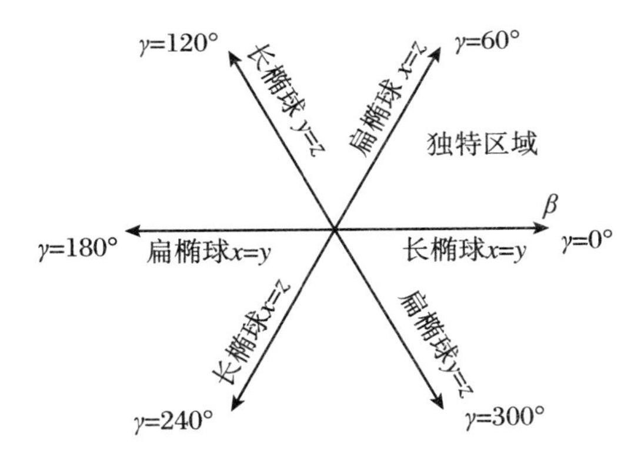

图 6.4　由对称性，(β,γ)平面被划分为六个相等部分。0°和 60°之间的扇区包含所有形状，可以作为代表性扇区。沿轴线遇到的形状的类型照字面表示。例如，长椭球 $x=y$ 意味着长椭球形状，z'轴为长轴，而其他两个轴相等

由图 6.4 可以看出的一个问题是，相同的核形状在平面内反复出现。例如，

60°,180°和300°处的扁椭球对称形状是相同的,只有轴的取名是不同的。三轴形状甚至在平面上出现六次。这在图6.3中能更清楚地看到,例如,在$\gamma = 60°$的两侧出现相同的形状,并在$\gamma = 180°$和$\gamma = 300°$处重复。因为轴趋向不同,相关的欧拉角也不同。总之,相同的物理形状(包括它在空间中的取向)可以用不同的形变参数(β, γ)和欧拉角表示。

6.2.4　集体空间中的对称性

在前一小节中,提出了发展集体模型的两种备选方法:四极形变可以在实验室固定参考系中通过球张量$\alpha_{2\mu}$来描述,或者选择通过使用参数(a_0, a_2)或(β, γ)和指出体固定坐标参考系瞬间取向的欧拉角$(\theta_1, \theta_2, \theta_3)$来给出相对于主轴参考系的核的形变。这两种情况需要转动对称的不同处理。

在实验室参考系中,核的动能和势能一定是$\alpha_{\lambda\mu}$和速度$\dot{\alpha}_{\lambda\mu}$的函数。它们应该是转动不变的,这可以通过以一种明显不变的方式构造它们来实现。例如,一个形变依赖势可能包含耦合到零总角动量的$\alpha_{\lambda\mu}$的幂:

$$V(\alpha_{\lambda\mu}) = C[\alpha_2 \times \alpha_2]^0 + D[\alpha_2 \times [\alpha_2 \times \alpha_2]^2]^0 + \cdots \tag{6.46}$$

而且还有更复杂的标量函数,比如

$$\sqrt{[\alpha_2 \times \alpha_2]^0} \sim \beta \tag{6.47}$$

动能应该以类似的方式构造。于是波函数也必须构造成具有好角动量的函数$\psi_{IM}(\alpha_{\lambda\mu})$。如稍后将在关于四极谐振子的章节中所述,这在二次量子化中是最容易做到的。

另一方面,在常被称为内禀系统的主轴参考系中,转动不变性更容易得到保证:能量必须与欧拉角无关。这些角的时间导数当然可以并且应该出现在转动动能中。形变能只依赖于β和γ。因此,我们期望如下形式的能量表达式:

$$T(\beta, \gamma, \dot{\beta}, \dot{\gamma}, \dot{\theta}_1, \dot{\theta}_2, \dot{\theta}_3) + V(\beta, \gamma) \tag{6.48}$$

然而,对于波函数,由于在前一小节中所述的坐标值的非唯一性,存在一些问题。通常在(β, γ)平面上有六个不同的点描述核的相同物理形状,加上欧拉角的一个额外模糊性。因此,有必要更仔细地研究这个问题。

我们考虑有多少种方法来选择一个内禀坐标系(再次用带撇坐标表示),它的轴沿着核的主轴。选择这样的系统需要三个步骤:

(1) 沿着三个主轴中的任何一个选择z'轴,指出z'轴沿着该轴的正方向或负方向,有六种可能。

(2) 现在,选择剩下的两个轴中的一个,定为y'轴,并再次确定正方向或负方向,有四种可能。

(3) 现在,x'轴完全由右手坐标系的要求决定。

这样,不同坐标系的总数是24。从数学上讲,它们可以被系统地列举出来:将其中之一作为“标准”系统，通过变换（完成轴的适当置换）和集体坐标的相关变换来构造其他的。很容易说服自己，所有这 24 个变换可以建立在三个基本的 $\hat{R}_k$（$k=1,2,3$）基础上，其通常选择如下：

- $\hat{R}_1$：$\hat{R}_1(x',y',z')=(x',-y',-z')$，对应于绕 x'轴转动 π 角。它不改变 β 和 γ，因为核沿每个轴的拉伸不会随反射那个轴而改变。然而，欧拉角受到影响：$\hat{R}_1(\theta_1,\theta_2,\theta_3)=(\theta_1+\pi,\pi-\theta_2,-\theta_3)$。注意 $\hat{R}_1^2=1$。

- $\hat{R}_2$：$\hat{R}_2(x',y',z')=(y',-x',z')$，即绕 z'轴转 $\pi/2$，所以 $\hat{R}_2^4=1$。检查图 6.3 中轴的相应互换 $x'\leftrightarrow y'$，显示对形变参数的影响是 $\hat{R}_2(\beta,\gamma)=(\beta,-\gamma)$。欧拉角显然只显示绕 z'轴的转动：$\hat{R}_2(\theta_1,\theta_2,\theta_3)=(\theta_1,\theta_2,\theta_3+\pi/2)$。

- $\hat{R}_3$：$\hat{R}_3(x',y',z')=(y',z',x')$，即轴的循环置换，这意味着 $\hat{R}_3^3=1$。在图 6.3 中这对应于 $\hat{R}_3(\beta,\gamma)=(\beta,\gamma+2\pi/3)$。同样，就像对于 $\hat{R}_1$，推导欧拉角的变化并不平常：$\hat{R}_3(\theta_1,\theta_2,\theta_3)=(\theta_1,\theta_2+\pi/2,\theta_3+\pi/2)$。

这些变换（它们描述了在内禀系统选择上的含糊）的存在现在对集体波函数产生重要的结果：一个集体波函数必须在所有 24 个点上具有相同的值，这些点与坐标系的 24 个选择有关。用基本变换叙述，集体波函数必须满足：

$$
\begin{aligned}
&(\hat{R}_1)\quad \psi(\beta,\gamma,\theta_1,\theta_2,\theta_3)=\psi(\beta,\gamma,\theta_1+\pi,\pi-\theta_2,-\theta_3)\\
&(\hat{R}_2)\quad \psi(\beta,\gamma,\theta_1,\theta_2,\theta_3)=\psi\left(\beta,-\gamma,\theta_1,\theta_2,\theta_3+\frac{\pi}{2}\right)\\
&(\hat{R}_3)\quad \psi(\beta,\gamma,\theta_1,\theta_2,\theta_3)=\psi\left(\beta,\gamma+\frac{2\pi}{3},\theta_1,\theta_2+\frac{\pi}{2},\theta_3+\frac{\pi}{2}\right)
\end{aligned}
\tag{6.49}
$$

理解这与物理对称性（例如宇称）无关是很重要的。在那种情况下，空间中有两个物理上不同的点 $\boldsymbol{r}$ 和 $-\boldsymbol{r}$，如果哈密顿量是宇称不变的，我们可以选择满足 $\psi(\boldsymbol{r})=\pi\psi(-\boldsymbol{r})$的波函数，它具有宇称量子数 π。

与此相反，即使对于 $\hat{R}_1$（它非常类似于宇称，因为它也满足 $\hat{R}_1^2=1$），它也没有像宇称这样的量子数。不同之处在于，24 组不同的坐标不像 $\boldsymbol{r}$ 和 $-\boldsymbol{r}$ 那样描述物理相关但不同的情况，而是描述一个相同的物理组态。集体坐标空间中的不同点只对应于一个物理情况，并且与它们都相关的波函数只有一个唯一的值。所以“对称”这个词在这里有着不同的意义：不是指在第 2 章中的物理对称性，而是指坐标的简并性。

6.3 表面振动

6.3.1 经典液滴的振动

经典物理学中对带电液滴振动的研究是有指导意义的，因为它给予重要的力的起源和它们的平衡以特别的洞察。具有锐表面的带电液滴的总能量可分为动能、库仑能和表面能：

$$E = T + E_C + E_S \tag{6.50}$$

其中每一项将依赖于变形参数 $\alpha_{\lambda\mu}$，动能也应包含集体速度 $\dot{\alpha}_{\lambda\mu}$。在小 $\alpha_{\lambda\mu}$ 的限制下计算这些项到合理的复杂性是可能的。期望谐振是最粗略的近似，我们将把这些项展开到二阶。现在让我们逐一计算对能量的贡献。

具有密度 $\rho(\boldsymbol{r})$的质子电荷分布的库仑能一般由下式给出：

$$E_C = \frac{1}{2}\int d^3 r\int d^3 r' \frac{\rho(\boldsymbol{r})\rho(\boldsymbol{r}')}{|\boldsymbol{r}-\boldsymbol{r}'|} \tag{6.51}$$

对于核外为零、核内为 ρ_q 的恒定电荷密度的原子核，可以将其重写为

$$E_C = \frac{1}{2}\rho_q^2\int_V d^3 r\int_V d^3 r' \frac{1}{|\boldsymbol{r}-\boldsymbol{r}'|} \tag{6.52}$$

或在球坐标里，

$$E_C = \frac{1}{2}\rho_q^2\int d\Omega\int d\Omega' \int_0^{R(\Omega)} dr r^2 \int_0^{R(\Omega')} dr' r'^2 \frac{1}{|\boldsymbol{r}-\boldsymbol{r}'|} \tag{6.53}$$

径向积分的上界取决于角度，根据式(6.53)由 $R(\Omega)$给出。

将积分分解成无扰动球的能量(通过积分到一个恒定半径 R_0给出)和变化的部分是有用的。形式上这可以通过如下形式来实现：

$$\int_0^{R(\Omega)} dr\int_0^{R(\Omega')} dr' = \left(\int_0^{R_0} dr + \int_{R_0}^{R(\Omega)} dr\right)\left(\int_0^{R_0} dr' + \int_{R_0}^{R(\Omega')} dr'\right) \tag{6.54}$$

上式可改写成

$$\begin{aligned}&\int_0^{R_0} dr\int_0^{R_0} dr' + \int_0^{R_0} dr\int_{R_0}^{R(\Omega')} dr' + \int_{R_0}^{R(\Omega)} dr\int_0^{R_0} dr' + \int_{R_0}^{R(\Omega)} dr\int_{R_0}^{R(\Omega')} dr' \\ &= \int_0^{R_0} dr\int_0^{R_0} dr' + 2\int_{R_0}^{R(\Omega)} dr\int_0^{R_0} dr' + \int_{R_0}^{R(\Omega)} dr\int_{R_0}^{R(\Omega')} dr'\end{aligned} \tag{6.55}$$

最后一步利用哑变量 r 和 r'的可互换性。将上式代入式(6.53)得到

$$E_C = E_C^{(0)} + \rho_q^2\int d\Omega\int d\Omega'\int_{R_0}^{R(\Omega)} dr r^2\int_0^{R_0} dr' r'^2 \frac{1}{|\boldsymbol{r}-\boldsymbol{r}'|}$$

$$+\frac{1}{2}\rho_q^2\int\mathrm{d}\Omega\int\mathrm{d}\Omega'\int_{R_0}^{R(\Omega)}\mathrm{d}rr^2\int_{R_0}^{R(\Omega')}\mathrm{d}r'r'^2\frac{1}{|\boldsymbol{r}-\boldsymbol{r}'|}\tag{6.56}$$

未变形球体的库仑能简写为

$$\begin{aligned}E_{\mathrm{C}}^{(0)}&=\frac{1}{2}\rho_q^2\int\mathrm{d}\Omega\int\mathrm{d}\Omega'\int_0^{R_0}\mathrm{d}rr^2\int_0^{R_0}\mathrm{d}r'r'^2\frac{1}{|\boldsymbol{r}-\boldsymbol{r}'|}\\&=\frac{3}{5}\frac{Z^2e^2}{R_0}\end{aligned}\tag{6.57}$$

Z 是核的电荷数,与 ρ_q 通过下式联系:

$$Ze=\rho_q\frac{4\pi}{3}R_0^3\tag{6.58}$$

为了进一步研究,应用球谐函数的加法定理:

$$\frac{1}{|\boldsymbol{r}-\boldsymbol{r}'|}=4\pi\sum_{\lambda=0}^{\infty}\sum_{\mu=-\lambda}^{\lambda}\frac{1}{2\lambda+1}\frac{r_<^\lambda}{r_>^{\lambda+1}}Y_{\lambda\mu}^*(\theta,\varphi)Y_{\lambda\mu}(\theta',\varphi')\tag{6.59}$$

$r_<$和 $r_>$分别代表两个半径 r 和r'中的较小者和较大者。现在式(6.56)中第一个四重积分变为

$$4\pi\rho_q^2\sum_{\lambda\mu}\frac{1}{2\lambda+1}\int\mathrm{d}\Omega'Y_{\lambda\mu}(\Omega')\int\mathrm{d}\Omega Y_{\lambda\mu}^*(\Omega)\int_{R_0}^{R(\Omega)}\mathrm{d}rr^2\int_0^{R_0}\mathrm{d}r'r'^2\frac{1}{r_>}\tag{6.60}$$

对 Ω'的积分可以通过使用

$$\int\mathrm{d}\Omega'Y_{\lambda\mu}(\Omega')=\sqrt{4\pi}\int\mathrm{d}\Omega'Y_{00}^*Y_{\lambda\mu}(\Omega')=\sqrt{4\pi}\delta_{\lambda,0}\delta_{\mu,0}\tag{6.61}$$

求得,因为 $Y_{00}(\Omega)=1/\sqrt{4\pi}$和球谐函数的正交归一性。这样对 λ 和μ 的求和塌缩到$\lambda=0$ 和 $\mu=0$ 的项,剩下的函数 $Y_{00}(\Omega)$只产生一个因子 $1/\sqrt{4\pi}$,积分简化为

$$4\pi\rho_q^2\int\mathrm{d}\Omega\int_{R_0}^{R(\Omega)}\mathrm{d}rr^2\int_0^{R_0}\mathrm{d}r'r'^2\frac{1}{r_>}\tag{6.62}$$

为了完成对 r'的积分,因为 $r_<$的定义,我们必须将积分分解成两个部分:

$$\begin{aligned}\int_0^{R_0}\mathrm{d}r'r'^2\frac{1}{r_>}&=\int_0^r\mathrm{d}r'r'^2\frac{1}{r}+\int_r^{R_0}\mathrm{d}r'r'^2\frac{1}{r'}\\&=\frac{1}{3}r^2+\frac{1}{2}R_0^2-\frac{1}{2}r^2=\frac{1}{2}\left(R_0^2-\frac{1}{3}r^2\right)\end{aligned}\tag{6.63}$$

对 r 的积分现在也变得简单了:

$$\int_{R_0}^{R(\Omega)}\mathrm{d}rr^2\frac{1}{2}\left(R_0^2-\frac{1}{3}r^2\right)=\frac{1}{6}\left(R_0^2R^2(\Omega)-R_0^5-\frac{1}{5}R^5(\Omega)-\frac{1}{5}R_0^5\right)\tag{6.64}$$

当我们把 R_0 和 $R(\Omega)$的差在 $\alpha_{\lambda\mu}$中展开到二阶时,全积分将变成

$$\begin{aligned}&4\pi\rho_q^2\int\mathrm{d}\Omega\int_{R_0}^{R(\Omega)}\mathrm{d}rr^2\int_0^{R_0}\mathrm{d}r'r'^2\frac{1}{r_>}\\&\approx\frac{2}{3}\pi R_0^5\rho_q^2\int\mathrm{d}\Omega\left(2\sum_{\lambda\mu}\alpha_{\lambda\mu}^*Y_{\lambda\mu}(\Omega)+\sum_{\lambda\mu}\sum_{\lambda'\mu'}\alpha_{\lambda\mu}^*Y_{\lambda\mu}(\Omega)\alpha_{\lambda'\mu'}Y_{\lambda'\mu'}^*(\Omega)\right)\\&=\frac{2}{3}\pi R_0^5\rho_q^2\left(2\sqrt{4\pi}\alpha_{00}+\sum_{\lambda\mu}\alpha_{\lambda\mu}^*\alpha_{\lambda\mu}\right)\end{aligned}$$

$$= -\frac{2}{3}\pi R_0^5\rho_q^2\sum_{\lambda\mu}|\alpha_{\lambda\mu}|^2 \tag{6.65}$$

这里,积分的上限是将式(6.32)代入,然后再次使用球谐函数的正交归一性。最后,将练习6.1中推导出的关系 $\sqrt{4\pi}\alpha_{00}+\sum_{\lambda\mu}|\alpha_{\lambda\mu}|^2=0$ 代入。

式(6.56)中的第二个积分可以相当类似地进行求值。只保留到 $\alpha_{\lambda\mu}$ 的二阶项,得到

$$\frac{1}{2}\rho_q^2\int d\Omega\int d\Omega'\int_{R_0}^{R(\Omega)}dr r^2\int_{R_0}^{R(\Omega')}dr' r'^2\frac{1}{|\boldsymbol{r}-\boldsymbol{r}'|}$$

$$= 2\pi R_0^5\rho_q^2\sum_{\lambda\mu}\frac{\lambda}{2\lambda+1}|\alpha_{\lambda\mu}|^2 \tag{6.66}$$

综合所有这些项,我们得到展开到二阶的库仑能为

$$E_{\mathrm{C}} = E_{\mathrm{C}}^{(0)}\left(1-\frac{5}{4\pi}\sum_{\lambda\mu}\frac{\lambda-1}{2\lambda+1}|\alpha_{\lambda\mu}|^2\right) \tag{6.67}$$

这样,球体的任何微小形变都降低核的静电能(无需理会 $\lambda=1$ 的平凡情况,它在此阶对应于平移,因此不影响势能)。

核的表面能 E_{S} 由下式给出:

$$E_{\mathrm{S}} = \sigma\int_{\text{表面}}dS \tag{6.68}$$

σ 为表面张力,dS 为表面元,在球坐标中等于

$$dS = \sqrt{1+\frac{1}{R^2}\left(\frac{\partial R}{\partial\theta}\right)^2+\frac{1}{R^2\sin^2\theta}\left(\frac{\partial R}{\partial\varphi}\right)^2}R^2\sin\theta d\theta d\varphi \tag{6.69}$$

如果多极阶不是太大,则导数也应该是小的,我们可以展开到一阶,得到

$$dS\approx\left[R^2+\frac{1}{2}\left(\frac{\partial R}{\partial\theta}\right)^2+\frac{1}{2\sin^2\theta}\left(\frac{\partial R}{\partial\varphi}\right)^2\right]\sin\theta d\theta d\varphi \tag{6.70}$$

这里还必须代入根据式(6.24)的核表面的定义。为了简化所得公式,我们使用记号

$$\eta = R_0\sum_{\lambda\mu}\alpha_{\lambda\mu}^*Y_{\lambda\mu}(\Omega) \tag{6.71}$$

利用这个记号,表面元变成

$$dS = \left\{1+2\eta+\eta^2+\frac{1}{2}R_0^2\left[\left(\frac{\partial\eta}{\partial\theta}\right)^2+\frac{1}{\sin^2\theta}\left(\frac{\partial\eta}{\partial\varphi}\right)^2\right]\right\}\sin\theta d\theta d\varphi \tag{6.72}$$

与库仑能类似,我们分离出无扰动球的表面能:

$$E_{\mathrm{S}}^{(0)} = 4\pi\sigma R_0^2 \tag{6.73}$$

将表面能重写为

$$E_{\mathrm{S}} = E_{\mathrm{S}}^{(0)}+\frac{1}{2}\sigma\int\sin\theta d\theta d\varphi\left\{-2\eta^2+R_0^2\left[\left(\frac{\partial\eta}{\partial\theta}\right)^2+\frac{1}{\sin^2\theta}\left(\frac{\partial\eta}{\partial\varphi}\right)^2\right]\right\}$$

$$= E_{\mathrm{S}}^{(0)}+\frac{1}{2}\sigma\int\sin\theta d\theta d\varphi\left[-2\eta^2+R_0^2\sum_{\lambda\mu}\sum_{\lambda'\mu'}\alpha_{\lambda\mu}^*\alpha_{\lambda'\mu'}\right.$$

$$\cdot \left(\frac{\partial Y_{\lambda\mu}}{\partial\theta} \frac{\partial Y^*_{\lambda'\mu'}}{\partial\theta} + \frac{1}{\sin^2\theta} \frac{\partial Y_{\lambda\mu}}{\partial\varphi} \frac{\partial Y^*_{\lambda'\mu'}}{\partial\varphi} \right) \Big] \tag{6.74}$$

其中球谐函数的自变量 Ω 为简洁而省略。

现在的目的是重写球谐函数的导数，以利用一些众所周知的简化关系。事实上，这可以通过部分积分来实现。例如，在第一项中的 θ 积分可以重写为

$$\begin{aligned}
&\int_0^\pi \mathrm{d}\theta \left(\frac{\partial Y_{\lambda\mu}}{\partial\theta} \sin\theta \right) \frac{\partial Y^*_{\lambda'\mu'}}{\partial\theta} \\
&= -\int_0^\pi \frac{\partial}{\partial\theta} \mathrm{d}\theta \left(\frac{\partial Y_{\lambda\mu}}{\partial\theta} \sin\theta \right) Y^*_{\lambda'\mu'} + \left(\frac{\partial Y_{\lambda\mu}}{\partial\theta} \right)^2 \sin\theta \Big|_0^\pi \\
&= -\int_0^\pi \mathrm{d}\theta \left(\frac{\partial^2 Y_{\lambda\mu}}{\partial\theta^2} Y^*_{\lambda'\mu'} \sin\theta + \frac{\partial Y_{\lambda\mu}}{\partial\theta} Y^*_{\lambda'\mu'} \cos\theta \right)
\end{aligned} \tag{6.75}$$

对包括 φ 导数的项作类似的操作最终得到

$$\begin{aligned}
E_\mathrm{S} = E_\mathrm{S}^{(0)} &+ \frac{1}{2}\sigma R_0^2 \sum_{\lambda\mu} \sum_{\lambda'\mu'} \Big\{ \alpha^*_{\lambda\mu} \alpha_{\lambda'\mu'} \int \mathrm{d}\Omega \\
&\cdot \left[-2 Y_{\lambda\mu} Y^*_{\lambda'\mu'} - Y^*_{\lambda'\mu'} \left(\frac{\partial^2}{\partial\theta^2} + \cos\theta \frac{\partial}{\partial\theta} + \frac{1}{\sin^2\theta} \frac{\partial^2}{\partial\varphi^2} \right) Y_{\lambda\mu} \right] \Big\}
\end{aligned} \tag{6.76}$$

以这种形式出现的微分算符与角动量算符几乎相同（缺少一个因子 $-\hbar^2$），因此我们可以利用本征值方程

$$\left(\frac{\partial^2}{\partial\theta^2} + \cos\theta \frac{\partial}{\partial\theta} + \frac{1}{\sin^2\theta} \frac{\partial^2}{\partial\varphi^2} \right) Y_{\lambda\mu}(\Omega) = -\lambda(\lambda+1) Y_{\lambda\mu}(\Omega) \tag{6.77}$$

得到表面能的最终结果：

$$\begin{aligned}
E_\mathrm{S} &= E_\mathrm{S}^{(0)} + \frac{1}{2}\sigma R_0^2 \sum_{\lambda\mu} \sum_{\lambda'\mu'} \{ \alpha^*_{\lambda\mu} \alpha_{\lambda'\mu'} \delta_{\lambda\lambda'} \delta_{\mu\mu'} [\lambda(\lambda+1) - 2] \} \\
&= E_\mathrm{S}^{(0)} \left[1 + \frac{1}{8\pi} \sum_{\lambda\mu} (\lambda-1)(\lambda+2) \mid \alpha_{\lambda\mu} \mid^2 \right]
\end{aligned} \tag{6.78}$$

这样，表面能随形变呈二次上升，它随角动量的增加而强烈增加，这是自然的，因为对于更高的角动量，表面上的许多较小的结构应该引起表面区域更强的形变。再次对于 $\lambda = 1$，对纯平移的限制导致表面没有变化。

最后，需要确定动能。这就需要对核物质运动与表面运动存在联系有某种附加的假设。保持流体模型的精髓，我们假设物质会有一个局部速度场 $\boldsymbol{v}(\boldsymbol{r}, t)$，流体的动能由

$$T = \int \mathrm{d}^3 r \, \frac{1}{2} \rho_m v^2(\boldsymbol{r}, \boldsymbol{t}) \tag{6.79}$$

给出。其中 ρ_m 是核内的质量密度。速度场必须服从边界条件，在核表面它应该与表面的速度一致。可惜的是，这不足以确定该场，关于动力学的一个附加假设是必要的。在流体力学中，最简单的自然情况是理想的（即非黏性）流体，其流动是无旋的：

$$\nabla \times \boldsymbol{v} = \mathbf{0} \tag{6.80}$$

这种无旋流模型在核物理中经常使用。虽然在定量上它肯定不合理(在低激发能下,核物质的黏度应该相当大,壳效应也会强烈地扭曲动力学行为),但它提供了一个方便的极限情况,可以与更详细的核动力学图像进行比较。

对于无旋流,速度场可以用一个势来表示:

$$\boldsymbol{v}(\boldsymbol{r},t)=\nabla\Phi(\boldsymbol{r},t) \tag{6.81}$$

假定的核物质的不可压缩性也要求

$$\nabla\cdot\boldsymbol{v}(\boldsymbol{r},t)=0 \tag{6.82}$$

结合这两个条件,我们找到关于这个势的一个拉普拉斯方程:

$$\Delta\Phi(\boldsymbol{r},t)=0 \tag{6.83}$$

在球坐标下通解(在原点处是规则的)由下式给出:

$$\Phi(r,\theta,\varphi,t)=\sum_{\lambda\mu}A_{\lambda\mu}(t)r^{\lambda}Y_{\lambda\mu}(\theta,\varphi) \tag{6.84}$$

系数 $A_{\lambda\mu}(t)$必须由边界条件来确定:

$$\frac{\partial}{\partial t}R(\theta,\varphi,t)=v_r\Big|_{r=R(\theta,\varphi,t)}=\frac{\partial}{\partial r}\Phi(r,\theta,\varphi)\Big|_{r=R(\theta,\varphi,t)} \tag{6.85}$$

它表示在表面上速度的径向分量与时间依赖的表面本身的速度相等(原则上,分量应该沿表面法线求值。然而,对于小的振动,它只稍微偏离径向方向)。将式(6.24)的表面的定义和式(6.84)代入,得到

$$R_0\sum_{\lambda\mu}\dot{\alpha}^*_{\lambda\mu}Y_{\lambda\mu}(\theta,\varphi)=\sum_{\lambda\mu}A_{\lambda\mu}\lambda R^{\lambda-1}(\theta,\varphi,t)Y_{\lambda\mu}(\theta,\varphi) \tag{6.86}$$

对于小振动,上式右边可以用 R_0 代替 $R(\theta,\varphi,t)$,然后求解系数

$$A_{\lambda\mu}=\frac{1}{\lambda}R_0^{2-\lambda}\ \dot{\alpha}^*_{\lambda\mu} \tag{6.87}$$

现在可以将这些式子代入动能中,它在球坐标中由下式给出:

$$\begin{aligned}T&=\frac{1}{2}\rho_m\int\mathrm{d}^3r\ |\nabla\Phi|^2\\&=\frac{1}{2}\rho_m\int\sin\theta\mathrm{d}\theta\mathrm{d}\varphi\mathrm{d}rr^2\left[\left(\frac{\partial\Phi}{\partial r}\right)^2+\frac{1}{r^2}\left(\frac{\partial\Phi}{\partial\theta}\right)^2+\frac{1}{r^2\sin^2\theta}\left(\frac{\partial\Phi}{\partial\varphi}\right)^2\right]\end{aligned} \tag{6.88}$$

得出

$$\begin{aligned}T&=\frac{1}{2}\rho_m\sum_{\lambda\mu}\sum_{\lambda'\mu'}A_{\lambda\mu}A^*_{\lambda'\mu'}\int_0^{R(\Omega)}\mathrm{d}rr^{\lambda+\lambda'}\int\mathrm{d}\Omega\\&\quad\cdot\left(\lambda\lambda'Y_{\lambda\mu}Y_{\lambda'\mu'}+\frac{\partial Y^*_{\lambda\mu}}{\partial\theta}\frac{\partial Y_{\lambda'\mu'}}{\partial\theta}+\frac{1}{\sin^2\theta}\frac{\partial Y^*_{\lambda\mu}}{\partial\varphi}\frac{\partial Y_{\lambda'\mu'}}{\partial\varphi}\right)\end{aligned} \tag{6.89}$$

再次,由于小振动,积分的上界被设置为 R_0。就像表面能的情况一样,利用部分积分得到角动量算符的本征值关系。最终结果是

$$T=\frac{1}{2}\rho_m\sum_{\lambda\mu}|A_{\lambda\mu}|^2\lambda R_0^{2\lambda+1}=\frac{1}{2}\rho_mR_0^5\sum_{\lambda\mu}\frac{1}{\lambda}|\dot{\alpha}_{\lambda\mu}|^2$$

上式可以用熟悉的形式写出来:

$$T = \frac{1}{2}\sum_{\lambda\mu} B_\lambda \mid \dot{\alpha}_{\lambda\mu} \mid^2 \tag{6.90}$$

其中集体质量参数 B_λ 定义为

$$B_\lambda = \frac{\rho_m R_0^5}{\lambda} \tag{6.91}$$

如果我们对势定义刚度系数

$$C_\lambda = (\lambda - 1)\left[(\lambda + 2)R_0^2\sigma - \frac{3e^2Z^2}{2\pi(2\lambda + 1)R_0}\right] \tag{6.92}$$

则振动核的动能和势能取如下形式：

$$\begin{aligned} T &= \sum_{\lambda\mu} \frac{1}{2}B_\lambda \mid \dot{\alpha}_{\lambda\mu} \mid^2 = \sum_\lambda \frac{\sqrt{2\lambda + 1}}{2}[\dot{\alpha}_\lambda \times \dot{\alpha}_\lambda]^0 \\ V &= \sum_{\lambda\mu} \frac{1}{2}C_\lambda \mid \alpha_{\lambda\mu} \mid^2 = \sum_\lambda \frac{\sqrt{2\lambda + 1}}{2}[\alpha_\lambda \times \alpha_\lambda]^0 \end{aligned} \tag{6.93}$$

这一结果表明，每个单模(用 λ 和 μ 表征)的行为就像一个谐振子，其质量参数和刚度系数取决于角动量。在每种情况下给出的第二种形式明显地显示它们的标量特性，并且立即可以从 $(\lambda\lambda 0 \mid \mu - \mu 0) = (-1)^{\lambda-\mu}/(2\lambda+1)$ 看出。

对于核谱的描述，只需要添加量子化，这将在下一小节中完成。

前面的讨论完成了核模型的首次构造，并很好地说明了这个关键概念。我们使用了另一个物理领域的物理思想，它不必精确适用，但是可以通过它的成功和缺点来洞察核的物理。在这种情况下，核物质的流体力学行为的假设可能是恰当的，也可能是不恰当的，这可以通过观察所获得的预测来判断。模型的所有参数都可从液滴质量公式得知。对于这种模型的观点，经常出现这样的情形：我们将发现预测的结构(例如在下一小节中构建的激发谱)在自然界中被发现，但是参数的具体值是不正确的。在这种情况下，人们仍然可以使用该模型，但要从实验中确定质量参数和刚度系数，希望仍然能使模型在用于预测额外的数据片段和理解基础的物理方面是有用的。然而，最终每个模型都必须通过对核的更基本描述的推导来合理化。

6.3.2 谐四极振子

在表面振动模型的公式化中，下一个步骤是量子化。这可以与熟悉的谐振子严格地类比。该方法概括为：定义坐标和正则共轭动量，用算符和正则对易关系的假设替换它们，引入产生和湮没算符。严格来说最后一步不是量子化的一部分，而是一种优美的解决方法。

将讨论对象再次限制为四极形变，我们从如下形式的拉格朗日量开始：

$$L = T - V = \frac{1}{2}\sqrt{5}B_2[\dot{\alpha}_2 \times \dot{\alpha}_2]^0 - \frac{1}{2}\sqrt{5}C_2[\alpha_2 \times \alpha_2]^0 \tag{6.94}$$

遵循给出的方法概括，我们首先导出 $\alpha_{2\mu}$ 的共轭动量：

$$\pi_{2\mu} = \frac{\partial L}{\partial \dot{\alpha}_{2\mu}} = \frac{\partial}{\partial \dot{\alpha}_{2\mu}} \frac{1}{2} B_2 \sum_{\mu'=-2}^{2} (-1)^{\mu'} \dot{\alpha}_{2\mu'} \dot{\alpha}_{2-\mu'} = B_2 (-1)^{\mu} \dot{\alpha}_{2-\mu} \tag{6.95}$$

从这个表达式人们可能已经推断出共轭动量的主要性质：$\pi_{2\mu}$不形成球张量，因为虽然它是用球张量 $\alpha_{2\mu}$定义的，但分量交换了；然而 $\pi_{2\mu}^* = (-1)^{\mu}\pi_{2-\mu} = \alpha_{2\mu}$是一个球张量。因为 $\pi_{2\mu}$必须在复共轭表示下变换：

$$\pi'_{2\mu} = \sum_{\mu'} \mathscr{D}_{\mu\mu'}^{(2)*}(\boldsymbol{\theta}) \pi_{2\mu'} \tag{6.96}$$

通常的角动量耦合等可以传递给动量，但是如果想要构造包含动量和坐标的项，那么 $\pi_{2\mu}^*$以及$\pi_{2\mu}$不应该与$\alpha_{2\mu}$耦合。动能可以用动量重写如下：

$$T = \frac{\sqrt{5}}{2B_2}[\pi \times \pi]^0 = \frac{1}{2B_2} \sum_{\mu=-2}^{2} (-1)^{\mu} \pi_{2\mu} \pi_{2-\mu} \tag{6.97}$$

量子化现在很容易进行。$\alpha_{2\mu}$和$\pi_{2\mu}$分别被算符$\hat{\alpha}_{2\mu}$和$\hat{\pi}_{2\mu}$代替。这些算符必须具有普遍的性质：

$$\hat{\alpha}_{2\mu}^* = (-1)^{\mu} \hat{\alpha}_{2-\mu}, \quad \hat{\pi}_{2\mu}^* = -(-1)^{\mu} \hat{\pi}_{2-\mu} \tag{6.98}$$

其中 $\alpha_{2\mu}$和$\pi_{2\mu}^*$是球张量。

注意，与动量算符的时间反演性质相关联的 $\pi_{2\mu}^*$有一个额外的负号，这是一个纯粹的量子力学性质，在经典力学中没有类似物。比较经典动量（它是一个实数量）与量子算符$-\mathrm{i}\hbar\nabla$之间的类似差异。此附加符号不影响转动下的变换性质。

量子化现在可以通过施加对易关系来完成：

$$[\hat{\alpha}_{2\mu}, \hat{\alpha}_{2\mu'}] = 0, \quad [\hat{\pi}_{2\mu}, \hat{\pi}_{2\mu'}] = 0, \quad [\hat{\alpha}_{2\mu}, \hat{\pi}_{2\mu'}] = \mathrm{i}\hbar\delta_{\mu\mu'} \tag{6.99}$$

类似于笛卡儿坐标的标准情况，可以通过设置下式来实现对易关系：

$$\hat{\pi}_{2\mu} = -\mathrm{i}\hbar \frac{\partial}{\partial \alpha_{2\mu}} \tag{6.100}$$

并且可以引入产生算符 $\hat{\beta}_{2\mu}^{\dagger}$和湮没算符$\hat{\beta}_{2\mu}$：

$$\begin{aligned} \hat{\beta}_{2\mu}^{\dagger} &= \sqrt{\frac{B_2\omega_2}{2\hbar}} \hat{\alpha}_{2\mu} - \mathrm{i}\sqrt{\frac{1}{2B_2\hbar\omega_2}} (-1)^{\mu} \hat{\pi}_{2-\mu} \\ \hat{\beta}_{2\mu} &= \sqrt{\frac{B_2\omega_2}{2\hbar}} (-1)^{\mu} \hat{\alpha}_{2-\mu} + \mathrm{i}\sqrt{\frac{1}{2B_2\hbar\omega_2}} \hat{\pi}_{2\mu} \end{aligned} \tag{6.101}$$

由这些算符产生和湮没的赝粒子称为声子，它类似于固体中的振动量子。

这些定义的精确形式还需要一些解释。如果与通常一样，频率被定义为 $\omega_2 = \sqrt{C_2/B_2}$，则这些因子与笛卡儿情况完全相同。新内容是方位角量子数与因子 $(-1)^{\mu}$ 的特殊组合。这是使算符成为球张量算符的必要条件，因此，例如 $\hat{\alpha}_{2\mu}$和$\hat{\pi}_{2-\mu}$只能以所给的方式组合，并且这种组合必须出现在产生算符中，因为它也成为球张量，并且 $\hat{\beta}_{\mu}^{\dagger}$ 产生具有投影 $+\mu$ 的声子的期望属性。另一方面，$\hat{\beta}_{2\mu}$像 $\pi_{2\mu}$一样变换，其形式由 $\hat{\beta}_{2\mu}^{\dagger}$通过厄米共轭得到。

算符之间的对易关系取对玻色子的通常形式：

$$[\hat{\beta}^{\dagger}_{2\mu},\hat{\beta}^{\dagger}_{2\mu'}]=0,\quad[\hat{\beta}_{2\mu},\hat{\beta}_{2\mu'}]=0,\quad[\hat{\beta}_{2\mu},\hat{\beta}^{\dagger}_{2\mu'}]=\delta_{\mu\mu'}\tag{6.102}$$

哈密顿量变成

$$\hat{H}=\hbar\omega_2\left(\sum_{\mu=-2}^{2}\hat{\beta}^{\dagger}_{2\mu}\hat{\beta}_{2\mu}+\frac{5}{2}\right)\tag{6.103}$$

注意,求和中的算符被有效地耦合到零角动量。

第3章的结果现在可以直接应用。算符 $\hat{\beta}^{\dagger}_{2\mu}$ 产生具有磁量子数 μ 的四极声子,我们可以立即列举这个模型中原子核的最低态。因为 $\alpha_{2\mu}$ 的宇称,所有的态都将具有正宇称。

如果我们引入具有本征值 N 的声子数算符

$$\hat{N}=\sum_{\mu=-2}^{2}\hat{\beta}^{\dagger}_{2\mu}\hat{\beta}_{2\mu}\tag{6.104}$$

态的能量将由下式给出：

$$E_N=\hbar\omega_2\left(N+\frac{5}{2}\right)\tag{6.105}$$

这是由于我们有效地处理了五个对应于不同磁量子数的振子,它们可以独立地激发并且每个具有零点能量 $\frac{1}{2}\hbar\omega_2$。N 计量当前的量子总数。

将要出现的其他量子数是角动量 λ 和它的投影 μ,从而态可以暂时标记为 $|N\lambda\mu\rangle$。最低能态如下：

(1) 核基态是声子真空 $|N=0,\lambda=0,\mu=0\rangle$。它的能量是零点能：

$$\hat{H}\,|\,0\rangle=\frac{5}{2}\hbar\omega_2\,|\,0\rangle\tag{6.106}$$

(2) 第一激发态是多重态(单声子态)

$$|\,N=1,\lambda=2,\mu\rangle=\hat{\beta}^{\dagger}_{2\mu}\,|\,0\rangle\quad(\mu=-2,\cdots,+2)\tag{6.107}$$

角动量为2。基态以上的激发能为 $\hbar\omega_2$。

(3) 第二组激发态由二声子态给出,激发能量为 $2\hbar\omega_2$。当然,仅仅用 $\hat{\beta}^{\dagger}_{2\mu}\beta^{\dagger}_{2\mu'}$ 构造它们是不够的,它们必须耦合到好的总角动量。这样,这些态是

$$|\,N=2,\lambda\mu\rangle=\sum_{\mu'\mu''}(22\lambda\,|\,\mu'\mu''\mu)\hat{\beta}^{\dagger}_{2\mu'}\hat{\beta}^{\dagger}_{2\mu''}\,|\,0\rangle\tag{6.108}$$

角动量选择定则允许 $\lambda=0,1,2,3,4$。然而,事实证明并不是所有这些值都是可能的。在克莱布希-戈尔登系数中交换 μ'和 μ'',并用克莱布希-戈尔登系数的对称性

$$(j_1j_2J\,|\,m_1m_2M)=(-1)^{j_1+j_2-J}(j_2j_1J\,|\,m_2m_1M)\tag{6.109}$$

来对称化表达式,我们得到

$$|\,N=2,\lambda\mu\rangle=\frac{1}{2}\sum_{\mu'\mu''}[1+(-1)^{\lambda}](22\lambda\,|\,\mu'\mu''\mu)\hat{\beta}^{\dagger}_{2\mu'}\hat{\beta}^{\dagger}_{2\mu''}\,|\,0\rangle\tag{6.110}$$

因为算符对易。因此,λ 为奇数值的波函数消失,这样的态不存在。这样,二声子态被限制为角动量等于0,2和4,形成二声子三重态。这种效应是角动量耦合和对称化(对于费米子是反对称化)相互作用的一个例子,对于更复杂的应用,可以在母分系数中进行形式化。本书不需要用到它们。

一般来说,球形振子的较高态不是分析实验谱的兴趣所在。对于真实的核,很少发现在三重态之上的态,该三重态可能在这个模型中得到解释。然而,它们作为展开更复杂模型的波函数的数学基是有用的。Chacón 和 Moshinsky[45] 给出了本征态的完全解析构造,他们还引入了所需的额外量子数。这里讨论的这个模型的第一个系统应用是由 Scharff-Goldhaber 和 Weneser 给出的[185]。

在推导出该模型中可计算的其他重要观测值之后,振动核的谱和性质将在 6.3.5 小节中作更详细的检验。

很有趣的是谐振子模型的对称群。它不将被直接利用,但主要用于与 6.8 节的相互作用玻色子近似模型(IBA)进行比较。当我们写出哈密顿量如下:

$$\hat{H} = \frac{1}{2B_2}\sum_{\mu=-2}^{2} |\pi_{2\mu}|^2 + \frac{C_2}{2}\sum_{\mu=-2}^{2} |\alpha_{2\mu}|^2 \tag{6.111}$$

这两项都表现为五维复矢量的绝对值平方,这样的量在五维的酉变换即 $U(5)$ 群下是不变的。这个相同的群将出现在相互作用玻色子近似模型的振动极限中。

6.3.3 集体角动量算符

集体坐标 $\alpha_{\lambda\mu}$ 以高度抽象的方式被定义。为了构造总角动量的适当本征态,还需要一个集体角动量算符,它作用在这些坐标上。它必须满足以下关键性质,这在第 2 章的角动量的一般讨论中都是显而易见的。

(1) 它应该是由 $\hat{\alpha}_{2\mu}$ 和 $\hat{\pi}^*_{2\mu}$ 构造的一个一阶球张量算符 $\hat{L}_\mu(\mu=-1,0,1)$。

(2) 它必须满足通常的角动量对易规则。

(3) 更具体地说,对于无穷小转动它必须以正确的方式作用于集体坐标算符。正如在 2.3.7 小节中所看到的,对于任何由集体坐标 $\hat{\alpha}_{\lambda\mu}$ 和动量算符 $\hat{\pi}_{\lambda\mu}$ 构成的张量算符 $\hat{T}^k_q$,要求

$$[\hat{L}_z, \hat{T}^k_q] = \hbar q \hat{T}^k_q, \quad [\hat{L}_\pm, \hat{T}^k_q] = \hbar\sqrt{(k \pm q + 1)(k \mp q)}\,\hat{T}^k_{q\pm 1} \tag{6.112}$$

请注意,如果用 $\hat{\alpha}_{\lambda\mu}$ 和 $\hat{\pi}^*_{\lambda\mu}$ 代替 $\hat{T}^k_q$ 时这个性质成立,那么对于所有由这些角动量耦合构成的球张量也必须成立,因此,例如,关于 $\hat{L}_\mu$ 的角动量对易规则自动遵循。

我们将讨论这种算符的一般形式的动机,并对特殊情况 $\hat{T}_{\lambda\mu} = \hat{\alpha}_{\lambda\mu}$ 检查最后一个性质,这足以确定算符的总体归一化因子。对于 $\hat{\pi}^*_{\lambda\mu}$ 的计算非常类似。

对于笛卡儿坐标的熟悉情形,角动量算符由 $\hat{\boldsymbol{L}} = \boldsymbol{r} \times \hat{\boldsymbol{p}}$ 给出,它也可以写成两个张量算符的角动量耦合的形式,结果是为 1 的角动量。假设对于目前的情况有

相同的形式，则得到推测的表达式

$$\hat{L}_\mu = C\sum_{\mu'\mu''}(\lambda\lambda 1 \mid \mu'\mu''\mu)\hat{\alpha}_{\lambda\mu'}\hat{\pi}^*_{\lambda\mu''} \tag{6.113}$$

其中有一个尚未指定的常数因子 C。注意，我们使用了 π^*，这是因为提到的共轭动量的变换性质。

将

$$\hat{\pi}^*_{\lambda\mu''} = -(-1)^{\mu''}\hat{\pi}_{\lambda-\mu''} = \mathrm{i}\hbar(-1)^{\mu''}\frac{\partial}{\partial\alpha_{\lambda-\mu''}} \tag{6.114}$$

代入式(6.113)中，我们得到角动量的 z 分量($\mu=0$)

$$\begin{aligned}\hbar\mu\alpha_{\lambda\mu} &= \left[C\sum_{\mu'}(\lambda\lambda 1 \mid \mu' -\mu' 0)\mathrm{i}\hbar(-1)^{\mu'}\alpha_{\lambda\mu'}\frac{\partial}{\partial\alpha_{\lambda\mu'}}, \alpha_{\lambda\mu}\right] \\ &= \mathrm{i}\hbar(-1)^\mu C(\lambda\lambda 1 \mid \mu -\mu 0)\alpha_{\lambda\mu}\end{aligned} \tag{6.115}$$

所以我们应该要求

$$C = -\mathrm{i}(-1)^\mu\frac{\mu}{(\lambda\lambda 1 \mid \mu -\mu 0)} \tag{6.116}$$

当然，要明白 C 必须独立于 μ。这里出现的特殊的克莱布希-戈尔登系数的值是

$$(\lambda\lambda 1 \mid \mu -\mu 0) = \sqrt{3}(-1)^{\lambda-\mu}\frac{\mu}{\sqrt{(2\lambda+1)(\lambda+1)\lambda}} \tag{6.117}$$

这样

$$C = -\mathrm{i}\frac{(-1)^\lambda}{\sqrt{3}}\sqrt{(2\lambda+1)(\lambda+1)\lambda} \tag{6.118}$$

特别地，对于四极坐标，我们发现 $C=-\mathrm{i}\sqrt{10}$，角动量算符变为

$$\hat{L}_\mu = -\mathrm{i}\sqrt{10}[\alpha \times \hat{\pi}^*]^1_\mu \tag{6.119}$$

检查算符是否满足剩余要求是直截了当而费力的，本质上需要对克莱布希-戈尔登系数及其特殊表达的大量操作。

现在还剩下用二次量子化形式写出这个算符，这是在下面的练习中要做的。

练习 6.3　二次量子化形式的四极声子的角动量算符

问题　用二次量子化形式写出四极声子的角动量算符。

解答　从前一小节给出的产生和湮没算符的定义，我们可以反过来求解坐标和动量(我们专注于 $\lambda=2$ 的特殊情况)：

$$\begin{aligned}\hat{\alpha}_{2\mu} &= \sqrt{\frac{\hbar}{2B_2\omega_2}}[\hat{\beta}^\dagger_{2\mu} + (-1)^\mu\hat{\beta}_{2-\mu}] \\ \hat{\pi}_{2\mu} &= \mathrm{i}\sqrt{\frac{1}{2}\hbar B_2\omega_2}[(-1)^\mu\hat{\beta}^\dagger_{2-\mu} - \hat{\beta}_{2\mu}]\end{aligned} \tag{①}$$

角动量算符的表达式现在变成

$$\hat{L}_\mu = -\sqrt{10}\frac{\hbar}{2}\sum_{\mu'\mu''}(221 \mid \mu'\mu''\mu)[\hat{\beta}^\dagger_{2\mu'} + (-1)^{\mu'}\hat{\beta}_{2-\mu'}][\hat{\beta}^\dagger_{2\mu''} - (-1)^{\mu''}\hat{\beta}_{2-\mu''}]$$

$$= -\sqrt{10}\frac{\hbar}{2}\sum_{\mu'\mu''}(221 \mid \mu'\mu''\mu)[\hat{\beta}^{\dagger}_{2\mu'}\hat{\beta}^{\dagger}_{2\mu''} - (-1)^{\mu'+\mu''}\hat{\beta}_{2-\mu'}\hat{\beta}_{-\mu''}$$

$$+ (-1)^{\mu'}\hat{\beta}_{2-\mu'}\hat{\beta}^{\dagger}_{2\mu''} - (-1)^{\mu''}\hat{\beta}^{\dagger}_{2\mu'}\hat{\beta}_{2-\mu''}] \quad ②$$

括号中的前两项对克莱布希-戈尔登系数求和时分别消失了，因为对称关系式(6.109)在交换求和指标时会导致符号变化(算符对易)。另一方面，后面两项可以通过使用玻色子对易关系结合起来，得到

$$\hat{L}_{\mu} = -\sqrt{10}\frac{\hbar}{2}\sum_{\mu'\mu''}(221 \mid \mu'\mu''\mu)[(-1)^{\mu'}\hat{\beta}^{\dagger}_{2\mu''}\hat{\beta}_{2-\mu'} - (-1)^{\mu''}\hat{\beta}^{\dagger}_{2\mu'}\hat{\beta}_{2-\mu''}]$$

$$+ \sqrt{10}\frac{\hbar}{2}\sum_{\mu'}(-1)^{\mu'}(221 \mid \mu' - \mu'0) \quad ③$$

最后一项由于式(6.109)而再次消失，而在其他两项中使用这个相同的关系式求和时指标 μ' 和 μ'' 可以互换：

$$\hat{L}_{\mu} = \sqrt{10}\hbar\sum_{\mu'\mu''}(221 \mid \mu'\mu''\mu)(-1)^{\mu'}\hat{\beta}^{\dagger}_{2\mu''}\hat{\beta}_{2-\mu'} \quad ④$$

一个有趣的特殊情况是 $\mu=0$。可用式(6.117)的如下形式求和：

$$(221 \mid \mu' - \mu'0) = (-1)^{\mu'}\frac{\mu'}{\sqrt{10}} \quad ⑤$$

给出结果

$$\hat{L}_0 = \hbar\sum_{\mu}\mu\hat{\beta}^{\dagger}_{\mu}\hat{\beta}_{\mu} \quad ⑥$$

这个公式仅计算每个具有投影 μ 的振子态中的声子数及它们对总投影贡献的求和。显然，在 $\hat{\beta}^{\dagger}_{\mu}$ 产生一个角动量投影为 μ 的声子上公式是一致的。

6.3.4 集体四极算符

该模型的另一个重要组成部分是在坐标 $\alpha_{2\mu}$ 中表示的电四极算符。一方面，它允许人们计算跃迁率和静态矩的预测值；但是，另一方面，这也使得 $\alpha_{2\mu}$ 的物理意义更为精确。如果 $\alpha_{2\mu}$ 是任何其他可以用谐振来近似的四极类型的核激发自由度，则哈密顿量和它的模型在很大程度上取决于对称性参数，并且看上去是相似的。事实上，可以只用对称性参数来构造哈密顿量，而无需参考任何所考虑的形变的确切性质。

然而，设置四极算符需要核形状和电荷分布的一个说明。我们首先导出经典的四极张量，然后用算符代替 $\alpha_{2\mu}(t)$。我们自然会用最简单的关于电荷分布的假设，即电荷密度在由 $\alpha_{2\mu}(t)$ 给出的时间依赖的核形状内是均匀的。使用在练习6.1中发展的方法给出四极张量：

$$Q_{2\mu} = \rho_0\int_{\text{核体积}} d^3 r r^2 Y_{2\mu}(\Omega)$$

$$
\begin{aligned}
&= \rho_0 \int \mathrm{d}\Omega Y_{2\mu}(\Omega) \int_0^{R(\Omega)} \mathrm{d}r r^4 \\
&= \frac{\rho_0}{5} \int \mathrm{d}\Omega Y_{2\mu}(\Omega) R(\Omega)^5 \\
&= \frac{\rho_0}{5} R_0^5 \int \mathrm{d}\Omega Y_{2\mu}(\Omega) \Big[1 + 5(\alpha_{00} + \sum_{\mu'} \alpha_{2\mu'} Y_{2\mu'}^*(\Omega)) \\
&\quad + 10 \sum_{\mu'\mu''} \alpha_{2\mu'} \alpha_{2\mu''} Y_{2\mu'}^*(\Omega) Y_{2\mu''}^*(\Omega) \Big]
\end{aligned} \tag{6.120}
$$

这里所做的是代入形变表面的定义(包括根据练习 6.1 用 α_{00}来校正核的体积),然后将核半径的五次幂展开到形变的二阶。根据练习 6.1,α_{00}本身在 $\alpha_{2\mu}$ 中是二阶的,并且在忽略高阶项时考虑了这一点。现在剩下的是要计算 1～3 个球谐函数的积分。在式(6.61)中确定了单个球谐函数的积分。通过正交归一关系可以直接给出两个球谐函数的积分,这样式(6.120)可以重写为

$$
Q_{2\mu} = \frac{\rho_0}{5} R_0^5 \Big[5\alpha_{2\mu} + 10 \sum_{\mu'\mu''} \alpha_{2\mu'} \alpha_{2\mu''} \int \mathrm{d}\Omega Y_{2\mu}(\Omega) Y_{2\mu'}^*(\Omega) Y_{2\mu''}^*(\Omega) \Big] \tag{6.121}
$$

为了更进一步,我们需要一个对三个球谐函数求积分的公式。这很容易从附录给出的约化矩阵元得到:

$$
\begin{aligned}
&\int \mathrm{d}\Omega Y_{l_1 m_1}(\Omega) Y_{l_2 m_2}(\Omega) Y_{l_3 m_3}^*(\Omega) \\
&\quad = \langle l_3 \| Y_{l_2} \| l_1 \rangle (l_1 l_2 l_3 \mid m_1 m_2 m_3) \\
&\quad = \sqrt{\frac{(2l_1+1)(2l_2+1)}{4\pi(2l_3+1)}} (l_1 l_2 l_3 \mid m_1 m_2 m_3)(l_1 l_2 l_3 \mid 000)
\end{aligned} \tag{6.122}
$$

由于右边是一个实数,我们也可以应用这个方程的复共轭:

$$
\int \mathrm{d}\Omega Y_{2\mu}(\Omega) Y_{2\mu'}^*(\Omega) Y_{2\mu''}^*(\Omega) = \sqrt{\frac{5}{4\pi}} (222 \mid \mu'\mu''\mu)(222 \mid 000) \tag{6.123}
$$

μ 依赖的克莱布希-戈尔登系数可用于将 $\alpha_{2\mu}$ 耦合到总角动量 2,而常数则由下式给出:

$$
(222 \mid 000) = -\sqrt{\frac{2}{7}} \tag{6.124}
$$

这样四极张量变为

$$
Q_{2\mu} = \rho_0 R_0^5 \left(\alpha_{2\mu} - \frac{10}{\sqrt{70\pi}} [\alpha \times \alpha]_\mu^2 \right) \tag{6.125}
$$

它可以简单地用算符 $\hat{\alpha}_{2\mu}$ 代替经典形变来量子化。

用质子数和核体积来表示电荷密度 ρ_0,因为四极算符最终可以写成

$$
\hat{Q}_{2\mu} = \frac{3Ze}{4\pi} R_0^2 \left(\hat{\alpha}_{2\mu} - \frac{10}{\sqrt{70\pi}} [\hat{\alpha} \times \hat{\alpha}]_\mu^2 \right) \tag{6.126}
$$

请注意,如果代入该算符的二次量子化版本,它显示算符允许声子数改变 1(到 $\alpha_{2\mu}$

的一阶)或2(到二阶),这样典型的E2跃迁将强烈地连接相差一个声子的态,但是也以更小的概率引起二声子跃迁。

6.3.5 四极振动谱

在6.3.2小节中已经给出了最初几个激发态的角动量和能量,将在练习6.4中作说明。在这里,我们将导出这些态的更多性质,然后讨论它们在自然界中的实现。请记住,态由$|N\lambda\mu\rangle$表示,具有声子数N与角动量量子数λ和μ(这种分类仅对最低的几个态是唯一的)。

正如已经提到的,从四极类型的任何谐振运动都会显示相同的结构来说,能谱本身并不是非常特别的。因此,对跃迁率预测的研究也是非常重要的,但即使在这之前,模型的参数也必须固定。这些参数有两个:刚度C_2和质量参数(又称集体惯性)B_2。它们的组合$\hbar\omega_2=\hbar\sqrt{C_2/B_2}$可以立即从能谱中基态和第一激发态之间的间距读出,第一激发态应该是一个2^+态,并且应该与它上面的三重态0^+-2^+-4^+具有相等的间隔。其余的谱也完全由这个参数决定。人们可能会发现与实验一致或不一致,但是没有办法作进一步调整。然而,为了确定第二个独立参数,需要一些其他可测量的量。在电磁特性中,核半径作为附加量出现。它不应该是被拟合出来的,但假定是由标准实验结果$R_0=r_0A^{1/3}$给出的。

这里给出了一些容易导出的量。

(1) 平均形变:

$$\langle\alpha_{2\mu}\rangle=\langle N\lambda'\mu'|\hat{\alpha}_{\lambda\mu}|N\lambda'\mu'\rangle=0 \tag{6.127}$$

这个量必须消失可从数学上清楚地看出:算符$\hat{\alpha}_{\lambda\mu}$将声子数改变$\pm1$,因此在好声子数的态中不能有非零期望值。直观地说,这是核表面动态地花费在正形变中的时间与负形变中的时间一样多这一事实的结果,类似于对于一维振子平均值$\langle x\rangle$的消失。

(2) 考虑均方形变

$$\langle\beta^2\rangle=\langle N\lambda\mu|\sum_{\mu}|\alpha_{2\mu}|^2|N\lambda\mu\rangle \tag{6.128}$$

更为有用。它可以用标准的二次量子化方法进行求值,但是使用维里定理是一种更快的方法,对于经典和量子力学态中的谐振子来说,动能和势能的平均值是相等的。在我们这种情形中,这种方法也应该适用,因为每个μ分量都像一个谐振子,所以对于一个具有N个声子的态有

$$\begin{aligned}E_N&=2\langle V\rangle=\hbar\omega_2\left(N+\frac{5}{2}\right)\\&=C_2\langle N\lambda\mu|\sum_{\mu}|\alpha_{2\mu}|^2|N\lambda\mu\rangle=C_2\langle\beta^2\rangle\end{aligned} \tag{6.129}$$

由此得出

$$\langle \beta^2 \rangle = \frac{\hbar}{B_2 \omega_2}\left(N + \frac{5}{2}\right) \tag{6.130}$$

量$\langle \beta^2 \rangle$表示由振动引起的核表面的软化。虽然我们使用均匀电荷分布的假定来建立四极算符，但是这些振荡将有效地产生一个弥散的表面，尽管这种效应不应被太认真地看作表面弥散的"解释"。相关的半径均方偏差是$\langle \Delta R^2 \rangle = R_0^2 \langle \beta^2 \rangle$。我们将在练习中得到数字。基态的均方形变是一个有用的参数，因此我们给它指派了如下记号：

$$\beta_0^2 = \frac{5\hbar}{2B_2 \omega_2} \tag{6.131}$$

(3) 一个相关的和可直接测量的量是均方电荷半径，它定义为 r^2 在电荷分布上的平均值，即在该模型中，具有均匀的电荷分布，但表面是时间依赖的：

$$\begin{aligned} \langle r^2 \rangle &= \frac{\rho_0 \int d^3 r r^2}{\rho_0 \int d^3 r} = \frac{3}{4\pi R_0^3}\int dr d\Omega r^4 \\ &= \frac{3R_0^2}{20\pi}\int d\Omega \left(1 + \alpha_{00} Y_{00}(\Omega) + \sum_\mu \alpha_{2\mu} Y_{2\mu}^*(\Omega)\right)^5 \end{aligned} \tag{6.132}$$

使用与四极张量相同的方法，积分可以约化到

$$\langle r^2 \rangle = \frac{3}{5} R_0^2 + \frac{3}{4\pi} R_0^2 \langle \beta^2 \rangle \tag{6.133}$$

例如，人们现在可以研究它对声子数 N 的依赖性了。核的激发导致电子感受到库仑场的一个变化，所以这些结果显示出轻微但可测量的能量移动。

(4) 如果忽略四极算符中的二次项，则相对容易获得 $B(\mathrm{E2})$值。在这种情况下，

$$\hat{Q}_{2\mu} = \rho_0 R_0^5 \sqrt{\frac{\hbar}{2B_2 \omega_2}}\left[\hat{\beta}_\mu^\dagger + (-1)^\mu \hat{\beta}_{-\mu}\right] \tag{6.134}$$

因此只允许单声子跃迁。在基态和第一激发态$|2_1^+ m\rangle = |N = 1, 2m\rangle = \hat{\beta}_m^\dagger |0\rangle$之间跃迁的情况下，算符的矩阵元是平凡的：

$$\begin{aligned} \langle 2_1^+ m | \hat{Q}_{2\mu} | 0 \rangle &= \rho_0 R_0^5 \sqrt{\frac{\hbar}{2B_2 \omega_2}} \langle 0 | \hat{\beta}_m \hat{\beta}_\mu^\dagger | 0 \rangle \\ &= \rho_0 R_0^5 \sqrt{\frac{\hbar}{2B_2 \omega_2}} \delta_{m\mu} \end{aligned} \tag{6.135}$$

维格纳-埃卡特定理表明

$$\begin{aligned} \langle 2_1^+ m | \hat{Q}_{2\mu} | 0 \rangle &= \langle 2_1^+ || \hat{Q}_2 || 0 \rangle (022 | 0\mu m) \\ &= \langle 2_1^+ || \hat{Q}_{2\mu} || 0 \rangle \delta_{m\mu} \end{aligned} \tag{6.136}$$

因此，在这个简单情况下，约化矩阵元与标准矩阵元仅差一个克罗内克符号。使用 $J_i = 0$ 和 $J_f = 2$，$B(\mathrm{E2})$值约化到

$$B(\mathrm{E2},0_1^+ \to 2_1^+) = \frac{2J_f+1}{2J_i+1}\left|\langle 2_1^+ \| \hat{Q}_{2\mu} \| 0\rangle\right|^2$$
$$= (\rho_0 R_0^5)^2 \frac{5\hbar}{2B_2\omega_2}$$
$$= (\rho_0 R_0^5)^2 \beta_0^2 \tag{6.137}$$

因此，该 $B(\mathrm{E2})$ 值直接决定均方形变，并且和激发能一起足以确定模型的所有参数。

(5) 一个激发态的四极矩由下式给出：

$$Q = \sqrt{\frac{16\pi}{5}}\langle N\lambda\mu=\lambda \mid \hat{Q}_{20} \mid N\lambda\mu=\lambda\rangle \tag{6.138}$$

(见5.4.6小节)，在这种情况下，线性项没有贡献，因为声子数在矩阵元的两侧是相同的。二次项只需要考虑一个产生算符和一个湮没算符的组合，这样我们可以作以下替换：

$$\hat{Q}_{20} \to -\frac{10}{\sqrt{70\pi}}\rho_0 R_0^5 \frac{\hbar}{2B_2\omega_2}$$
$$\cdot \sum_\mu (-1)^\mu (222 \mid \mu\ -\mu 0)(\hat{\beta}_\mu^\dagger \hat{\beta}_\mu + \hat{\beta}_\mu \hat{\beta}_\mu^\dagger) \tag{6.139}$$

算符可根据下式对易：

$$\hat{\beta}_\mu^\dagger \hat{\beta}_\mu + \hat{\beta}_\mu \hat{\beta}_\mu^\dagger = 2\hat{\beta}_\mu^\dagger \hat{\beta}_\mu + 1 \tag{6.140}$$

并且这里的常数项没有贡献，因为

$$\sum_\mu (-1)^\mu (222 \mid \mu\ -\mu 0) = 0 \tag{6.141}$$

(要再次显示这一点的话，使用对称关系式(6.109))。所以剩下下式：

$$Q = -\frac{8}{\sqrt{14}}\rho_0 R_0^5 \frac{\hbar}{B_2\omega_2}\sum_\mu (-1)^\mu (222 \mid \mu\ -\mu 0)$$
$$\cdot \langle N\lambda\mu=\lambda \mid \hat{\beta}_\mu^\dagger \hat{\beta}_\mu \mid N\lambda\mu=\lambda\rangle \tag{6.142}$$

求和可以仅针对特定的情况进行。在基态中矩阵元为零，但对于第一激发态，我们得到

$$\langle 2_1^+ m=2 \mid \hat{\beta}_\mu^\dagger \hat{\beta}_\mu \mid 2_1^+ m=2\rangle = \delta_{\mu 2} \tag{6.143}$$

并且因为 $(222 \mid 2\ -2 0) = \sqrt{2/7}$，所以最终的结果是

$$Q = -\frac{12}{35\pi}\beta_0^2 ZeR_0^2 \tag{6.144}$$

在练习中，我们建议把这个模型应用到一个特定的核。所获得的描述的品质对于其他核也是典型的，我们可以用下列方法总结实验情况。

对于闭壳层附近的少量核(一般认为它们的基态是球形的)，像球形振子模型预测的那样的谱是近似的。通常人们发现预测的三重态 0^+，2^+ 和 4^+ 大约是第一

激发态 2^+ 能量的两倍，但三重态不是简并的。四极矩和 $B(\mathrm{E2})$ 值不能很好地被模型所描述，这是容易理解的。三重态的非简并性表明存在着与简谐运动的偏差，这意味着原子核的真实状态不具有好的声子数。但是，例如对于四极矩，即使在对角矩阵元中，线性项也有贡献，而且即使不同声子数的混合很小，它仍然可以产生与二阶项相当的贡献，这完全改变了模型中预期的结果。具有高度数学对称性的谐振子太过于理想化，不能使其性质相对于扰动是稳健的。它的主要优点是可作为更复杂的近似的起点。

练习 6.4　^{114}Cd 作为一个球形振子

问题　将球形振子模型应用于核 ^{114}Cd。

解答　实验数据概括在图 6.5 的右侧。首先，我们使用第一激发态 2^+ 的能量和跃迁到基态的 $B(\mathrm{E2})$ 值，利用如下关系计算 C_2 和 B_2：

$$E(2_1^+) = \hbar\sqrt{\frac{C_2}{B_2}} = 0.558\ \mathrm{MeV}$$
$$B(\mathrm{E2};2_1^+ \to 0_1^+) = \left(\frac{3Ze}{4\pi}R_0^2\right)^2 \frac{\hbar}{2\sqrt{C_2B_2}} = 1018e^2\ \mathrm{fm}^4 \tag{①}$$

结合

$$Z = 48,\quad A = 114,\quad R_0 = 1.2A^{1/3} \tag{②}$$

得到

$$C_2 = 41.3\ \mathrm{MeV},\quad B_2 = 132\hbar^2/\mathrm{MeV} \tag{③}$$

该谱显示二声子三重态（$0_2^+, 2_2^+, 4_1^+$）在理论能量附近几乎简并，但是如果也被解释为集体表面模式，在近旁附加的 0^+ 和 2^+ 态的存在已经表明强烈的非谐振效应。

现在我们将这些结果与液滴模型的预言（式(6.91)和式(6.92)）进行比较。液滴质量公式包含一个表面项 $a_SA^{2/3}$，其中 $a_S\approx 13\ \mathrm{MeV}$，得到表面张力

$$\sigma = \frac{a_SA^{2/3}}{4\pi r_0^2A^{2/3}} \approx 0.72\ \mathrm{MeV/fm^2} \tag{④}$$

结合 $e^2\approx 1.44\ \mathrm{MeV\cdot fm}$，就会得到

$$C_2^{液滴} \approx 42.4\ \mathrm{MeV},\quad B_2^{液滴} \approx 11.09\hbar^2/\mathrm{MeV} \tag{⑤}$$

注意，式(6.91)中的密度 ρ_m 是质量密度。这样，刚度系数被描述得很好，而质量参数则偏离一个数量级。这并不奇怪，因为对于质量参数，可能作了一个不切实际的无旋流体动力学流动假设。

从三重态到单声子态和从单声子态到基态跃迁的 $B(\mathrm{E2})$ 值是

$$B(\mathrm{E2};0_2^+,2_2^+,4_1^+ \to 2_1^+) = 2B(\mathrm{E2};2_1^+ \to 0_1^+) = 2036e^2\ \mathrm{fm}^4 \tag{⑥}$$

而实验值仅为其 1/10～1/2。从二声子态 2_2^+ 到基态的跃迁应该很小，因为它是一个二阶效应。事实上，我们发现

$$B(\mathrm{E2};2_2^+ \to 0_1^+) = \left(\frac{3Ze}{4\pi}R_0^2\frac{10}{\sqrt{70\pi}}\right)^2\frac{\hbar^2}{4C_2B_2} = 3.1e^2\ \mathrm{fm}^4 \tag{⑦}$$

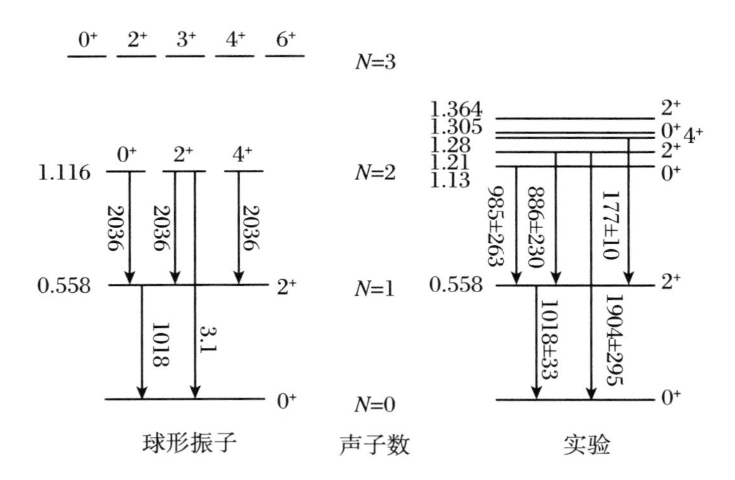

图 6.5 对于^{114}Cd,球形振子模型与实验数据的比较。能级以 MeV 为单位,而 B(E2)值在跃迁箭头旁边标出,以 e^2 fm^4 为单位。数据取自 Nucl. Data Sheets Vol. 35,No.3(1982)

与实验值 $1904e^2$ fm^4 相比,这是非常小的。这又一次表明非谐振效应:如果波函数包含其他声子数的混合,四极算符中的第一项和大得多的项可能对这种跃迁有贡献。

态 2_1^+ 的均方形变是

$$\langle\beta^2\rangle(2_1^+) = \frac{\hbar}{\sqrt{C_2 B_2}}\left(1+\frac{5}{2}\right) = 0.047 \tag{⑧}$$

这与实验值 0.193 相比也明显不符。态 2_1^+ 的四极矩由下式给出:

$$Q(2_1^+) = -\frac{15}{7}\frac{ZeR_0^2\hbar^2}{B_2 C_2} = -0.6e^2\ \text{fm}^4 \tag{⑨}$$

请注意,这里也只有二阶项有贡献,因此,实验值 $-3600e^2$ fm^4(大 10^4 倍)是不足为奇的。

最后,可以从基态的均方形变获得表面弥散性:

$$\beta_0^2 = \frac{\hbar}{B_2\omega_2}\left(N+\frac{5}{2}\right) = 0.034 \quad (\text{由于}\sqrt{\langle\Delta R^2\rangle} = 1.03\ \text{fm}) \tag{⑩}$$

这出人意料地可以接受。

6.4 转 动 核

6.4.1 刚性转子

能很好地描述激发态的一些特征的核的另一个简单概念是刚性转子模型。正如从经典力学所熟知的那样，刚性转子的自由度是三个欧拉角，它们描述了体固定轴在空间中的方向（平移自由度可以忽略不计，因为它们不会导致核的内部激发）。

自然地，如果选择核的主轴来确定体固定系统，将实现最简单的描述。由此惯性张量是对角的（也可参阅 6.2.4 小节的讨论，现在的情形对应于 β 和 γ 的恒定值）。这种转动刚体的经典动能是

$$E = \sum_{i=1}^{3} \frac{J_i'^2}{2\Theta_i} \tag{6.145}$$

其中 Θ_i 是核相对于第 i 主轴的转动惯量。一般来说，三个转动惯量是不同的。虽然这看起来是一个非常简单的公式，它可以通过用 $\hat{J}'$ 代替 J' 来量子化，但实际上有两个复杂的因子。

其中一个是由式(6.145)中的角动量算符上的撇号指出的。这些算符不能与相对于空间固定轴转动系统的标准角动量算符相同，因为即使这些轴最初被选择为与体固定主轴重合，它们在转动之后也不会再重合了。取而代之的是，转动必须通过总是绕相应主轴的瞬时方向转动核的算符来完成，这些体固定角动量算符表示为 $\hat{J}_i'$。

它们的对易关系看起来类似于空间固定算符，但符号发生了至关重要的变化：

$$[\hat{J}_x', \hat{J}_y'] = -\mathrm{i}\hbar\hat{J}_z', \quad [\hat{J}_y', \hat{J}_z'] = -\mathrm{i}\hbar\hat{J}_x', \quad [\hat{J}_z', \hat{J}_x'] = -\mathrm{i}\hbar\hat{J}_y' \tag{6.146}$$

这是由第二次转动的不同定义引起的。对于空间固定算符，例如，$\hat{J}_x\hat{J}_y$ 描述了先绕 y 轴作无穷小转动，接着绕 x 轴作无穷小转动。然而，在体固定的情况下，第二次转动将是绕已经由第一个算符转动到 x' 轴的原始 x 轴转动。差异在图 6.6 和图 6.7 中展示出，练习 6.5 对矩阵元的结果作了探讨。

练习 6.5　内禀系统中的角动量算符

问题　推导出在内禀系统中体固定角动量算符的表达式。

解答　因为只有对易关系中的符号不同，我们可以完全重复 2.3.2 小节的推导，当我们沿着这个思路推导时只需注意相关差异。选择在 $\hat{J}'^2$ 和 $\hat{J}_z'$ 中都对角

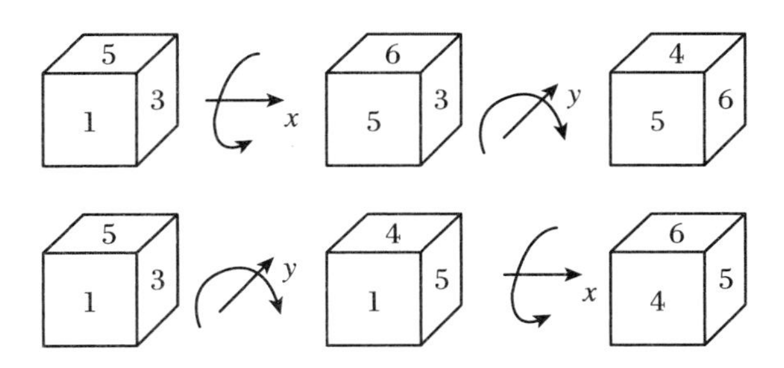

图 6.6 用一个骰子来说明绕空间固定轴转动的效果。在上半部分,先绕 x 轴转动,接着绕 y 轴转动;在下半部分,顺序倒过来。注意,这些转动是 90°的有限转动,因此两部分的差异不是简单地绕 z 轴转动,而对无穷小转动的情况则将是这样

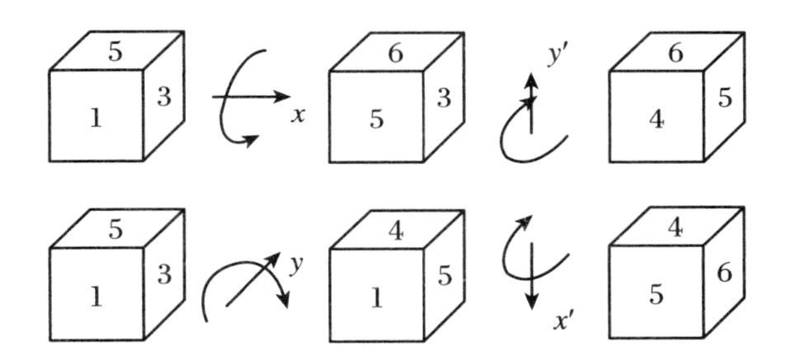

图 6.7 与图 6.6 的情况相同,但在每种情况下第二次转动是绕新轴进行的。注意最终结果的区别与图 6.6 正好相反,使对易关系中的符号不同看起来合理

的基:

$$\hat{J}'^2 \mid jm\rangle = \hbar^2 \Lambda_j \mid jm\rangle, \quad \hat{J}'_z \mid jm\rangle = \hbar m \mid jm\rangle \qquad ①$$

移位算符也被定义为

$$\hat{J}'_+ = \hat{J}'_x + \mathrm{i}\hat{J}'_y, \quad \hat{J}'_- = \hat{J}'_x - \mathrm{i}\hat{J}'_y \qquad ②$$

但现在的对易关系是

$$[\hat{J}'_z, \hat{J}'_\pm] = \mp \hbar \hat{J}'_\pm \qquad ③$$

我们得到与 $\hat{J}'_\pm |jm\rangle$ 对应的本征值:

$$\hat{J}'_z(\hat{J}'_\pm \mid jm\rangle) = \hbar(m \mp 1)\hat{J}'_\pm \mid jm \mid \qquad ④$$

显示移位的方向是互换的。再次使用 μ 作为最大本征值,必须有

$$\hat{J}'_- \mid j\mu\rangle = 0 \qquad ⑤$$

且

$$\hat{J}'^2 = \frac{1}{2}(\hat{J}'_+ \hat{J}'_- + \hat{J}'_- \hat{J}'_+) + \hat{J}'^2_z \qquad ⑥$$

现在可以使用对易关系

$$[\hat{J}'_+, \hat{J}'_-] = -2\hbar\hat{J}'_z \tag{⑦}$$

来重写成

$$\hat{J}'^2 = \hat{J}'_+\hat{J}'_+ - \hat{J}'^2_z + \hbar\hat{J}'_z \tag{⑧}$$

它与旧公式一致，除了作替代 $\hat{J}'_- \leftrightarrow \hat{J}'_+$，这样对 μ 的大小所作的所有进一步计算是相同的。

出现差异的下一个地方是由下式给出的态 $\hat{J}'_\pm|jm\rangle$ 的范数：

$$\begin{aligned}\langle jm|\hat{J}'_\mp\hat{J}'_\pm|jm\rangle &= \langle jm|\hat{J}'^2 - \hat{J}'^2_z \pm \hat{J}'_z|jm\rangle \\ &= \hbar^2[j(j+1) - m^2 \pm m] \\ &= \hbar^2(j \mp m + 1)(j \pm m)\end{aligned} \tag{⑨}$$

移位算符的非零矩阵元是

$$\langle jm \mp 1|\hat{J}'_\pm|jm\rangle = \hbar\sqrt{(j \mp m + 1)(j \pm m)} \tag{⑩}$$

笛卡儿分量的矩阵元现在给出如下：

$$\begin{aligned}\langle jm'|\hat{J}'_x|jm\rangle &= \frac{\hbar}{2}\left[\sqrt{(j+m+1)(j-m)}\,\delta_{m',m+1}\right. \\ &\quad \left.+ \sqrt{(j-m+1)(j+m)}\,\delta_{m',m-1}\right] \\ \langle jm'|\hat{J}'_y|jm\rangle &= -\frac{i\hbar}{2}\left[\sqrt{(j-m+1)(j+m)}\,\delta_{m',m-1}\right. \\ &\quad \left.- \sqrt{(j+m+1)(j-m)}\,\delta_{m',m+1}\right] \\ \langle jm'|\hat{J}'_z|jm\rangle &= \hbar m\delta_{m'm}\end{aligned} \tag{⑪}$$

请注意，与空间固定情况相比，$\hat{J}'_x$ 的矩阵元不变，而 $\hat{J}'_y$ 的矩阵元整体仅相差一个减号。

最后，注意

$$\hat{J}^2 = \hat{J}'^2 \tag{6.147}$$

这一点是有用的，这似乎是有理的，因为这个量本身是标量，因此不依赖于定义 $\hat{J}'$ 分量的特定轴。

第二个问题涉及实际中哪些转动是允许的。经典的转子可以绕它的任意轴转动。然而，在量子力学中，如果原子核具有转动对称性且没有内部结构，就有一个特殊情况。例如，球形核不能转动，因为任何转动都会使表面保持不变，因此根据定义不改变量子力学态。这起初令人难以接受，但是请记住，在这个极限下，在转动过程中"在核内"没有任何东西来改变核的位置，并且在表面上没有任何标记来定义取向！因此，我们可以得出这样的结论：

- 球形核根本没有转动激发；
- 轴对称的核不能绕对称轴转动。

当然，这些陈述的有效性的最终判定必须来自实验，这将取决于是否涉及其他自由度。我们将看到，绕对称轴转动同时动态偏离轴对称是可能的。

这样，刚性转子的哈密顿量有两种变体：对于具有三个不同转动惯量的三轴核为

$$\hat{H}=\sum_{i=1}^{3}\frac{\hat{J}_i'^2}{2\Theta_i} \tag{6.148}$$

对于 z 轴为对称轴的核为

$$\hat{H}=\frac{1}{2\Theta}(\hat{J}_x'^2+\hat{J}_y'^2) \tag{6.149}$$

转子的量子数将由空间固定算符 $\hat{J}^2$ 和 $\hat{J}_z$ 产生，因为原子核的能量不取决于它在空间中的取向。相应的量子数通常分别称为 I 和 M，故本征值是 $\hbar^2 I(I+1)$ 和 $\hbar M$。此外，如果核是关于体固定 z 轴对称的，则 $\hat{J}_z'$ 也将产生一个好量子数，这由 K 来表示（实际上，对于刚性转子，K 将被限制为零）。

在讨论由这些哈密顿量引起的谱之前，我们先推导出波函数。原则上，人们可以用欧拉角写出体固定角动量算符的显式表达式，然后求解所得到的非常复杂的微分方程。但是有一种更简单的方法，它基于波函数依赖于特有坐标的事实，这些坐标也描述了系统的对称性。为了解释这种推导，首先检查一个比较简单的情况（即自由粒子的情况）可能是有帮助的。

对于一维自由粒子，唯一的自由度是 x 坐标，哈密顿量

$$\hat{H}=\frac{\hat{p}_x^2}{2m} \tag{6.150}$$

具有平移不变性，这样它与动量算符对易，$\hat{H}$ 的本征态也是 $\hat{p}_x$ 的本征态，具有本征值，例如 k。令波函数为 $\psi_k(x)$。应用2.2节的平移算符，从 x_0 变换到 x_0+x，我们有

$$\psi_k'(x_0)=\psi(x_0-x)=\exp\left(-\frac{\mathrm{i}}{\hbar}x\hat{p}_x\right)\psi(x_0)=\mathrm{e}^{-\mathrm{i}kx}\psi(x_0) \tag{6.151}$$

但是这意味着如果 $\psi(x_0)$ 是已知的，那么在所有的空间中波函数被确定。利用 $x_0=0$，作替换 $x\to -x$，$\psi(0)$ 写为 ψ_0，我们有

$$\psi(x)=\psi_0\mathrm{e}^{\mathrm{i}kx} \tag{6.152}$$

这是标准平面波解，但纯粹是从对称性考虑和在这种对称性下有限变换的一般表达式得到的。

现在把这些想法应用于转动。我们再次知道如何转动一个波函数，并且这将根据特定点上的那些值来决定在任意欧拉角处的值。我们首先处理三轴情况，此时波函数将具有量子数 I 和 M。用 $\varphi_{IM}(\boldsymbol{\theta})$ 表示波函数。它可以按照下式通过另一组欧拉角 $\boldsymbol{\theta}_1$ 转动：

$$\varphi'_{IM}(\boldsymbol{\theta}) = \sum_{M'} \mathscr{D}^{(I)}_{M'M}(\boldsymbol{\theta}_1)\varphi_{IM'}(\boldsymbol{\theta}) \tag{6.153}$$

但是根据定义

$$\varphi'_{IM}(\boldsymbol{\theta}) = \varphi_{IM}(\boldsymbol{\theta}') \tag{6.154}$$

其中 $\boldsymbol{\theta}'$是通过转动 $\boldsymbol{\theta}_1$ 到 $\boldsymbol{\theta}$ 的那个方向(与平移实例相比,对应关系是 $x_0 + x \sim \boldsymbol{\theta}$, $x \sim \boldsymbol{\theta}_1$ 和 $x_0 \sim \boldsymbol{\theta}'$)。将这两个方程结合起来得到

$$\varphi_{IM}(\boldsymbol{\theta}') = \sum_{M'} \mathscr{D}^{(I)}_{M'M}(\boldsymbol{\theta}_1)\varphi_{IM'}(\boldsymbol{\theta}) \tag{6.155}$$

至于平移的情况,我们只需要在所讨论的特定点处的波函数,例如在点 $\boldsymbol{\theta}' = \boldsymbol{0}$ 处(即全部欧拉角等于零)。然后必须假定 $\boldsymbol{\theta} = \boldsymbol{\theta}_1$,利用转动矩阵的幺正性,可以将关系(6.155)反转,得到

$$\varphi_{IM}(\boldsymbol{\theta}) = \sum_{M'} \mathscr{D}^{(I)*}_{MM'}(\boldsymbol{\theta})\varphi_{IM'}(\boldsymbol{0}) \tag{6.156}$$

这样,波函数完全由 $\varphi_{IM'}(\boldsymbol{0})$值决定。当然,它们可以被归一化。

6.4.2 对称转子

对于轴对称的核,波函数可以进一步简化。在 θ_3 给出的转动下,原子核不改变其取向,当我们观察 2.3.3 小节中给出的转动矩阵的分解时,这意味着 M' 也是一个好量子数,因此式(6.156)中的求和必须去掉。事实上,由于 θ_3 定义为绕体固定 z 轴转动的一个角度,$\hbar M'$ 一定是 J'_z 的本征值,应该用 K 来表示。因此,对称转子的本征函数本质上是这样的:

$$\varphi_{IMK}(\boldsymbol{\theta}) = \mathscr{D}^{(I)*}_{MK}(\boldsymbol{\theta}) \tag{6.157}$$

这个波函数仍然需要归一化,我们将很快展示在 6.2.4 小节中讨论的对称性也会引起一个修改。

轴对称转动核的能量式(6.149)现在可以用量子数来写出:

$$E = \frac{\hbar^2[I(I+1) - K^2]}{2\Theta} \tag{6.158}$$

其中使用了 $\hat{J}'^2_x + \hat{J}'^2_y = \hat{J}^2 - \hat{J}'^2_z$。

在 6.2.4 小节中所要求的对称性的应用是直截了当的,但必须稍加修改。6.2.4 小节中内禀轴可任意选择沿由核形状定义的三个主轴。在这里,相反,在它是核的对称轴的条件下,z'轴是固定的,但它仍然可以选择两个相反的方向。由于轴对称,x'轴和 y'轴可以绕 z'轴任意转动,这使得垂直于 z'轴的任何方向都是一个主轴。这第二个不确定性类似于 $\hat{R}_2$,但是具有任意的转动角 η:

$$\hat{R}'_2(\theta_1, \theta_2, \theta_3) = (\theta_1, \theta_2, \theta_3 + \eta) \tag{6.159}$$

由在 2.3.3 小节结尾给出的转动矩阵的半显式形式足以导出

$$\varphi_{IMK}(\theta_1, \theta_2, \theta_3 + \eta) = \mathrm{e}^{\mathrm{i}\eta K}\varphi(\theta_1, \theta_2, \theta_3) \tag{6.160}$$

因此，由于不变性，我们需要 $K=0$。这是上述绕对称轴转动不可能的一个更正式的推导。

$\hat{R}_3$ 应去掉，因为它改变 z'轴。应该应用的另一个基本变换是对应于 6.2.4 小节 $\hat{R}_1$ 的 z'轴的反转。它作用于欧拉角如下：

$$\hat{R}_1(\theta_1,\theta_2,\theta_3)=(\theta_1+\pi,\pi-\theta_2,-\theta_3) \tag{6.161}$$

由于 $K=0$，θ_3符号的改变不改变波函数，而 θ_1的增量产生一个相因子 $\exp(\mathrm{i}M\pi)$。由 θ_2导致的剩余变化可以从对称关系

$$d_{mm'}^{(j)}(\theta_2)=(-1)^{j-m}d_{m-m'}^{(j)}(\pi-\theta_2) \tag{6.162}$$

中导出。它们合在一起得出

$$\hat{R}_1\varphi_{IMK}(\boldsymbol{\theta})=(-1)^I\varphi_{IMK}(\boldsymbol{\theta}) \tag{6.163}$$

其含义是总角动量必须为偶数。

这样，我们可以总结一下刚性转子的本征态。这些态

$$|IM\rangle \quad (I=0,2,4,\cdots,M=-I,\cdots,+I) \tag{6.164}$$

仅对于实验室系投影 M 简并。本征值是

$$E_I=\frac{\hbar^2 I(I+1)}{2\Theta} \tag{6.165}$$

相应的谱是如图 6.8 所示的典型转动带。虽然这种带出现在非常多的核中，但目前的情况下只有一个这样的带不是很现实，因为任何额外的自由度将导致基于那些自由度激发的其他带。一个这样的例子(耦合到 β 和 γ 坐标中的振动)将很快得到处理。

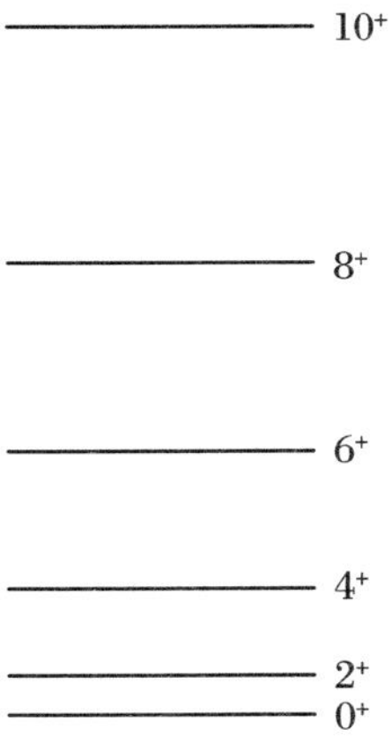

10⁺
8⁺
6⁺
4⁺
2⁺
0⁺

图 6.8 刚性对称转子的谱，显示了典型的能量 $I(I+1)$ 的依赖性。只出现偶数角动量

现在还剩下计算本征态的归一化。转动矩阵的归一化积分由下式给出：

$$\int \mathrm{d}^3\theta \mathscr{D}_{M_1K_1}^{(I_1)*}(\boldsymbol{\theta}_1)\mathscr{D}_{M_2K_2}^{(I_2)}(\boldsymbol{\theta}_2)=\frac{8\pi^2}{2I_1+1}\delta_{I_1I_2}\delta_{M_1M_2}\delta_{K_1K_2} \tag{6.166}$$

所以归一化波函数由下式给出：

$$\varphi_{IMK}(\boldsymbol{\theta})=\sqrt{\frac{2I+1}{8\pi^2}}\mathscr{D}_{MK}^{(I)}(\boldsymbol{\theta}) \tag{6.167}$$

跃迁概率的计算将被推迟到更一般的转动-振动模型的讨论中。这里我们只引用该模型中存在的唯一跃迁的结果：

$$B(\mathrm{E2};I_i\rightarrow I_f)=\left(\frac{3ZR_0^2}{4\pi}\right)^2\beta_0^2\left(1+\frac{2}{7}\sqrt{\frac{5}{\pi}}\beta_0\right)^2 \tag{6.168}$$

这个结果包含了核的形变 β_0，而不是它的转动惯量，因为前者出现在四极算符中。

我们稍后会发现转动惯量与形变之间的联系(见 6.5.1 小节),但是这包含(未知的)质量参数,所以也可以接受一个 β_0形式的新参数。显然,β_0由单个跃迁概率直接确定,而单个能级间隔可确定转动惯量,于是这两个值完全确定模型。当然,在实践中模型的简单的角动量依赖将只对最低的那些态是近似的,较高角动量的偏离表明形变和/或转动惯量随着转动而变化。

6.4.3 非对称转子

一个更有趣的谱由非对称转子展示,这由达维多夫(Davydov)和菲利波夫(Filippov)[54]最先研究。该模型假设如式(6.148)的具有三个不同转动惯量的转动哈密顿量。前两章中构造的本征函数仅适用于轴对称情况,得到 K 是一个好的量子数。在非轴对称情况下,必须使用如式(6.156)的更一般的解,但最好用适当对称的基函数代替。我们必须再次仔细考虑哪个对称性适用。因为所有三个内禀轴现在被分配给特定的不同转动惯量,它们在物理上是不同的,只有那些反转单个轴的对称性应该被考虑(在这种情况下,不能通过调整形变来补偿轴选择的变化)。观察它们的定义,很明显其中一个是 $\hat{R}_2^2$,它对应于$(x',y',z')\to(-x',-y',z')$和将欧拉角变换到$(\theta_1,\theta_2,\theta_3+\pi)$。将其应用于转动矩阵,产生一个因子 $\exp(\mathrm{i}K\pi)$,所以 K 必须是偶数。另一个变换仍然是 $\hat{R}_1$,它将 $\mathscr{D}_{MK}^{(I)*}(\boldsymbol{\theta})$变换成$(-1)^I\mathscr{D}_{M-K}^{(I)*}(\boldsymbol{\theta})$。因为在这种情况下,结果是差别并不只是一个因子的波函数,这并不简单地如先前的情况那样导致量子数的限制。相反,对称性必须通过波函数的对称化来满足。

因此,被用作基函数的对称组合定义为

$$\langle\boldsymbol{\theta}\mid IMK\rangle=\sqrt{\frac{2I+1}{(1+\delta_{K0})16\pi^2}}\left[\mathscr{D}_{MK}^{(I)*}(\boldsymbol{\theta})+(-1)^I\mathscr{D}_{M-K}^{(I)*}(\boldsymbol{\theta})\right]\tag{6.169}$$

所以 K 的正负值不能独立使用。因子 $1+\delta_{K0}$考虑了 $K=0$ 和其他态之间的归一化的差异。非对称转子的本征函数现在可以展开为

$$|\,IMi\rangle=\sum_K a_K^{Ii}\,|\,IMK\rangle\tag{6.170}$$

下标 i 列举了具有展开系数 a_K^{Ii} 的同一个 I 的不同本征态。下标 K 遍历所有非负偶数,$0\leqslant K\leqslant I$。

注意,对于奇数 I,$K=0$ 的函数消失,因此在这种情况下 $K=0$ 禁戒。而且,对于 $I=1$,两个投影 $K=0$ 和 $K=1$ 都被禁戒(后者是因为它是奇数),因此,该模型不允许任何 $I=1$ 的态。对于 $I=0$,只有一个态,它必须是基态。第三个特殊情况是 $I=3$,其中只有 $K=2$ 是允许的,所以 $I=3$ 也只有一个态。

在一般情况下,波函数在一套基函数中展开,通过取 x'和 y'转动能量的平均值,哈密顿量可以拆分成对角部分和剩余部分:

$$\hat{H} = \frac{1}{4}\left(\frac{1}{\Theta_1}+\frac{1}{\Theta_2}\right)(\hat{J}_1'^2+\hat{J}_2'^2)+\frac{\hat{J}_3'^2}{2\Theta_3}+\frac{1}{4}\left(\frac{1}{\Theta_1}-\frac{1}{\Theta_2}\right)(\hat{J}_1'^2-\hat{J}_2'^2)$$

$$= \frac{1}{4}\left(\frac{1}{\Theta_1}+\frac{1}{\Theta_2}\right)(\hat{J}'^2-\hat{J}_3'^2)+\frac{\hat{J}_3'^2}{2\Theta_3}+\frac{1}{2}\left(\frac{1}{\Theta_1}-\frac{1}{\Theta_2}\right)(\hat{J}_+'^2+\hat{J}_-'^2) \quad (6.171)$$

剩余部分不能被明确地对角化，并且没有一般的有用结果可以被写下来。然而，对于 $I=2$ 和 $I=3$，有一些有趣的特殊情况。在后一种情况中，就像提到过的，只有一个波函数 $|3M\rangle=|3MK=2\rangle$，本征值可以直接求得。结果是

$$E(3^+) = 2\hbar^2\left(\frac{1}{\Theta_1}+\frac{1}{\Theta_2}+\frac{1}{\Theta_3}\right) \quad (6.172)$$

对于 $I=2$ 的两个态，计算有更多的牵涉，留给练习 6.6。结果是

$$E(2_{1,2}^+) = \hbar^2\left(\frac{1}{\Theta_1}+\frac{1}{\Theta_2}+\frac{1}{\Theta_3}\right) \mp \left[\left(\frac{1}{\Theta_1}+\frac{1}{\Theta_2}+\frac{1}{\Theta_3}\right)^2 - \frac{3(\Theta_1-\Theta_2)^2}{8\Theta_1^2\Theta_2^2} - 3\left(\frac{1}{\Theta_1\Theta_2}+\frac{1}{\Theta_1\Theta_3}+\frac{1}{\Theta_2\Theta_3}\right)\right]^{1/2} \quad (6.173)$$

这一结果一开始看起来并不是很有启发性，但是如果我们将它与 3^+ 态的能量进行比较，有趣的特性

$$E(2_1^+)+E(2_2^+) = E(3^+) \quad (6.174)$$

立即显现出来。这是模型的一个清晰的预测，通过实验可以很容易核实。

练习 6.6　在非对称转子模型中角动量为 2 的态

问题　在非对称转子模型中计算角动量为 2 的态。

解答　角动量为 2 有两个基态，即 $K=0$ 和 $K=2$ 的两个态，我们分别用 $|20\rangle$ 和 $|22\rangle$ 表示，哈密顿量式(6.171)的对角部分产生矩阵元：

$$\langle 20|\hat{H}|20\rangle = \frac{3\hbar^2}{2}\left(\frac{1}{\Theta_1}+\frac{1}{\Theta_2}\right)$$
$$\langle 22|\hat{H}|22\rangle = \frac{\hbar^2}{2}\left(\frac{1}{\Theta_1}+\frac{1}{\Theta_2}\right)+\frac{2\hbar^2}{\Theta_3} \quad ①$$

对于非对角矩阵元，我们注意到，由练习 6.5 中给出的移位算符的矩阵元，我们有

$$\hat{J}_-'^2|20\rangle = 2\hbar^2\sqrt{6}\,|22\rangle \quad ②$$

所以

$$\langle 22|\hat{H}|20\rangle = \langle 20|\hat{H}|22\rangle = \hbar^2\sqrt{6}\left(\frac{1}{\Theta_1}-\frac{1}{\Theta_2}\right) \quad ③$$

这完全确定了 2×2 矩阵，它的本征值 λ 可以从以下久期方程的解中得到：

$$\det\begin{pmatrix} \frac{3\hbar^2}{2}\left(\frac{1}{\Theta_1}+\frac{1}{\Theta_2}\right)-\lambda & \hbar^2\sqrt{6}\left(\frac{1}{\Theta_1}-\frac{1}{\Theta_2}\right) \\ \hbar^2\sqrt{6}\left(\frac{1}{\Theta_1}-\frac{1}{\Theta_2}\right) & \frac{\hbar^2}{2}\left(\frac{1}{\Theta_1}+\frac{1}{\Theta_2}\right)+\frac{2\hbar^2}{\Theta_3}-\lambda \end{pmatrix} = 0 \quad ④$$

现在一个冗长但平凡的计算产生了式(6.173)给出的结果。

6.5 转动-振动模型

6.5.1 经典能量

集体表面运动最重要的特殊情况是大形变核(well-deformed nuclei),其能量有一个深深的极小轴向变形,就像在6.4节中处理的简单的转子模型,但是在极小值附近在β和γ自由度上有小振荡的附加特征。由于在笛卡儿坐标系中谐振较容易处理,我们不在(β,γ)上,而在(a_0,a_2)上建立势能。假设势能极小值在$a_0=\beta_0$和$a_2=0$处,我们引入平衡变形的偏离:

$$\xi = a_0 - \beta_0, \quad \eta = a_2 = a_{-2} \tag{6.175}$$

展开势能为

$$V(\xi,\eta) = \frac{1}{2}C_0\xi^2 + C_2\eta^2 \tag{6.176}$$

注意η依赖部分中的附加因子2,它考虑到η事实上代表两个坐标a_2和a_{-2}。同样假设极小值处的势能消失。这是允许的,因为在这个模型中只有能量差是有意义的。

动能的构造涉及更多。振动模型的谐振动能

$$T = \frac{1}{2}B_2\sum_{\mu} |\dot{\alpha}_{2\mu}|^2 \tag{6.177}$$

必须变换到新的坐标系(ξ,η)和方位角中,然后必须量子化。就如在6.4.1小节中刚性转子的情况,动能应以对于体固定坐标轴的角动量表示,因为只有这样,在转动期间转动惯量才是恒定的。这意味着,为了写出经典动能,应该使用对于内禀坐标轴的角速度$\omega_i'(i=1,2,3)$。

因为动能不依赖于原子核的取向,只依赖于它的变化率,我们可以就特别选择的方向自由求它的值,对此使用体固定坐标轴等于空间固定坐标轴的想法是很自然的。在这种情况下,我们简单地有

$$\alpha_0 = \beta_0 + \xi, \quad \alpha_1 = \alpha_{-1} = 0, \quad \alpha_2 = \alpha_{-2} = \eta \tag{6.178}$$

期望的变换现在由微分的链式法则给出:

$$\dot{\alpha}_{2\mu} = \sum_k \frac{\partial\alpha_{2\mu}}{\partial\theta_k'}\omega_k' + \frac{\partial\alpha_{2\mu}}{\partial\xi}\dot{\xi} + \frac{\partial\alpha_{2\mu}}{\partial\eta}\dot{\eta} \tag{6.179}$$

唯一非平凡的导数是体固定坐标轴中对转动角θ_k'的导数。练习6.7的结果用ξ

和η重写为

$$\begin{aligned}\dot{\alpha}_{20} &= \dot{\xi} \\ \dot{\alpha}_{2\pm1} &= -\frac{\mathrm{i}}{2}[\sqrt{6}(\beta_0+\xi)+2\eta]\omega_1' \pm \frac{1}{2}[\sqrt{6}(\beta_0+\xi)-2\eta]\omega_2' \\ \dot{\alpha}_{2\pm2} &= \dot{\eta} \mp 2\mathrm{i}\eta\omega_3'\end{aligned} \tag{6.180}$$

将这些代入式(6.177),就速度没有混合项而言,我们得到了一个去耦的表达式:

$$T = \frac{1}{2}B(\dot{\xi}^2+2\dot{\eta}^2)+4B\dot{\eta}^2\omega_3'^2+\frac{B}{4}[\sqrt{6}(\beta_0+\xi)+2\eta]^2\omega_1'^2 + \frac{B}{4}[\sqrt{6}(\beta_0+\xi)-2\eta]^2\omega_2'^2 \tag{6.181}$$

这可以更简洁地写为

$$T = \frac{1}{2}B(\dot{\xi}^2+2\dot{\eta}^2)+\frac{1}{2}\sum_{k=1}^{3}\mathscr{J}_k\omega_k'^2 \tag{6.182}$$

而转动惯量为

$$\begin{aligned}\mathscr{J}_1 &= \frac{B}{2}[\sqrt{6}(\beta_0+\xi)+2\eta]^2 = 4B\beta^2\sin^2\left(\gamma-\frac{2}{3}\pi\right) \\ \mathscr{J}_2 &= \frac{B}{2}[\sqrt{6}(\beta_0+\xi)-2\eta]^2 = 4B\beta^2\sin^2\left(\gamma-\frac{4}{3}\pi\right) \\ \mathscr{J}_3 &= 8B\eta^2 = 4B\beta^2\sin^2\gamma\end{aligned} \tag{6.183}$$

也给出使用(β,γ)记号的表达式,可以概括为

$$\mathscr{J}_k = 4B\beta^2\sin^2\left(\gamma-\frac{2}{3}\pi k\right) \tag{6.184}$$

注意,它们包含$\beta=\beta_0+\xi$。

因此,动能整洁地分裂成一个振动部分

$$T_{\mathrm{vib}} = \frac{1}{2}B(\dot{\xi}^2+2\dot{\eta}^2) \tag{6.185}$$

和一个转动部分

$$T_{\mathrm{rot}} = \frac{B}{4}[\sqrt{6}(\beta_0+\xi)+2\eta]^2\omega_1'^2 + \frac{B}{4}[\sqrt{6}(\beta_0+\xi)-2\eta]^2\omega_2'^2+4B\eta^2\omega_3'^2 \tag{6.186}$$

两者通过转动惯量对形变参数的依赖而耦合,而振动动能对于两个自由度都包含简单的恒定质量参数B。注意η依赖的贡献中的因子2,它像往常一样来自η代表a_2和a_{-2}这个事实。

在这一点上,如果仅考虑ξ和η的最低阶,就把计算简化了。唯一对ξ和η的依赖不是小修正的转动惯量是$\mathscr{J}_3$,对于$\eta=0$,它为零。在物理上这描述了一个事实:对于$\eta=0$,核围绕z'轴是轴对称的,正如在4.3节中提到的,不能绕这个轴转

动。对 η 的依赖使得这种转动动态地成为可能，且它们紧密地耦合到由 η 描述的对轴对称的动态偏离。

在其他转动惯量中，对 ξ 和 η 的依赖指出转动惯量随形变的动态变化并引起转动和振动之间的一个附加耦合。我们将不详细检查这种耦合，因此为了进一步推导，转动惯性由以下最低阶表达式给出：

$$\mathscr{J} \equiv \mathscr{J}_1 = \mathscr{J}_2 = 3B\beta_0^2 \equiv \mathscr{J}, \quad \mathscr{J}_3 = 8B\eta^2 \tag{6.187}$$

其最简单形式的动能可以写成

$$T = \frac{1}{2}B(\dot{\xi}^2 + 2\dot{\eta}^2) + \frac{1}{2}\mathscr{J}(\omega_1'^2 + \omega_2'^2) + 4B\eta^2\omega_3'^2 \tag{6.188}$$

经典刚体动能具有相当不同的能量依赖性。即使不计算，也可以看到比如 $\mathscr{J}_3$ 依赖于 a_0 到比 a_2 低的阶，因为增加 a_0，通过拉伸原子核，会大大减少核物质到 z' 轴的平均距离，而 a_2 的变化只重新分配 x' 轴和 y' 轴之间的核物质，到一阶近似应该保持 $\mathscr{J}_3$ 不变。然而，目前的结果是对于 $a_2 = 0$，增加 a_0 根本不影响转动惯量，因为核保持轴对称，且 $\mathscr{J}_3 = 0$。

应该记住，这个结果是基于实验室参考系中的简单谐振动能，因此在应用上可能相当有限。虽然这确实导致了绕对称轴转动的正确抑制，但它的主要问题是在同一个立足点上对转动和振动进行处理，这使得振动质量和转动惯量都依赖于单一的参数 B。这样，这个模型似乎意味着测量转动惯量也决定振动质量。从微观上看（这将在 9.3 节中变得明显），这不一定成立。然而，在实际应用中，振动质量的可能错误描述能被势中的参数所掩盖。不管怎样，式(6.188)的表达是非常成功的。

练习 6.7　$\alpha_{2\mu}$ 的时间导数

问题　使用式(6.179)导出 $\alpha_{2\mu}$ 对时间的导数。

解答　在本练习中，我们不会把讨论限制在式(6.175)给出的对平衡形变的小偏离，而是用任意的 a_0 和 a_2。由转动的指数表示，对于小角度我们得到

$$\begin{aligned}\frac{\partial \alpha_{2\mu}}{\partial \theta_k'} &= \frac{\partial}{\partial \theta_k'}\exp\left(-\frac{\mathrm{i}\theta_k'}{\hbar}\hat{J}_k'\right)\alpha_{2\mu} = -\frac{\mathrm{i}}{\hbar}\hat{J}_k'\alpha_{2\mu} \\ &= -\frac{\mathrm{i}}{\hbar}\sum_\nu \langle 2\mu \mid \hat{J}_k' \mid 2\nu\rangle \alpha_{2\nu}\end{aligned} \tag{①}$$

其中必须代入 $\hat{J}_k'$ 的矩阵元。这些矩阵元由练习 6.5 导出，具体如下：

$$\begin{aligned}\langle jm' \mid \hat{J}_x' \mid jm\rangle &= \frac{\hbar}{2}\Big[\sqrt{(j+m+1)(j-m)}\,\delta_{m',m+1} \\ &\quad + \sqrt{(j-m+1)(j+m)}\,\delta_{m',m-1}\Big] \\ \langle jm' \mid \hat{J}_y' \mid jm\rangle &= -\frac{\mathrm{i}\hbar}{2}\Big[\sqrt{(j-m+1)(j+m)}\,\delta_{m',m-1} \\ &\quad - \sqrt{(j+m+1)(j-m)}\,\delta_{m',m+1}\Big]\end{aligned} \tag{②}$$

$$\langle jm' \mid \hat{J}_z' \mid jm \rangle = \hbar m \delta_{m'm}$$

对于 z' 分量,$\langle 2\mu | \hat{J}_3' | 2\nu \rangle = \hbar\mu\delta_{\mu\nu}$,用上面给出的 $\alpha_{2\mu}$ 的特殊表达式,唯一的非零项是

$$\frac{\partial \alpha_{2\pm2}}{\partial \theta_z'} = \mp 2\mathrm{i}a_2 \qquad ③$$

对于 x' 和 y' 分量,我们立刻注意到对式①中 α_{20} 和 $\alpha_{2\pm2}$ 导数的贡献消失,因为算符只将这些分量耦合到 $\alpha_{2\pm1}$,它们本身为零。对于剩余的分量,其计算现在是平常的:

$$\frac{\partial \alpha_{2\pm1}}{\partial \theta_x'} = -\frac{\mathrm{i}}{2}(\sqrt{6}a_0 + 2a_2), \quad \frac{\partial \alpha_{2\pm1}}{\partial \theta_y'} = \pm\frac{1}{2}(\sqrt{6}a_0 - 2a_2) \qquad ④$$

所有的组成部分都已经收集在一起了,这样最后的结果是

$$\begin{aligned} \dot{\alpha}_{20} &= \dot{a}_0 \\ \dot{\alpha}_{2\pm1} &= -\frac{\mathrm{i}}{2}(\sqrt{6}a_0 + 2a_2)\omega_1' \pm \frac{1}{2}(\sqrt{6}a_0 - 2a_2)\omega_2' \\ \dot{\alpha}_{2\pm2} &= \dot{a}_2 \mp 2\mathrm{i}a_2\omega_3' \end{aligned} \qquad ⑤$$

6.5.2 量子哈密顿量

下一步是量子化。人们不禁要简单地重复在6.3.2小节中遵循的标准过程:写下拉格朗日量,确定共轭动量和哈密顿量,然后需要坐标和动量之间的正则交换关系。然而,在这种情况下,并非那么简单,因为坐标 ξ,η 和 $\boldsymbol{\theta}'$ 定义了一个曲线坐标系。要明白这意味着和暗示着什么,可查看平面上极坐标的简单例子。

在经典力学中,笛卡儿坐标系中的拉格朗日量

$$L = \frac{m}{2}(\dot{x}^2 + \dot{y}^2) - V(x,y) \qquad (6.189)$$

变换到极坐标 (r,φ) 时变成

$$L = \frac{m}{2}(\dot{r}^2 + r^2\dot{\varphi}^2) - V(r,\varphi) \qquad (6.190)$$

共轭动量是

$$p_r = \frac{\partial L}{\partial \dot{r}} = m\dot{r}, \quad p_\varphi = \frac{\partial L}{\partial \dot{\varphi}} = mr^2\dot{\varphi} \qquad (6.191)$$

经典哈密顿量变成

$$H = \frac{1}{2m}\left(p_r^2 + \frac{p_\varphi^2}{r^2}\right) + V(r,\varphi) \qquad (6.192)$$

通过要求

$$[r, \hat{p}_r] = \mathrm{i}\hbar, \quad [\varphi, \hat{p}_\varphi] = \mathrm{i}\hbar \qquad (6.193)$$

转到动量算符,得到

$$\hat{p}_r = -\mathrm{i}\hbar\frac{\partial}{\partial r},\quad \hat{p}_\varphi = -\mathrm{i}\hbar\frac{\partial}{\partial \varphi} \tag{6.194}$$

将此代入到式(6.192)中,得到算符

$$\hat{H}_{\text{wrong}} = -\frac{\hbar^2}{2m}\left(\frac{\partial^2}{\partial r^2}+\frac{\partial^2}{\partial \varphi^2}\right)+V(r,\varphi) \tag{6.195}$$

这与通过在量子化笛卡儿表达式中执行坐标变换而获得的众所周知的结果不一致:

$$\begin{aligned}\hat{H} &= -\frac{\hbar^2}{2m}\left(\frac{\partial^2}{\partial x^2}+\frac{\partial^2}{\partial y^2}\right)+V(x,y)\\ &= -\frac{\hbar^2}{2m}\left(\frac{1}{r}\frac{\partial}{\partial r}r\frac{\partial}{\partial r}+\frac{1}{r^2}\frac{\partial}{\partial \varphi^2}\right)+V(r,\varphi)\end{aligned} \tag{6.196}$$

造成这种差异的原因是什么?在经典表达式中,动能的第一部分可以写成 p_r^2 或 $(1/r)p_r r p_r$,它们在经典上是相同的,但当 p_r 是一个不与 r 对易的算符时,会产生两个不同的动能算符。当动能包含坐标相关因子时,可能会出现这种模糊性,曲线坐标是这样的典型情况。从这个简单的例子可以看出,只有基于类笛卡儿坐标系的量子化,才能选择正确的版本。“笛卡儿”在此处上下文中指的是一个系统,其中动能在速度上是纯二次的,没有坐标依赖系数。

在一般情况下,相关的笛卡儿坐标系甚至可能还不知道,要遵循的程序已由波多尔斯基(Podolsky)发展出来[165],主要在于应用曲线坐标的公式。在我们的情形中,用 $\alpha_{2\mu}$ 写出的哈密顿量是笛卡儿的,并已在 6.3.2 小节中进行了量子化,这样我们也可以把

$$\hat{T} = \frac{1}{2B}\sum_{\mu=-2}2(-1)^\mu\hat{\pi}_{2\mu}\hat{\pi}_{2-\mu} = -\frac{\hbar^2}{2B}\sum_{\mu=-2}^{2}\frac{\partial}{\partial\alpha_{2\mu}}\frac{\partial}{\partial\alpha_{2-\mu}} \tag{6.197}$$

给出的动能算符转换到新的坐标$(\xi,\eta,\boldsymbol{\theta}')$。

在本书中,只处理根据式(6.188)的最低阶能量的简单情况,这样假设 $\xi,\eta\ll\beta_0$。通过使用微分几何的结果,可以最容易地进行变换计算。在曲线坐标 x_i 中,线元一般由如下表达式给出:

$$\mathrm{d}s^2 = \sum_{ij}g_{ij}\mathrm{d}x_i\mathrm{d}x_j \tag{6.198}$$

其中 g_{ij} 是度规张量。于是在这些坐标中拉普拉斯算子变为

$$\Delta = \frac{1}{\sqrt{g}}\sum_{ij}\frac{\partial}{\partial x_i}\left(\sqrt{g}g_{ij}^{-1}\frac{\partial}{\partial x_j}\right) \tag{6.199}$$

其中 g 是度规张量的行列式,g^{-1}是它的倒数。于是动能算符变为

$$\hat{T} = -\frac{\hbar^2}{2B}\Delta \tag{6.200}$$

“线元”必须解释为在经典动能中出现的表达式:

$$T = \frac{1}{2}B\frac{\mathrm{d}^2s}{\mathrm{d}t^2} = \frac{1}{2}B\sum_{\mu=-2}^{2}\frac{|\mathrm{d}\alpha_{2\mu}|^2}{\mathrm{d}t^2} \tag{6.201}$$

从中我们得出

$$ds^2 = \sum_{\mu=-2}^{2} | d\alpha_{2\mu} |^2 d\xi^2 + 2d\eta^2 + \sum_k \frac{\mathcal{J}_k d\theta_k'^2}{B} \tag{6.202}$$

因此度规张量是对角的，有

$$g_{\xi\xi} = 1, \quad g_{\eta\eta} = 2, \quad g_{\theta_k'\theta_k'} = \frac{\mathcal{J}_k}{B} \quad (k = 1,2,3) \tag{6.203}$$

它的倒数可以简单地计算出：

$$g_{\xi\xi}^{-1} = 1, \quad g_{\eta\eta}^{-1} = \frac{1}{2}, \quad g_{\theta_k'\theta_k'}^{-1} = \frac{B}{\mathcal{J}_k} \tag{6.204}$$

行列式为

$$g = 2B^{-3}\mathcal{J}^2\mathcal{J}_3 \tag{6.205}$$

将这些表达式代入拉普拉斯算子非常简单，因为具有对角线结构，并且它们仅依赖于 η。这样，在所有项里，除了 η 依赖项(必须考虑其导数)外，$\sqrt{g}$项消去。这使得 η 出现一阶导数：

$$\begin{aligned}\hat{T} &= \frac{-\hbar^2}{2B}\left[\frac{\partial^2}{\partial\xi^2} + \frac{1}{2}\frac{\partial^2}{\partial\eta^2} + \frac{1}{2\sqrt{g}}\frac{\partial\sqrt{g}}{\partial\eta}\frac{\partial}{\partial\eta} + \sum_k \frac{B}{\mathcal{J}_k}\frac{\partial^2}{\partial\theta_k'^2}\right] \\ &= \frac{-\hbar^2}{2B}\left(\frac{\partial^2}{\partial\xi^2} + \frac{1}{2}\frac{\partial^2}{\partial\eta^2} + \frac{1}{2\eta}\frac{\partial}{\partial\eta}\right) + \frac{\hat{J}_1'^2 + \hat{J}_2'^2}{2\mathcal{J}} + \frac{\hat{J}_3'^2}{16B\eta^2}\end{aligned} \tag{6.206}$$

一个重要的补充点是体元的确定。根据微分几何，体元是$\sqrt{|g|}$乘以变量微分的产物。在我们这里的情况下，这就得到

$$dV = 4 | \eta | B^{-1}\mathcal{J} d\xi d | \eta | d\theta_1' d\theta_2' d\theta_3' \tag{6.207}$$

注意，这里必须出现 η 的绝对值，因为体元必须是正的。dV 中的常数因子是不重要的，因为它将被隐藏在波函数的归一化中。此外，在实际计算中，绕内禀轴的转动角 θ_k' 将用欧拉角代替，因为我们已经看到，它们更适合整体考虑，并且从 6.4 节中对刚性转子的处理，可以预期波函数的角度依赖性包含以欧拉角为参数的转动矩阵。所以我们把角度部分写成缩写形式 $d^3\theta$，并取体元为

$$dV = d\xi \, | \eta | \, d\eta d^3\theta \tag{6.208}$$

这意味着集体薛定谔方程(现在已经采用如下形式：

$$\hat{H}_1(\xi,\eta,\boldsymbol{\theta})\psi(\xi,\eta,\boldsymbol{\theta}) = E\psi(\xi,\eta,\boldsymbol{\theta}) \tag{6.209}$$

其中

$$\begin{aligned}\hat{H}_1(\xi,\eta,\boldsymbol{\theta}) &= \frac{-\hbar^2}{2B}\left(\frac{\partial^2}{\partial\xi^2} + \frac{1}{2}\frac{\partial^2}{\partial\eta^2} + \frac{1}{2\eta}\frac{\partial}{\partial\eta}\right) \\ &\quad + \frac{\hat{J}_1'^2 + \hat{J}_2'^2}{2\mathcal{J}} + \frac{\hat{J}_3'^2}{16B\eta^2} + \frac{1}{2}C_0\xi^2 + C_2\eta^2)\end{aligned} \tag{6.210}$$

的解必须按照下式归一化：

$$\int d\xi\ |\ \eta\ |\ d\eta d^3\theta\psi^*(\xi,\eta,\boldsymbol{\theta})\psi(\xi,\eta,\boldsymbol{\theta}) = 1 \tag{6.211}$$

所有矩阵元中都必须使用相同类型的积分。

哈密顿量的下标 1 表明它只是一种临时形式，因为有一个技巧来简化体元和薛定谔方程本身。通过下式定义一个新的波函数 φ：

$$\varphi(\xi,\eta,\boldsymbol{\theta}) = \sqrt{|\ \eta\ |}\psi(\xi,\eta,\boldsymbol{\theta}) \tag{6.212}$$

于是矩阵元被简化为

$$\int d\xi d\eta d^3\theta\varphi^*(\xi,\eta,\boldsymbol{\theta})\varphi(\xi,\eta,\boldsymbol{\theta}) = 1 \tag{6.213}$$

在薛定谔方程中，附加因子导致仅 η 的导数需修改。我们有

$$\begin{aligned}\left(\frac{\partial^2}{\partial\eta^2}+\frac{1}{\eta}\frac{\partial}{\partial\eta}\right)\psi &= \left(\frac{\partial^2}{\partial\eta^2}+\frac{1}{\eta}\frac{\partial}{\partial\eta}\right)\frac{\psi}{\sqrt{|\ \eta\ |}}\\ &= \frac{1}{\sqrt{|\ \eta\ |}}\left(\frac{\partial^2}{\partial\eta^2}+\frac{1}{4\eta^2}\right)\varphi\end{aligned} \tag{6.214}$$

其中符号由于平方根中的绝对值而取消。结果 φ 满足一个新的薛定谔方程，这个方程具有对 η 的简单二阶导数，但是有一个额外的势，这是由于它对 η^{-2} 的依赖性可以与 $\hat{J}_3^2$ 项相结合：

$$\hat{H}(\xi,\eta,\boldsymbol{\theta})\varphi(\xi,\eta,\boldsymbol{\theta}) = E\varphi(\xi,\eta,\boldsymbol{\theta}) \tag{6.215}$$

其中

$$\begin{aligned}\hat{H}(\xi,\eta,\boldsymbol{\theta}) =& \frac{-\hbar^2}{2B}\left(\frac{\partial^2}{\partial\xi^2}+\frac{1}{2}\frac{\partial^2}{\partial\eta^2}\right)\\ &+\frac{\hat{J}_1'^2+\hat{J}_2'^2}{2\mathscr{J}}+\frac{\hat{J}_3'^2-\hbar^2}{16B\eta^2}+\frac{1}{2}C_0\xi^2+C_2\eta^2\end{aligned} \tag{6.216}$$

转动-振动模型的哈密顿量的这个版本将是下一小节研究解的起点。

从前面的讨论中，读者应该牢记与曲线坐标中的量子化相关的模糊性，特别地，通常可以去除非恒定体元，以利于一个不同的动能算符和一个势能的变化。在任何情况下，人们都必须谨慎地以一致的方式使用哈密顿量、波函数和体元。

在求解由式(6.215)和式(6.216)给出的薛定谔方程之前，我们简要说明一下，如果转动惯量中的形变依赖性不被忽略，则更一般的表达式是有效的。推导相当类似于这里已经提出的，但当然要复杂得多。哈密顿量中的附加项是转动-振动相互作用，这由下式给出：

$$\begin{aligned}\hat{H}_{\text{vib-rot}} =& \frac{\hat{J}'^2-\hat{J}_3'^2}{2\mathscr{J}}\left(\frac{2\eta^2}{\beta_0^2}-\frac{2\xi}{\beta_0}+\frac{3\xi^2}{\beta_0^2}\right)\\ &+\frac{\hat{J}_+'^2+\hat{J}_-'^2}{4\mathscr{J}}\left(2\sqrt{6}\frac{\xi\eta}{\beta_0^2}-\frac{2\sqrt{6}}{3}\frac{\eta}{\beta_0}\right)\end{aligned} \tag{6.217}$$

所有项都起源于形变依赖的转动惯量的扩展。这个版本的哈密顿量首先由费斯勒

和格雷纳给出[68,69]，他们发现，仅使用上述体元的消除，就可能得到一个简单的解析解。

最后，我们还给出用 β 和 γ 表示的哈密顿量的形式，正如玻尔最初所做的那样[24]：

$$\hat{H} = -\frac{\hbar^2}{2B}\left[\frac{1}{\beta^4}\frac{\partial}{\partial\beta}\beta^4\frac{\partial}{\partial\beta} + \frac{1}{\beta^2}\frac{1}{\sin(3\gamma)}\frac{\partial}{\partial\gamma}\sin(3\gamma)\frac{\partial}{\partial\gamma}\right] + \sum_{k=1}^{3}\frac{\hat{J}_k'^2}{2\mathscr{J}_k} + V(\beta,\gamma) \tag{6.218}$$

这里的转动惯量是以一般形式写出的。可以通过在这组变量中执行量子化来简单地获得哈密顿量的这种变体。在这种情况下体元变为

$$\mathrm{d}V = \beta^4 \mid \sin(3\gamma) \mid \mathrm{d}\beta\mathrm{d}\gamma\mathrm{d}^3\theta \tag{6.219}$$

6.5.3 谱和本征函数

现在我们可以构造转动-振动模型的本征函数了。如果忽略了转动-振动相互作用，则本征函数可以被解析地给出，因此使用式(6.216)的哈密顿量。该解决方案通过熟悉的分离变量方法进行。η^{-2}项类似于离心势，可以用与熟悉的问题相同的方式处理。哈密顿量中的转动能将导致刚性转子的本征函数，而 ξ 依赖和 η 依赖部分明显可以分离，从而使试验波函数取如下形式：

$$\psi(\xi,\eta,\boldsymbol{\theta}) = \mathscr{D}_{MK}^{(I)*}(\boldsymbol{\theta})g(\xi)\chi(\eta) \tag{6.220}$$

额外的量子数将根据需要添加。代入薛定谔方程，得到

$$\left\{\frac{\hbar^2}{2\mathscr{J}}[I(I+1)-K^2] + \frac{\hbar^2}{16B}\frac{K^2-1}{\eta^2} - \frac{\hbar^2}{2B}\left(\frac{\partial^2}{\partial\xi^2} + \frac{1}{2}\frac{\partial}{\partial\eta^2}\right) + \frac{1}{2}C_0\xi^2 + C_2\eta^2\right\}g(\xi)\chi(\eta) = Eg(\xi)\chi(\eta) \tag{6.221}$$

注意 K 仍然是一个好量子数，这反映了核绕体固定 z 轴是轴对称的这个事实。下一步是完成 ξ 依赖和 η 依赖的分离。使用 E_0 作为分离常数，可得

$$E_0 g(\xi) = \left(-\frac{\hbar^2}{2B}\frac{\mathrm{d}^2}{\mathrm{d}\xi^2} + \frac{1}{2}C_0\xi^2\right)g(\xi)$$

$$(E-E_0)\chi(\eta) = \left\{\frac{\hbar^2}{2\mathscr{J}}[I(I+1)-K^2] + \frac{\hbar^2}{16B}\frac{K^2-1}{\eta^2} - \frac{\hbar^2}{4B}\frac{\mathrm{d}^2}{\mathrm{d}\eta^2} + C_2\eta^2\right\}\chi(\eta) \tag{6.222}$$

解这两个微分方程其实很简单，因为在基本量子力学中，人们对它们应该很熟悉。显然，我们在 ξ 自由度上有一个纯谐振子，其本征能量由下式给出：

$$E_{0,n_\beta} = \hbar\omega_\beta\left(n_\beta + \frac{1}{2}\right) \quad (n_\beta = 0,1,\cdots) \tag{6.223}$$

其中 $\omega_\beta = \sqrt{C_0/B}$。关于 η 的方程可以由球坐标中的三维谐振子得出。取

$\psi(r,\theta,\varphi)=\frac{1}{r}u(r)Y_{lm}(\theta,\varphi)$，谐振子的径向方程取如下形式：

$$\left[-\frac{\hbar^2}{2m}\frac{\mathrm{d}^2u}{\mathrm{d}r^2}+\frac{\hbar^2 l_K(l_K+1)}{2mr^2}+\frac{1}{2}m\omega_\gamma^2r^2\right]u(r)=E(r)u(r) \quad (6.224)$$

记号 l_K 和 ω_γ 的原因现在将变得清楚。该方程具有以径向量子数 n_γ 为特征的本征值，具体如下：

$$E_{n_\gamma}=\hbar\omega_\gamma\left(2n_\gamma+l_K+\frac{3}{2}\right)\quad(n_\gamma=0,1,\cdots) \quad (6.225)$$

比较式(6.222)和式(6.224)，我们得出如下联系：

$$m\to 2B,\quad l_K(l_K+1)\to\frac{1}{4}(K^2-1),\quad \omega_\gamma\to\sqrt{\frac{C_2}{B}} \quad (6.226)$$

$$E_{n_\gamma}\to E-E_0-\frac{\hbar^2}{2\mathscr{J}}[I(I+1)-K^2] \quad (6.227)$$

求解关于 l_K 的二次方程得出

$$l_K=\frac{1}{2}(-1\pm K) \quad (6.228)$$

选择任一个符号并不影响 $l_K(l_K+1)$的值，因此，我们可以选择 $l_K=\frac{1}{2}(|K|-1)$，以确保 l_K 的正值与其角动量的类似物一致。

在确定相关的波函数之前，我们注意到总能量现在由下式给出：

$$E_{n_\beta n_\gamma IK}=\hbar\omega_\beta\left(n_\beta+\frac{1}{2}\right)+\hbar\omega_\gamma\left(2n_\gamma+\frac{1}{2}|K|+1\right)+\frac{\hbar^2}{2\mathscr{J}}[I(I+1)-K^2] \quad (6.229)$$

对于 β 方向上的本征函数，可以直接使用一维谐振子本征函数。由于通常在二次量子化公式中矩阵元的计算较容易，我们不需要细节，简单地把它们写为$\langle\xi|n_\beta\rangle$。在 γ 方向上，三维谐振子的结果显示

$$u_{l_K n_\gamma}(\eta)=N_{l_K n_\gamma}\eta^{l_K}\mathrm{e}^{-\lambda\eta^2/2}\,{}_1F_1\left(-n_\gamma,l_K+\frac{3}{2},\lambda\eta^2\right) \quad (6.230)$$

其中 $\lambda=2B\omega_\gamma/\hbar$ 对应于振子中的因子 $m\omega/\hbar$。使用式(6.229)的类似结果，上式转化成

$$\chi_{Kn_\gamma}(\eta)=N_{Kn_\gamma}\sqrt{|\eta|}\,\eta^{K/2}\mathrm{e}^{-\lambda\eta^2/2}\,{}_1F_1\left(-n_\gamma,l_K+\frac{3}{2},\lambda\eta^2\right) \quad (6.231)$$

为完整起见，我们也给出归一化因子：

$$N_{Kn_\gamma}=\frac{\sqrt{\lambda^{l_K+3/2}\Gamma\left(l_K+\frac{3}{2}+n_\gamma\right)}}{\sqrt{\eta_\gamma!}\,\Gamma\left(l_K+\frac{3}{2}\right)} \quad (6.232)$$

波函数中唯一令人惊讶的部分是因子 $\sqrt{|\eta|}$ 中的绝对值。这在标准谐振子中没有

问题，因为径向坐标总是正的；然而，在这里 η 可以是负的，当将波函数对称化时，必须担心这一点。这个地方选择绝对值的论据是：由于式(6.208)的体元中的对应因子，这样一个因子必须出现在波函数中。

当加入转动波函数时，总波函数具有结构

$$\psi(\xi,\eta,\boldsymbol{\theta}) = \mathscr{D}_{MK}^{(I)*}(\boldsymbol{\theta})\chi_{Kn_\gamma}(\eta)\langle\beta\mid n_\beta\rangle \tag{6.233}$$

但由于内禀轴选择的模糊性，我们仍然必须为这个表达式加上对称性。6.2.4 小节研究的三个基本对称运算中，$\hat{R}_3$ 不适用，因为我们已经将 z'轴固定为基态的对称轴，这样就不允许对轴的排列(刚性转子也是如此)。现在 $\hat{R}_1$ 不影响(β,γ)坐标，它在转动矩阵上的作用与转子相同：

$$\hat{R}_1\mathscr{D}_{MK}^{(I)*}(\boldsymbol{\theta}) = (-1)^I\mathscr{D}_{M-K}^{(I)*}(\boldsymbol{\theta}) \tag{6.234}$$

注意参数中的 $-K$，它来自函数的 $e^{iK\theta_3}$ 依赖性(在转子的情况下我们总是有 $K=0$)。最后，$\hat{R}_2$ 反转 η，并将 $\pi/2$ 加到 θ_3 上，因此，我们从转动本征函数中提取一个因子 $e^{i\pi K/2}$。根据式(6.231)，η 的反转产生一个附加因子$(-1)^{K/2}$。总的结果是

$$\hat{R}_2\psi(\xi,\eta,\boldsymbol{\theta}) = (-1)^K\psi(\xi,\eta,\boldsymbol{\theta}) \tag{6.235}$$

由此立即得 K 应该是偶数的要求：

$$K = 0,\ \pm 2,\ \pm 4,\cdots \tag{6.236}$$

对于刚性转子，$\hat{R}_1$ 不立即限制一个量子数。正确的对称性只能通过明确的对称化来实现。波函数的转动部分应该由下式给出：

$$\mathscr{D}_{MK}^{(I)*} + (-1)^I\mathscr{D}_{M-K}^{(I)*} \tag{6.237}$$

波函数的其他部分完全不受影响，因为 η 依赖的波函数仅包含$|K|$。于是只考虑 K 的正值就足够了。注意，对于 $K=0$，对称的波函数在 I 是奇数的情况下消失，所以在这种情况下只允许 I 是偶数。

我们现在能够总结一下结果。把一个归一化因子加到波函数上(这是由于转动波函数，因为假设其他成分被归一化)，得到

$$\begin{aligned}\langle\xi\eta\boldsymbol{\theta}\mid IMKn_\beta n_\gamma\rangle &= \psi_{IMKn_\beta n_\gamma}(\xi\eta\boldsymbol{\theta})\\ &= \sqrt{\frac{2I+1}{16\pi^2(1+\delta_{K0})}}\left(\mathscr{D}_{MK}^{(I)*} + (-1)^I\mathscr{D}_{M-K}^{(I)*}\right)\chi_{Kn_\gamma}(\eta)\langle\xi\mid\eta_\beta\rangle\end{aligned} \tag{6.238}$$

量子数的允许值已被确定(注意，对于固定的 K，角动量 I 必须满足 $I\geqslant K$，因为 K 是它的投影)为

$$K = 0,2,4,\cdots,\quad I = \begin{cases}K,K+1,K+2,\cdots & (K\neq 0)\\ 0,2,4,\cdots & (K=0)\end{cases} \tag{6.239}$$

$$M = -I,-I+1,\cdots,+I,\quad n_\gamma = 0,1,2,\cdots,\quad n_\beta = 0,1,2,\cdots$$

为了完整起见，将能量公式再写一遍：

$$E_{n_\beta n_\gamma IK} = \hbar\omega_\beta\left(n_\beta + \frac{1}{2}\right) + \hbar\omega_\gamma\left(2n_\gamma + \frac{1}{2}\mid K\mid + 1\right) + \frac{\hbar^2}{2\mathscr{J}}[I(I+1) - K^2] \tag{6.240}$$

能谱的结构如图 6.9 所示。这些带的特征由一组(K, n_β, n_γ)给定并且遵循刚性转子的 $I(I+1)$规则。主要的带是:

(1) 基态带(g.s.),由态$|IM000\rangle$组成,其中 I 为偶数。能量由 $\hbar^2 I(I+1)/(2\mathscr{J})$给出。

(2) β 带,包含态$|IM010\rangle$,其中在 β 方向加了一个振动量子。它开始于高出基态 $\hbar\omega_\beta$ 的地方,也只包含偶数角动量。

(3) γ 带似乎不像它的名字暗示的那样是包含 γ 方向的一个量子的带(译者注:γ 带确实包含 γ 方向的一个量子 $n_\gamma = 1$)。取而代之的是它以 $K = 2$ 为特征,因此态由$|IM201\rangle$给出。在谱中很容易把它与 β 带作区分,因为它以 2^+ 开始,还包含奇数角动量。带头$|2M201\rangle$的激发能如下:

$$E_\gamma = \frac{\hbar^2}{\mathscr{J}} + \hbar\omega_\gamma \tag{6.241}$$

清楚地包含了转动和 γ 振动的贡献,后者导致它的这个名字。

(4) 之后更高的带。这些带应该是 $K = 4$ 的附加 γ 带和 $n_\gamma = 1$ 的带。

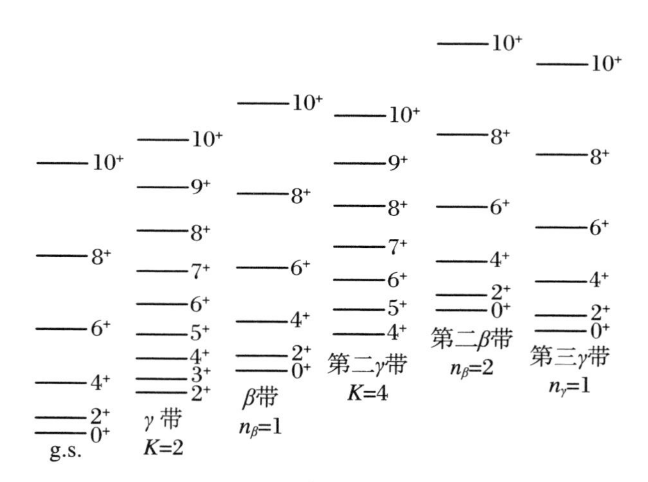

图 6.9　转动-振动模型的谱结构。带的名称和量子数标示在带下面

为什么 $K = 2$,但是 $n_\gamma = 0$ 的 γ 带从 γ 振动中获得能量贡献?这是因为绕核的 z'轴的转动惯量表现为 $8B\eta^2$,导致一个项的出现,此项让人联想到哈密顿量式(6.216)中的离心势。这引起转动和 γ 振动之间的强耦合,并从物理意义的角度表达了只有在动力学三轴变形存在的情况下,具有非消失 K 的转动才成为可能的事实。

6.5.4 矩和跃迁概率

在6.3.4小节中计算了集体四极算符，它由下式给出：

$$\hat{Q}_{2\mu} = \frac{3Ze}{4\pi}R_0^2\left(\hat{\alpha}_{2\mu} - \frac{10}{\sqrt{70\pi}}[\hat{\alpha} \times \hat{\alpha}]_\mu^2\right) \tag{6.242}$$

这个表达式必须转化到内禀系统，这将在练习6.8中进行。结果是

$$\begin{aligned}\hat{Q}_{2\mu} = \frac{3Ze}{4\pi}R_0^2\Big(&\mathscr{D}_{\mu 0}^{(2)*}(\boldsymbol{\theta})\left\{\beta_0 + \xi + \frac{2}{7}\sqrt{\frac{5}{\pi}}[(\beta_0 + \xi)^2 - 2\eta^2]\right\} \\ &+ (\mathscr{D}_{\mu 2}^{(2)*}(\boldsymbol{\theta}) + \mathscr{D}_{\mu -2}^{(2)*}(\boldsymbol{\theta}))\eta\left[1 - \frac{4}{7}\sqrt{\frac{5}{\pi}}(\beta_0 + \xi)\right]\Big)\end{aligned} \tag{6.243}$$

回顾6.3.5小节中四极矩的定义，在该模型中，对于一个态我们有

$$Q_{IKn_\beta n_\gamma} = \sqrt{\frac{16\pi}{5}}\langle IM = IKn_\beta n_\gamma \mid \hat{Q}_{20} \mid IM = IKn_\beta n_\gamma\rangle \tag{6.244}$$

结果在练习6.9中计算到最低阶，即忽略四极算符的ξ依赖和η依赖部分。它与n_β和n_γ无关，由下式给出：

$$Q_{IK} = Q_0\frac{3K^2 - I(I+1)}{(I+1)(2I+3)}(1+\alpha) \tag{6.245}$$

这里把

$$\alpha = \frac{2}{7}\sqrt{\frac{5}{\pi}}\beta_0 \tag{6.246}$$

作为简写引入。内禀四极矩为

$$Q_0 = \frac{3ZeR_0^2}{\sqrt{5\pi}}\beta_0 \tag{6.247}$$

这个方程的物理输入很有趣。在所考虑的极限中，核是转动的静态形变的形状。在其主轴参考系中该形状的四极矩正好由Q_0给出(请注意，校正因子$1+\alpha$不包括在内)。角动量依赖因子描述了什么？对于$I=K=0$的基态，我们得到$Q=0$，这仅仅表明原子核在所有空间方向上具有等概率取向的态是球对称的，没有表现出明显的形变。对于$I=2$和$K=0$的第一激发态，我们得到$Q=-2Q_0/7$。如果内禀形变为长椭球，则$Q_0>0$，在实验室参考系中观察到的四极矩变为负的，反映了这样的事实，即当取时间平均时，快速转动的雪茄产生扁椭球形的表观形状。

我们不对四极算符的矩阵元进行详细计算。相反，我们将指出从它的函数形式显而易见的一些一般性质。记住ξ和η被假定为与平衡变形的小偏离，我们发现跃迁概率将随ξ和η的幂迅速下降。

支配项是只包含β_0和无ξ或η的项。由于后者，它不能连接不同n_β或n_γ的态。这必须由一阶和二阶项来完成。可惜的是，在这里给出的模型中计算这些是相对无用的，因为在哈密顿量中被忽略的项是同阶的(它们主要是由转动惯量的形

变依赖性引起的)。然而,我们在下面给出结果。它们可以通过积分四极算符的约化矩阵元来直接求值。一般来说,我们有

$$B(\mathrm{E2};I_i \rightarrow I_f) = \frac{2I_f+1}{2I_i+1}\left|\langle I_f \,||\, \hat{Q} \,||\, I_i\rangle\right|^2 \tag{6.248}$$

由留给练习 6.9 的计算得出最终的结果:

$$\begin{aligned}
&B(\mathrm{E2};I_i\text{基态带} \rightarrow I_f\text{ 基态带}) = \frac{5Q_0^2}{16\pi}(I_i 2 I_f \mid 000)^2(1+\alpha)^2 \\
&B(\mathrm{E2};I_i\,\gamma\text{ 带} \rightarrow I_f\,\gamma\text{ 带}) = \frac{5Q_0^2}{16\pi}(I_i 2 I_f \mid 202)^2(1+\alpha)^2 \\
&B(\mathrm{E2};I_i\,\beta\text{ 带} \rightarrow I_f\,\beta\text{ 带}) = \frac{5Q_0^2}{16\pi}(I_i 2 I_f \mid 000)^2(1+\alpha)^2 \\
&B(\mathrm{E2};I_i\,\gamma\text{ 带} \rightarrow I_f\text{ 基态带}) = \frac{5Q_0^2}{16\pi}(I_i 2 I_f \mid 220)^2(1-2\alpha)^2\frac{3\hbar}{\omega_\gamma \mathscr{J}} \\
&B(\mathrm{E2};I_i\,\beta\text{ 带} \rightarrow I_f\text{基态带}) = \frac{5Q_0^2}{16\pi}(I_i 2 I_f \mid 000)^2(1+2\alpha)^2\frac{3\hbar}{2\omega_\beta \mathscr{J}}
\end{aligned} \tag{6.249}$$

跃迁概率允许确定内禀四极矩,从而确定形变本身,而谱中的能量间隔确定转动惯量。

这里给出的跃迁率公式的一个简单结果是值得提及的:计算从 γ 带带头到基态带的 2^+ 和 0^+ 的跃迁的 $B(\mathrm{E2})$ 值的比,人们立即发现它正是由克莱布希-戈尔登系数的比给出的:

$$\frac{B(\mathrm{E2};2_\gamma^+ \rightarrow 2_{\mathrm{g.s.}}^+)}{2_\gamma^+ \rightarrow 0_{\mathrm{g.s.}}^+} = \frac{(222 \mid 022)^2}{(022 \mid 022)^2} = \frac{10}{7} \tag{6.250}$$

这是阿拉加规则(Alaga rules)之一。实验上,它不太好用,除非考虑转动-振动相互作用。至于谐振子模型,其最简单形式的转动-振动模型似乎包含过高的对称度,因此,许多矩阵元消失,轻微的对称破缺对跃迁概率有强烈的影响。一个有趣的例子也是 β 和 γ 带之间的跃迁,在这个模型中,它必须来自四极张量中的二阶项(需要一个 ξ 和一个 η 的乘积来改变两个方向上的声子数),或由哈密顿量(其导致波函数中 β 和 γ 振动的混合)中的相应项得到。在任何情况下,跃迁都应该是小的,这是与相互作用玻色子近似(IBA)模型的明显区别。这将在 6.8.6 小节中简要讨论。

练习 6.8　四极算符的变换

问题　将四极算符变换到坐标 $\boldsymbol{\theta}$,ξ 和 η。

解答　根据定义,欧拉角将空间固定变量 $\alpha_{2\mu}$ 变为体固定变量 $\alpha'_{2\mu}$,其中 $\alpha'_{20} = \beta_0 + \xi$ 和 $\alpha'_{2\pm2} = \eta$ 是仅有的非消失分量。要回到空间固定系统,需要变换

$$\alpha_{2\mu} = \sum_\nu \mathscr{D}_{\mu\nu}^{(2)*}(\boldsymbol{\theta})\alpha'_{2\nu} \tag{①}$$

这立即产生式(6.243)中的一阶项。对于二阶项,我们注意到,由于两个 $\alpha_{2\mu}$ 耦合成

一个球张量,因此只需要一个转动矩阵就可以将它们变换到体固定参考系:

$$[\alpha \times \alpha]^2_\mu = \sum_\nu \mathscr{D}^{(2)*}_{\mu\nu}(\boldsymbol{\theta})[\alpha' \times \alpha']^2_\nu \quad ②$$

现在剩下求体固定参考系中的角动量耦合。考虑非零分量,我们首先计算

$$\begin{aligned}
&[\alpha' \times \alpha']^2_0 = ((222 \mid -220) + (222 \mid 2-20))\eta^2 + (222 \mid 000)(\beta_0 + \xi)^2 \\
&[\alpha' \times \alpha']^2_{\pm 1} = 0 \\
&[\alpha' \times \alpha']^2_{\pm 2} = ((222 \mid 0 \pm 2 \pm 2) + (222 \mid \pm 20 \pm 2))(\beta_0 + \xi)\eta
\end{aligned} \quad ③$$

克莱布希-戈尔登系数由下式给出:

$$\begin{aligned}
(222 \mid -220) &= (220 \mid 0 \pm 2 \pm 2) = (222 \mid \pm 20 \pm 2) \\
&= -(222 \mid 000) = \sqrt{\frac{2}{7}}
\end{aligned} \quad ④$$

现在把各项相加以获得式(2.49)的结果,这是一件简单的事。

练习 6.9 四极矩和跃迁概率

问题 导出四极矩公式式(6.245),以及式(6.249)前三个公式的矩阵元。

解答 要做这一点,我们需要附录中的两个一般公式。第一个给出所有需要的克莱布希-戈尔登系数:

$$(I2I \mid M0M) = \frac{3M^2 - I(I+1)}{\sqrt{I(I+1)(2I+3)(2I-1)}} \quad ①$$

第二个显示对三个转动矩阵积分的结果:

$$\begin{aligned}
&\int \mathrm{d}^3\theta \mathscr{D}^{(I_3)}_{M_3K_3}(\boldsymbol{\theta})\mathscr{D}^{(I_2)*}_{M_2K_2}(\boldsymbol{\theta})\mathscr{D}^{(I_1)*}_{M_1K_1} \\
&= \frac{8\pi^2}{2I_3+1}(I_1I_2I_3 \mid M_1M_2M_3)(I_1I_2I_3 \mid K_1K_2K_3)
\end{aligned} \quad ②$$

对于四极矩,我们需要计算

$$Q_{IKn_\beta n_\gamma} = \sqrt{\frac{16\pi}{5}}\langle IM = IKn_\beta n_\gamma \mid \hat{Q}_{20} \mid IM = IKn_\beta n_\gamma \rangle \quad ③$$

在初始和终态的振动量子数相同的情况下,ξ 依赖和 η 依赖部分没有贡献,因此四极算子被简化为

$$\hat{Q}_{20} \to \frac{3Ze}{4\pi}R_0^2\mathscr{D}^{(2)*}_{00}\beta_0(1+\alpha) \quad ④$$

引入内禀四极矩,我们有

$$Q = Q_0(1+\alpha)\langle IM = IKn_\beta n_\gamma \mid \mathscr{D}^{(2)*}_{00} \mid IM = IKn_\beta n_\gamma \rangle \quad ⑤$$

振动部分由于归一化而退出,因此,在将转动波函数代入之后,矩阵元变为

$$\begin{aligned}
Q = &\, Q_0(1+\alpha)\frac{2I+1}{16\pi^2(1+\delta_{K0})} \\
&\cdot \int \mathrm{d}^3\theta(\mathscr{D}^{(I)}_{MK} + (-1)^I\mathscr{D}^{(I)}_{MK})\mathscr{D}^{(2)*}_{00}(\mathscr{D}^{(I)*}_{MK} + (-1)^I\mathscr{D}^{(I)*}_{MK})
\end{aligned} \quad ⑥$$

对于 $K=0$,积分变为

$$4\int d^3\theta \mathscr{D}_{M0}^{(I)}\mathscr{D}_{00}^{(2)*}\mathscr{D}_{M0}^{(I)*} \quad ⑦$$

而对于 $K\neq 0$,有四个项包含 K 和 $-K$ 的不同组合。在积分中,混合项由于式②而消去,另外两项是相等的。如果考虑到因子 δ_{K0},两种情况的净结果等于

$$Q = Q_0(1+\alpha)(I2I \mid I0I)(I2I \mid K0K) \quad ⑧$$

最后,可以代入克莱布希-戈尔登系数:

$$(I2I \mid I0I)(I2I \mid K0K) = \frac{[3I^2 - I(I+1)][3K^2 - I(I+1)]}{I(I+1)(2I+3)(2I-1)} \quad ⑨$$

简化这个分数会得到期望的结果。

现在来计算跃迁概率。该过程非常类似于四极矩。首先检查带内跃迁,即再次忽略振动激发。于是其计算实际上与四极矩的计算相同,但初态和终态具有不同的角动量,且我们需要一个约化矩阵元:

$$\begin{aligned}
&\langle I_f \| \mathscr{D}_0^{(2)*} \| I_i\rangle(I_i 2I_f \mid M_i\mu M_f) \\
&= \frac{\sqrt{(2I_i+1)(I_f+1)}}{16\pi^2}(1+\delta_{K0}) \\
&\quad\cdot\int d^3\theta(\mathscr{D}_{M_fK}^{(I_f)} + (-1)^{I_f}\mathscr{D}_{M-K}^{(I_f)})\mathscr{D}_{\mu 0}^{(2)*}(\mathscr{D}_{M_iK}^{(I_i)*} + (-1)^{I_i}\mathscr{D}_{M-K}^{(I_i)*}) \\
&= \frac{\sqrt{(2I_i+1)(I_f+1)}}{8\pi^2}\frac{8\pi^2}{2I_f+1}(I_i 2I_f \mid K0K)(I_i 2I_f \mid M_i\mu M_f) \quad ⑩
\end{aligned}$$

这里最后的克莱布希-戈尔登系数在约化矩阵元中退出,将上式代入到一般公式中,得到给定的结果。

在 β 振动中伴随着单声子变化的跃迁,四极算符的有贡献部分由下式给出:

$$\begin{aligned}
\hat{Q} &\rightarrow \sqrt{\frac{5}{16\pi}}Q_0\mathscr{D}_{\mu 0}^{(2)*}\beta_0^{-1}\left(\xi + \frac{4}{7}\sqrt{\frac{5}{\pi}}\xi\beta_0\right) \\
&= \sqrt{\frac{5}{16\pi}}Q_0\beta_0^{-1}\mathscr{D}_{\mu 0}^{(2)*}(1+2\alpha)\xi \quad ⑪
\end{aligned}$$

对欧拉角的积分与以前一样,只是在结果中出现不同的角动量。对于 ξ 振动部分,可以使用二次量子化:

$$\xi = \sqrt{\frac{\hbar}{2B\omega_\beta}}(\hat{\beta}^\dagger + \hat{\beta}) \quad ⑫$$

对于基态带和 β 带之间的跃迁,产生算符贡献一个为 1 的矩阵元,所以上述算符得到下式的贡献:

$$\sqrt{\frac{\hbar}{2B\omega_\beta}} = \beta_0\sqrt{\frac{3\hbar}{2\mathscr{J}\omega_\beta}} \quad ⑬$$

由此得到最后的结果。

对于从 γ 带到基态带的跃迁,其计算是相似的。因为在这种情况下,波函数式

(6.231)不能简单地用二次量子化表达式代替。对波函数的积分必须明确地求值。这主要是查阅诸如文献[1]的函数表和诸如文献[93]的积分表的问题。依赖于 η 的零点波函数是

$$\chi_{00}(\eta) = \sqrt{\lambda \mid \eta \mid} e^{-\lambda\eta^2/2} \, {}_1F_1(0,1,\lambda\eta^2) \tag{14}$$

γ 带带头的对应函数是

$$\chi_{20}(\eta) = \lambda \sqrt{\mid \eta \mid} \eta e^{-\lambda\eta^2/2} \, {}_1F_1(0,2,\lambda\eta^2) \tag{15}$$

为了求积分,诸如合流超几何函数太一般;使用更具体的函数通常会有更多种类的积分公式和递推关系可用。在这种情况下,我们发现适当的特殊情况是

$${}_1F_1(-n,\alpha+1,x) = (-1)^n n! L_n^{(\alpha)}(x) \tag{16}$$

其中 $L_n^{(\alpha)}(x)$是拉盖尔多项式。现在要求的积分变成

$$\int_{-\infty}^{\infty} d\eta \chi_{00}(\eta) \eta \chi_{20}(\eta) = \lambda^{-1/2} \int_0^{\infty} dx x e^{-x} L_0^{(0)}(x) L_0^{(1)}(x) \tag{17}$$

其中 $x=\lambda\eta^2$ 被代替,并且使用了被积函数的对称性。在文献[93]中我们发现一个积分:

$$\int_0^{\infty} dx e^{-x} x^{\alpha+\beta} L_m^{(\alpha)}(x) L_n^{(\beta)}(x) = (-1)^{m+n} (\alpha+\beta)! \begin{pmatrix} \alpha+m \\ n \end{pmatrix} \begin{pmatrix} \beta+n \\ m \end{pmatrix} \tag{18}$$

在我们的例子中,它产生单位值和总积分的如下最终值:

$$\frac{1}{\lambda} = \sqrt{\frac{\hbar}{2B\omega_\gamma}} \tag{19}$$

考虑到现在四极算符与 η 成比例的部分是

$$\hat{Q} \to \sqrt{\frac{5}{16\pi}} Q_0 \beta_0^{-1} (\mathscr{D}_{\mu 2}^{(2)*} + \mathscr{D}_{\mu -2}^{(2)*})(1-2\alpha)\eta \tag{20}$$

在将积分代入和因为两个贡献 $\mu=\pm 2$ 而添加因子2(两个 μ 的贡献是相同的)后,得到期望的结果。

练习 6.10　转动-振动模型中的^{238}U

问题　用图6.10中给出的实验数据,将转动-振动模型应用于核^{238}U。

解答　首先使用带头来确定能量参数。由第一个 2^+ 态的能量我们得到

$$\frac{3\hbar^2}{\mathscr{J}} = 0.045 \text{ MeV} \quad \to \quad \mathscr{J} = 865 \text{ GeV} \cdot \text{fm}^2/c^2 \tag{1}$$

通过将这个结果除以核的总质量,可以得到一个更容易理解的数:

$$\frac{\mathscr{J}}{Am} = 3.88 \text{ fm}^2 \tag{2}$$

请注意,在这种情况下,$I(I+1)$规则可以很好地保持到 10^+ 态,这里给出的最大值应该是 0.825 MeV,而不是实验中发现的 0.776 MeV。为了给带找到一个更好的整体描述,可以对整个带使用最小二乘拟合来代替。

其他带头给出参数 $\hbar\omega_\beta = 0.993\ \text{MeV}$(从第二个 0^+ 态得到)和

$$\hbar\omega_\gamma = E_\gamma - \frac{\hbar^2}{\mathscr{J}} = 1.018\ \text{MeV} \tag{③}$$

因此 β 和 γ 振动频率可以比较。

基态形变可以由跃迁概率计算出来:

$$\mathscr{B} = B(\text{E2}; 0^+_{\text{g.s.}} \to 2^+_{\text{g.s.}}) \approx \frac{5Q_0^2}{16\pi}(022 \mid 000)^2 \tag{④}$$

记住,你必须当心给出的是哪个跃迁方向:$I_i \to I_f$ 的 $B(\text{E2})$ 值是 $I_f \to I_i$ 的 $B(\text{E2})$ 值乘以 $(I_f+1)^2/(I_i+1)^2$。

省略 α 项(因为它只提供了一个小的修正),并且使用 $(022 \mid 000) = 1$(这是一个平凡的克莱布希-戈尔登系数;它说明角动量为 2 的张量乘以一个标量仍然是角动量为 2 的张量),我们得到

$$Q_0 = \sqrt{\frac{16\pi}{5}}\sqrt{\mathscr{B}} = 10.84e\ \text{b} \tag{⑤}$$

并考虑 Q_0 的定义,有

$$\beta_0 = \frac{4\pi}{3ZeR_0^2}\sqrt{\mathscr{B}} \tag{⑥}$$

将 $\mathscr{B} = 11.7e^2\ \text{b}^2 = 11.7 \times 10^4 e^2\ \text{fm}^4$ 和 $R_0 = 1.2 \times 238^{1/3}\ \text{fm}$ 代入,得

$$\beta_0 = 0.282 \tag{⑦}$$

这对应于相当大的基态形变,支持该核是强形变转子的观点。

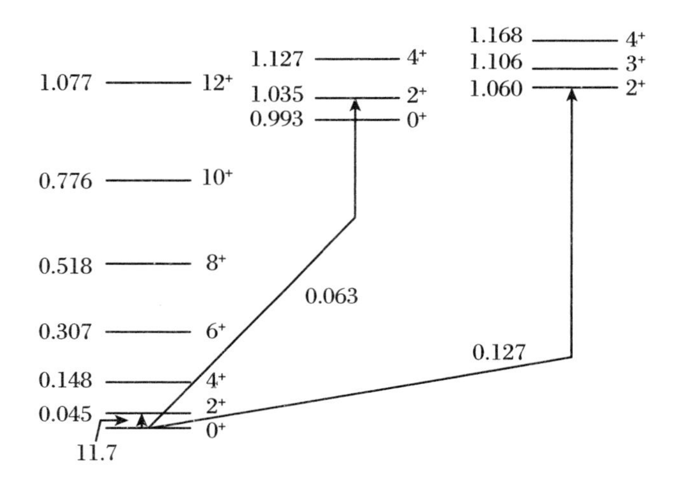

图 6.10　^{238}U 核的最低实验带,带有经过选择的跃迁概率。能级旁边的能量以 MeV 为单位,B(E2)值(跃迁箭头旁边)以 $e^2\ \text{b}^2$ 为单位。注意,箭头表示 B(E2)值的跃迁方向

既然模型的参数都已经确定，则可以检验其他可观测量的预测值。对于到 β 带的跃迁，如果 α 中的校正再次被忽略，则有一个非常简单的因子：

$$B(\mathrm{E2};0^+_{\mathrm{g.s.}} \to 2^+_\beta) = B(\mathrm{E2};0^+_{\mathrm{g.s.}} \to 2^+_{\mathrm{g.s.}}) \frac{3\hbar}{2\omega_\beta \mathscr{J}} \approx 0.79e^2\ \mathrm{b}^2 \tag{8}$$

到 γ 带的跃迁也只包含平凡的克莱布希-戈尔登系数：

$$B(\mathrm{E2};0^+_{\mathrm{g.s.}} \to 2^+_\gamma) = B(\mathrm{E2};0^+_{\mathrm{g.s.}} \to 2^+_{\mathrm{g.s.}}) \frac{3\hbar}{\omega_\gamma \mathscr{J}} \frac{(022 \mid 022)^2}{(022 \mid 000)^2} \approx 1.58e^2\ \mathrm{b}^2 \tag{9}$$

这两个值都太大了，大约大了一个数量级，表明该简单模型的波函数应被例如转动-振动相互作用混合。

比较由转动带确定的转动惯量与经典刚体的值是有趣的。绕体固定参考系中 y 轴转动的转动惯量给出如下：

$$\int_{\text{体积}} \mathrm{d}^3 r\, \rho_0 (x^2 + z^2) \tag{10}$$

使用以前发展的用于这种积分的方法（例如，练习 6.1），可以很容易地求值到 β_0 的一阶。只要注意

$$x = -\sqrt{\frac{2\pi}{3}} r (Y_{11}(\Omega) - Y_{1-1}(\Omega)), \quad z = \sqrt{\frac{4\pi}{3}} r Y_{20}(\Omega) \tag{11}$$

虽然在这种情况下，插入球谐函数的显式表达式可能更容易。结果是

$$\mathscr{J}_{\text{刚体}} = mAR_0^2 \left(\frac{2}{5} + \frac{1}{10}\sqrt{\frac{5}{\pi}}\beta_0 \right) \tag{12}$$

圆括号中的第一项对应于一个球的转动惯量，而第二项则表示随形变的增加。对于特殊情况 $^{238}\mathrm{U}$，代入数值，我们得到

$$\mathscr{J}_{\text{刚体}} \approx mA(15.3 + 1.4) \tag{13}$$

将圆括号中的因子与实验值 3.88 进行比较，我们发现球形核的贡献太大，而形变相关的部分也相差两倍。在这个模型中，由球体不能转动的事实已经可以预料到球体的经典结果不可能正确。然而，这一结果还表明，核的转动不像刚体的转动。只有一小部分核子真正参与运动，可能与形状偏离球体的部分有关。

6.6 γ 不稳定核

还有一种特殊情况，其集体模型的解析解是可能的。这就是所谓的 γ 不稳定情况，这是由威利茨（Wilets）和琼（Jean）发现的[213]。在该模型中，势能面在有限 β 处具有极小值，该处沿 γ 方向完全平坦，有效地在 (β,γ) 平面上产生环形结构。可以以这种方式解释的核通常在 $Z>52$，$N<80$ 区域找到。由于该模型没有被广泛

使用，我们只给出一个简述。

势的具体形式是

$$V(\beta,\gamma) = V(\beta) = \frac{1}{8}C\left(\beta^2 + \frac{\beta_0^4}{\beta^2} - 2\beta_0^2\right) - D \tag{6.251}$$

这个势在图 6.11 中加以说明。

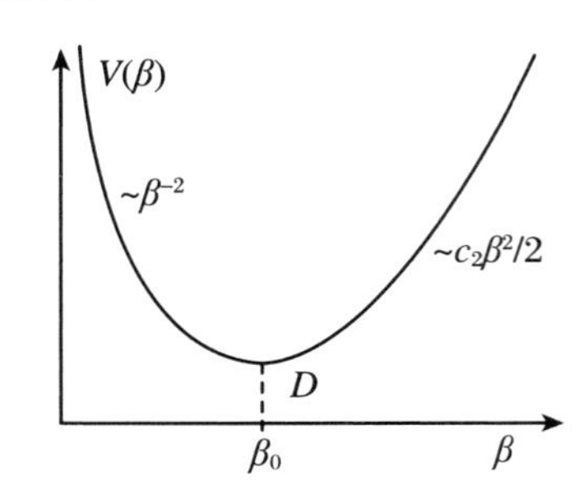

图 6.11　威利茨-琼势沿着 β 方向的切面。势完全独立于 γ，因而具有轴对称性。如正文中所讨论的，展示出了势的参数

确定势的三个参数是势在极小值处 β 方向上的刚度 C、极小值的位置 β_0 和势深度 D。(模型的第四个参数是具有通常意义的质量参数 B。)

对于这种势，哈密顿量可以在内禀系统中写成(见式(6.218))

$$\begin{aligned}\hat{H}_0 = &-\frac{1}{2B\beta^2}\left(\frac{1}{\beta^2}\frac{\partial}{\partial\beta}\beta^4\frac{\partial}{\partial\beta} + \frac{1}{\sin(3\gamma)}\frac{\partial}{\partial\gamma}\sin(3\gamma)\frac{\partial}{\partial\gamma}\right.\\ &\left. - \frac{1}{4}\sum_{k=1}^{3}\frac{I'^2_k}{\sin^2(\gamma - 2\pi k/3)}\right) + V(\beta)\end{aligned} \tag{6.252}$$

由于这个问题中没有对称轴，它的本征函数必须设置为在 K 值上的展开，类似于非对称转子的处理，

$$\Psi_{n_\beta\lambda IM} = \sqrt{\frac{2I+1}{8\pi^2}}\frac{\varphi_{n_\beta\lambda}(\beta)}{\beta^2}\sum_{K=-I}^{I}t_{\lambda IK}(\gamma)\mathscr{D}_{MK}^{I\,*}(\theta_i) \tag{6.253}$$

这使得 β 依赖和 γ 依赖部分分离。

因为波函数的实际计算相当冗长，所以我们只给出谱的结果。本征值如下：

$$\epsilon_{n_\beta\lambda} = \sqrt{\frac{B}{C}}\left(n_\beta + \frac{1}{2} + \frac{1}{2}\alpha_\lambda\right) - \frac{1}{4}C\beta_0^2 - D \tag{6.254}$$

其中

$$\alpha_\lambda = \frac{1}{2}\sqrt{\sqrt{BC}\beta_0^4 + (2\lambda+3)^2} \tag{6.255}$$

量子数是 β 方向上的声子数和高位数量子数 λ，它们的值分别为 $0,\cdots,\infty$。对于给定的组合(n_β,λ)，允许的角动量受到 2λ 的限制，有些由于对称性的要求而被省略，就像在谐振子的情况下(在数学上，事实上，现在的哈密顿量可以非常密切地与谐振子相联系，唯一的区别是 β^{-2} 中存在离心型项)。在图 6.12 中，我们示意性地

给出了所得到的能谱:在由固定数目的 β 声子给出的每个带头上,都有一系列具有不同高位数 λ 的态和一组允许的角动量。

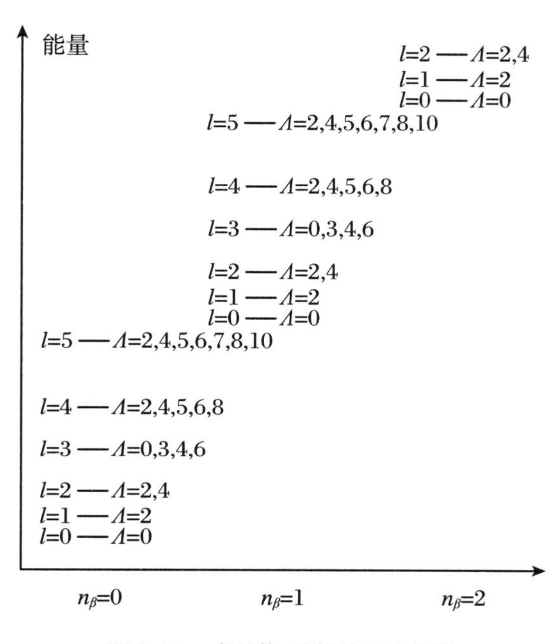

图 6.12 威利茨-琼势的示意能谱

6.7 表面振动的更一般集体模型

6.7.1 广义集体模型

迄今为止考虑到的表面运动的类型仅限于三个极限情况:围绕球形平衡形状的纯谐振、基于大形变基态形状的转动和振动及 γ 不稳定情况。

虽然转动-振动模型相当好地描述了一大类核及球形振子至少近似于一些近乎幻核,但大多数核不是特别符合这些非常抽象的情况中的某一个。大多数具有球形基态的核在它们的谱中没有显示出对一个纯谐振子所期望的完全简并。这样,必须考虑在势或动能中的非谐性。对于形变的原子核,极小值通常不会这么深,以至势可以用以 ξ 和 η 为变量的谐振子来近似。此外,在势能面上,原子核拥有不止一个极小值的更奇异的可能性,很明显,需要将集体模型方法扩展到更复杂的哈密顿量上。

这样的扩展必须对哈密顿量中的项允许更大类型的函数形式。从一个未特别指定的形式开始，如

$$\hat{H} = \hat{H}(\alpha_{2\mu}, \pi_{2\mu}; C_1, C_2 \cdots, C_N) \tag{6.256}$$

其中有 N 个参数 C_i，显然，必须仔细选择特定的形式，以尽量减少不可避免的参数数目。在核物理中，通常没有足够的数据来确定更多的参数，在任何情况下，将一个参数数量过多的模型拟合实验，其结果的价值可疑。

然而，“任何事物都能用足够数目的参数去拟合”的信念也过于简化了情况，因为数据通常是强相关的。在集体模型中，例如，有我们已经讨论过的各种类型的带，它要求一个非常奇怪的势能面来产生一个建立在基态上的像 0^+-4^+-2^+ 的序列！倒不如说，危险在于，如果使用了太多的参数，它们中的一些不能由可提供的数据确定，于是理论家必须小心，不要“预测”由这些参数的偶然值引起的特征。这样，可以发生第二极小值出现在(β,γ)平面上的情况，这不影响实验上真正看到的所有处于基态极小值的态的观测性质。这样的第二极小值不应该被严肃对待。

历史上一个更重要的考虑是需要能够用当时可用的计算机实际求解模型。任何更一般的哈密顿量肯定需要对角化的数值、一组合适的基函数的存在加上一种矩阵元的求值方法。这些需求已经大大限制了可用的模型。

一个附加的、更理论化的考虑是在主轴还是在实验室参考系中构造势。在前一种情况下，转动不变性仅仅意味着势(和质量参数)不应该依赖于欧拉角，这样就可以使用任意函数 $V(\beta,\gamma)$。然而，(β,γ)平面具有对称性(见 6.2.4 小节)，很明显，$V(\beta,\gamma)$在如下变换下必须是不变的：

$$\gamma \to -\gamma, \quad \gamma \to \gamma + \frac{2\pi}{3} \tag{6.257}$$

这可以简单地通过使势依赖于 $\cos(3\gamma)$而不是 γ 本身来实现。这样，势的有用形式可能是

$$V(\beta,\gamma) = \sum_{i,j=0}^{\infty} V_{ij}\beta^i \cos^j(3\gamma) \tag{6.258}$$

对于 $j\neq 0, i=0$ 的项必须被排除，因为它对 $\beta\to 0$ 有一个不明确的极限。

另一方面，在实验室参考系中，一个标量势可以通过显式耦合到零角动量来构造。格诺伊斯(Gneuss)和格雷纳[86]使用了一个到第六阶的扩展：

$$\begin{aligned} V(\alpha) = {} & C_2[\alpha\times\alpha]^0 + C_3[\alpha\times[\alpha\times\alpha]^2]^0 + C_4([\alpha\times\alpha]^0)^2 \\ & + C_5[\alpha\times[\alpha\times\alpha]^2]^0[\alpha\times\alpha]^0 \\ & + C_6([\alpha\times[\alpha\times\alpha]^2]^0)^2 + D_6([\alpha\times\alpha]^0)^2 \end{aligned} \tag{6.259}$$

看起来，为构造零总角动量和 α 的规定阶的张量，带有不同中间耦合的更多的项是可能的，但是可以看出，所有这些项都可以被约化为两个基本张量$[\alpha\times\alpha]^0$ 和 $[\alpha\times[\alpha\times\alpha]^2]^0$ 的幂[162]。

在这两种情况下都使用了多项式展开。原因不是基于任何基本要求，一个任意函数如 $f(\beta)$ 或 $g([\alpha\times\alpha]^0)$ 是转动不变的。然而，多项式项的矩阵元是最容易求值的。赫斯(Hess)和合作者[103,104]在 (β,γ) 表示中使用了查孔(Chacoń)和莫辛斯基(Moshinsky)[45,47]给出的谐振子基函数，而格诺伊斯和格雷纳则使用了通过将6.3.2小节给出的实验室系统中的构造继续进行到较高激发态而建立起来的基。

在这两种情况下，人们都必须考虑为势取多少项。我们给出格诺伊斯-格雷纳势的这条推理路线。用 β 和 γ 写出它们的势：

$$V(\beta,\gamma)=C_2'\beta^2+C_3'\beta^3\cos(3\gamma)+C_4'\beta^4 \\ +C_5'\beta^5\cos(3\gamma)+C_6'\beta^6\cos^2(3\gamma)+D_6'\beta^6 \tag{6.260}$$

其中常数被重命名为带撇的，以吸收所有从角动量耦合而来的复杂的数值因子。讨论这个表达式固有的灵活性是可能的。确定势能的一个极小值的性质需要五个参数(β 和 γ 形变的位置、深度和两个方向上(即两边)的曲率)，因此，很清楚，上面表达式中的六个参数足以确定一个基态极小值的细节，但是对于两个极小值的描述，确定细节的自由度要小得多。因此，不要期望从这样的描述中得到太多细节。然而，该模型在描述介于球形振子、形变转子和三轴核之间的中间核时是非常有用的。事实上，这些极限情况之间的逐渐转变可以以令人信服的方式显示出来。图6.13给出了这样的链的一个例子，在图中可以追踪从振动等间距谱到转动带的逐渐发展。

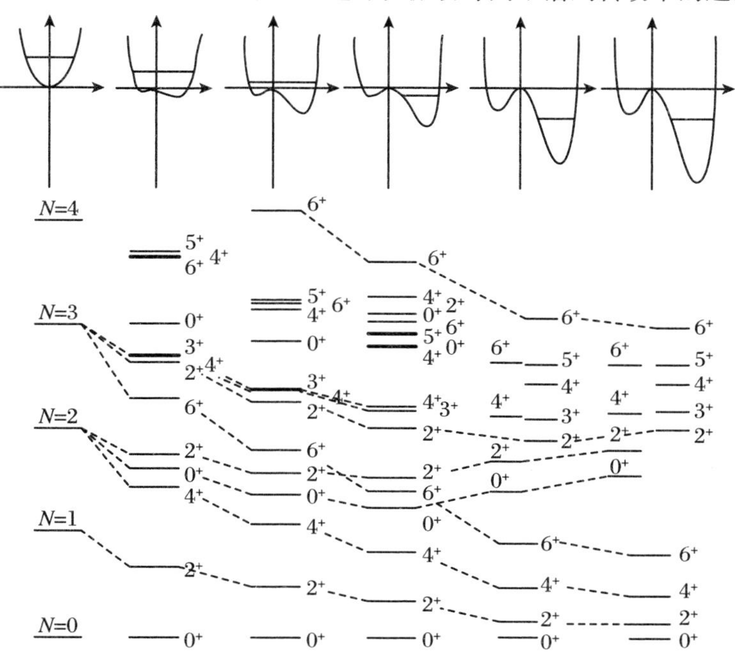

图6.13　势能面从球形振子(左)到大形变核(右)的逐渐转变，沿 a_0 轴的势能图显示在上面，由此导致的谱的平滑重组如下图所示。虚线表示一些能级是如何彼此相互联系的

到目前为止,我们只讨论了势能,假设动能就像四极振子的谐振动能一样是平凡的。微观理论表明,这可能与事实相差甚远,即动能可能显示出与势能一样复杂的结构。不过,添加一些项到动能中会造成特殊的问题。

(1) 更复杂的动能增加了更多的参数,这些参数可能很难从实验数据中提取。

(2) 对于什么样的结构应放入动能或势能存在一定的模糊性。例如,变换 $\alpha\leftrightarrow\pi$ 保持哈密顿量的谱不变,但是将具有简单动能和复杂势的哈密顿量变换成具有相反特性的哈密顿量。可以设计更复杂的正则变换,将坐标和动量混合,并保持部分可观测数据不变。以这种方式不能合理地变换的关键量是四极算符,它必须总是包含真正的形变坐标,但 B(E2)值和四极矩往往不够具体,以消除所有的歧义。

(3) 从实践的角度看,势提供了一个易于理解的核结构描述:极小值被分配给基态或同核异能态、刚度决定振动激发能和势垒阻碍跃迁等。动能起着不那么透明的作用。

由于所有这些原因,大多数使用更复杂的哈密顿量的研究基于简单的动能,这个动能通常是纯粹的谐波类型的,所有更复杂的效应被分配给势能。

这种模型在实际中是如何应用的?一个用模型拟合实验数据的完整计算机代码发表在文献[203]上。因为对于核结构物理学中的许多数值解,遵循的一般程序是典型的,仔细研究一下是有用的。计算机代码在以下步骤中解决了这个问题。

(1) 生成一组基函数。对这种情况下的基,使用谐波四极振子的本征函数。无穷集通过允许最大声子数被截断,这相当于一个能量截断。一般规律是:谐振子势与要计算的势之间的相似性越小,则需要的基函数越多。这个步骤的结果是一组函数 $|i\rangle(i=1,\cdots,M)$,其中 i 只作为计算机里的索引来计数波函数和代表一整套量子数 $N(i)$ 等。

(2) 计算哈密顿量的矩阵元,即 $\langle i|\hat{H}|j\rangle(i,j=1,\cdots,M)$。在势为多项式的情况下可以通过一般公式来进行(例如,通过将动量和坐标扩展到它们的二次量子化表示),但是由于对称性和角动量耦合,要求许多复杂的操作。哈密顿量是标量,这对于实际的数值计算是重要的,从而使不同角动量或投影的态之间的矩阵元消失。通过这种方式,对于固定的角动量,总矩阵分裂成子矩阵,对于每一个子矩阵,只有一个给定的投影需要考虑。在实践中,人们用约化的矩阵元来代替。对于每个角动量,净结果是一个数值矩阵,其维度典型地达到几百个。

(3) 现在矩阵对角化的一个数值算法被用来确定本征值和本征矢量。每个能量本征值 E_k 与一个系数为 a_{ki} 的矢量相联系,给出在基矢 $|i\rangle$ 中本征矢量的展开。

(4) 谱由步骤 4 给出,我们仍然需要计算其他可观测量,如 B(E2)值。这现在只是在基态(basis states)中计算四极算符的矩阵元 $\langle i||\hat{Q}||j\rangle$ 问题,然后对全哈密顿量的本征态展开进行求和:

$$\langle k \| \hat{Q} \| k' \rangle = \sum_{ij} a_{ki} a_{k'j} \langle k \| \hat{Q} \| k' \rangle \tag{6.261}$$

(5) 对于一组固定的势参数,模型的结果此时是已知的,人们必须将它们与实验进行比较,然后尝试调整参数,以使一致性更好。在文献[203]的计算机代码中,这是通过最小化理论和实验之间的 χ^2 偏差的算法来完成的。然而,对 χ^2 值不同数据块的加权以及一组合适的起始参数的选择仍然需要人的判断和经验。

作为该模型可能进行的分析类型的一个例子,我们在图6.14~图6.18中显示了对一些偶-偶汞同位素能级的拟合。这些同位素特别有趣,因为有证据表明有形状同核异能现象,即一个不同的形变中势能面第二极小值的存在,这支持额外的带,这些带不能纳入与主要基态极小值相关的能带结构。结果也说明了这种唯象模型的局限性,在解释拟合的势能面时必须非常小心。

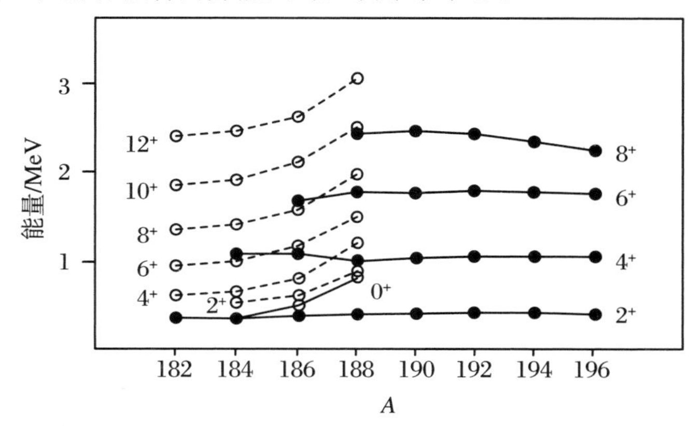

图6.14 汞同位素链中低能态的系统学。被解释为属于转动带的态由空心圈表示,而那些属于振动带的态由实心圈表示。注意,被解释为建立在同核异能第二 0^+ 态上的第二转动带随着中子数的增加能量迅速上升[102]

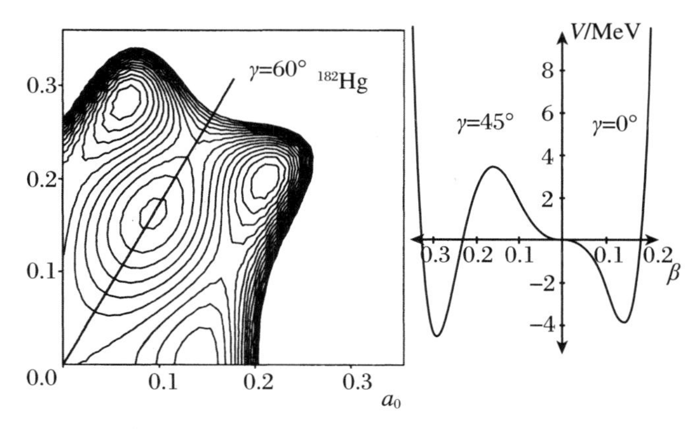

图6.15 ^{182}Hg 集体势能面。有关描述参见图6.18

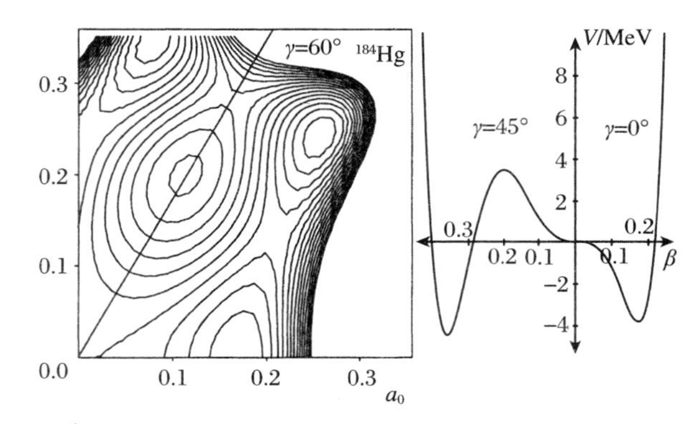

图 6.16 ^{184}Hg 集体势能面。有关描述参见图 6.18

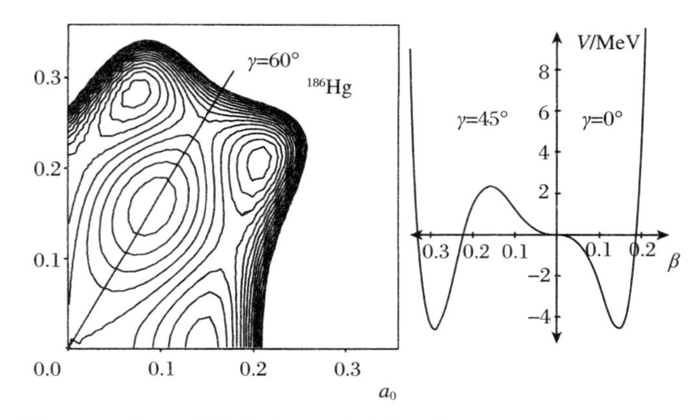

图 6.17 ^{186}Hg 集体势能面。有关描述参见图 6.18

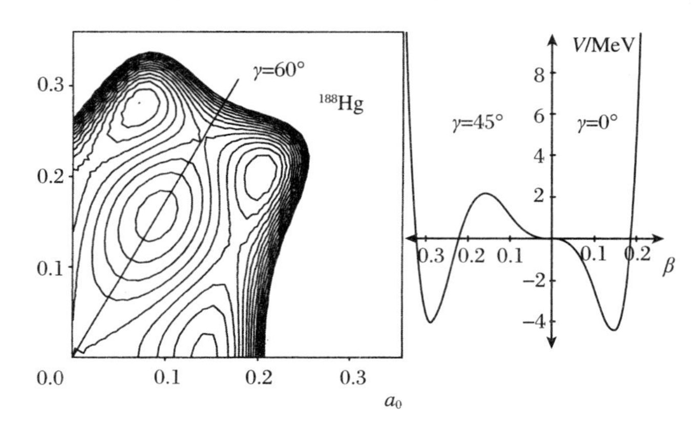

图 6.18 描述汞较轻同位素的谱和跃迁概率的集体势能面[202]。在左边，等值线显示极小值的总体布局；而在右边，$\gamma=0^{\circ}$和 $\gamma=45^{\circ}$（第二极小值的近似角度位置）处势能面的截面显示定量细节。还要注意围绕 $\gamma=60^{\circ}$所要求的对称性。在所有同位素中，势能面都存在一个第二极小值，它位于三轴平面上，并且随着质量数的增加而缓慢上升。从这个极小值到基态极小值的跃迁概率还没有被观测到，因此这个极小值的精确位置仍然不确定。由于重同位素没有显示变形带，在那里拟合不会导致第二极小值，势能面不那么有趣，所以这里没有展示

只有当用于拟合的实验数据包含这样的信息时，才能有把握确定同核异能极小值的位置。如果建立在第二极小值上的带的带内跃迁已经被观察到，那么人们可以对形变的绝对值开平方，但不能对它的符号开平方；如果只有谱是已知的，那么极小值的位置变得很不确定，只有对转动-振动、γ 不稳定或球面振动谱的识别才能提供关于其位置的线索。在这些情况下拟合过程将使用极小值的位置，以便在观测到的数据中调整更精细的（也许不重要的）细节。注意，在同位素拟合中，第二极小值只出现在数据要求的地方，没有从一个同位素到下一个同位素的外推，虽然原则上人们可以扩展模型，通过这样的同位素链来包含集体行为的平滑变化。

6.7.2 质子-中子振动

对应于质子和中子之间相对运动的集体态早已以巨偶极共振（将于 6.9 节讨论）的形式为人们所知。然而，也有低能集体态，可以用图 6.19 所示的所谓剪刀模式来解释。推广集体模型处理这种状态的自然方法是为质子和中子引入单独的形变变量 $\alpha_{2\mu}^{\mathrm{p}}$ 和 $\alpha_{2\mu}^{\mathrm{n}}$。它们必须强耦合，因为当两种类型的粒子在空间上分离时，对称能导致能量的强烈增加（定量讨论见 6.9 节）。因此，按照下式引入质心和相对坐标是非常有用的：

$$\alpha_{2\mu} = \frac{1}{A}(Z\alpha_{2\mu}^{\mathrm{p}} + N\alpha_{2\mu}^{\mathrm{n}}), \quad \xi_{2\mu} = \alpha_{2\mu}^{\mathrm{p}} - \alpha_{2\mu}^{\mathrm{n}} \tag{6.262}$$

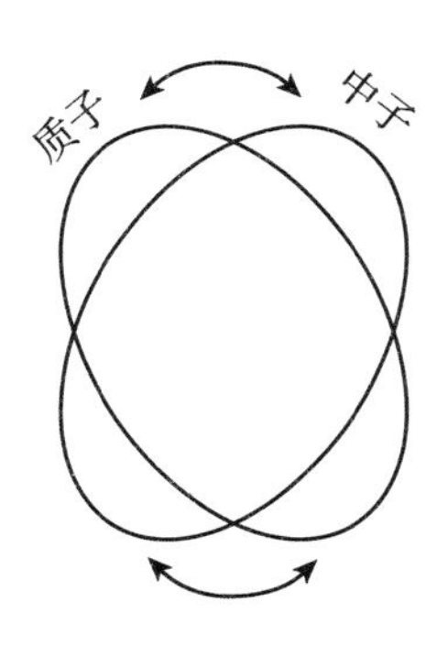

图 6.19 对应于质子和中子相对振荡的剪刀模型。这里以夸张的幅度显示

于是可以假设 $\xi_{2\mu}$ 的振动将是小振幅的，并且可以用刚性谐振子来描述。总哈密顿量被构造为

$$\hat{H} = \hat{H}_{\mathrm{c.m.}}(\alpha) + \hat{H}_{\mathrm{h.o.}}(\xi) + \hat{H}_{\text{耦合}}(\alpha, \xi) \tag{6.263}$$

这个总哈密顿量的谱是由 $\hat{H}_{\mathrm{c.m.}}$ 的谱构成的，它只包含通常的集体态，并耦合到 ξ 的 0^+ 基态。在其上 $\hbar\omega_\xi$ 能量处，谱发生重复，但是由于耦合到 ξ 的 2^+ 第一激发态而具有更丰富的结构，等等。该模型特别有趣的一点是，它不仅预测剪刀振动态的存在，而且如果耦合部分 $\hat{H}_{\text{耦合}}$ 不消失，则允许低能谱中的磁跃迁。通常原子核的集体磁矩由 $\hat{\boldsymbol{M}} = (Z/A)g_N\hat{\boldsymbol{L}}$ 给出，因为在模型中暗示质子和中子一起移动，因此，磁矩由质子在原子核中的分数乘以质子的磁矩（即磁子）给出。然而，人们可以看到，由 α 和 ξ 之间的相互作用得到一个更一般的张量 g 因子与由下式给出的磁矩：

$$\hat{\boldsymbol{M}}_{1\mu} = \frac{Z}{A}g_N\hat{\boldsymbol{L}}_{1\mu} + \kappa[\alpha \times \hat{\boldsymbol{L}}]_\mu^1 \tag{6.264}$$

这不再是对角的，所以它可以引起跃迁。

6.7.3 较高的多级

以类似的方式，可以通过允许一个额外的八极形变 $\alpha_{3\mu}$ 甚至一个十六极形变 $\alpha_{4\mu}$ 来扩展模型。同样，哈密顿量可以被设为每个多极的哈密顿量的总和加上附加的耦合项。从数学角度讲，这只对球形基态可以相对简单地进行，虽然即使在那里，这些较高的多极中的振动状态的构建也要复杂得多。人们也可以考虑一个强形变核，其八极振动的可能性增加，那么必须在主轴参考系中描述八极，导致一个七维振子的存在加到通常的转动-振动模型中。

所有这些一般化的一个问题是模型必须包含大量未知参数，从而可以容易地拟合现有的实验数据，但不允许对所有参数进行唯一确定或对模型进行严格考验。

6.8 相互作用玻色子模型

6.8.1 引言

我们已经讨论了几何集体模型，它把偶-偶核的低能集体激发解释为表面振动。该模型基于作为液滴的核的几何图像，并且忽略了如壳模型所描述的内部核结构。

而且，我们在 6.3.2 小节中看到，某些类型的集体激发谱可以用四极声子的玻色子产生和湮没算符正式描述。从壳模型的观点来看，人们可以认为这些四极声子是费米子空间到集体玻色子准粒子子空间上的投影。例如，费米子对可能优先耦合到总角动量为 0 或 2，这些对的行为在某种近似下可能像玻色子。假设这个玻色子图像是适当的，我们可以通过定义一些玻色子和建立哈密顿量的一般形式来从现象学开始，模型参数的确定是通过调整它们，使计算结果与实验数据吻合较好来进行的。该模型的后期阶段与几何模型非常相似，特别是在如 6.7.1 小节中讨论的一般形式，只是有一些有趣的细节差异。

这种玻色子理论是相互作用玻色子模型(IBM)(也被称为相互作用玻色子近似(IBA))，首先由有马(Arima)和伊切罗(Iachello)提出[5,6]。一个等效模型的构想略有不同，较早由詹森(Janssen)、乔洛斯(Jolos)和德诺(Dönau)提出[118]。在图书[111]和综述[43]中可以找到这个模型许多方面的非常易读的综述，建议读者就超出这里所涵盖范围的任何问题在文献中进行查阅。如果读者对第 7 章所介绍的材料有所了解，这也将有助于对这个模型的理解，尤其是它的微观解释。

相互作用玻色子近似包括两种类型的玻色子,分别具有角动量 $L=0\hbar$(s 玻色子)和 $L=2\hbar$(d 玻色子)。每个自由玻色子的能量分别是 ε_s和 ε_d。受壳模型的启发,我们将这些玻色子解释为从下一个封闭壳层计数的价核子对,也就是说,对于不到半满的壳,玻色子是由成对的粒子组成的;而(由于粒子-空穴的等价性(见7.3.2 小节的结尾))对于超过半满的壳,玻色子是由成对的空穴组成的。IBA 的更多相关版本区分例如质子对和中子对("IBA2"[7,163]),或者包括具有角动量 $L=3\hbar$ 的 f 玻色子,其描述八极自由度("sdf-IBA"[187])。另一个扩展包括许多作者所做的角动量为 4 的玻色子(g 玻色子)的引入。我们提议读者参考文献[43]的细节。在本书里,我们专注于简单的 IBA(现在经常被称为"IBA1"),对此模型的更多相关版本,稍后进行简短讨论。

为了澄清玻色子的定义,我们给出两个例子。首先考虑 $^{110}_{48}Cd_{62}$:中子和质子的下一个闭壳层为 50,产生 12 个中子(或 6 个中子玻色子)和 2 个质子空穴(或 1 个质子玻色子),共有 7 个玻色子。另一个例子是 $^{156}_{64}Gd_{92}$:质子(中子)的下一个闭壳层是 50(80),可得到总共 14+12 个价核子。因此,该同位素共有 13 个玻色子。

将玻色子解释为价核子壳中的核子对也是与几何模型玻色子有一个基本区别的原因:在 IBA 中,玻色子的数目是固定的,并且由微观结构计算的数目给出,如在例子中所示。这样,对于一个核中的集体态的描述,仅考虑满足 $n_s+n_d=N$ 的哈密顿量的本征态。这为这个模型带来了一个非常有趣的可能性:人们可以尝试用相同的哈密顿量来拟合邻近的原子核,而只改变玻色子的数目 N。这在某些情况下是成功的。相比之下,在几何模型中与核子数没有直接的关系,但通常会发现势能面从一个同位素到邻近同位素的平滑变化。

形式上,IBA 的态是用产生算符 $\hat{d}^{\dagger}_{\mu}$, $\hat{s}^{\dagger}$ 和湮没算符 $\hat{d}_{\mu}$, $\hat{s}$ 在占有数表象中描述的,下标 μ 表示角动量投影($\mu=-2,\cdots,2$)。这些算符必须满足通常的对易关系:

$$[\hat{s},\hat{s}^{\dagger}]=1,\quad [\hat{d}_{\mu},\hat{d}^{\dagger}_{\nu}]=\delta_{\mu\nu} \tag{6.265}$$

所有其他对易式消失。总玻色子数算符由下式给出:

$$\hat{N}=\sum_{\mu}\hat{d}^{\dagger}_{\mu}\hat{d}_{\mu}+\hat{s}^{\dagger}\hat{s}=\hat{n}_{\mathrm{d}}+\hat{n}_{\mathrm{s}} \tag{6.266}$$

对于哈密顿量,适当考虑不变性,选择一般形式,并将其限制于合理数量的低阶项。不变性要求是:

- 玻色子数守恒:本征态必须也是 $\hat{N}$ 的本征态:

$$[\hat{H}_{\mathrm{IBA}},\hat{N}]=0 \tag{6.267}$$

实际上,这可以通过让每一项具有与湮没算符一样多的产生算符来实现。

- 角动量守恒:

$$[\hat{H}_{\mathrm{IBA}},\hat{L}_{1\mu}]=0 \tag{6.268}$$

对于几何模型，这仅要求所有项明确地耦合到零的总角动量。

角动量算符的定义与几何集体模型的定义相同(见练习 6.3)，只是按照惯例写得稍有不同：

$$\hat{L}_\mu = \sqrt{10}[\hat{d}^\dagger \times \hat{\tilde{d}}]^1_\mu \tag{6.269}$$

其中定义 $\hat{\tilde{d}}_\mu \equiv (-1)^\mu \hat{d}_{-\mu}$。这是必要的，因为 $\hat{d}_\mu$ 不是球张量(参见在 6.3.3 小节中关于 $\alpha_{2\mu}$ 和 $\hat{\pi}_{2\mu}$ 的相同讨论)。当然，s 玻色子对总角动量没有贡献。

注意：在 IBA 文献中，通常对相同角动量的两个球张量的标量积使用一个标记。它被定义为耦合成零角动量的标准耦合，但是没有分母 $\sqrt{2L+1}$ 出现在克莱布希-戈尔登系数中，所以

$$\hat{R}^L \cdot \hat{S}^L = \sqrt{2L+1}[\hat{R} \times \hat{S}]^0 = \sum_{m=-L}^{L} (-1)^L \hat{R}^L_m \hat{S}^L_{-m} \tag{6.270}$$

一个张量算符的平方被类似地定义为

$$(\hat{T}^L)^2 = \hat{T}^L \cdot \hat{T}^L = \sqrt{2L+1}[\hat{T} \times \hat{T}]^0 = \sum_{m=-L}^{L} \hat{T}^{L\dagger}_m \hat{T}^L_m \tag{6.271}$$

在最后一步使用了 $\hat{T}^{L\dagger}_m = (-1)^m \hat{T}^L_{-m}$。

6.8.2 哈密顿量

对于新手来说，IBA 令人困惑的事情之一是哈密顿量的完全不同的公式的共存。最广泛使用的两个分别基于多极算符和最简单的二次量子化展开。自然地，两个公式的项不是简单地相同，而是通过线性组合相关。这意味着系数也通过线性变换相关。

哈密顿量的最简单形式基于声子数守恒项，但是也考虑了角动量耦合。由于追求简单这一原因，只考虑了单体和二体项。有了这些限制，最一般的哈密顿量可以马上写下来：

$$\begin{aligned}
\hat{H}_{\text{IBA}} = {} & \epsilon_s \hat{n}_s + \epsilon_d \hat{n}_d \\
& + \sum_{L=0,2,4} \frac{1}{2} \sqrt{2L+1} C_L [[\hat{d}^\dagger \times \hat{d}^\dagger]^L \times [\hat{\tilde{d}} \times \hat{\tilde{d}}]^L]^0 \\
& + \frac{1}{\sqrt{2}} \widetilde{V}_2 [[\hat{d}^\dagger \times \hat{d}^\dagger]^2 \times [\hat{\tilde{d}} \times \hat{\tilde{s}}]^2 + [\hat{d}^\dagger \times \hat{s}^\dagger]^2 \times [\hat{\tilde{d}} \times \hat{\tilde{d}}]^2]^0 \\
& + \frac{1}{2} \widetilde{V}_0 [[\hat{d}^\dagger \times \hat{d}^\dagger]^0 \times [\hat{\tilde{s}} \times \hat{\tilde{s}}]^0 + [\hat{s}^\dagger \times \hat{s}^\dagger]^0 \times [\hat{\tilde{d}} \times \hat{\tilde{d}}]^0]^0 \\
& + U_2 [[\hat{d}^\dagger \times \hat{s}^\dagger]^2 \times [\hat{\tilde{d}} \times \hat{\tilde{s}}]^2]^0 \\
& + \frac{1}{2} U_0 (\hat{s}^\dagger \hat{s}^\dagger \hat{\tilde{s}} \hat{\tilde{s}})
\end{aligned} \tag{6.272}$$

记住 $\hat{\tilde{d}}_\mu$(而不是 d_μ)是一个球张量。s 玻色子的类似定义被引入只是为了让这两种玻色子具有对称记号。这不是真正必要的,因为我们简单地有 $\hat{\tilde{s}}=\hat{s}$。

在求和的第二行中只出现偶角动量,因为其他耦合消失了。这可从完全相同的对称性论证中看出,该对称性论证导致谐振子的双声子态中不存在奇角动量(见6.3.2小节)。

这个哈密顿量的参数为9个,但是可以使用固定的玻色子总数 N 这一条件来减少参数,这意味着依赖于 s 玻色子数目 n_s的项可以用 n_d来重写。利用这种约束和重构得到

$$\begin{aligned}\hat{H}_{\mathrm{IBA}} &= \epsilon_s N + \frac{1}{2}U_0 N(N-1) + \epsilon N_d \\ &+ \sum_{L=0,2,4}\frac{1}{2}\sqrt{2L+1}C_L'[[\hat{d}^\dagger\times\hat{d}^\dagger]^L\times[\hat{\tilde{d}}\times\hat{\tilde{d}}]^L]^0 \\ &+ \frac{1}{\sqrt{2}}\widetilde{V}_2[[\hat{d}^\dagger\times\hat{d}^\dagger]^2\times[\hat{\tilde{d}}\times\hat{\tilde{s}}]^2+[\hat{d}^\dagger\times\hat{s}^\dagger]^2\times[\hat{\tilde{d}}\times\hat{\tilde{d}}]^2]^0 \\ &+ \frac{1}{2}\widetilde{V}_0[[\hat{d}^\dagger\times\hat{d}^\dagger]^0\times[\hat{\tilde{s}}\times\hat{\tilde{s}}]^0+[\hat{s}^\dagger\times\hat{s}^\dagger]^0\times[\hat{\tilde{d}}\times\hat{\tilde{d}}]^0]^0 \qquad (6.273)\end{aligned}$$

这里我们使用了定义

$$\epsilon = (\epsilon_d - \epsilon_s) + \frac{1}{\sqrt{5}}U_2(N-1) - \frac{1}{2}U_0(2N-1) \qquad (6.274)$$

和

$$C_L' = C_L + U_0\delta_{L0} - 2U_2\delta_{L2} \qquad (6.275)$$

这个结果可以试着通过用 $N-\hat{n}_d$ 来表示 $\hat{s}^\dagger\hat{\tilde{s}}=\hat{n}_s$ 的所有组合来导出。例如,式(6.272)的最后一项能被重写为

$$\frac{U_0}{2}\hat{s}^\dagger\hat{s}^\dagger\hat{\tilde{s}}\hat{\tilde{s}} = \frac{U_0}{2}\hat{n}_s(\hat{n}_s-1) \qquad (6.276)$$

这可以从对易关系中显示出来,或者简单地注意到湮没算符前面的粒子数算符"看到"玻色子数减少了1。对于剩下的,计算是冗长的,因为人们必须明确地扩大角动量耦合,以将带有 $\hat{n}_d^2$ 的项合并到那些正比于 C_0和 C_2的项中。

因为我们只对激发能量感兴趣,我们可以丢弃前两项,对于给定的一个原子核,它们只贡献一个恒定的能量。这样,对于这种形式的 IBA1 哈密顿量,剩下6个参数。

最后一个要讨论的公式可能是对物理目的最有用的公式,是多极形式。定义一组多极算符如下:

$$\hat{T}_l = [\hat{d}^\dagger\times\hat{\tilde{d}}]^l \quad (l=0,\cdots,4) \qquad (6.277)$$

它们与 d 玻色子数

$$\hat{n}_{\mathrm{d}} = \sqrt{5}\hat{T}_0 \tag{6.278}$$

和角动量算符

$$\hat{L}_{\mu} = \sqrt{10}\hat{T}_{1\mu} \tag{6.279}$$

直接相关。此外，该组多极算符包括四极算符

$$\hat{Q}_{2\mu} = (\hat{d}^{\dagger}_{\mu}\hat{s} + \hat{s}^{\dagger}\hat{\tilde{d}}_{\mu}) - \frac{\sqrt{7}}{2}\hat{T}_{2\mu} \tag{6.280}$$

和所谓的"对算符"

$$\hat{P} = \frac{1}{2}([\hat{\tilde{d}} \times \hat{\tilde{d}}]^0 - \hat{s}\hat{s}) \tag{6.281}$$

利用这些算符，哈密顿量的多极形式给出如下：

$$\hat{H} = \epsilon''\hat{n}_{\mathrm{d}} + a_0\hat{P}^{\dagger}\hat{P} + a_1\hat{L}^2 + a_2\hat{Q}^2 + a_3\hat{T}^2 + a_4\hat{T}_4^2 \tag{6.282}$$

新的一组参数又与其他公式的参数通过线性变换相关。在文献中，可以找到通过名称和数值因子区分的不同参数集，有关详情读者应参考专门文献，尤其是文献[43,111]。

6.8.3 群链

下一步是确定本征函数和本征值，对此群理论方法被证明是非常有用的。从IBA哈密顿量的最大对称群(这将被证明是 $U(6)$)出发，我们构造一个子群链，如4.2节所介绍的。每个子群的卡西米尔算符的本征值充当量子数，并对本征态进行完全分类。

在下面，我们不会给出计算的所有细节，因为空间不允许在本书中呈现所有需要的群理论方法。这样，我们只给出了推导的概述。虽然在每种情况下需要更深入地理解群理论来推导卡西米尔算符和量子数，但检查给出的公式是相对平凡而费力的。这样的例子可以在练习6.11和练习6.12中找到。

IBA的对称群是什么？我们注意到，36个算符 $\hat{d}^{\dagger}_{\mu}\hat{d}_{\nu}$，$\hat{d}^{\dagger}_{\mu}\hat{s}$，$\hat{s}^{\dagger}\hat{d}_{\nu}$ 和 $\hat{s}^{\dagger}\hat{s}$ 是在六维空间中移位一个粒子的基本变换，该六维空间由具有不同投影的d玻色子的五个态和s玻色子的一个态所架构。回顾4.3节的讨论，很显然，它们将构成在一个六维波函数空间中变换群的36个生成子，即 $U(6)$。然而，改为考虑角动量耦合积更有用，这由下式给出：

$$\begin{matrix} [\hat{s}^{\dagger} \times \hat{\tilde{s}}]^0 & [\hat{d}^{\dagger} \times \hat{\tilde{s}}]^2_{\mu} & [\hat{s}^{\dagger} \times \hat{\tilde{d}}]^2_{\mu} & [\hat{d}^{\dagger} \times \hat{\tilde{d}}]^0 \\ [\hat{d}^{\dagger} \times \hat{\tilde{d}}]^1_{\mu} & [\hat{d}^{\dagger} \times \hat{\tilde{d}}]^2_{\mu} & [\hat{d}^{\dagger} \times \hat{\tilde{d}}]^3_{\mu} & [\hat{d}^{\dagger} \times \hat{\tilde{d}}]^4_{\mu} \end{matrix} \tag{6.283}$$

数一下在每个情况下的投影数，显示独立项的总数仍然是36。这定义了 $U(6)$ 的李代数。

注意，在下面的推导中，如4.3节中一样，使用不包含物理标度因子 $\hbar$ 的角动

量算符。

这样 IBA 哈密顿量的最大对称群是 $U(6)$，我们现在寻找所有允许的子群链，卡西米尔算符的这些子群链允许对 $U(6)$ 的本征态进行完全分类。最简单的方法是通过从式(6.283)给出的李代数中选择较小的算符集来构造李代数的子代数，即找到这些在对易下封闭的算符的线性组合的较小集合。

在 4.3 节中提到，物理上合理的群链应该包括群 $O(3)\supset O(2)$，以确保角动量量子数的存在(这已经暗示$[\hat{d}^\dagger\times\hat{\tilde{d}}]^1$ 应该包含在子代数中)。可以看出，只有三个形式为 $U(6)\supset\cdots\supset O(3)\supset O(2)$ 的链在数学上是可能的。相关的代数可以得到如下：

A：去除与 s 玻色子相连的 11 个算符，我们得到形式为$[\hat{d}^\dagger\times\hat{\tilde{d}}]^L_M$ 的 25 个算符，它们形成 $U(5)$的代数。这是显而易见的，因为这些算符只在 d 玻色子的五维子空间中产生变换。由此产生的空间非常类似于振子模型中玻色子的空间，这样 IBA 的这种情况描述振动核并不奇怪。下一步是丢弃对称算符乘积，它们具有偶角动量。除去形式为$[\hat{d}^\dagger\times\hat{\tilde{d}}]^L_M$(其中 $L=0,2,4$)的 15 个算符，剩下 10 个反对称生成子，根据练习 4.3，这产生 $O(5)$群。最后，我们丢弃形式为$[\hat{d}^\dagger\times\hat{\tilde{d}}]^3_M$ 的 7 个算符，留下产生 $O(3)\supset O(2)$的角动量算符$[\hat{d}^\dagger\times\hat{\tilde{d}}]^1_M$。这就完成了第一群链：

$$U(6)\supset U(5)\supset O(5)\supset O(3)\supset O(2) \tag{6.284}$$

B：对于第二个链，我们考虑单极、偶极和四极特征的共 $1+3+5=9$ 个算符，

$$[\hat{s}^\dagger\times\hat{s}]^0+\sqrt{5}[\hat{d}^\dagger\times\hat{\tilde{d}}]^0,\quad \hat{L}_\mu \quad 和 \quad \hat{Q}_\mu \tag{6.285}$$

这生成 $U(3)$的代数。第一个算符等于玻色子总数(因子$\sqrt{5}$用于抵消出现在克莱布希-戈尔登系数中的逆因子)，可以被丢弃，而其余的则是角动量和来自式(6.280)的四极算符，它们一起产生 $SU(3)$。通过保持角动量算符来继续产生角动量群只产生如下链：

$$U(6)\supset SU(3)\supset O(3)\supset O(2) \tag{6.286}$$

C：最后，我们考虑 $3+7+5=15$ 个算符：

$$\hat{L}_\mu,\quad [\hat{d}^\dagger\times\hat{\tilde{d}}]^3_\mu,\quad [\hat{d}^\dagger\times\hat{s}]^2_\mu-[\hat{s}^\dagger\times\hat{d}]^2_\mu \tag{6.287}$$

它们是 $O(6)$代数的生成元。省略最后一行的 5 个算符，留下 $O(5)$的生成元，继续产生角动量群，得到群链

$$U(6)\supset O(6)\supset O(5)\supset O(3)\supset O(2) \tag{6.288}$$

6.8.4　卡西米尔算符

我们的下一个任务是为上面给出的群链找到卡西米尔算符及其本征值。由于

必要的群理论公式的完整呈现超出了本书的范围，我们将忽略计算细节，而集中于呈现物理意义和推导结果的本质属性。

所有群链的共同起点是 $U(6)$，它的卡西米尔算符就是数算子 $\hat{N}$（见练习 6.11）。它的本征值是玻色子总数 N，正如已提到的，对于固定的核来说是恒定的。

首先考虑群链 A：$U(6)\supset U(5)\supset O(5)\supset O(3)\supset O(2)$。在这种情况下，$U(5)$代数（由 25 个生成元$[\hat{d}^{\dagger}\times\hat{\tilde{d}}]^{\lambda}_{\mu}$ 架构）的卡西米尔算符由 d 玻色子数算符给出如下：

$$\hat{n}_{\mathrm{d}} = \sum_{\mu}\hat{d}^{\dagger}_{2\mu}\hat{d}_{2\mu} \tag{6.289}$$

这相当类似于 $U(6)$的情况。其本征值由 n_{d} 表示，其范围为 $0\leqslant n_{\mathrm{d}}\leqslant N$。$O(5)$的卡西米尔算符是

$$\hat{\Lambda}^2 = \frac{1}{2}\sum_{\mu,\nu}\hat{\Lambda}_{\mu\nu}\hat{\Lambda}^{\dagger}_{\mu\nu},\quad 其中\quad \hat{\Lambda}_{\mu\nu}\equiv\hat{d}^{\dagger}_{\mu}\hat{\tilde{d}}_{\nu}-\hat{d}^{\dagger}_{\nu}\hat{\tilde{d}}_{\mu} \tag{6.290}$$

具有由 $\lambda(\lambda+3)$给出的本征值。λ 的物理解释是：它给出了没有成对地耦合到零角动量的玻色子的数目。λ 称为高位数，其范围给出如下：

$$\lambda = n_{\mathrm{d}},n_{\mathrm{d}}-2,n_{\mathrm{d}}-4,\cdots,1\ 或\ 0 \tag{6.291}$$

在有关配对的章节中，我们将再次遇到高位数的概念（见 7.3.2 小节）。

$O(3)$和 $O(2)$的卡西米尔算符当然是熟悉的具有本征值 $L(L+1)$和 $M(-L\leqslant M\leqslant L)$的 $\hat{L}^2$ 和 $\hat{L}_z$。

遗憾的是，这五个量子数不足以完全分类所有的态，这是由于对 $O(5)$的一个给定的不可约表示，$O(3)$有多个不可约表示，换句话说，对于固定量子数 N，n_{d}和 λ，相同的 L 不止一个态。在这种情况下，人们说从 $O(5)$到 $O(3)$的步骤不是完全可分解的。类似的问题也将出现在其他群链中。为了列举这些多余的不可约表示，引入新的符号 n_{Δ}。物理上它描述耦合到零角动量的 d 玻色子三重态的数目。这产生表 6.1 中给出的方案。

表 6.1　群链 A 的卡西米尔算符、它们的本征值及相关的量子数

群	$U(6)$	$U(5)$	$O(5)$	$O(3)$	$O(2)$
卡西米尔算符	$\hat{N}$	$\hat{n}_{\mathrm{d}}$	$\hat{\Lambda}^2$	$\hat{L}^2$	$\hat{L}_z$
本征值	N	n_{d}	$\lambda(\lambda+3)$	$L(L+1)$	M
量子数	N	n_{d}	λ	L	M

对于群链 B，我们需要 $SU(3)$的卡西米尔算符。它被发现是

$$\hat{C}^2 = 2\hat{Q}^2+\frac{3}{4}\hat{L}^2 \tag{6.292}$$

$\hat{C}^2$ 的本征值由 $l^2+lm+m^2+3(l+m)$给出，具有量子数 l 和 m，对于一个固定

的 N,它们的范围给出如下:

$$(l,m)=(2N,0),(2N-4,2),\cdots,(2N-6,0),$$
$$(2N-10,2),\cdots,(2N-12,0),(2N-16,2),\cdots \tag{6.293}$$

有关 $SU(3)$群和这些结果的推导的更多细节,请读者参考《理论物理丛书》的“对称性”这一卷。

$O(3)$和 $O(2)$的卡西米尔算符上面已经讨论过了,在这种情况下,从 $SU(3)$到 $O(2)$的这一步也是不可完全分解的。这就是为什么我们必须引入一个额外的符号,通常用 K 表示,并被称为埃利奥特(Eliott)量子数。其范围给出如下:

$$K=\min(\lambda,\mu),\min(\lambda,\mu)-2,\cdots,1 \text{ 或 } 0 \tag{6.294}$$

对于 $K=0$,角动量 L 的范围给出如下:

$$L=\max(\lambda,\mu),\max(\lambda,\mu)-2,\cdots,1 \text{ 或 } 0 \tag{6.295}$$

对于 $K\neq0$,角动量 L 的范围给出如下:

$$L=K,K+1,K+2,\cdots,K+\max(\lambda,\mu) \tag{6.296}$$

总结这些结果,我们得到表6.2的方案,用$|N(l,m)KLM\rangle$表示本征态。

表6.2　群链B的卡西米尔算符、它们的本征值以及相关的量子数

群	$U(6)$	$SU(3)$	$O(3)$	$O(2)$
卡西米尔算符	$\hat{N}$	$\hat{C}^2$	$\hat{L}^2$	$\hat{L}_z$
本征值	N	$l^2+lm+m^2+3(l+m)$	$L(L+1)$	M
量子数	N	(l,m)	L	M

最后我们专注于群链C。我们首先到达子群 $O(6)$,它的15个生成元 $\hat{\bar{\Lambda}}_{\mu\nu}$是由结合 $O(5)$的生成元(结合群链A进行讨论)和那些将一个d玻色子变换成一个s玻色子或相反的生成元所组成的集合给出的:

$$\hat{\Lambda}_{\mu\mu'},\quad \hat{d}_\mu^\dagger\hat{s}-\hat{s}^\dagger\hat{\tilde{d}}_{\mu'} \tag{6.297}$$

卡西米尔算符由下式给出:

$$\hat{\bar{\Lambda}}^2=\frac{1}{2}\sum_{\mu\nu}\bar{\Lambda}_{\mu\nu}\bar{\Lambda}_{\mu\nu}^\dagger \tag{6.298}$$

其本征值由 $\bar{\lambda}(\bar{\lambda}+4)$给出。一般来说,普通群 $O(n)$的一个卡西米尔算符的本征值等于 $l(l+n-2)$(显然,这会再现 $O(3)$和 $O(5)$群的值)。

显然,$\hat{\bar{\Lambda}}^2$ 的构造原理与 $\hat{\Lambda}^2$ 的构造原理相同。唯一的扩展是,因为从 $SO(5)$到 $SO(6)$这一步,现在包含了s玻色子。这种类比反映在 $\bar{\lambda}$ 的物理意义上,推广的高位数具有如下数值范围:

$$\bar{\lambda}=N,N-2,N-4,\cdots,1 \text{ 或 } 0 \tag{6.299}$$

链中的下一个群 $O(5)$ 的量子数的范围必须由下式给出：

$$\lambda = \bar{\lambda}, \bar{\lambda} - 1, \cdots, 0 \tag{6.300}$$

因为它不计 s 玻色子。

如上所述，$O(5)$ 到 $O(3)$ 的跃迁不是可完全分解的，我们需要一个额外的量子数，在这种情况下，通常称为 r。包括角动量量子数在内，我们将对角的本征态表示为 $|N\bar{\lambda}\lambda\tau LM\rangle$，群理论方案如表 6.3 所示。

表 6.3　群链 C 的卡西米尔算符、它们的本征值以及相关的量子数

群	$U(6)$	$O(6)$	$O(5)$	$O(3)$	$O(2)$
卡西米尔算符	$\hat{N}$	$\hat{\bar{\Lambda}}^2$	$\hat{\Lambda}^2$	$\hat{L}^2$	$\hat{L}_z$
本征值	N	$\bar{\lambda}(\bar{\lambda}+4)$	$\lambda(\lambda+3)$	$L(L+1)$	M
量子数	N	$\bar{\lambda}$	λ	L	M

练习 6.11　$U(N)$ 的卡西米尔算符

问题　证明算符 $\hat{C} = \sum_{i=1}^{N} \hat{\beta}_i^\dagger \hat{\beta}_i$ 是代数 $U(N)$ 的卡西米尔算符，$U(N)$ 是由 N^2 个算符 $\hat{\beta}_i^\dagger \hat{\beta}_k$ 生成的，其中 $[\hat{\beta}_i, \hat{\beta}_k^\dagger] = \delta_{ik}$。

解答　为了证明 $\hat{C}$ 是一个卡西米尔算符，充分和必要条件是它与所有产生子对易：

$$\begin{aligned}[\hat{C}, \hat{\beta}_\alpha^\dagger \hat{\beta}_\beta] &= \sum_{i=1}^{N} [\hat{b}_i^\dagger \hat{b}_i, \hat{b}_\alpha^\dagger \hat{b}_\beta] \\ &= \sum_{i=1}^{N} (\hat{b}_i^\dagger \hat{b}_i \hat{b}_\alpha^\dagger \hat{b}_\beta - \hat{b}_\alpha^\dagger \hat{b}_\beta \hat{b}_i^\dagger \hat{b}_i) \\ &= \sum_{i=1}^{N} (\delta_{i\alpha} \hat{b}_i^\dagger \hat{b}_\beta - \delta_{i\beta} \hat{b}_\alpha^\dagger \hat{b}_i) \\ &= 0 \end{aligned} \tag{①}$$

这就完成了证明。

6.8.5　动力学对称性

在上一小节中，我们导出了表征 $U(6)$ 的三个可能群链本征态的量子数。为了求薛定谔方程的通解，我们必须在三个基之一中展开 $\hat{H}_{\mathrm{IBA}}$ 的本征函数，从而对给定的一套参数对角化哈密顿矩阵。在一般情况下，这需要数值求解。

或者，在一些极限情况下，可能获得对应于参数的特殊限制的解析解，这将一般的哈密顿量简化到在群链之一的本征函数中对角的形式。为此目的，我们仅考虑 $\hat{H}_{\mathrm{IBA}}$ 中可以由该群链的卡西米尔算符表示的那些项，而将所有其他项设为零。

在这种情况下，我们有一个平凡的对角基，卡西米尔算符可以用它们的本征值代替，从而得到能量本征值的简单解析表达式。

从数学上的限制很难看出这些极限情况是否具有物理合理性。然而，我们将显示所得到的谱对应于在实验中实现的某些极限情况。更准确地说：群链 A，B 和 C 的能量公式分别产生振动、转动和 γ 不稳定核的典型谱。

如果哈密顿量 $\hat{H}_{\mathrm{IBA}}$用所描述的方式简化，则称其具有动力学对称性。这必须与基本对称性如转动不变性区分开来，基本对称性对于参数的所有可能值都必须保持。

在更仔细地检查这些极限情况之前，我们首先显示 $\hat{H}_{\mathrm{IBA}}$可以完全用三个群链的卡西米尔算符 $\hat{N}$，$\hat{n}_{\mathrm{d}}$，$\hat{\Lambda}^2$，$\hat{\tilde{\Lambda}}^2$，$\hat{Q}^2$ 和 $\hat{L}^2$ 来表示。得到的形式与式(6.282)给出的多极形式接近但不完全相同。为了这个目的，我们通过哈密顿量的最一般形式一步一步地计算和通过上述卡西米尔算符来表达每一项（在某些情况下，所需的计算太长而不能以显式给出）。为了方便起见，让我们再把这个最一般的形式写下来：

$$\begin{aligned}\hat{H}_{\mathrm{IBA}} &= \epsilon_{\mathrm{s}}\hat{n}_{\mathrm{s}} + \epsilon_{\mathrm{d}}\hat{n}_{\mathrm{d}} \\ &+ \sum_{L=0,2,4}\frac{1}{2}\sqrt{2L+1}C_L[[\hat{d}^{\dagger}\times\hat{d}^{\dagger}]^L\times[\hat{\tilde{d}}\times\hat{\tilde{d}}]^L]^0 \\ &+ \frac{1}{\sqrt{2}}\widetilde{V}_2[[\hat{d}^{\dagger}\times\hat{d}^{\dagger}]^2\times[\hat{\tilde{d}}\times\hat{\tilde{s}}]^2+[\hat{d}^{\dagger}\times\hat{s}^{\dagger}]^2\times[\hat{\tilde{d}}\times\hat{\tilde{d}}]^2]^0 \\ &+ \frac{1}{2}\widetilde{V}_0[[\hat{d}^{\dagger}\times\hat{d}^{\dagger}]^0\times[\hat{\tilde{s}}\times\hat{\tilde{s}}]^0+[\hat{s}^{\dagger}\times\hat{s}^{\dagger}]^0\times[\hat{\tilde{d}}\times\hat{\tilde{d}}]^0]^0 \\ &+ U_2[[\hat{d}^{\dagger}\times\hat{s}^{\dagger}]^2\times[\hat{\tilde{d}}\times\hat{\tilde{s}}]^2]^0 \\ &+ \frac{1}{2}U_0(\hat{s}^{\dagger}\hat{s}^{\dagger}\,\hat{\tilde{s}}\,\hat{\tilde{s}})\end{aligned}\tag{6.301}$$

第一项包含 $\hat{n}_{\mathrm{s}}$，可以平凡地表示为

$$\hat{n}_{\mathrm{s}} = \hat{s}^{\dagger}\hat{s} = \hat{N} - \hat{n}_{\mathrm{d}}\tag{6.302}$$

下一项 $\hat{n}_{\mathrm{d}}$ 本身是一个卡西米尔算符，这样我们着手讨论求和中 $L=0$ 的项，得到

$$[[\hat{d}^{\dagger}\times\hat{d}^{\dagger}]^0\times[\hat{\tilde{d}}\times\hat{\tilde{d}}]^0]^0 = \frac{1}{5}\hat{P}^{\dagger}\hat{P} = \frac{1}{5}[\hat{n}_{\mathrm{d}}(\hat{n}_{\mathrm{d}}+3)-\hat{\Lambda}^2]\tag{6.303}$$

可惜的是，对于其他角动量，必须使用角动量耦合的显式形式。经过冗长的计算，得到与 C_2和 C_4成比例的项：

$$[[\hat{d}^{\dagger}\times\hat{d}^{\dagger}]^2\times[\hat{\tilde{d}}\times\hat{\tilde{d}}]^2]^0 = \frac{1}{7\sqrt{5}}[2\hat{n}_{\mathrm{d}}(\hat{n}_{\mathrm{d}}-2)+2\hat{\Lambda}^2-\hat{L}^2]\tag{6.304}$$

和

$$[[\hat{d}^\dagger \times \hat{d}^\dagger]^4 \times [\hat{\tilde{d}} \times \hat{\tilde{d}}]^4]^0 = \frac{1}{35}\left[6\hat{n}_d(\hat{n}_d - 2) - \hat{\Lambda}^2 + \frac{5}{3}\hat{L}^2\right] \quad (6.305)$$

对于正比于 $\widetilde{V}_2$ 的项，我们类似地得到

$$\begin{aligned}&[[\hat{d}^\dagger \times \hat{d}^\dagger]^2 \times [\hat{\tilde{d}} \times \hat{\tilde{s}}]^2 + [\hat{d}^\dagger \times \hat{s}^\dagger]^2 \times [\hat{\tilde{d}} \times \hat{\tilde{d}}]^2]^0 \\ &\quad = \frac{1}{\sqrt{35}}\left[\hat{Q}^2 - \frac{1}{2}\hat{\Lambda}^2 + \hat{\bar{\Lambda}}^2 - \frac{1}{8}\hat{L}^2 + \frac{1}{2}\hat{n}_d(7\hat{n}_d + 11) - \hat{N}(4\hat{n}_d + 10)\right]\end{aligned} \quad (6.306)$$

而对于与 $\widetilde{V}_0$ 成比例的项，计算结果则是

$$\begin{aligned}&[[\hat{d}^\dagger \times \hat{d}^\dagger]^0 \times [\hat{\tilde{s}} \times \hat{\tilde{s}}]^0 + [\hat{s}^\dagger \times \hat{s}^\dagger]^0 \times [\hat{\tilde{d}} \times \hat{\tilde{d}}]^0]^0 \\ &\quad = [\hat{d}^\dagger \times \hat{d}^\dagger]^0 \hat{s}\hat{s} + \hat{s}^\dagger \hat{s}^\dagger [\hat{\tilde{d}} \times \hat{\tilde{d}}]^0 \\ &\quad = \frac{1}{\sqrt{5}}(\hat{P}^\dagger \hat{s}\hat{s} + \hat{s}^\dagger \hat{s}^\dagger \hat{P}) \\ &\quad = \frac{1}{\sqrt{5}}[\Lambda^2 - \hat{\bar{\Lambda}}^2 + \hat{n}_d(\hat{N} - \hat{n}_d + 1) + (\hat{n}_d + 4)(\hat{N} - \hat{n}_d)]\end{aligned} \quad (6.307)$$

与 U_2 成比例的项可以重写为

$$[[\hat{d}^\dagger \times \hat{s}^\dagger]^2 \times [\hat{\tilde{d}} \times \hat{\tilde{s}}]^2]^0 = [\hat{d}^\dagger \times \hat{\tilde{d}}]^0 \hat{s}^\dagger \hat{s} = \frac{1}{\sqrt{5}}\hat{n}_d(\hat{N} - \hat{n}_d) \quad (6.308)$$

最后我们来到与 U_0 成比例的最后一项，它容易重写为

$$\hat{s}^\dagger \hat{s}^\dagger \hat{\tilde{s}}\hat{\tilde{s}} = (\hat{s}^\dagger \hat{s})(\hat{s}^\dagger \hat{s} - 1) = (\hat{N} - \hat{n}_d)(\hat{N} - \hat{n}_d - 1) \quad (6.309)$$

对于第一步，$\hat{s}^\dagger \hat{\tilde{s}}$ 是 s 玻色子数算符，我们看到玻色子数减少了 1。

这些费力计算的净结果是，$\hat{H}_{\mathrm{IBA}}$ 可以唯一地由三个群链的卡西米尔不变量来表示，取形式

$$\begin{aligned}\hat{H}_{\mathrm{IBA}} = \epsilon_N \hat{N} + \epsilon_{n_d}\hat{n}_d + C_{Nn_d}\hat{N}\hat{n}_d + C_{n_d}\hat{n}_d^2 + C_{\bar{\lambda}}\hat{\bar{\Lambda}}^2 \\ + C_\lambda \hat{\Lambda}^2 + C_L \hat{L}^2 + C_Q \hat{Q}^2\end{aligned} \quad (6.310)$$

注意，系数 C_i 和 ϵ_k 可以从式(6.272)给出的参数唯一地计算出来。它们只是表达参数化哈密顿量的一种附加方法。由于在实际应用中，这些参数无论如何都要与实验拟合，在这里它们的精确关系并不重要，将不详细给出。

$SU(3)$ 的卡西米尔算子根据下式分解：

$$C^2 = 2\hat{Q}^2 + \frac{3}{4}\hat{L}^2 \quad (6.311)$$

由于 $\hat{Q}^2$ 项被解释为四极-四极相互作用，这样就立即具有物理意义。

正如已经提到的，人们通常只对一个核的结构感兴趣，在这种情况下 N 值是固定的。此外，如果只对激发能量感兴趣，仅依赖于 N 的所有项可以被丢弃，从而

得到

$$\hat{H}_{\text{IBA}} = \epsilon\hat{n}_{\text{d}} + C_{n_{\text{d}}}\hat{n}_{\text{d}}^2 + C_{\bar{\lambda}}\hat{\bar{\Lambda}}^2 + C_{\lambda}\hat{\Lambda}^2 + C_L\hat{L}^2 + C_Q\hat{Q}^2 \tag{6.312}$$

其中定义

$$\epsilon \equiv \epsilon_{n_{\text{d}}} + NC_{n_{\text{d}}} \tag{6.313}$$

$O(2)$的卡西米尔算符 $\hat{L}_z$ 不能出现在哈密顿量中，因为转动不变性不允许角动量矢量的不同取向之间存在区别。

接下来，我们应用各种动力学对称性情况，目标是与实验数据进行比较。

群链 A 拥有卡西米尔算符 $\hat{N}$，$\hat{n}_{\text{d}}$，$\hat{\Lambda}^2$，$\hat{L}^2$ 和 $\hat{L}_z$。在这种情况下，只有具有这些算符的项可以保留在哈密顿量中。于是哈密顿量简化为

$$\hat{H}_{\text{IBA}}^{\text{A}} = \epsilon\hat{n}_{\text{d}} + C_{n_{\text{d}}}\hat{n}_{\text{d}}^2 + C_{\lambda}\hat{\Lambda}^2 + C_L\hat{L}^2 \tag{6.314}$$

现在我们可以立即写出能量本征值：

$$E_{n_{\text{d}}\lambda L} = \epsilon n_{\text{d}} + C_{n_{\text{d}}}n_{\text{d}}^2 + C_{\lambda}\lambda(\lambda+3) + C_L L(L+1) \tag{6.315}$$

将此结果与几何模型进行比较，我们认识到它的首项与谐振子相同。主要的区别在于：在几何模型中(四极)声子的数目是无穷大的，而在 IBA 中必须$\leqslant N$。由于谱的相似性，IBA 的这个极限(即群链 A 的动力学对称性)被称为振动极限。当然，IBA 的这个极限也包含修正，它对应于几何模型中的非谐振效应。

因此，我们得出结论，可以用上述能量公式很好地描述球形核的振动谱。作为一个例子，我们在图 6.20 中示出了与实验数据相比在参数 ϵ，$C_{n_{\text{d}}}$，C_{λ} 和 C_L 的最佳拟合中获得的计算结果。

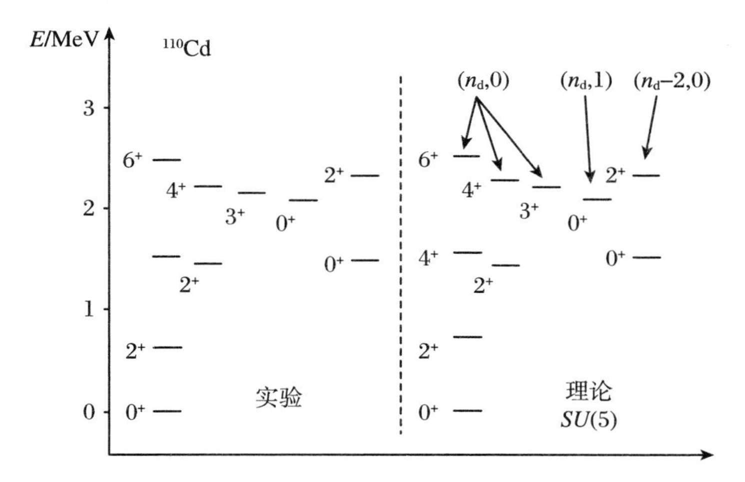

图 6.20 对$^{110}_{48}\text{Cd}_{62}$核的实验谱与在振动极限内最佳拟合计算所得理论结果的比较。对于理论结果，量子数 λ 和 n_{Δ} 在对应的能级之上的括号中给出

接下来我们讨论群链 B。如果关系

$$\epsilon = C_{n_\mathrm{d}} = C_{\bar{\lambda}} = C_\lambda = 0 \tag{6.316}$$

成立,其本征态 $|N(\lambda,\mu)KLM\rangle$ 对 $\hat{H}_{\mathrm{IBA}}$ 形成对角基。因此,式(6.272)的一般哈密顿量简化为

$$\hat{H}_{\mathrm{IBA}}^{\mathrm{B}} = C_Q\hat{Q}^2 + C_L\hat{L}^2 = \frac{1}{2}C_Q\hat{C}^2 + \left(C_L - \frac{3}{8}C_Q\right)\hat{L}^2 \tag{6.317}$$

将卡西米尔算符的本征值代入,得到能量本征值 E_{lmL}:

$$E_{lmL} = \frac{C_Q}{2}[l^2 + m^2 + lm + 3(l+m)] + \left(C_L - \frac{3C_Q}{8}\right)L(L+1) \tag{6.318}$$

其包含典型的转子的 $L(L+1)$ 结构。因此,群链 B 的动力学对称性称为转动极限。与实验数据的一致性的一个例子在图 6.21 中给出。

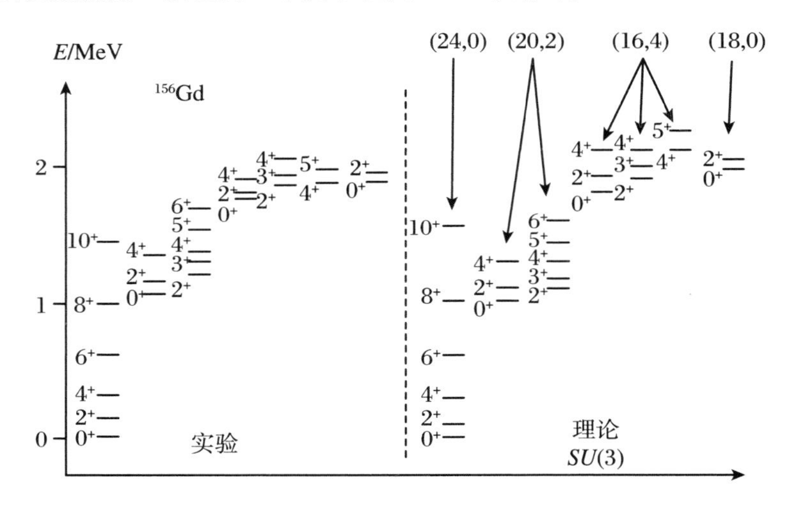

图 6.21　对 $^{156}_{64}\mathrm{Gd}_{92}$ 核的实验谱与在转动极限内最佳拟合计算所得理论结果的比较。量子数 l 和 m 在对应的能级之上的括号中标示

最后,我们来得到由群链 C 定义的动力学对称性。在这种情况下哈密顿量简化为

$$\hat{H}_{\mathrm{IBA}}^{\mathrm{C}} = C_{\bar{\lambda}}\hat{\bar{\Lambda}}^2 + C_\lambda\hat{\Lambda}^2 + C_L\hat{L}^2 \tag{6.319}$$

因为只有 $O(6)$,$O(5)$ 和 $O(3)$ 的卡西米尔算符是可用的。对于能量本征值,结果是

$$E_{\bar{\lambda}\lambda L} = C_{\bar{\lambda}}\bar{\lambda}(\bar{\lambda}+4) + C_\lambda\lambda(\lambda+3) + C_L L(L+1) \tag{6.320}$$

该能量公式与几何模型中的 γ 不稳定核公式(见 6.6 节)相似。这些核的谱特征(见图 6.22)是最低态的序列:在基态 0_1 以上,有 2_1 态,然后有(2_2,4_1)双重态,它们具有相等的间距。将该谱与谐振子的谱进行比较,二声子三重态(0_2,2_2,4_1)的 0_2 态被推向更高的能量是值得注意的。由于在早期的计算中,群链 C 已应用于几何

集体模型中的 γ 不稳定核,并取得了令人满意的一致性,这个动力学对称性叫做 γ 不稳定极限。图 6.22 再次给出与实验谱的大致比较。

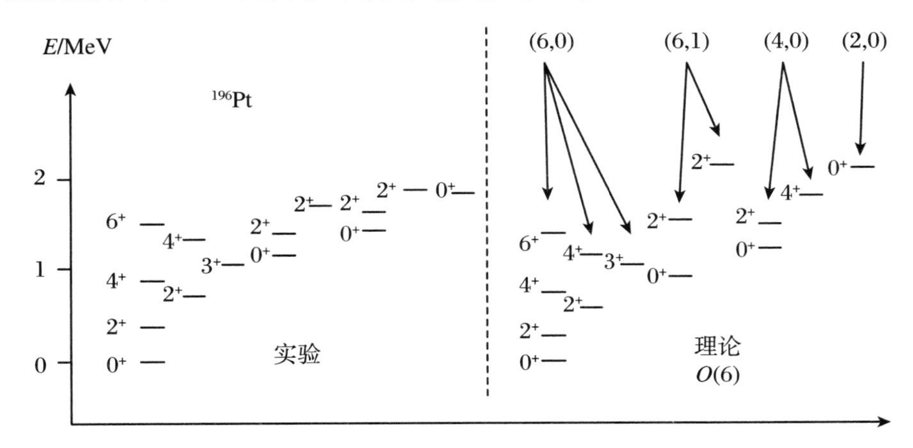

图 6.22　对 $^{196}_{78}Pt_{118}$ 核的实验能量与在 γ 不稳定极限内最佳拟合计算所得结果的比较。量子数 $\bar{\lambda}$ 和 τ 在对应的能级之上的括号中标示

对于 IBA,还有一个已发布的代码[189],它将 IBA 哈密顿量与实验数据进行数值拟合并且被强烈推荐用于实际动手操作的实验。

6.8.6　跃迁算符

总结 IBA 的讨论,我们指出跃迁算符 $\hat{T}^{i}_{LM}$(i = 电的,磁的)是怎么建立的。这个过程是纯现象学的,就像哈密顿量一样,并在于简单地写下 s 玻色子和 d 玻色子的所有适当的角动量耦合,将结果限制为合理数量的低阶项(通常只使用单体项)。这些耦合项前面的系数被处理为自由参数。

遵循这个方案,我们得到电单极算符为

$$\hat{T}^{\mathrm{E}}_{00} = \alpha_0[\hat{s}^{\dagger} \times \hat{\tilde{s}}]^0 + \gamma_0[\hat{d}^{\dagger} \times \hat{\tilde{d}}]^0 \tag{6.321}$$

电四极算符为

$$\hat{T}^{\mathrm{E}}_{2M} = \beta_2([\hat{d}^{\dagger} \times \hat{\tilde{s}}]^2_M + [\hat{s}^{\dagger} \times \hat{\tilde{d}}]^2_M) + \gamma_2[\hat{d}^{\dagger} \times \hat{\tilde{d}}]^2_M \tag{6.322}$$

电十六极算符为

$$\hat{T}^{\mathrm{E}}_{4M} = \gamma_4[\hat{d}^{\dagger} \times \hat{\tilde{d}}]^4_M \tag{6.323}$$

然而,注意,单极算符可以重写为

$$\hat{T}^{\mathrm{E}}_{00} = \alpha_0\hat{N} + \left(\frac{\gamma_0}{\sqrt{5}} - \alpha_0\right)\hat{n}_{\mathrm{d}} \tag{6.324}$$

因此有效地与 d 玻色子的数量成正比。磁算符的表达式相当类似,我们得到磁偶极子算符为

$$\hat{T}^{\mathrm{M}}_{1M} = \gamma_1[\hat{d}^\dagger \times \hat{\tilde{d}}]^1_M \tag{6.325}$$

磁八极算符为

$$\hat{T}^{\mathrm{M}}_{3M} = \gamma_3[\hat{d}^\dagger \times \hat{\tilde{d}}]^3_M \tag{6.326}$$

因为 $\hat{T}^{\mathrm{M}}_{1M}$ 与角动量算符成比例，它是纯对角的，不会引起跃迁。这与几何模型相似（见 6.7.2 小节），与实验不一致，所以必须添加如下形式的高阶项：

$$[[\hat{d}^\dagger \times \hat{s}]^2 \times [\hat{d}^\dagger \times \hat{\tilde{d}}]^1]^1_M \quad \text{或} \quad [[\hat{d}^\dagger \times \hat{\tilde{d}}]^2 \times [\hat{d}^\dagger \times \hat{\tilde{d}}]^1]^1_M \tag{6.327}$$

或者，我们可以保留第一阶，但是必须引入同位旋自由度，正如下一小节所讨论的。

跃迁幅度的计算需要详细的群理论计算，以先确定本征态。我们发现虽然基本特征与几何模型相似，但在细节上有明显的差异，如 β 带和 γ 带之间的强跃迁，它甚至支配着 β 到基态的跃迁和阿拉加规则的强一阶偏差。

6.8.7 IBA 的扩展版本

在本章中，我们给出了 IBA 的各种扩展的主要思想，重点是 IBA2[7,163]。为使层次更清晰，到目前为止处理的 IBA 版本常被称为“IBA1”。

IBA2 的特征是区别质子玻色子和中子玻色子。共引进 12 种玻色子，用

$$\hat{d}^\dagger_{\pi\mu}, \quad \hat{d}^\dagger_{\nu\mu}, \quad \hat{s}^\dagger_\pi, \quad \hat{s}^\dagger_\nu \tag{6.328}$$

表示相应的产生算符（π = 质子，ν = 中子）。例如，核 ${}^{110}_{48}\mathrm{Cd}_{62}$ 有一个质子玻色子和六个中子玻色子，因为对于两种类型的核子，下一个闭壳层是 50。

这种区别很容易通过微观的考虑来证明有理，因为特别是对于中重核和重核，质子和中子占据不同的主壳层。因此，同类核子之间的关联预计会强得多。另一个动机是磁性集体核性质（从几何集体模型的研究可知这主要由质子-中子差引起（见 6.7.2 小节））被恰当地描述这一事实（见下面）。

IBA2 的最大对称群是直积 $U_\pi(6) \times U_\nu(6)$，这保证质子玻色子数和中子玻色子数分别守恒。对于哈密顿量 $\hat{H}_{\mathrm{IBA2}}$，这暗示它必须与两种类型玻色子数算符分别对易：

$$[\hat{H}_{\mathrm{IBA2}}, \hat{N}_\pi] = [\hat{H}_{\mathrm{IBA2}}, \hat{N}_\nu] = 0 \tag{6.329}$$

总数算符是

$$\hat{N} = \hat{N}_\pi + \hat{N}_\nu = \sum_\mu \hat{d}^\dagger_{\pi\mu}\hat{d}_{\pi\mu} + \hat{s}^\dagger_\pi \hat{s}_\pi + \sum_\mu \hat{d}^\dagger_{\nu\mu}\hat{d}_{\nu\mu} + \hat{s}^\dagger_\nu \hat{s}_\nu \tag{6.330}$$

角动量算符是

$$\hat{L}_{1\mu} = \hat{L}_{\pi\mu} + \hat{L}_{\nu\mu} = \sqrt{10}([\hat{d}^\dagger_\pi \times \hat{\tilde{d}}_\pi]^1_\mu + [\hat{d}^\dagger_\nu \times \hat{\tilde{d}}_\nu]^1_\mu) \tag{6.331}$$

与 IBA1 相比，IBA2 的一个重要优势是磁偶极算符

$$\hat{M}_{1\mu} = g_\pi \hat{L}_{\pi\mu} + g_\nu \hat{L}_{\nu\mu} \tag{6.332}$$

(带有 $g_\pi \neq g_\nu$ 可调参数)的最低阶产生非消失跃迁矩阵元,因为角动量不是单独守恒的。这样,集体磁性质的一个重要来源是缺少的磁偶极和角动量算符的共线性,类似于几何模型中的情形。

其次,我们讨论常用的 IBA2 哈密顿量的构造。如在 $\hat{H}_{\text{IBA}}$ 的推导中提到的,基于不变性和简单性的相同的一般限制,$\hat{H}_{\text{IBA2}}$ 的一般形式为

$$\hat{H}_{\text{IBA2}} = \hat{H}^{\pi}_{\text{IBA}} + \hat{H}^{\nu}_{\text{IBA}} + \hat{H}^{\nu\pi}_{\text{INT}} \tag{6.333}$$

其中 $\hat{H}^{\nu\pi}_{\text{INT}}$ 为一般相互作用哈密顿量。在这种类型的假设下,自由参数的数目显然是相当大的。然而,实践经验和对微观理论的比较表明,强烈简化的哈密顿量

$$\hat{H}_{\text{IBA2}} = \epsilon_\pi \hat{n}_{\pi\text{d}} + \epsilon_\nu \hat{n}_{\nu\text{d}} + \hat{V}_{\pi\pi} + \hat{V}_{\nu\nu} + \kappa\sqrt{5}[\hat{Q}_\pi \times \hat{Q}_\nu]^0 + \lambda\hat{M} \tag{6.334}$$

令人满意地描述了许多基本的集体核结构性质。接下来讨论各项的含义。

第一和第二项分别计数质子 d 玻色子和中子 d 玻色子的数目,从而描述同类核子之间配对相互作用的效应。第三和第四项描述同一类型玻色子之间的相互作用:

$$\hat{V}_{ii} = \frac{1}{2}\sum_{L=0,2,4} C_{iL}[[\hat{d}^\dagger_i \times \hat{d}^\dagger_i]^L \times [\hat{\tilde{d}}_i \times \hat{\tilde{d}}_i]^L]^0 \tag{6.335}$$

其中 $i=\pi,\nu$,并由 $\hat{H}_{\text{IBA}}$ 驱动。然而,这个哈密顿量的实际应用表明,用少量非消失的 C_{iL} 已经可以获得与实验数据的合理一致。

$\hat{H}_{\text{IBA2}}$ 中的第五项是质子-中子四极-四极相互作用。与 IBA1 类似,$\hat{Q}_{i\mu}$ 由下式给出:

$$\hat{Q}_{i\mu} = \hat{d}^\dagger_{i\mu}\hat{\tilde{s}}_i + \hat{s}^\dagger_i\hat{\tilde{d}}_{i\mu} + \chi_i[\hat{d}^\dagger_i \times \hat{\tilde{d}}_i]^2_\mu \tag{6.336}$$

其中 χ_i 是一个自由参数。

最后,我们来看所谓的马约拉纳算符,它定义为

$$\begin{aligned}\hat{M} = & \sqrt{5}[(\hat{s}^\dagger_\nu\hat{d}^\dagger_\pi - \hat{s}^\dagger_\pi\hat{d}^\dagger_\nu) \times (\hat{s}_\nu\hat{\tilde{d}}_\pi - \hat{s}_\pi\hat{\tilde{d}}_\nu)]^0 \\ & + 2\sum_{L=1,3}\xi_L\sqrt{2L+1}[[\hat{d}^\dagger_\nu \times \hat{d}^\dagger_\pi]^L \times [\hat{\tilde{d}}_\nu \times \hat{\tilde{d}}_\pi]^L]^0\end{aligned} \tag{6.337}$$

具有可调参数 λ,ξ_1 和 ξ_3。为理解这个质子-中子相互作用项的结构,我们必须将 IBA1 的结果与 IBA2 的预期结果进行比较。我们已经看到,IBA1 相当好地描述了实验低能集体态,我们要求这些态应该被 IBA2 同样好地再现,而不需要在这个能量区域中添加额外的态。另一方面,显然,IBA2 中质子和中子的量子数完全相同的(即在质子-中子自由度中是对称的)那些态对应于 IBA1 态。这就是马约拉纳力(见 7.1.2 小节)开始发挥作用的时刻,因为它把质子-中子自由度中不对称的态推向更高的能量,而质子-中子对称态不受影响。

值得注意的是,在大约 3 MeV 的能量区域存在那些非对称或混合对称态的实验证据。在几何图形中(6.7.2 小节),这些态被解释为质子和中子表面的相对振荡。

最后,我们想简单地提及 IBA1 的一些其他扩展。

• 在所谓的 sdg-IBA 中,我们使用角动量为 4 的十六极玻色子(g 玻色子)。在这种情况下,我们通常忽略玻色子数的微观动因,N 成为一个自由参数。当我们这样做时,模型被扩展到较高的自旋,与 IBA1 相反(IBA1 的最大角动量受限于 $L_{\max}=2N\hbar$,因为声子的数目有限)。

• 在 sdf-IBA 中引入了角动量为 3 的八极玻色子(f 玻色子)。因此,能够描述具有负宇称和非对称基态形变的带。

• 为了描述奇-偶核,对核芯加粒子模型(见 8.1 节)可以构造玻色子类比。这些模型称为相互作用玻色-费米子模型(IBFM)。

6.8.8 与几何模型的比较

对 IBA 的解的讨论表明,它通常适用于类似的现象,如几何模型。因此,值得在这里强调一下一些差异和每个模型的优缺点。

• 物理解释:依据微观结构,IBA 提供了一个得到更直接的基本原理的机遇。然而,到目前为止,还没有完全成功。另一方面,由有限的声子数得到的角动量的截断(这最初被认为是模型的一个有趣的预言)从未得到证实。

• 实际应用:几何模型在其更一般的构想中(6.7.1 小节)在数学上非常类似于 IBA, 因此,用类似数目的参数拟合实验数据具有相同的品质并不奇怪。IBA 的一个优点是能够用相同的哈密顿量通过只改变总玻色子数 N 来拟合一组相邻原子核,在一些情况下其应用取得了合理的成功;在几何模型中,原则上应该可能用具有平滑的质量相关参数拟合一系列核,但这还没有以任何系统的方式完成。IBA 的另一个优点是 β 到 γ 的跃迁和与阿拉加规则的偏离已经在模型中被预测到最低阶,而在几何模型中,它们由高阶修正引起。

• 人们可能会问,几何模型是否也可能不被视为一个数学动因假设,它使用四极声子来建立类似于但不同于 IBA 的一般哈密顿量。诚然,哈密顿量不以任何方式依赖于这些声子的几何解释。然而,从关于电荷分布几何形式的特定假设计算跃迁算符,而且它们的参数被完全确定,这与 IBA 截然不同。这些参数可以在大多数情况下被成功使用,这是几何解释的一个明显的成功。

已经有许多论文致力于寻找 IBA 与几何势能面 $V(\beta,\gamma)$之间在形式上的关系。有关参考文献的清单和完整的讨论参见文献[43]。在这里,我们只引用一个一般的结果,给我们这个领域一些领悟。根据文献[111,115],式(6.273)的哈密顿量与如下形式的势能面有关:

$$E(N,\beta,\gamma)=\frac{N\epsilon_{\mathrm{d}}\beta^2}{1+\beta^2}+\frac{N(N-1)}{(1+\beta^2)^2}\left[\alpha_1\beta^4+\alpha_2\beta^3\cos(3\gamma)+\alpha_3\beta^2+\alpha_4\right] \quad (6.338)$$

各 α 仅与哈密顿量里的系数有关。注意,势依赖于声子数。这个结果显示的一个重要特征是 γ 仅出现在 $\cos(3\gamma)$的线性项中,因此,极小值只能出现在长椭轴或扁椭轴上,而三轴极小值不在模型中,至少对于标准哈密顿量是这样。

迪佩林克(Dieperink)等[60]为三个动力学对称性情形给出了势。表达式是:

- $U(5)$: $E(N,\beta,\gamma)=\epsilon_{\mathrm{d}}N\dfrac{\beta^2}{1+\beta^2}$;
- $SU(3)$: $E(N,\beta,\gamma)=\kappa N(N-1)\dfrac{1+\frac{3}{4}\beta^4-\sqrt{2}\beta^3\cos(3\gamma)}{(1+\beta^2)^2}$;
- $O(6)$: $E(N,\beta,\gamma)=\kappa' N(N-1)\left(\dfrac{1-\beta^2}{1+\beta^2}\right)^2$。

对这些势的极小值的简单检验以令人信服的方式显示了这些极限情况的物理意义。

6.9　巨　共　振

6.9.1　引言

另一种不同于迄今讨论的表面激发的集体运动由巨共振表示,其中已知最早且研究最多的是巨偶极共振。它们显现为核光效应(即原子核对光子的吸收)中的宽阔的共振,平均能量从轻核的 22 MeV 左右系统地减少到重核的 14 MeV 左右。共振宽度在 2～7 MeV 范围内,并且常常分裂成几个峰。

为了更好地说明情况,图 6.23 显示了典型的光吸收截面,它包含由于低能态而产生的孤立峰,其中有迄今为止研究的集体带,以及开始于 8 MeV 附近的连续谱,它主要由巨偶极共振峰所支配。

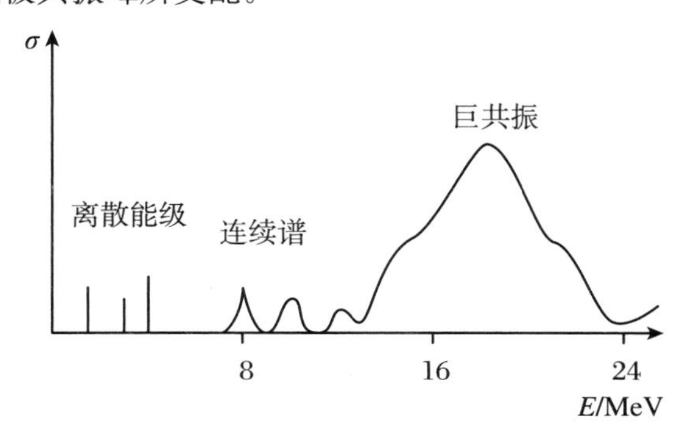

图 6.23　光吸收截面示意图。在孤立的低能峰之上,连续谱在大约 8 MeV 处开始,引起宽阔的巨共振

利用托马斯-赖歇-库恩求和规则(Thomas-Reiche-Kuhn sum rule)可以更精确地给出包含在巨偶极共振中的总偶极激发强度的分数,总的说来,这也提供了求和规则的简单和说明性的例子。

考虑 α 和 β 态之间电偶极跃迁的跃迁概率。相应的吸收截面由下式给出:

$$\int_{线} \mathrm{d}E_{\beta}\sigma_{\mathrm{abs}} = \frac{4\pi^2(E_\beta - E_\alpha)}{\hbar c}\left|\int \mathrm{d}^3 r \langle \beta \mid \hat{\rho}(\boldsymbol{r}) \mid \alpha \rangle z\right|^2 = \frac{2\pi^2 \hbar}{mc} f_{\beta\alpha} \quad (6.339)$$

它定义了跃迁强度 $f_{\beta\alpha}$。我们现在使用单粒子图像,首先假设密度是带有电荷 q 的一个核子的密度,这样

$$\begin{aligned}\int \mathrm{d}^3 r \langle \beta \mid \hat{\rho}(\boldsymbol{r}) \mid \alpha \rangle z &= \int \mathrm{d}^3 r \int \mathrm{d}^3 r' \psi_\beta^*(\boldsymbol{r}') q\delta(\boldsymbol{r} - \boldsymbol{r}')\psi_\alpha(\boldsymbol{r}') z \\ &= \int \mathrm{d}^3 r' \psi_\beta^*(\boldsymbol{r}') q z' \psi_\alpha(\boldsymbol{r}') \\ &= q\langle \beta \mid z \mid \alpha \rangle \end{aligned} \quad (6.340)$$

能量差可以通过核哈密顿量 $\hat{H}$ 来表示,其产生态 α 和 β 作为本征态:

$$\begin{aligned} f_{\beta\alpha} &= \frac{2mq^2}{\hbar^2}(E_\beta - E_\alpha) \mid \langle \beta \mid z \mid \alpha \rangle \mid^2 \\ &= \frac{2mq^2}{\hbar^2}\langle \alpha \mid z \mid \beta \rangle (E_\beta - E_\alpha) \langle \beta \mid z \mid \alpha \rangle \\ &= \frac{mq^2}{\hbar^2}(\langle \alpha \mid z \mid \beta \rangle \langle \beta \mid [\hat{H}, z] \mid \alpha \rangle - \langle \alpha \mid [\hat{H}, z] \mid \beta \rangle \langle \beta \mid z \mid \alpha \rangle) \end{aligned} \quad (6.341)$$

关键点是,对所有终态 β 的求和现在可以通过使用这些态的完整性来完成:

$$\sum_\beta f_{\beta\alpha} = \frac{mq^2}{\hbar^2}\langle \alpha \mid [z, [\hat{H}, z]] \mid \alpha \rangle \quad (6.342)$$

而且,剩下的对易子可以在有用的极限情况下进行求值:如果哈密顿量 $\hat{H}$ 包括所有核子动能的总和加上一个纯局域势,对对易子的唯一贡献将来自于产生跃迁的粒子的动能,这样我们得到

$$[z, [\hat{H}, z]] = -\frac{\hbar^2}{2m}\left[z, \left[\frac{\partial^2}{\partial z^2}, z\right]\right] = -\frac{\hbar^2}{2m}\left[z, 2\frac{\partial}{\partial z}\right] = \frac{\hbar^2}{m} \quad (6.343)$$

使得 $\sum_\beta f_{\beta\alpha} = q^2$。

于是对所有终态求和的总截面由下式给出:

$$\sum_\beta \int \mathrm{d}E_{\beta}\sigma_{\mathrm{abs}} = \frac{2\pi^2 \hbar}{mc} q^2 \quad (6.344)$$

这必须对所有核子的贡献进行求和。用质子的有效电荷 Ne/A 和中子的有效电荷 Ze/A 产生

$$\sum_{核子} \sum_\beta \int \mathrm{d}E_{\beta}\sigma_{\mathrm{abs}} = \frac{2\pi^2 \hbar}{mc} e^2 \left[Z\left(\frac{N}{A}\right)^2 + N\left(\frac{Z}{A}\right)^2\right] = \frac{2\pi^2 \hbar e^2}{mc}\frac{NZ}{A}$$

$$\approx \frac{NZ}{A} \times 60\ \mathrm{MeV} \cdot \mathrm{mb} \tag{6.345}$$

可惜推导对于实际目的仍然不充分，因为 z 与哈密顿量中的势对易的假设在核情况下被明显地否定了。罪魁祸首是包含空间交换的相互作用项。在这里我们不能推导定量的细节，而在练习 6.12 中更详细地研究这个问题，只提一下校正大约是托马斯-赖歇-库恩求和规则中的主导项幅度的一半。

练习 6.12　对托马斯-赖歇-库恩求和规则的贡献

问题　解释为什么哈密顿量中的空间交换项对托马斯-赖歇-库恩求和规则产生贡献。

解答　列举如下给出的纯马约拉纳力的情况作为例子：

$$\hat{V} = \frac{1}{2}\sum_{ij} v(|\boldsymbol{r}_i - \boldsymbol{r}_j|)P^{\mathrm{M}} \tag{①}$$

只要 i 或 j 是选定粒子的下标，具有这个粒子 z 坐标的对易子显然可以是非消失的。由于势的对称性，这两种可能性都导致相同的结果：

$$\begin{aligned}[z,[\hat{V},z]] &= 2\sum_{j}[z,[v(|\boldsymbol{r} - \boldsymbol{r}_j|)P^{\mathrm{M}},z]] \\ &= 2zv(|\boldsymbol{r} - \boldsymbol{r}_j|)P^{\mathrm{M}}z - z^2 v(|\boldsymbol{r} - \boldsymbol{r}_j|)P^{\mathrm{M}} - v(|\boldsymbol{r} - \boldsymbol{r}_j|)P^{\mathrm{M}}z^2 \\ &= (2zz_j - z^2 - z_j^2)v(|\boldsymbol{r} - \boldsymbol{r}_j|)P^{\mathrm{M}} \end{aligned} \tag{②}$$

最后一步使用了 P^{M} 交换两个相互作用粒子的位置坐标这一事实，所以在乘以 $v(|\boldsymbol{r}-\boldsymbol{r}_j|)$的项中 $P^{\mathrm{M}}z = z_jP^{\mathrm{M}}$。

实验发现，巨偶极共振占到求和规则的 80%～90%，因此，它显然是迄今为止导致偶极强度最主要的激发机制。

在集体模型中解释巨偶极共振的基本理论思想是质子和中子质心的分离，导致核的一个大的偶极矩。遵照延森(Jensen)的建议，第一个模型公式是由戈德哈伯(Goldhaber)和特勒(Teller)提出的，随后施泰因韦德尔(Steinwedel)和延森独立地提出更详细的模型。

6.9.2　戈德哈伯-特勒模型

戈德哈伯和特勒[87]给出了巨共振的第一个理论。他们已经认识到质子相对于中子的运动是造成这种模式的原因，并提出三种基本的可能性。

(1) 质子与中子之间的位移，其回复力与位移成正比，且独立于核的大小和受影响的特定质子。这种情况可以被否决，因为它导致一个独立于 A 的共振能量。

(2) 核表面质子和中子之间没有分离，而在内部有密度的差异，回复力与密度差的梯度成正比。这本质上是在下一小节中讨论的施泰因韦德尔-延森模型的思想，但是没有进一步研究，因为当时观察到的巨偶极共振频率的变化通过以下思想被很好地描述。

(3) 质子和中子各自形成互穿的球状体系,但相互间略微取代,如图 6.24 所示。显然,这是一个纯偶极模式。它是现在被称为戈德哈伯-特勒模型的思想的基础,并被更详细地描述。

称质子球和中子球中心之间的位移为 ξ。这种位移如何改变系统的能量?在液滴能量的贝特-魏茨泽克公式的各项中,如果中子相对于质子位移,只有两项可以改变,那就是对称能和库仑能。库仑能可以很容易地被写为一个包括局域电荷密度的积分,而对称能仅以积分形式被知晓:

$$E_{\mathrm{sym}} = a_{\mathrm{sym}} \frac{(N-Z)^2}{A}, \quad a_{\mathrm{s}} \approx 20\ \mathrm{MeV} \tag{6.346}$$

必须转化成一个对局域密度的积分。改写它的一个自然方法是

$$E_{\mathrm{sym}} = a_{\mathrm{sym}} \int \mathrm{d}^3 r \frac{(\rho_{\mathrm{n}}(\boldsymbol{r},t) - \rho_{\mathrm{p}}(\boldsymbol{r},t))^2}{\rho_0} \tag{6.347}$$

这将实际用于施泰因韦德尔-延森公式中*。戈德哈伯和特勒在他们的原始工作中没有使用这种对称能的表达。即使在今天这也似乎是合理的,因为他们处理的是只包含中子或质子的空间区域,因此,两种粒子的等密度的二次展开可能真不适用。他们转而假设从质子和中子密度几乎相等的常规环境中提取一个质子(或中子)所需的能量为 φ。

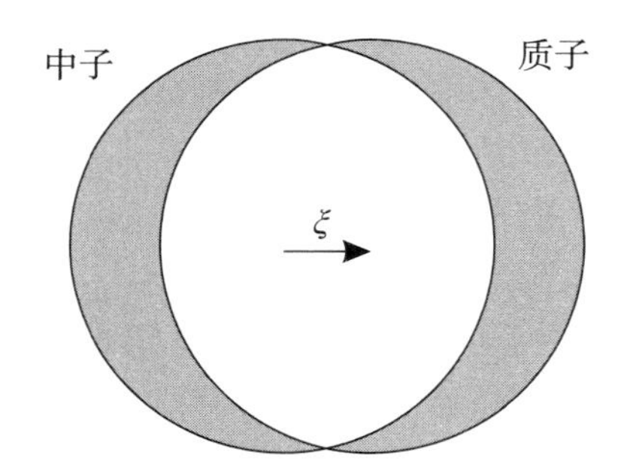

图 6.24　具有夸大分离距离 ξ 的巨偶极共振的戈德哈伯-特勒模型中几何假设的草图。阴影区域显示质子与中子分离的区域

计算对称能的变化是很容易的:它仅与图 6.24 中的阴影体积成比例,系数是适当的密度因子。直截了当的积分显示这个体积由 $\Delta V = \pi R^2 |\xi|$ 给出,利用以上假设,就得到

---

* 读者应该意识到这里面事实上有一些含糊不清之处,幸运的是不影响目前的讨论。例如,费米气体模型产生一个 $\rho_0^{-1/3}$ 依赖而不是这里所看到的 ρ_0^{-1},这表明通常如何在质量公式项中誊写分母是不明确的。而在当前应用中,ρ_0 的恒定性使分母成为恒定的总体因子,在密度平滑地接近于零的核表面的更加现实的描述中,不同幂之间的差异很关键。

$$\Delta E = \varphi(\rho_p + \rho_n)\Delta V = \varphi(Z + N)\frac{\Delta V}{V} = \frac{3}{4}\varphi A\frac{|\xi|}{R} \tag{6.348}$$

这个表达式引起一个小问题：$|\xi|$是线性的而不是二次的，它不会导致简谐振动。显然，对于非常小的分离，这种行为不可能是真的，在那里核表面的弥散一定起作用。戈德哈伯和特勒简单地假设了小 ξ 时的二次依赖关系 $E_{sym} = k\xi^2/2$，拟合为在一定的 ξ 值处加入线性依赖关系，取 $\epsilon = 2$ fm。这就会得到

$$k\epsilon = \frac{3}{4}\frac{\varphi A}{R} \tag{6.349}$$

确定 k。

库仑能不受戈德哈伯-特勒模型机制的影响，因为电荷分布只被平移，不以任何其他方式改变。

在这个模型中，剩下的部分是动能，在这种情况下是 $\mu\xi^2/2$，$\mu = ZNm/A$ 是质子和中子二体系统的约化质量。与谐振势一起，我们现在得到巨共振的频率：

$$\hbar\omega = \hbar\sqrt{\frac{3a_{sym}}{4\epsilon m}}\sqrt{\frac{A^2}{ZNR}} \approx \frac{45\ \text{MeV}}{A^{1/6}} \tag{6.350}$$

为了简单起见，取 $Z = N$，对 φ 取戈德哈伯和特勒的值 40 MeV，得到了此数值结果。我们将把它与施泰因韦德尔-延森模型的结果进行比较。

6.9.3 施泰因韦德尔-延森模型

如前所述，在施泰因韦德尔-延森模型中[197]，巨偶极共振被描述为因改变质子与中子的局部比值而发生原子核的动态极化，同时在各处保持总密度恒定。动态处理是基于动能的流体动力学无旋流假设和势能的液滴模型。

所涉及的主要物理量是质子密度 $\rho_p(\boldsymbol{r}, t)$ 和中子密度 $\rho_n(\boldsymbol{r}, t)$，两者都允许在时间和空间上变化。假设总密度 ρ_0 在核内是恒定的：

$$\rho_0 = \rho_p(\boldsymbol{r}, t) + \rho_n(\boldsymbol{r}, t) \tag{6.351}$$

对于最简单的球形核，我们将进一步只考虑球形状，因此密度只定义在 $|r| \leqslant R_0$ 内，并默认在外面消失。

对于小振荡，我们围绕它们的平衡值展开变化的密度：

$$\rho_p(\boldsymbol{r}, t) = \rho_p^0 + \eta(\boldsymbol{r}, t), \quad \rho_n(\boldsymbol{r}, t) = \rho_n^0 - \eta(\boldsymbol{r}, t) \tag{6.352}$$

其中 $\rho_p^0 = Z\rho_0/A$，$\rho_n^0 = N\rho_0/A$。通过要求

$$\int d^3 r\eta(\boldsymbol{r}, t) = 0 \tag{6.353}$$

保证了每种粒子数的守恒。回复力现在主要由对称能决定，对称能使用式(6.347)给出的形式。库仑能也受质子重新分布的影响。然而，这种效应比对称能的变化小得多，因此在下面被忽略。

引入小偏离 $\eta(\boldsymbol{r}, t)$，导致

$$E_{\text{sym}} = a_{\text{sym}} \frac{(N-Z)^2}{A} + \frac{4a_s}{2\rho_0}\int \mathrm{d}^3 r \eta^2(\boldsymbol{r}, t) \tag{6.354}$$

第一项是无扰动核的恒定对称能，η 的线性项由于式(6.353)而消失。这样，第二项是唯一可被用作密度振动的势能的项。我们仍然需要构建动能。

对于动能，应该使用流体的经典动能：

$$T = \frac{m}{2}\int \mathrm{d}^3 r(\rho_p \boldsymbol{v}_p^2 + \rho_n \boldsymbol{v}_n^2) \tag{6.355}$$

其中 $\boldsymbol{v}_p(\boldsymbol{r}, t)$和 $\boldsymbol{v}_n(\boldsymbol{r}, t)$分别是质子流体和中子流体的局域流速。该表达式还显示，使用了数量密度，而不是质量密度(这使得因子 m 是必要的)。转化为相对速度和质心速度：

$$\begin{aligned} \boldsymbol{v}(\boldsymbol{r}, t) &= \boldsymbol{v}_p(\boldsymbol{r}, t) - \boldsymbol{v}_n(\boldsymbol{r}, t) \\ \boldsymbol{V}(\boldsymbol{r}, t) &= \frac{\rho_p(\boldsymbol{r}, t)\boldsymbol{v}_p(\boldsymbol{r}, t) + \rho_n(\boldsymbol{r}, t)\boldsymbol{v}_n(\boldsymbol{r}, t)}{\rho_0} \end{aligned} \tag{6.356}$$

那么动能变成

$$T = \frac{m}{2}\int \mathrm{d}^3 r(\rho_0 V^2 + \rho_{\text{red}} v^2) \tag{6.357}$$

其中引入了约化密度

$$\rho_{\text{red}}(\boldsymbol{r}, t) = \frac{\rho_p \rho_n}{\rho_p + \rho_n} = \frac{\rho_p^0 \rho_n^0}{\rho_0} + \frac{\rho_n^0 - \rho_p^0}{\rho_0}\eta - \frac{\eta^2}{\rho_0} \tag{6.358}$$

下面我们将只推导到最低阶，并且假设平均速度 $\boldsymbol{V}$ 为零，这对于处于基态的静止原子核来说是合适的。在动能中，在这种情况下，只有约化密度的第一项必须考虑，得到

$$T = \frac{m}{2}\frac{ZN}{A^2}\rho_0\int \mathrm{d}^3 r v^2 \tag{6.359}$$

而势能仍由式(6.354)中的最后一项给出。这样系统的拉格朗日量给出如下：

$$L = \frac{m}{2}\frac{ZN}{A^2}\rho_0\int \mathrm{d}^3 r v^2 - \frac{4a_s}{\rho_0}\int \mathrm{d}^3 r \eta^2 \tag{6.360}$$

注意，对于 $\boldsymbol{V}=\boldsymbol{0}$，速度是由相对速度决定的，为

$$\boldsymbol{v}_p = \frac{N}{A}\boldsymbol{v}, \quad \boldsymbol{v}_n = \frac{Z}{A}\boldsymbol{v} \tag{6.361}$$

在我们从变分原理导出运动方程之前，必须给出速度场的一些性质。此外，它们必须受到一些模型假设的严重限制，因为密度的变化可以通过几乎任意的速度场来实现。仅通过用连续性方程表示的粒子数守恒来提供普遍约束：

$$\frac{\partial \rho_{p,n}}{\partial t} + \nabla\cdot(\rho_{p,n}\boldsymbol{v}_{p,n}) = 0 \tag{6.362}$$

带有通过表面的流消失这一边界条件：

$$\boldsymbol{r}\cdot\boldsymbol{v}_{p,n}\big|_{|\boldsymbol{r}|=R_0} = 0 \tag{6.363}$$

重写质子的连续性方程到一阶，我们得到

$$\frac{\partial \rho_{\mathrm{p}}}{\partial t}=\frac{\partial \eta}{\partial t}=-\nabla\cdot\left[\left(\rho_{\mathrm{p}}^{0}+\eta\right)\boldsymbol{v}_{\mathrm{p}}\right]\approx-\rho_{\mathrm{p}}^{0}\nabla\cdot\boldsymbol{v}_{\mathrm{p}}=-\frac{ZN}{A^{2}}\rho_{0}\nabla\cdot\boldsymbol{v} \tag{6.364}$$

在最后一步，使用了式(6.361)。

变分原理采用形式

$$\delta\int \mathrm{d}t\int \mathrm{d}^{3}r\left(\frac{m}{2}\frac{ZN}{A^{2}}\rho_{0}\boldsymbol{v}^{2}-\frac{4a_{\mathrm{s}}}{\rho_{0}}\eta^{2}\right)=0 \tag{6.365}$$

关于变分应该执行哪些变量？基本的力学自由度是粒子的时间依赖性位移，它决定了流速和密度的变化。如果给定初始位置 $\boldsymbol{s}(\boldsymbol{r},t=0)$，流体的每个元素的运动可以通过其时间依赖的位置 $\boldsymbol{s}(\boldsymbol{r},t)$来表征。原则上，应分别对质子和中子定义位移，但由于它们是平凡地联系着的，可以更优雅地定义它，使它遵循相对运动，这样

$$\boldsymbol{v}=\frac{\partial \boldsymbol{s}}{\partial t},\quad \delta\boldsymbol{v}=\frac{\partial\delta\boldsymbol{s}}{\partial t} \tag{6.366}$$

密度畸变 η 的变化通过式(6.364)确定为

$$\delta\eta=-\frac{ZN}{A^{2}}\rho_{0}\nabla\cdot\delta\boldsymbol{s} \tag{6.367}$$

我们现在可以进行变分，将关于 $\delta\boldsymbol{v}$ 和 $\delta\eta$ 的前面两个方程代入，并且执行第一部分积分(关于第一个被积函数中的时间和第二个被积函数中的空间)：

$$\begin{aligned}0&=\delta\int \mathrm{d}tL\\&=\int \mathrm{d}t\int \mathrm{d}^{3}r\left(m\frac{ZN}{A^{2}}\rho_{0}\boldsymbol{v}\cdot\delta\boldsymbol{v}-\frac{8a_{\mathrm{s}}}{\rho_{0}}\eta\delta\eta\right)\\&=\int \mathrm{d}t\int \mathrm{d}^{3}r\left(m\frac{ZN}{A^{2}}\rho_{0}\frac{\partial \boldsymbol{s}}{\partial t}\cdot\frac{\partial\delta\boldsymbol{s}}{\partial t}+8a_{\mathrm{s}}\frac{ZN}{A^{2}}\eta\nabla\cdot\delta\boldsymbol{s}\right)\\&=\int \mathrm{d}t\int \mathrm{d}^{3}r\left(-m\frac{ZN}{A^{2}}\rho_{0}\frac{\partial^{2}\boldsymbol{s}}{\partial t^{2}}-8a_{\mathrm{s}}\frac{ZN}{A^{2}}\nabla\eta\right)\cdot\delta\boldsymbol{s}\end{aligned} \tag{6.368}$$

现在可以使用空间和时间上不同点处位移的独立性，这意味着去掉积分：

$$m\frac{ZN}{A^{2}}\rho_{0}\frac{\partial \boldsymbol{v}}{\partial t}=-8a_{\mathrm{sym}}\frac{ZN}{A^{2}}\nabla\eta \tag{6.369}$$

取该方程的散度和通过

$$\frac{\partial\nabla\cdot\boldsymbol{v}}{\partial t}=-\frac{A^{2}}{ZN\rho_{0}}\frac{\partial^{2}\eta}{\partial t^{2}} \tag{6.370}$$

利用连续性方程，得到关于 η 的运动方程：

$$m\frac{\partial^{2}\eta}{\partial t^{2}}=8a_{\mathrm{sym}}\frac{ZN}{A^{2}}\nabla^{2}\eta \tag{6.371}$$

这个简单的结果表明密度涨落满足波动方程

$$\frac{1}{u^{2}}\frac{\partial^{2}\eta}{\partial t^{2}}=\nabla^{2}\eta \tag{6.372}$$

其中密度波的传播速度由下式给出：

$$u^2 = \frac{ZN}{A^2}\frac{8a_{\text{sym}}}{m} \tag{6.373}$$

对于 $a_s \approx 23$ MeV，我们可以估计 $u \approx c/5$。用 5.3.1 小节所学的方法求解波动方程是平凡的：假设周期性的时间依赖 $\eta(\boldsymbol{r},t) = \eta(\boldsymbol{r},0)\exp(\mathrm{i}\omega t)$，我们得到亥姆霍兹方程

$$\Delta\eta + k^2\eta = 0 \tag{6.374}$$

这个方程可以用熟悉的好角动量解来解决：

$$\eta_{klm}(\boldsymbol{r}) = Bj_l(kr)Y_{lm}(\Omega), \quad k = \frac{\omega}{c} \tag{6.375}$$

边界条件是由核表面的固定性给出的：通过表面的速度必须消失。等式(6.369)显示这相当于

$$0 = \boldsymbol{e}_r \cdot \nabla\eta\Big|_{r=R} = \frac{\partial\eta}{\partial r}\Big|_{r=R} \rightarrow j_l'(kR) = 0 \tag{6.376}$$

这样，本征频率是由球贝塞尔函数的导数的零点确定的。对于 $l=1$，最低的零点约为 2.08，所以 $k \approx 2.08/R$，态的能量将是

$$\begin{aligned}\hbar\omega = \hbar uk &\approx \hbar\sqrt{\frac{ZN}{A^2}\frac{8a_{\text{sym}}}{m}}\frac{2.08}{1.2\ \text{fm}\cdot A^{1/3}}\\ &= \sqrt{\frac{4ZN}{A^2}}\frac{76.5\ \text{MeV}}{A^{1/3}}\end{aligned} \tag{6.377}$$

平方根因子被分离出来，因为它只缓慢地依赖于质量数，并且对于 $Z=N$ 减小到 1，而特有的 $A^{-1/3}$ 依赖性存在于第二因子中。A 依赖性与实验观察到的很一致。

6.9.4 应用

到目前为止，这一理论的发展完全是经典的，但是因为在这个近似中，我们处理的是一个谐振子，很容易给出一个量子化的版本：对 g 玻色子简单地引进具有正确角动量性质的产生和湮没算符 $\hat{g}_{1\mu}^{\dagger}$ 和 $\hat{g}_{1\mu}$，哈密顿量的表达式可以为

$$\hat{H} = \hbar\omega\left(\sum_{\mu}\hat{g}_{\mu}^{\dagger}\hat{g}_{\mu} + \frac{3}{2}\right) \tag{6.378}$$

在理论上走这么远，只有当实际观察到一个以上声子的态时才有意义。这样的二声子巨共振的实际观测仅在最近才实现(有关评论见莫迪凯(Mordechai)和莫尔(Moore)的文章[152])。

在形变核中如果巨偶极共振被激发会发生什么？形式上，这是在动力学集体模型的框架中发展的[55,56]，将巨偶极模式的量子耦合到四极表面声子，但是从几何上很容易理解原理。因为巨共振比表面振动具有更高的能量，它快得多，人们可以使用(至少作为一级近似)在固定表面内巨共振的绝热假设。共振的能量由球贝塞尔函数导数的第一零点通过 $kR=2.08$ 确定，所以它与核半径成反比。现在，如果

核变成形变的,半径将沿三个主轴不同,共振可能分裂成三个峰,通过三个轴之比确定能量分离(然而,峰能量的正确公式并不十分简单)。如果存在轴对称,则这些模式中的两个将重合,两个峰中的一个将比较高,实际上对应于沿两个轴的运动。在图 6.25 中示出了四种可能的情况。

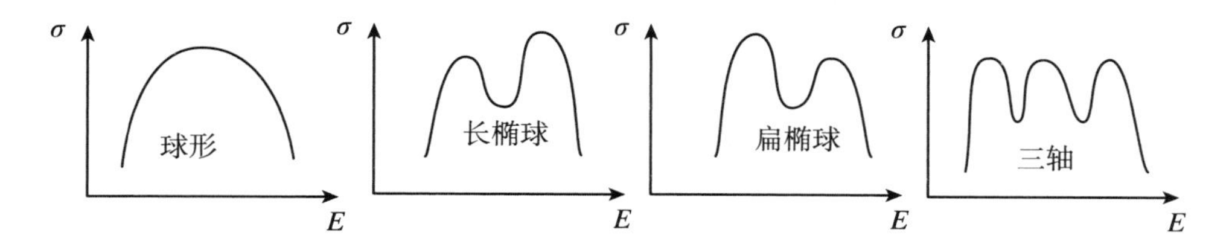

图 6.25 依赖于基态形变的巨偶极共振分裂的图解说明

在巨共振和表面振动之间也存在动态耦合。因为巨共振的能量比通常的 β 和 γ 振动高约 10 倍,利用绝热近似(即在核的瞬时形状内处理巨共振),在一级近似下这可以忽略。校正可以表述为 g 玻色子与表面振动声子之间的相互作用,耦合强度参数甚至可以从几何图形推导出来。净结果是巨共振峰的进一步分裂,导致总激发函数的一个更复杂的结构。

实验表明,在很多情况下,核形变与巨共振结构的关联是正确的,但共振也往往表现出更多的结构。这可能预示更复杂的到表面声子的耦合或者非集体效应。我们将在 8.2 节回到巨共振的微观处理。

四极巨共振可以通过简单求解 $l=2$ 的本征能量在同一模型中导出。球贝塞尔函数导数的相应零点是 $k=3.342$,因此,巨四极共振的能量应该是巨偶极共振的 1.6 倍。虽然这种能量使理论更复杂(因为双中子发射的不稳定性),但共振的位置与实验结果基本一致。

这种巨共振的集体处理的一个主要问题是缺乏对宽度的理论预测。巨共振衰变较快,因为它们的能量超过了最松散结合的核子的结合能,导致一个大的宽度。在微观模型中这可以更容易地考虑,而集体处理则必须满足对每个与共振相关的本征模假设一些恒定宽度。

第 7 章　微 观 模 型

7.1　核子-核子相互作用

7.1.1　一般性质

核的所有微观模型都是基于核子之间的基本相互作用的模型。“模型”这个词必须使用，因为即使在现在仍没有像电磁相互作用那样确切和可靠的理论。从夸克模型推导核子-核子相互作用的尝试还不够成熟，不能用于核模型，所以仍然有大量用于各种用途的模型相互作用。一类相互作用在核子-核子散射过程的描述中是非常成功的，但在描述由较大数量的核子组成的原子核时效果不佳。对于后一目的，可采用有效相互作用，它被专门发展用于哈特里-福克（Hartree-Fock）和相关计算，但是没有令人满意地描述核子-核子散射。有效相互作用被认为考虑了一些复杂的关联，通过引入例如密度依赖来表征复杂核。

在本小节中，我们将讨论为了满足基本的不变性要求，相互作用应该具有的非常一般的属性。我们把讨论主要限制在二体相互作用上。虽然在核理论中已经使用了三体力，但还不清楚它们在多大程度上是必要的。在有效相互作用的情况下，它们确实起着至关重要的作用，并将在这方面得到适当的处理。

核子-核子势可依赖于所涉及的两个核子的位置、动量、自旋和同位旋：

$$v = v(\boldsymbol{r}, \boldsymbol{r}', \boldsymbol{p}, \boldsymbol{p}', \hat{\boldsymbol{\sigma}}, \hat{\boldsymbol{\sigma}}', \hat{\boldsymbol{\tau}}, \hat{\boldsymbol{\tau}}') \tag{7.1}$$

v 的函数形式受通常不变性要求的限制，我们现在将逐一检查。

- 平移不变性：对位置 $\boldsymbol{r}$ 和 $\boldsymbol{r}'$ 的依赖仅通过相对距离 $\boldsymbol{r}-\boldsymbol{r}'$。由于不再需要单独的矢量，此后，对这个相对坐标我们将使用符号 $\boldsymbol{r}$。

- 伽利略不变性：相互作用势应该独立于到另一惯性参考系的任何变换。这就要求相互作用只依赖于相对动量 $\boldsymbol{p}_{\mathrm{rel}} = \boldsymbol{p} - \boldsymbol{p}'$。与相对空间坐标一样，我们将简单地用 $\boldsymbol{p}$ 表示这个矢量。

- 转动不变性：此条件不能简单地用来限制变量的数目。相反，它意味着势中的所有项都应该构造成具有零的总角动量。

• 同位旋不变性：同位旋自由度仅通过算符 $\hat{\boldsymbol{\tau}}$ 和 $\hat{\boldsymbol{\tau}}'$才进入，因此，在同位旋空间中的转动下为标量的仅有的项是那些不含同位旋依赖的项，即标量积 $\hat{\boldsymbol{\tau}}\cdot\hat{\boldsymbol{\tau}}'$或其幂。对于同位旋为 1/2 的核子，因为 $\hat{\boldsymbol{\tau}}\cdot\hat{\boldsymbol{\tau}}=3$，仅包含两个算符中的一个的项是平凡的。然而，即使 $\hat{\boldsymbol{\tau}}\cdot\hat{\boldsymbol{\tau}}'$的较高的幂也不是独立的，这从泡利矩阵的性质可以看出：

$$[\hat{\tau}_i,\hat{\tau}_j]=2\mathrm{i}\sum_k\varepsilon_{ijk}\hat{\tau}_k,\quad \{\hat{\tau}_i,\hat{\tau}_j\}=2\delta_{ij} \tag{7.2}$$

这两个方程相加，得到

$$\hat{\tau}_i\hat{\tau}_j=\delta_{ij}+\mathrm{i}\sum_k\varepsilon_{ijk}\hat{\tau}_k \tag{7.3}$$

这导致

$$\begin{aligned}(\hat{\boldsymbol{\tau}}\cdot\hat{\boldsymbol{\tau}}')^2&=\sum_{ij}\hat{\tau}_i\hat{\tau}'_i\hat{\tau}_j\hat{\tau}'_j\\&=\sum_{ij}\Big(\delta_{ij}+\mathrm{i}\sum_k\varepsilon_{ijk}\hat{\tau}_k\Big)\Big(\delta_{ij}+\mathrm{i}\sum_{k'}\varepsilon_{ijk'}\hat{\tau}'_{k'}\Big)\end{aligned} \tag{7.4}$$

展开等式右边，就会发现含一个 ε 的项消失，因为 $\delta_{ij}\varepsilon_{ijk}=0$，而剩余部分为

$$\begin{aligned}(\hat{\boldsymbol{\tau}}\cdot\hat{\boldsymbol{\tau}}')^2&=\sum_i\delta_{ii}-\sum_{ijkk'}\varepsilon_{ijk}\varepsilon_{ijk'}\hat{\tau}_k\hat{\tau}'_{k'}\\&=3-2\sum_k\hat{\tau}_k\hat{\tau}'_k=3-2\hat{\boldsymbol{\tau}}\cdot\hat{\boldsymbol{\tau}}'\end{aligned} \tag{7.5}$$

这里通过注意到对于一对固定的下标(i,j)，只有 k 和 k'具有相同值的项才不为零(其有效地跑遍范围 1,2 和 3)，两个 ε 积的和能够被约化。然而，这些约化每一个发生两次：一次为(i,j)，一次为(j,i)。最后的结果显示，$\hat{\boldsymbol{\tau}}\cdot\hat{\boldsymbol{\tau}}'$的所有幂可以被约化到一阶乘积，因此，只需考虑 $\hat{\boldsymbol{\tau}}\cdot\hat{\boldsymbol{\tau}}'$的一次幂。

综合到目前为止所取得的结果，我们可以把总势分成两项：

$$v=v(\boldsymbol{r},\boldsymbol{p},\sigma,\sigma')+\tilde{v}(\boldsymbol{r},\boldsymbol{p},\sigma,\sigma')\hat{\boldsymbol{\tau}}\cdot\hat{\boldsymbol{\tau}}' \tag{7.6}$$

这种根据同位旋依赖分解为两项仅是几种可选分解中的一个，它们在不同情况下都是有用的。

第一个选择基于总同位旋。同位旋为 1/2 的两个核子可以耦合成 0(单态)或 1(三重态)的总同位旋 T。于是同位旋算符的标量积能够被表示为

$$\begin{aligned}\hat{\boldsymbol{\tau}}\cdot\hat{\boldsymbol{\tau}}'=4\hat{\boldsymbol{t}}\cdot\hat{\boldsymbol{t}}'&=2[(\hat{\boldsymbol{t}}+\hat{\boldsymbol{t}}')^2-\hat{\boldsymbol{t}}_1^2-\hat{\boldsymbol{t}}_2^2]\\&=2\Big[T(T+1)-\frac{3}{4}-\frac{3}{4}\Big]=\begin{cases}-3 & (\text{单态})\\+1 & (\text{三重态})\end{cases}\end{aligned} \tag{7.7}$$

这个结果允许将投影算符分别构造到单态或三重态上，它们只是这样的线性组合，当应用于两个态之一时，它们产生零；而当应用于另一个态时，它们产生 1：

$$\hat{P}_{T=0}=\frac{1}{4}(1-\hat{\boldsymbol{\tau}}\cdot\hat{\boldsymbol{\tau}}'),\quad \hat{P}_{T=1}=\frac{1}{4}(3+\hat{\boldsymbol{\tau}}\cdot\hat{\boldsymbol{\tau}}') \tag{7.8}$$

核子之间的相互作用现在也可以作为单势和三重势的和来表述：

$$v = v_{T=0}(\boldsymbol{r},\boldsymbol{p},\sigma,\sigma')\hat{P}_{T=0} + v_{T=1}(\boldsymbol{r},\boldsymbol{p},\sigma,\sigma')\hat{P}_{T=1} \tag{7.9}$$

第三个公式基于同位旋交换。具有好同位旋的两粒子波函数为

$$|TT_3\rangle = \sum_{t_3t_3'}\left(\frac{1}{2}\frac{1}{2}T \mid t_3t_3'T_3\right)\left|\frac{1}{2}t_3\right\rangle\left|\frac{1}{2}t_3'\right\rangle \tag{7.10}$$

利用克莱布希-戈尔登系数的对称性

$$(j_1j_2J \mid m_1m_2M) = (-1)^{j_1+j_2-J}(j_2j_1J \mid m_2m_1M) \tag{7.11}$$

我们看到,两个同位旋投影 t_3 和 t_3'的交换对应于 $T=0$ 的符号变化和 $T=1$ 的没有变化。因为式(7.7),产生正确符号变化的同位旋交换算符 $\hat{P}_\tau$ 可以表示为

$$\hat{P}_\tau = \frac{1}{2}(1+\hat{\boldsymbol{\tau}}\cdot\hat{\boldsymbol{\tau}}') \tag{7.12}$$

核子-核子相互作用的同位旋依赖性可以用第三种方式来表述:

$$v = v_1(\boldsymbol{r},\boldsymbol{p},\sigma,\sigma') + v_2(\boldsymbol{r},\boldsymbol{p},\sigma,\sigma')\hat{P}_\tau \tag{7.13}$$

请注意,虽然这些操作中的许多也适用于核子自旋,但势能的自旋依赖性不能被限制到这样的程度,因为自旋算符还可以与位置或动量矢量耦合到零总角动量。自旋交换算符的一般定义当然可以用类似于式(7.12)的方法进行,并且和同位旋一样有用。

- 宇称不变性:对势能的要求是

$$v(\boldsymbol{r},\boldsymbol{p},\hat{\boldsymbol{\sigma}},\hat{\boldsymbol{\sigma}}',\hat{\boldsymbol{\tau}},\hat{\boldsymbol{\tau}}') = v(-\boldsymbol{r},-\boldsymbol{p},\hat{\boldsymbol{\sigma}},\hat{\boldsymbol{\sigma}}',\hat{\boldsymbol{\tau}},\hat{\boldsymbol{\tau}}') \tag{7.14}$$

这可以通过仅使用包含 $\boldsymbol{r}$ 和 $\boldsymbol{p}$ 共同的偶次幂的项来满足。

- 时间反演不变性:它要求

$$v(\boldsymbol{r},\boldsymbol{p},\hat{\boldsymbol{\sigma}},\hat{\boldsymbol{\sigma}}',\hat{\boldsymbol{\tau}},\hat{\boldsymbol{\tau}}') = v(\boldsymbol{r},-\boldsymbol{p},-\hat{\boldsymbol{\sigma}},-\hat{\boldsymbol{\sigma}}',\hat{\boldsymbol{\tau}},\hat{\boldsymbol{\tau}}') \tag{7.15}$$

因此,在每一项中允许偶数个 $\boldsymbol{p}$ 和 $\hat{\boldsymbol{\sigma}}$ 的组合。

现在我们可以综合前述考虑允许的项的类型。这样的项仍然有一种令人困惑的多样性,所以从最低次幂开始是很自然的,使用像这样的项:

$$\begin{gathered}\hat{\boldsymbol{\sigma}}\cdot\hat{\boldsymbol{\sigma}}', \quad (\boldsymbol{r}\cdot\hat{\boldsymbol{\sigma}})(\boldsymbol{r}\cdot\hat{\boldsymbol{\sigma}}') \\ \hat{\boldsymbol{L}}\cdot\hat{\boldsymbol{S}} = -\mathrm{i}\hbar(\boldsymbol{r}\times\hat{\boldsymbol{p}})\cdot(\hat{\boldsymbol{\sigma}}+\hat{\boldsymbol{\sigma}}')\end{gathered} \tag{7.16}$$

所有这些都可以与 $\boldsymbol{r}$ 和 $\boldsymbol{p}$ 的任意函数相结合。虽然众所周知势的空间依赖性相当明显,但对动量依赖性知之甚少。实际使用的相互作用最多包含一个 $\hat{p}^2$ 项。

7.1.2 函数形式

历史上,第一次尝试用公式表示核子-核子相互作用时使用了中心动量无关的势,但是自旋和同位旋依赖很快就被承认是必需的。势取一般形式:

$$v = v_0(r) + v_\sigma(r)\hat{\boldsymbol{\sigma}}\cdot\hat{\boldsymbol{\sigma}}' + v_\tau(r)\hat{\boldsymbol{\tau}}\cdot\hat{\boldsymbol{\tau}}' + v_{\sigma\tau}(\hat{\boldsymbol{\sigma}}\cdot\hat{\boldsymbol{\sigma}}')(\hat{\boldsymbol{\tau}}\cdot\hat{\boldsymbol{\tau}}') \tag{7.17}$$

或在传统公式中使用交换算符:

$$v = v_{\mathrm{W}}(r) + v_{\mathrm{M}}\hat{P}_r + v_{\mathrm{B}}\hat{P}_\sigma + v_{\mathrm{H}}\hat{P}_r\hat{P}_\sigma \tag{7.18}$$

这些下标代表维格纳、马约拉纳、巴特莱特和海森伯。同位旋交换算符 $\hat{P}_\tau$ 最初是在最后一项中使用的,但这是一个平凡的替代,因为对于费米子,所有坐标的交换一定仅改变波函数的符号 $\hat{P}_r\hat{P}_\sigma\hat{P}_\tau=-1$,所以 $\hat{P}_r\hat{P}_\sigma=-\hat{P}_\tau$。

当然,通过用自旋和同位旋算符写出式(7.18)中的交换算符,有可能将表达式(7.17)和(7.18)彼此联系起来,然后比较系数。

发现解释氘的性质所必需的核子-核子相互作用的另一个重要成分是张量力。它包含项$(\boldsymbol{r}\cdot\hat{\boldsymbol{\sigma}})(\boldsymbol{r}\cdot\hat{\boldsymbol{\sigma}}')$,但是在这样的组合中,对角度的平均值消去了。完整的表达式是

$$S_{12}=(v_0(r)+v_1(r)\hat{\boldsymbol{\tau}}\cdot\hat{\boldsymbol{\tau}}')\left[\frac{(\boldsymbol{r}\cdot\hat{\boldsymbol{\sigma}})(\boldsymbol{r}\cdot\hat{\boldsymbol{\sigma}}')}{r^2}-\frac{1}{3}\hat{\boldsymbol{\sigma}}\cdot\hat{\boldsymbol{\sigma}}'\right] \tag{7.19}$$

练习 7.1 张量力的角度平均

问题 证实张量力具有为零的角平均值。

解答 当我们在球坐标中插入矢量 $\boldsymbol{r}$:

$$\boldsymbol{r}=r(\sin\theta\cos\varphi,\sin\theta\sin\varphi,\cos\theta) \quad ①$$

括号内的分子的角平均变为

$$\begin{aligned}I&=\frac{1}{4\pi}\int \mathrm{d}\Omega(\boldsymbol{r}\cdot\hat{\boldsymbol{\sigma}})(\boldsymbol{r}\cdot\hat{\boldsymbol{\sigma}}')\\&=\frac{r^2}{4\pi}\int\sin\theta\mathrm{d}\theta\mathrm{d}\varphi(\hat{\sigma}_x\sin\theta\cos\varphi+\hat{\sigma}_y\sin\theta\sin\varphi+\hat{\sigma}_z\cos\theta)\\&\quad\cdot(\hat{\sigma}'_x\sin\theta\cos\varphi+\hat{\sigma}'_y\sin\theta\sin\varphi+\hat{\sigma}'_z\cos\theta)\end{aligned} \quad ②$$

展开乘积后,$\sin^2\varphi$ 或 $\cos^2\varphi$ 的积分为 π,混合积的积分则为零,这样还剩下

$$I=\frac{r^2}{4}\int\sin\theta\mathrm{d}\theta(\hat{\sigma}_x\hat{\sigma}'_x\sin^2\theta+\hat{\sigma}_y\hat{\sigma}'_y\sin^2\theta+2\hat{\sigma}_z\hat{\sigma}'_z\cos^2\theta) \quad ③$$

其余的积分容易进行。结果是

$$I=\frac{r^2}{3}\hat{\boldsymbol{\sigma}}\cdot\hat{\boldsymbol{\sigma}}' \quad ④$$

这显然导致了与式(7.19)的张量势中括号中第二项的抵消。

7.1.3 核子-核子散射相互作用

前一小节概述了可用于建立核子-核子相互作用的可能函数形式。找出这些项中哪些项实际上是必要的以及确定参数的自然方法似乎是对核子-核子散射的研究。利用这种方式,已经构建了大量的相互作用。虽然这些相互作用可以很好地描述核子-核子散射,但对于核结构计算它们没有那么有用。看来,核内许多其他核子的存在使散射行为改变到这样的程度,即使用唯象有效相互作用(它典型地依赖于核物质的局域密度)更有效。在下一小节中将研究这种相互作用。然而,在这里,我们专注于从散射数据中知道的内容。

从简单的低能核子-核子散射浮现出的一些基本特征是：

- 该相互作用具有约 1 fm 的短程；
- 在这个范围内，它是吸引的，对于较大的距离，具有约为 40 MeV 的深度；
- 在较小的距离（$\leqslant$0.5 fm）内有强烈的斥力；
- 它依赖于两个核子的自旋和同位旋。

图 7.1 示意性地展示出距离依赖性。

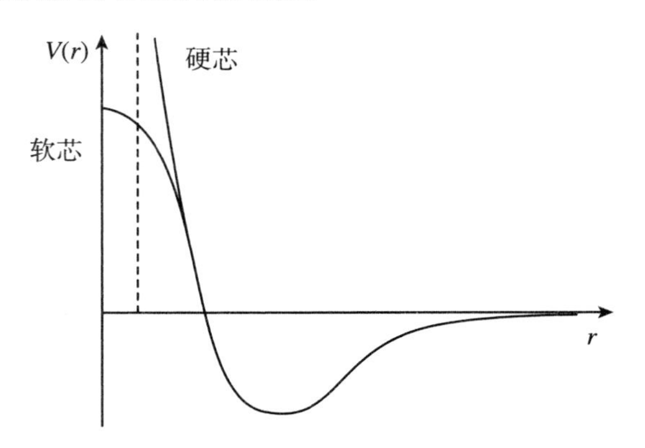

图 7.1　核子-核子势径向依赖性示意图

汤川秀树的想法是核子-核子相互作用是由 π 介子作为中介的，正如库仑相互作用是由（虚）光子交换引起的，这导致了单 π 交换势（OPEP）。考虑 π 场关于自旋、同位旋和宇称的正确不变性和将核子作为 π 场的静态源，导致如下形式的核子-核子相互作用：

$$v_{\mathrm{OPEP}}(\boldsymbol{r}-\boldsymbol{r}',\hat{\boldsymbol{\sigma}},\hat{\boldsymbol{\sigma}}',\hat{\boldsymbol{\tau}},\hat{\boldsymbol{\tau}}')=-\frac{f^2}{4\pi\mu}(\hat{\boldsymbol{\tau}}\cdot\hat{\boldsymbol{\tau}}')(\hat{\boldsymbol{\sigma}}\cdot\nabla)(\hat{\boldsymbol{\sigma}}'\cdot\nabla)\frac{\mathrm{e}^{-\mu|\boldsymbol{r}-\boldsymbol{r}'|}}{|\boldsymbol{r}-\boldsymbol{r}'|} \tag{7.20}$$

其中 f 是 π 介子的耦合强度，μ 是质量。这个表达式可以通过假设 π 介子的标准克莱因-戈登（Klein-Gordon）拉格朗日量和按照

$$\hat{H}_{\mathrm{int}}=\frac{f}{\mu}\int\mathrm{d}^3r\psi^{\dagger}(\boldsymbol{r})\hat{\boldsymbol{\tau}}\cdot(\hat{\boldsymbol{\sigma}}\cdot\nabla\boldsymbol{\varphi}(\boldsymbol{r}))\psi(\boldsymbol{r})$$

增加一个与核子场 $\boldsymbol{\Psi}$ 的相互作用来获得。注意 π 场 $\boldsymbol{\varphi}$ 是同位旋中的一个矢量，在这个公式中，它与核子的同位旋算符 $\hat{\boldsymbol{\tau}}$ 形成一个标量积。将这个带有核子场的静态点粒子分布的表达式代入 π 介子的波方程中，得出位于 $\boldsymbol{r}'$的一个核子的 π 场：

$$\boldsymbol{\varphi}(\boldsymbol{r}')=-\frac{f}{4\pi\mu}\hat{\boldsymbol{\tau}}(\hat{\boldsymbol{\sigma}}\cdot\nabla)\frac{\mathrm{e}^{-\mu|\boldsymbol{r}-\boldsymbol{r}'|}}{|\boldsymbol{r}-\boldsymbol{r}'|} \tag{7.21}$$

于是在此场中位置 $\boldsymbol{r}$ 处的第二个核子的能量是通过将此结果重新代入到 $\hat{H}_{\mathrm{int}}$ 中获得的，得到式(7.20)。

做该方程的梯度运算会得到 OPEP 的一个较长但更易懂的形式：

$$
\begin{aligned}
& v_{\mathrm{OPEP}}(r, \hat{\boldsymbol{\sigma}}, \hat{\boldsymbol{\sigma}}', \hat{\boldsymbol{\tau}}, \hat{\boldsymbol{\tau}}') \\
&= \frac{1}{3}\mu c^2 \frac{f^2}{4\pi\hbar c}(\hat{\boldsymbol{\tau}} \cdot \hat{\boldsymbol{\tau}}') \times \left[\hat{\boldsymbol{\sigma}} \cdot \hat{\boldsymbol{\sigma}}' + S_{12}\left(1 + \frac{3}{\mu r} + \frac{3}{\mu^2 r^2}\right)\right]\frac{\mathrm{e}^{-\mu r}}{\mu r} \\
&\quad - \frac{4\pi}{3\mu^2}\mu c^2 \frac{f^2}{4\pi\hbar c}(\hat{\boldsymbol{\tau}} \cdot \hat{\boldsymbol{\tau}}')(\hat{\boldsymbol{\sigma}} \cdot \hat{\boldsymbol{\sigma}}')\delta(r)
\end{aligned}
\tag{7.22}
$$

其中使用了缩写 $r = |\boldsymbol{r} - \boldsymbol{r}'|$,$S_{12}$代表张量力,如式(7.19)所示。$\delta$ 函数项是由∇^2作用在 r^{-1}势上产生的。

OPEP 势显示了现实的核子-核子相互作用的一些但不是全部的特征:

- 它包含自旋和同位旋依赖部分以及张量势;
- 占优势的径向依赖是汤川型的。

然而,其他特性表明它并不充分:

- 没有自旋-轨道耦合;
- 没有短程斥力。

从概念上也很清楚这个势不可能描述全部情况。多个 π 介子交换和其他介子的贡献一定改变相互作用。后一点在所谓的单玻色子交换势(OBEP)中得到纠正,它对应于式(7.20)复杂性的势的总和。这里我们只指出一些一般的特征。每个玻色子产生的相互作用项的类型依赖于它的宇称和角动量,并总结在表 7.1 中。

表 7.1 OBEP 相互作用中包含的介子

介子类型	物理介子	相互作用项
标量	“σ 介子”	$1, \hat{\boldsymbol{L}} \cdot \hat{\boldsymbol{s}}$
赝标量	π, η, η'	S_{12}
矢量	ρ, ω, φ	$1, \hat{\boldsymbol{\sigma}} \cdot \hat{\boldsymbol{\sigma}}', S_{12}, \hat{\boldsymbol{L}} \cdot \hat{\boldsymbol{s}}$

对于同位旋矢量介子 π 和 ρ,相互作用中出现 $\hat{\boldsymbol{\tau}} \cdot \hat{\boldsymbol{\tau}}'$的附加因子。

一个重要的事实是 σ 介子(它对于合理地描述散射数据是必不可少的)在实验中看不见。通常认为,它可能是共振太宽,或者它实际上代表了对两介子交换中主要贡献的一个近似。然而,在这种相互作用中包含 σ 介子交换是有用的,我们也将看到它出现在相对论平均场模型中。如果它的质量连同所有介子的耦合常数可与实验散射数据拟合,这些数据可以很好地在 OBPP 势中再现。

在进入有效势之前,我们简单地提及两个流行的复杂的核子-核子相互作用的参数化版本。这些相互作用是由基本的相互作用项构成的,具有更多的自由参数,可与实验散射拟合。一个典型的例子是滨田-约翰斯顿(Hamada-Johnston)势[100],它具有如下一般形式:

$$
V(r) = V_{\mathrm{C}}(r) + V_{\mathrm{T}}(r)S_{12} + V_{\mathrm{LS}}(r)\hat{\boldsymbol{L}} \cdot \hat{\boldsymbol{s}} + V_{\mathrm{LL}}(r)L_{12} \tag{7.23}
$$

其中

$$L_{12} = \hat{\boldsymbol{L}}^2(\hat{\boldsymbol{\sigma}} \cdot \hat{\boldsymbol{\sigma}}') - \frac{1}{2}[(\hat{\boldsymbol{\sigma}} \cdot \hat{\boldsymbol{L}})(\hat{\boldsymbol{\sigma}}' \cdot \hat{\boldsymbol{L}}) + (\hat{\boldsymbol{\sigma}}' \cdot \hat{\boldsymbol{L}})(\hat{\boldsymbol{\sigma}} \cdot \hat{\boldsymbol{L}})] \tag{7.24}$$

径向部分的函数形式受介子交换势的启发得到，例如

$$V_{\mathrm{C}}(r) = c_0 \mu c^2 (\hat{\boldsymbol{\tau}} \cdot \hat{\boldsymbol{\tau}}')(\hat{\boldsymbol{\sigma}} \cdot \hat{\boldsymbol{\sigma}}') \frac{\mathrm{e}^{-\mu r}}{\mu r}\left(1 + a_{\mathrm{c}} \frac{\mathrm{e}^{-\mu r}}{\mu r} + b_{\mathrm{c}} \frac{\mathrm{e}^{-2\mu r}}{\mu r^2}\right) \tag{7.25}$$

其他项类似。在瑞德软芯（Reid soft-core）和瑞德硬芯（Reid hard-core）势中使用了不同的方法[173]。对于各种自旋和同位旋组合，它们的参数化方式不同，例如，

$$V_{{}^1D}(r) = -\frac{10.6\ \mathrm{MeV}}{\mu r}(\mathrm{e}^{-\mu r} + 4.939\mathrm{e}^{-2\mu r} + 154.7\mathrm{e}^{-6\mu r}) \tag{7.26}$$

对于那些它们可以贡献的组合，具有类似径向行为的自旋-轨道和张量贡献也被包括在内。对于硬芯势，存在一个硬芯半径 r_{c}（对于每个自旋和同位旋组合是不同的），低于它时势设为无穷大。

7.1.4 有效相互作用

虽然前一小节讨论的相互作用非常好地描述了核子-核子散射，但它们不常用于典型的核结构计算。一方面，它们的复杂结构使得矩阵元素的必要计算变得困难；另一方面，结果并不特别令人满意。似乎在原子核中，相互作用被复杂的多体效应改变到这样的程度，以至于使用有效相互作用变得更加有利可图。有效相互作用不能很好地描述核子-核子散射，但被认为已包含多体关联的许多效应，并且应该严格地只在哈特里-福克和类似的核结构计算中使用，而不能用于核子-核子散射。原则上，它们仅在壳模型态的一定空间内才是有效的。通常，这样一个相互作用的函数形式是为了便于计算而选择的，如下所示。

如果假设相互作用是局域的，即它们的空间依赖性包含一个因子 $\delta(\boldsymbol{r} - \boldsymbol{r}')$，那么可能迈出朝向单粒子模型的可计算性的最大一步。在这种情况下，哈特里-福克方程中的交换项在数学形式上与直接项相似，哈特里-福克方程保持为微分方程而不是变成积分方程。不幸的是，除了简单的定性计算外，这种简单的力是不够的。迈向成功的相互作用的主要步骤是引入动量依赖。动量空间中一个势的矩阵元显示了原因：

$$\langle \boldsymbol{p} \mid v \mid \boldsymbol{p}' \rangle = \frac{1}{(2\pi\hbar)^3}\int \mathrm{d}^3 r v(\boldsymbol{r}) \mathrm{e}^{-(\mathrm{i}/\hbar)(\boldsymbol{p}-\boldsymbol{p}')\cdot\boldsymbol{r}} \tag{7.27}$$

对一个 δ 势而言是一个动量无关的常数，但是有限的力程导致动量依赖，宽度与坐标空间中的力程成反比。最低阶动量依赖（二阶，由于时间反演不变性）是

$$v(\boldsymbol{p},\boldsymbol{p}') = v_0 + v_1(\boldsymbol{p}^2 + \boldsymbol{p}'^2) + v_2 \boldsymbol{p} \cdot \boldsymbol{p}' \tag{7.28}$$

不顾及归一化因子的话，这对应于坐标空间中的如下表达式：

$$v(\boldsymbol{r}) = v_0 \delta(\boldsymbol{r}) + v_1(\hat{\boldsymbol{p}}^2 \delta(\boldsymbol{r}) + \delta(\boldsymbol{r})\hat{\boldsymbol{p}}'^2) + v_2 \hat{\boldsymbol{p}} \cdot \delta(\boldsymbol{r})\hat{\boldsymbol{p}}' \tag{7.29}$$

其中动量算符现在是微商。这促使动量依赖典型地包含在有效的相互作用中。

我们现在可以对一些众所周知的有效相互作用作一概述。首先,有一类高度简化但不一定是局域的势对于图解计算是有用的,例如:

- 高斯势:$v(\boldsymbol{r})=-V_0\mathrm{e}^{-r^2/r_0^2}$;
- 赫尔顿(Hulthén)势:$v(\boldsymbol{r})=-V_0\dfrac{\exp(-r/r_0)}{1-\exp(-r/r_0)}$;
- 接触势:$v(\boldsymbol{r})=-V_0\delta(\boldsymbol{r}/r_0)$。

通常使用 $V_0\approx 50$ MeV 和 $r_0\approx 1\sim 2$ fm。

哈特里-福克计算中可能最广泛使用的相互作用是斯克姆(Skyrme)型的力[16,17,67,84,85,195,196,206,207]。它们的显著特征是三体相互作用的加入,即总相互作用看起来像

$$\hat{V}=\sum_{i<j}\hat{v}_{ij}^{(2)}+\sum_{i<j<k}\hat{v}_{ijk}^{(3)} \tag{7.30}$$

二体相互作用包含动量依赖性以及自旋-交换贡献和一个自旋-轨道力:

$$\begin{aligned}\hat{v}_{ij}^{(2)}&=t_0(1+x_0\hat{P}_\sigma)\delta(\boldsymbol{r}_i-\boldsymbol{r}_j)\\&+\frac{1}{2}t_1(\delta(\boldsymbol{r}_i-\boldsymbol{r}_j)\hat{\boldsymbol{k}}^2+\hat{\boldsymbol{k}}'^2\delta(\boldsymbol{r}_i-\boldsymbol{r}_j))t_2\hat{\boldsymbol{k}}'\cdot\delta(\boldsymbol{r}_i-\boldsymbol{r}_j)\hat{\boldsymbol{k}}\\&+\mathrm{i}W_0(\hat{\boldsymbol{\sigma}}_i+\hat{\boldsymbol{\sigma}}_j)\cdot\hat{\boldsymbol{k}}'\times\delta(\boldsymbol{r}_i-\boldsymbol{r}_j)\hat{\boldsymbol{k}}\end{aligned} \tag{7.31}$$

这里,使用相关的表达式代替相对动量的算符:

$$\hat{\boldsymbol{k}}=\frac{1}{2\mathrm{i}}(\nabla_i-\nabla_j),\quad \hat{\boldsymbol{k}}'=-\frac{1}{2\mathrm{i}}(\nabla_i-\nabla_j) \tag{7.32}$$

并有 $\hat{\boldsymbol{k}}'$ 对其左边的波函数起作用这一附加约定。

三体相互作用是一个纯粹的局域势:

$$\hat{v}_{ijk}^{(3)}=t_3\delta(\boldsymbol{r}_i-\boldsymbol{r}_j)\delta(\boldsymbol{r}_j-\boldsymbol{r}_k) \tag{7.33}$$

斯克姆力包含六个参数 t_0,t_1,t_2,t_3,x_0 和 W_0,它们在哈特里-福克计算中被拟合以再现有限核的性质。在7.2.8小节我们将结合哈特里-福克方法给出更多的细节。我们在这里仅通过指出自旋饱和核中的三体力可以导致密度依赖的二体势得出定义:

$$\hat{v}_{ij}^{(3)}=\frac{1}{6}t_3(1+P_\sigma)\delta(\boldsymbol{r}_i-\boldsymbol{r}_j)\rho\left(\frac{1}{2}(\boldsymbol{r}_i+\boldsymbol{r}_j)\right) \tag{7.34}$$

另一类相互作用,即修正的斯克姆力,是基于三体力的这个公式的,并用幂依赖代替对密度的线性依赖:

$$\hat{v}_{ij,\text{修正}}^{(3)}=\frac{1}{6}t_3(1+P_\sigma)\delta(\boldsymbol{r}_i-\boldsymbol{r}_j)\rho^\lambda\left(\frac{1}{2}(\boldsymbol{r}_i+\boldsymbol{r}_j)\right) \tag{7.35}$$

$\lambda=1/3$ 是一个共同的选择。这个修正的引进主要是为了提高核物质的可压缩性能,对于标准的斯克姆力[124,126]来说,核物质在压缩时太“硬”。

斯克姆力已被广泛使用,因为它包含足够的物理,允许对重核进行令人信服的

定量描述，而在数学上足够简单，使计算可行。

戈尼(Gogny)力[90]具有与斯克姆力类似的结构，其局域二体贡献被结合自旋和同位旋交换的高斯项(Gaussians)取代。

下一类力不是为了完整的哈特里-福克计算，仅是为了计算从哈特里-福克基态激发的粒子和空穴之间的相互作用。这意味着力不需要描述核的体性质，例如饱和性，较简单的表达式已相当足够了。一个例子是米格达尔(Migdal)类型的力(从费米液体理论熟知)，它包含像如下的项：

$$V_0\delta(\boldsymbol{r}_i-\boldsymbol{r}_j)(f+f'\hat{\boldsymbol{\tau}}_i\cdot\hat{\boldsymbol{\tau}}_j+g\hat{\boldsymbol{\sigma}}_i\cdot\hat{\boldsymbol{\sigma}}_j+g'\hat{\boldsymbol{\sigma}}_i\cdot\hat{\boldsymbol{\sigma}}_j\cdot\hat{\boldsymbol{\tau}}_i\cdot\hat{\boldsymbol{\tau}}_j) \tag{7.36}$$

表面 δ 相互作用(例如文献[94])涉及如下想法的类似应用：由于泡利原理，粒子和空穴之间的相互作用在核表面附近达到峰值，这样就带来替换：

$$\delta(\boldsymbol{r}_i-\boldsymbol{r}_j)\rightarrow\delta(\boldsymbol{r}_i-\boldsymbol{r}_j)\delta(r_i-R_0) \tag{7.37}$$

其中 R_0 表示核半径。

最后，有一类相互作用，如苏塞克斯势(Sussex potential)，根本不写为具有函数形式的势；相反，在壳模型计算中，在振子波函数的一个基中将相互作用的矩阵元作为未知数，然后矩阵元的(非常大的)集合用数值描述有效核子-核子势。当然，这样的相互作用应该只用于在单粒子波函数的同一空间中的类似计算。

7.2 哈特里-福克近似

7.2.1 引言

微观模型是用核的微观成分核子的自由度来描述其结构的模型。要做这一点，需要一个微观哈密顿量 $\hat{H}$，它包含一些合适的核子-核子相互作用形式，如前几小节所讨论的。对于这些模型中的大多数，起始点是一个仅包含二体相互作用的非相对论哈密顿量，并且在二次量子化中提供了一般的形式：

$$\hat{H}=\sum_{ij}t_{ij}\hat{a}_i^\dagger\hat{a}_j+\frac{1}{2}\sum_{ijkl}v_{ijkl}\hat{a}_i^\dagger\hat{a}_j^\dagger\hat{a}_l\hat{a}_k \tag{7.38}$$

其中下标 i,j,k 和 l 在一些完备正交归一基上标记单粒子态，v_{ijkl} 是核子-核子相互作用的矩阵元。所有下标跑遍所有可提供的态，即通常从 1 到 ∞。这个哈密顿量的一个本征态可以展开为态的和，这些态都具有相同的核子总数，但是核子在所有可能的组合中占据可用的单粒子态。形式上我们可以写下

$$|\Psi\rangle=\sum_{i_1,i_2,\cdots,i_A}c_{i_1,i_2,\cdots,i_A}\hat{a}_{i_1}^\dagger\hat{a}_{i_2}^\dagger\cdots\hat{a}_{i_A}^\dagger|0\rangle \tag{7.39}$$

其中下标 $i_n(n=1,\cdots,A)$用于从无限数量的可用态中选择 A 个单粒子态构成一个子集,这些态为总和中那个特定的项所占有。

参与式(7.39)中求和的态的数目是惊人的。即使我们考虑到指标的次序是不重要的这一事实,如果可用态的数目被截断到 N_c,那么总和中的项数将由从 N_c个可用的态中选择 A 个占据的单粒子态有多少种方法给出,这显然是

$$\binom{N_c}{A} \tag{7.40}$$

显然,这个问题在一般情况下是不易处理的。有两种可供选择的方法来继续处理:限制粒子和态的数量,或者用一个更简单的近似波函数代替式(7.39)的一般波函数。第一种方法在壳模型中使用,它假设在闭壳层外只有少量核子及限于少数态决定核性质。第二种方法最突出的例子是哈特里-福克近似,我们现在将推导它。在本质上,所有不同占据的总和被单项取代。于是,单粒子波函数不能任意选择,而是由该方法指定。

7.2.2 变分原理

限制波函数的函数形式是解决复杂问题如式(7.38)的一种非常有用的方法。在这种情况下,受限波函数一般不再是一个确切的本征函数。为了正式研究这一问题,先研究本征值问题

$$\hat{H}\Psi_k = E_k\Psi_k \tag{7.41}$$

假定未知的(但归一化的)解 Ψ_k 像通常一样跨越希尔伯特空间。我们寻求波函数 Φ 形式的解,它在某种程度上被限制在其函数形式中,所以所有可能的 Φ 跨越用 Ψ_k 可获得的希尔伯特空间的一个子空间。现在不管它的形式是什么,任何函数 Φ 都可以在 Ψ_k 中展开,即我们可以写出

$$\Phi = \sum_k c_k\Psi_k, \quad 其中 \quad \sum_k |c_k^2| = 1 \tag{7.42}$$

现在假设下标 k 从 0 开始向上增大及态以能量上升次序排列,则 $k=0$ 表示哈密顿量的基态。那么哈密顿量在 Φ 中的期望值将是

$$\langle\Phi|\hat{H}|\Phi\rangle = \sum_k |c_k|^2 E_k = E_0 + \sum_{k>0} |c_k|^2(E_k - E_0) \tag{7.43}$$

这个值总是大于或等于 E_0,如果 $c_0=1$ 和 $c_k=0(k>0)$,则取最小值。这就产生了精确解,但是如果$|\Phi\rangle$被限制,它将不可能使 $k>0$ 的所有系数消失,人们只能使这些项最小化。任何 $k>0$ 的态混合到 Φ 都会增加其能量,因此,我们可以得出结论,对于能量期望值最小的波函数 Φ,得到了哈密顿量 $\hat{H}$ 基态的最佳近似。公式化为变分原理,它可以写成

$$\delta\langle\Phi|\hat{H}|\Phi\rangle = 0 \tag{7.44}$$

从式(7.43)可以清楚地看出,被更精确地最小化的是波函数与真实基态波函数的

平均偏差,其中不同态的贡献用它们的激发能量加权。

在上述变分原理的推导中,假定试验波函数 Φ 是归一化的。有时允许非归一化函数较方便,但是之后在变分原理中,必须将归一化作为辅助条件:

$$\delta(\langle \Phi \mid \hat{H} \mid \Phi \rangle - E\langle \Phi \mid \Phi \rangle) = 0 \tag{7.45}$$

为什么变分参数被表示为 E 很快将清楚。

式(7.45)的变分可以对 $|\Phi\rangle$ 或 $\langle\Phi|$ 进行,因为它们对应于两个不同的自由度,就如一个数和其复共轭。由于所得的方程彼此厄米共轭,检查这两种情况中的一个就足够了。对 $\langle\Phi|$ 取变分得到

$$\langle \delta\Phi \mid \hat{H} \mid \Phi \rangle - E\langle \delta\Phi \mid \Phi \rangle = 0 \tag{7.46}$$

如果 Φ 是一个非限制波函数,那么 $|\delta\Phi\rangle$ 将是任意矢量,并且可以得出结论:

$$\hat{H} \mid \Phi \rangle - E \mid \Phi \rangle = 0 \tag{7.47}$$

这是因为这个矢量垂直于这种情况下的任意变分,这样它必须消失。这表明,对于非限制波函数,薛定谔方程被恢复,这解释了符号 E。就这里感兴趣的情况而言,当然,这个结论是错误的,Φ 不是 $\hat{H}$ 的本征函数。在这种情况下式(7.45)意味着 $\hat{H}|\Phi\rangle - E|\Phi\rangle$ 应该与解所允许的子空间正交。

7.2.3 斯莱特行列式近似

在波函数的限制空间内寻找最佳近似的方法现在很清楚了,只有允许的波函数集合仍然需要选择。导致哈特里-福克近似的选择是单个斯莱特行列式(Slater determinant),即形式为

$$\mid \Psi \rangle = \hat{a}_1^\dagger \hat{a}_2^\dagger \cdots \hat{a}_A^\dagger \mid 0 \rangle \tag{7.48}$$

的一个波函数,或更简洁地,

$$\mid \Psi \rangle = \prod_{i=1}^{A} \hat{a}_i^\dagger \mid 0 \rangle \tag{7.49}$$

这里,产生算符的下标指的是一组单粒子态,它们具有相应波函数 $\varphi_i(\boldsymbol{r})(i=1,\cdots,A)$,其由变分原理确定。

在推导哈特里-福克条件之前,检查一下近似意味着什么是有价值的。为了理解这个概念,首先忽略粒子的反对称性,并取最简单的两个粒子的情况。于是近似将使用限制于 $\psi_1(\boldsymbol{r}_1)\psi_2(\boldsymbol{r}_2)$ 的波函数,以代替更一般的 $\psi(\boldsymbol{r}_1,\boldsymbol{r}_2)$。在 $\boldsymbol{r}_1$ 处找到粒子 1 和在 $\boldsymbol{r}_2$ 处找到粒子 2 的概率密度(联合概率)由 $|\psi_1(\boldsymbol{r}_1)|^2\ |\psi_2(\boldsymbol{r}_2)|^2$ 给出,是单个概率的乘积,即在 $\boldsymbol{r}_1$ 处找到粒子 1 的概率(而不管粒子 2 位于何处)乘以在 $\boldsymbol{r}_2$ 处找到粒子 2 的概率。这样,这两个粒子是相互独立的。

在这个对波函数的近似中排除的是粒子之间的相关性。例如,如果它们之间存在排斥作用,当 $|\boldsymbol{r}_1 - \boldsymbol{r}_2|$ 变得与相互作用半径相当时,人们期望与简单乘积相比

联合概率减小。联合概率与单一概率乘积之间的偏差称为关联函数。

考虑费米反对称化，这些结论发生一点改变。乘积波函数现在必须是

$$\psi_{12}(\boldsymbol{r}_1,\boldsymbol{r}_2)=\frac{1}{\sqrt{2}}[\psi_1(\boldsymbol{r}_1)\psi_2(\boldsymbol{r}_2)-\psi_2(\boldsymbol{r}_1)\psi_1(\boldsymbol{r}_2)] \tag{7.50}$$

所以联合概率变为

$$\begin{aligned}|\psi_{12}(\boldsymbol{r}_1,\boldsymbol{r}_2)|^2=\frac{1}{2}(&|\psi_1(\boldsymbol{r}_1)|^2|\psi_2(\boldsymbol{r}_2)|^2+|\psi_2(\boldsymbol{r}_1)|^2|\psi_1(\boldsymbol{r}_2)|^2\\&-\psi_1^*(\boldsymbol{r}_1)\psi_2^*(\boldsymbol{r}_2)\psi_1(\boldsymbol{r}_2)\psi_2(\boldsymbol{r}_1)\\&-\psi_1^*(\boldsymbol{r}_2)\psi_2^*(\boldsymbol{r}_1)\psi_1(\boldsymbol{r}_1)\psi_2(\boldsymbol{r}_2))\end{aligned} \tag{7.51}$$

显然，这与单一概率的乘积是不一样的。事实上，如果我们设 $\boldsymbol{r}_1=\boldsymbol{r}_2=\boldsymbol{r}$，结果不是$|\psi_1(\boldsymbol{r}_1)|^2|\psi_2(\boldsymbol{r}_2)|^2$ 而是零：在同一位置发现两个费米子的概率消失，所以它们之间总是有很强的关联性(在经典意义上)。然而，因为这种效应总是存在于费米子中，不需要粒子之间的任何相互作用，所以最好还是在量子力学意义上把这两个粒子称为不关联的(或独立的)，而把期望的联合概率与反对称乘积波函数即斯莱特行列式形式的偏差叫做关联。

7.2.4 哈特里-福克方程

现在我们准备研究应用于哈密顿量式(7.38)的变分原理，它是如式(7.49)的试验波函数。波函数如何取变分？已经指出，单粒子波函数 $\varphi_j(\boldsymbol{r})$是要确定的对象。它们可以通过来自完备集的其他波函数的无穷小混合而取变分：

$$\delta\varphi_j(\boldsymbol{r})=\sum_{k\neq j}\delta c_{jk}\varphi_k(\boldsymbol{r}) \tag{7.52}$$

等价地，产生算符可以取变分：

$$\delta\hat{a}_j^\dagger=\sum_{k\neq j}\delta c_{jk}\hat{a}_k^\dagger \tag{7.53}$$

将变分算符代入波函数式(7.49)中。仅对一个单粒子波函数取变分的结果是

$$|\Psi+\delta\Psi_j\rangle=|\Psi\rangle+\sum_{k\neq j}\delta c_{jk}\hat{a}_1^\dagger\hat{a}_2^\dagger\cdots\hat{a}_{j-1}^\dagger\hat{a}_k^\dagger\hat{a}_{j+1}^\dagger\cdots\hat{a}_A^\dagger|0\rangle \tag{7.54}$$

现在如果新混入的波函数的下标 k 在占据态的下标 $1,\cdots,A$ 之中，则变分消失，因为相应的产生算符在乘积中出现两次。这导致两个重要结果：

- 单个斯莱特行列式的唯一非消失变分是未占据波函数与任意占据波函数的混合。
- 通过用它们内部之间的线性组合代替占据波函数，使得总多粒子波函数保持不变。

后一个特性也非常熟悉，因为用与其他列的线性叠加替换行列式中的列不会改变它的值，这里应用到斯莱特行列式中。这清楚地表明，我们不能期望变分原理确定单粒子态本身，只有占据态的总空间(不管态的线性变换如何)具有物理意义。

也可以通过使用湮没算符对波函数进行去布居来更简明地表达由式(7.54)表示的波函数的变分：

$$|\Psi+\delta\Psi_j\rangle=|\Psi\rangle+\sum_k\sigma c_{jk}\hat{a}_k^\dagger\hat{a}_j|\Psi\rangle\quad(k>A,j\leqslant A)\tag{7.55}$$

用 $\sigma=\pm1$ 来跟踪通过置换算符而将它们置于 $|\Psi\rangle$ 中所有其他算符前面所引起的符号变化。实际上，对于变分，不需要保持符号或对 j 和 k 的求和，因为所有这些变分都是独立的。要求 $\hat{H}$ 的期望值相对于如下形式的变分是固定的就足够了：

$$|\delta\Psi\rangle=\varepsilon\hat{a}_k^\dagger\hat{a}_j|\Psi\rangle\tag{7.56}$$

作为参数 ε 的函数，对于下标的任一值满足 $k>A$ 和 $j\leqslant A$。

符号：贯穿本章，有必要区分三种类型的下标——那些只涉及占据态或未占据态，以及其他没有限制的态。为了便于使用符号，我们使用下面的约定：

- i,j 及其下标形式 i_1,j_2 等，只涉及占据态，即它们只从 1 到 A 取值，其中 A 是占据态的数目：$i,j=1,\cdots,A$。
- m,n 及其下标形式只涉及未占据态：$m,n=A+1,\cdots,\infty$。
- 字母 k 和 l 保留给不受限制的态：$k,l=1,\cdots,\infty$。

现在我们可以用这种符号重新表述变分问题。哈密顿量变为

$$\hat{H}=\sum_{k_1k_2}t_{k_1k_2}\hat{a}_{k_1}^\dagger\hat{a}_{k_2}+\frac{1}{2}\sum_{k_1k_2k_3k_4}v_{k_1k_2k_3k_4}\hat{a}_{k_1}^\dagger\hat{a}_{k_2}^\dagger\hat{a}_{k_4}\hat{a}_{k_3}\tag{7.57}$$

基本的变分采用如下形式：

$$|\delta\Psi\rangle=\varepsilon\hat{a}_m^\dagger\hat{a}_i|\Psi\rangle\tag{7.58}$$

由于变分到一阶近似不改变波函数的归一化(从 $\delta\langle\Phi|\Phi\rangle\approx\langle\delta\Phi|\Phi\rangle+\langle\Phi|\delta\Phi\rangle=0$ 可清楚看出)，人们可以对范数使用没有拉格朗日乘子的变分。按照惯例，对左矢取变分，因此我们只好取 $|\delta\Phi\rangle$ 的厄米共轭：

$$\langle\delta\Psi|=\langle\Psi|\varepsilon^*\hat{a}_i^\dagger\hat{a}_m\tag{7.59}$$

现在变分方程变为

$$0=\langle\delta\Psi|\hat{H}|\Psi\rangle=\varepsilon^*\langle\Psi|\hat{a}_i^\dagger\hat{a}_m\hat{H}|\Psi\rangle\tag{7.60}$$

其中式(7.57)的哈密顿量将被代入。然后可以丢掉任意因子 ε^*。得到矩阵元的计算将作为下面的练习给出。最终结果是

$$t_{mi}+\frac{1}{2}\sum_j(v_{mjij}-v_{mjji}-v_{jmij}+v_{jmji})=0\tag{7.61}$$

从矩阵元的定义中可以清楚地看出，如果第一下标与第二下标交换，同时第三下标与第四下标交换，则它们的值不会改变，因此方程可以简化为

$$t_{mi}+\sum_j(v_{mjij}-v_{mjji})=0\tag{7.62}$$

通过缩写反对称矩阵元

$$\bar{v}_{k_1k_2k_3k_4}=v_{k_1k_2k_3k_4}-v_{k_1k_2k_4k_3}\tag{7.63}$$

进一步简化记号，这样我们得到

$$t_{mi} + \sum_{j=1}^{A} \bar{v}_{mjij} = 0 \tag{7.64}$$

为了理解这个方程中包含的物理，记住各个下标变化的范围：i 表示一个占据态($i \leqslant A$)，m 表示一个未占据态($m > A$)，j 是对所有占据态求和，式(7.64)强调了这一点。这样，方程要求选择单粒子态，使得矩阵元

$$h_{kl} = t_{kl} + \sum_{j=1}^{A} \bar{v}_{kjlj} \tag{7.65}$$

在占据态和未占据态之间消失。如果我们允许(k,l)指的是态的任意组合，则这定义了一个单粒子算符 $\hat{h}$，通常称为单粒子或哈特里-福克哈密顿量。正如所预期的那样，条件(7.64)表征了占据态的集合，而不是那些个别的态。

为更简洁地表述这些条件和为进一步的推导做准备，算符 $\hat{h}$ 被分成四部分，对应于不同的下标范围：$\hat{h}_{\mathrm{pp}}$(粒子-粒子)表示两个下标都指的是未占据单粒子态的那些矩阵元，$\hat{h}_{\mathrm{hh}}$(空穴-空穴)表示两个态都被占据了，$\hat{h}_{\mathrm{ph}}$和 $\hat{h}_{\mathrm{hp}}$表示适当的混合情况。形式上将矩阵分解为

$$\hat{h} = \begin{pmatrix} \hat{h}_{\mathrm{hh}} & \hat{h}_{\mathrm{hp}} \\ \hat{h}_{\mathrm{ph}} & \hat{h}_{\mathrm{pp}} \end{pmatrix} \tag{7.66}$$

或者，用更草率的记号(矩阵必须通过添加零来填充到实际大小)，

$$\hat{h} = \hat{h}_{\mathrm{pp}} + \hat{h}_{\mathrm{hh}} + \hat{h}_{\mathrm{ph}} + \hat{h}_{\mathrm{hp}} \tag{7.67}$$

条件变成

$$\hat{h}_{\mathrm{ph}} = 0 \quad 和 \quad \hat{h}_{\mathrm{hp}} = 0 \tag{7.68}$$

块矩阵分解使这些条件实际上是如何在实践中得以满足的变得明显：可以选择这样的态，以使 $\hat{h}$ 本身对角化：

$$h_{kl} = t_{kl} + \sum_{j=1}^{A} \bar{v}_{kjlj} = \varepsilon_k \delta_{kl} \tag{7.69}$$

其中有单粒子能量 ε_k。这定义了单粒子态 $\varphi_k(\boldsymbol{r})$本身的一个方便的选择。在组态空间中写出哈特里-福克方程式(7.69)使它们的物理内容更加明显：

$$\begin{aligned} \varepsilon_k \varphi_k(\boldsymbol{r}) = & -\frac{\hbar^2}{2m} \nabla^2 \varphi_k(\boldsymbol{r}) + \left(\int \mathrm{d}^3 r' v(\boldsymbol{r}' - \boldsymbol{r}) \sum_{j=1}^{A} |\varphi_j(\boldsymbol{r}')|^2 \right) \varphi_k(\boldsymbol{r}) \\ & - \sum_{j=1}^{A} \varphi_j(\boldsymbol{r}) \int \mathrm{d}^3 r' v(\boldsymbol{r}' - \boldsymbol{r}) \varphi_j^*(\boldsymbol{r}') \varphi_k(\boldsymbol{r}') \end{aligned} \tag{7.70}$$

对于每个单粒子态，这些方程在形式上与薛定谔方程非常相似。右边的第二项是平均势：

$$U(\boldsymbol{r}) = \int \mathrm{d}^3 r' v(\boldsymbol{r}' - \boldsymbol{r}) \sum_{j=1}^{A} |\varphi_j(\boldsymbol{r}')|^2 \tag{7.71}$$

它简单地解释为核子密度分布所产生的势。最后一项是交换项,它和平均势一起定义了平均场。哈特里-福克近似常被称为平均场近似。

当然,交换项使问题比简单的单粒子薛定谔方程复杂得多。因为它将薛定谔方程转化为积分方程,在实践中处理起来要困难得多,要采用各种近似。一种流行的方法是使用像斯克姆力这样的零力程相互作用,正如我们将很快看到的,交换项可以与直接项组合。对于有限力程的力(在库仑相互作用时不可避免地)必须采用一些近似。

哈特里-福克方程显示了一种机制,通过这种机制,核子本身可以在原子核中产生一个强中心场,类似于原子中的中心库仑场,它不是由电子产生的。是什么使这成为可能?显然,哈特里-福克近似的假设是忽略关联,由不是以平均场作为中介的直接的粒子-粒子散射引起。如果泡利原理禁止散射,这是合理的,因此,这个过程需要大量的能量。然而,关联对于激发态是很重要的,这将是 8.2 节的主题。

完全的二体相互作用达到这样的程度,以至于它不被包含在平均场中,则它称为剩余相互作用。如前所述,它的一个重要部分是通过配对力(7.5 节)来考虑的,其他贡献引起相关的激发。

哈特里-福克方程在波函数决定平均场、而平均场又反过来决定波函数的意义上形成了一个自洽问题。在实践中,这导致迭代解,其中人们从对波函数的一个初始猜测开始,例如谐振子波函数,并从它们确定平均场。求解薛定谔方程,然后产生一组新的波函数。这个过程被重复,直到有望实现收敛。

练习 7.2　变分方程中的矩阵元

问题　求出现在变分方程式(7.60)中的矩阵元的值。

解答　二次量子化章节中解释的技术不直接应用于此,因为我们不处理真空期望值。这样,对应于某个下标的态是否被占据对于决定算符将如何作用于$|\Psi\rangle$非常重要。

动能贡献是

$$\sum_{k_1 k_2} t_{k_1 k_2} \langle \Psi | \hat{a}_i^\dagger \hat{a}_m \hat{a}_{k_1}^\dagger \hat{a}_{k_2} | \Psi \rangle \tag{①}$$

基本过程与求真空期望值相同。我们注意到 $\hat{a}_i^\dagger$ 和 $\hat{a}_m$ 作用于$|\Psi\rangle$时均得零,因为 i 是指在$|\Psi\rangle$中的一个占据态,m 是指在$|\Psi\rangle$中的一个未占据态。这样,这两个算符将和后面的交换,直到移到最后。

$\hat{a}_m$ 和后面算符的交换,产生只来自于 $\hat{a}_{k_1}^\dagger$ 的非消失贡献,所以中间结果是

$$\sum_{k_1 k_2} t_{k_1 k_2} \delta_{mk_1} \langle \Psi | \hat{a}_i^\dagger \hat{a}_{k_2} | \Psi \rangle \tag{②}$$

剩下的矩阵元是简单的 δ_{ik_2},因此,在消除求和之后,结果变成 t_{mi}。

势矩阵元的求值被更多地涉及。从

$$\frac{1}{2}\sum_{k_1k_2k_3k_4} v_{k_1k_2k_3k_4}\langle\Psi \mid \hat{a}_i^{\dagger}\hat{a}_m\hat{a}_{k_1}^{\dagger}\hat{a}_{k_2}^{\dagger}\hat{a}_{k_4}\hat{a}_{k_3} \mid \Psi\rangle \tag{③}$$

开始，显然，将 $\hat{a}_i^{\dagger}$ 和 $\hat{a}_m$ 置换到后面将再次产生期望的结果，但现在要将相反类型的两个算符中的任一个跟随它们，它们才都产生一个非消失对易子。这导致下列克罗内克符号的组合代替矩阵元：

$$\delta_{mk_1}\delta_{ik_3} - \delta_{mk_1}\delta_{ik_4} - \delta_{mk_2}\delta_{ik_3} + \delta_{mk_2}\delta_{ik_4} \tag{④}$$

符号是通过计算算符需要多少次置换来确定的，这些置换把它们直接带到一个算符面前，它们跟这个算符对易得到克罗内克符号。把这个结果代入到式③，我们发现，在每一项中，求和中的两个通过克罗内克符号被消除，为了合并剩下的求和，按 $k_1, k_2 \to k$ 和 $k_3, k_4 \to k'$ 重新标记求和下标是有利的。这就得到

$$\frac{1}{2}\sum_{kk'}(v_{mkik'} - v_{mkk'i} - v_{kmik'} + v_{kmk'i})\langle\Psi \mid \hat{a}_k^{\dagger}\hat{a}_{k'} \mid \Psi\rangle \tag{⑤}$$

幸存下来的矩阵元仅当 $k = k'$ 时可以是非消失的。因为 $\hat{a}_k^{\dagger}\hat{a}_k$ 是粒子数算符，如果 k 态被占据，它的矩阵元为1，否则为0。这样，式⑤中的求和可以被限制到占据态，利用这里使用的记号，我们可以通过将 $k = k'$ 重命名为 j 来做这一点：

$$\frac{1}{2}\sum_{j}(v_{mjij} - v_{mjji} - v_{jmij} + v_{jmji}) \tag{⑥}$$

这是最终结果。

7.2.5　应用

现在我们研究哈特里-福克近似中多体系统的态的性质。当然，基态由下式给出（记住，下标 m 仅指占据态）：

$$\mid \mathrm{HF}\rangle = \prod_m \hat{a}_m^{\dagger} \mid 0\rangle \tag{7.72}$$

利用上面推导的方法可以很容易地求其能量：

$$\begin{aligned} E_{\mathrm{HF}} &= \langle \mathrm{HF} \mid \hat{H} \mid \mathrm{HF}\rangle \\ &= \sum_m t_{mm} + \frac{1}{2}\sum_{mn}\bar{v}_{mnmn} = \sum_m \varepsilon_m - \frac{1}{2}\sum_{mn}\bar{v}_{mnmn} \end{aligned} \tag{7.73}$$

重要的是要认识到，哈特里-福克基态的能量不仅是单个粒子能量的总和，而且还有来自势相互作用的附加贡献。其数学原因是多粒子系统的哈密顿量不是单粒子哈密顿量之和，而是包含不同权重的相互作用。

现在基于哈特里-福克基态构造激发态看来是一件简单的事情：这些激发态应该简单地由各阶粒子-空穴激发给出。原则上，这并不完全正确，因为平均场也取决于实际被占据的态，这反过来使得单粒子哈密顿量以及单粒子态本身根据特定占据而改变。然而，在实践中，这个问题通常被忽略，因为对于较重的原子核，单

个粒子的态改变将仅微不足道地改变平均场，单粒子态的关联变化更小。这样，我们将激发态构造为单粒子/单空穴(1p1h)激发：

$$| mi \rangle = \hat{a}_m^\dagger \hat{a}_i | \mathrm{HF} \rangle \tag{7.74}$$

二粒子/二空穴(2p2h)激发：

$$| mnij \rangle = \hat{a}_m^\dagger \hat{a}_n^\dagger \hat{a}_i \hat{a}_j | \mathrm{HF} \rangle \tag{7.75}$$

等等，且单粒子态不变。这些态的能量的期望值可以很容易地计算出来。例如，对于单粒子/单空穴激发，人们得到

$$\begin{aligned} E_{mi} &= \langle mi | \hat{H} | mi \rangle \\ &= E_{\mathrm{HF}} + t_{mm} - t_{ii} + \sum_{\substack{k=1 \\ k \neq i}}^{A} (\bar{v}_{mnmn} - \bar{v}_{inin}) \\ &= E_{\mathrm{HF}} + \varepsilon_m - \varepsilon_i - \bar{v}_{mimi} \end{aligned} \tag{7.76}$$

通过写下具有这些占据差异的总和即可(注意，对于反对称，$\bar{v}_{mmmm}=0$)。

这样，除了来自所涉及的两个粒子的单粒子能量的预期贡献之外，还有由平均场的变化引起的贡献。可惜的是，结果实际上只是一个期望值，因为也有非对角矩阵元

$$\langle mi | \hat{H} | nj \rangle = -\bar{v}_{mjni} \tag{7.77}$$

因此，原则上，矩阵应该被对角化。然而，在许多情况下，势能的贡献可以忽略不计，粒子-空穴态可以被当作问题的近似本征态。

类似的分析也揭示了单粒子能量 ε_k 的物理意义。比较具有 A 个核子的核的能量与具有 $A-1$ 个核子和例如从占据态 j 移除的一个粒子的核的能量。后者用如下波函数来描述：

$$| j \rangle = \hat{a}_j | \mathrm{HF} \rangle \tag{7.78}$$

这里，波函数本身对态的占据的依赖性又被忽略了。它的能量由下式给出：

$$E_j = \sum_{i \neq j} t_{ii} + \frac{1}{2} \sum_{i_1, i_2 \neq j} \bar{v}_{i_1 i_2 i_1 i_2} \tag{7.79}$$

与基态能量之差变成

$$\begin{aligned} E_j - E_{\mathrm{HF}} &= -t_{jj} - \frac{1}{2} \sum_i \bar{v}_{ijij} - \frac{1}{2} \sum_i \bar{v}_{jiji} \\ &= -t_{jj} - \sum_i \bar{v}_{ijij} \\ &= -\varepsilon_j \end{aligned} \tag{7.80}$$

这里使用了矩阵元的对称性 $\bar{v}_{ijij} = \bar{v}_{jiji}$。这样，单粒子能量表示从核中除去一个粒子所需的能量。这是库普曼定理(Koopman's theorem)的内容，在文献[10,123]中做了更详细的讨论。

注意，此讨论不能递推使用：如果重新应用以去除另一个核子，两个核子之间

的势能相互作用将不能被正确地处理(否则,基态的总能量应该由 $\sum_i \varepsilon_i$ 给出,这被认为是错误的)。

这样,哈特里-福克计算的结果不仅可以用来预测核基态的体性质,如结合能、均方半径、表面厚度等,而且还用于激发态的描述。而且,以这种方法获得的波函数可以用作处理配对的基础(7.5节)和将集体态描述为粒子-空穴激发的相干叠加(8.2节)。

7.2.6 密度矩阵公式

哈特里-福克方程以单粒子密度矩阵表示时,采用一种特别简单的形式。这个公式对于形式操作非常优雅,所以了解它是很有价值的。

给定一个多粒子态 $|\Phi\rangle$,单粒子密度矩阵定义为

$$\rho_{kl} = \langle \Phi \mid \hat{a}_l^\dagger \hat{a}_k \mid \Phi \rangle \tag{7.81}$$

其中 k 和 l 跑遍单粒子的基本态。$|\Phi\rangle$ 不需要是由这些态构建的简单斯莱特行列式,而是此类斯莱特行列式的一般叠加。注意,单粒子密度矩阵依赖于态 $|\Phi\rangle$ 和定义算符 $\hat{a}_k^\dagger$ 和 $\hat{a}_l$ 的单粒子基。如果不会与其他类型的密度矩阵混淆,则通常对单粒子密度矩阵使用较短的术语“密度矩阵”表示。

容易导出密度矩阵的以下基本性质:

- ρ_{kl} 是厄米的,

$$\rho_{lk} = \langle \Phi \mid \hat{a}_k^\dagger \hat{a}_l \mid \Phi \rangle = \langle \Phi \mid (\hat{a}_l^\dagger \hat{a}_k)^\dagger \mid \Phi \rangle = \rho_{kl}^* \tag{7.82}$$

- 单粒子算符,例如

$$\hat{t} = \sum_{kl} t_{kl} \hat{a}_k^\dagger \hat{a}_l \tag{7.83}$$

的期望值可以通过

$$\langle \Phi \mid \hat{t} \mid \Phi \rangle = \sum_{kl} t_{kl} \langle \Phi \mid \hat{a}_k^\dagger \hat{a}_l \mid \Phi \rangle = \sum_{kl} t_{kl} \rho_{lk} \tag{7.84}$$

计算。这可以用矩阵迹记号重写为

$$\langle \Phi \mid \hat{t} \mid \Phi \rangle = \mathrm{tr}\{ t\rho \} \tag{7.85}$$

这里括号中的 t 代表表示算符 $\hat{t}$ 的矩阵 t_{kl}。*

- 如果态 $|\Phi\rangle$ 是一个简单的斯莱特行列式,则密度矩阵的形式是相当受限的。我们首先考虑这样的情况,即 $|\Phi\rangle$ 是由与定义密度矩阵的单粒子基所包含的单粒子态相同的单粒子态构成的。那么我们必须有

$$\rho_{kl} = \begin{cases} \delta_{kl} & (\text{对 } |\Phi\rangle \text{ 里占据的 } k \text{ 和 } l) \\ 0 & (\text{其他}) \end{cases} \tag{7.86}$$

---

* 使用下列符号:$\hat{t}$ 表示一个算符,t 是对应的矩阵,t_{kl} 是矩阵元。

这样,在这种情况下 ρ 是对角的,对角线上有 1 和 0,取决于相应的单粒子态被占据或空着。而且,它满足基本关系

$$\rho^2 = \rho \tag{7.87}$$

由矩阵的特殊形式可立即得出上式。但这种关系在更一般的情况下仍然成立。如果组成 $|\Phi\rangle$ 的单粒子态不包含在定义 ρ 的基中,在任何情况下,它们都可以使用一些酉矩阵 U 展开:

$$\hat{\beta}_k = \sum_{k'} U_{kk'} \hat{a}_{k'} \tag{7.88}$$

其中 $\hat{\beta}_k$ 现在表示在 $|\Phi\rangle$ 中占据的这些态的二次量子化算符。在 $\hat{\beta}_k$ 的基中定义的密度矩阵 $\tilde{\rho}$ 由下式给出:

$$\tilde{\rho} = U\rho U^\dagger \tag{7.89}$$

反过来,$\rho = U^\dagger \tilde{\rho} U$。由于 $\tilde{\rho}$ 满足式(7.86),得到

$$\rho^2 = U^\dagger \tilde{p} UU^\dagger \tilde{\rho} U = U^\dagger \tilde{\rho}^2 U = U^\dagger \tilde{\rho} U = \rho \tag{7.90}$$

因此无论用什么单粒子基来定义 ρ,式(7.86)都对于斯莱特行列式 $|\Phi\rangle$ 成立。*

- 在斯莱特行列式 $|\Phi\rangle$ 的情况下,式(7.86)意味着 ρ 是一个投影算符。从它所采用的特殊形式来看,如果用 $|\Phi\rangle$ 包含的单粒子态来表示,显然它投射到占据的单粒子态的空间上。

密度矩阵的最后一个性质使得将矩阵分解为粒子-粒子、粒子-空穴等贡献(与给定的斯莱特行列式有关)的简单公式成立。回到哈特里-福克情形,矩阵记号中单粒子哈密顿量的空穴-空穴部分可以立即写成

$$h_{\mathrm{hh}} = \rho h \rho \tag{7.91}$$

为了给 h 的其他部分找到相似的表达式,注意,矩阵 $\sigma = 1 - \rho$ 投影到空单粒子态空间(验证 $\sigma^2 = \sigma$ 并找出其含义(类似对 ρ))。这立即给出

$$h_{\mathrm{hp}} = \rho h \sigma, \quad h_{\mathrm{ph}} = \sigma h \rho, \quad h_{\mathrm{pp}} = \sigma h \sigma \tag{7.92}$$

哈特里-福克条件是 $h_{\mathrm{hp}} = h_{\mathrm{ph}} = 0$,现在可以重写为

$$\sigma h \rho = 0, \quad \rho h \sigma = 0 \tag{7.93}$$

在将 σ 的定义代入之后,

$$h\rho - \rho h \rho = 0, \quad \rho h \rho - \rho h = 0 \tag{7.94}$$

由此我们得出 $\rho h = h \rho$ 或

$$[\rho, h] = 0 \tag{7.95}$$

为什么使用密度矩阵的公式通常更优雅是显然的:在这种方法中,不需要分离占据的和空的单粒子态,这种区别是由密度矩阵来处理的。这样,简单矩阵操作可以代替烦琐的求和表达式,这些求和表达式存在必须区分这些不同下标范围的额外

---

* 不要把它与一般密度矩阵的类似方程混淆起来。满足 $\rho^2 = \rho$ 的一般密度矩阵描述一个纯态。这与哈特里-福克理论无关。

问题。

7.2.7 约束哈特里-福克

哈特里-福克方程本身产生一个与能量的期望值中的最小值相对应的近似波函数。在实践中,结果不是唯一的。为了理解这一点,可以考虑裂变问题。原子核的基态能量最小,但是对于重核来说,两个分开的碎片保持一定距离时的能量甚至更低;此外,已经知道许多核也具有形状同核异能态,即在较大变形时能量的一个局部极小值。

通过迭代哈特里-福克方程得到这些解中的哪一个依赖于初始组态,如图7.2所示。

与具有参数化形状的唯象单粒子模型相比,哈特里-福克极小值可能包含任意形变,如果非对称性为数值过程所允许且在初始组态中不存在这样的对称性,则哈特里-福克极小值也可能违反对称性。例如,如果数值方法不要求反射对称性及初始状态不是理想对称的,一个形变的核可以获得附加的像不对称八极一样的形变。在后一种情况下,迭代可能无法"决定"在哪个方向上偏离反射对称性,将被冻结在对称形状。

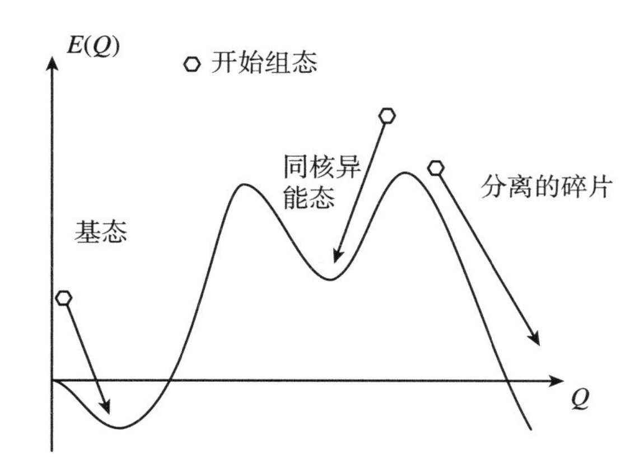

图7.2 根据初始波函数中包含的形变,哈特里-福克方程如何收敛到不同的极小值的示意图。在这种情况下,将接近三个不同的极小值,分离的碎片将到达由数值过程允许的尽可能大的分离

在图7.2中确定整个曲线的方法是对变分原理添加约束。例如,对于裂变,由核的四极矩给出一个自然约束,因此我们考虑变分问题:

$$\delta\langle \mathrm{HF} \mid \hat{H} - \lambda\hat{Q} \mid \mathrm{HF}\rangle = 0 \tag{7.96}$$

算符 $\hat{Q}$ 是单粒子的四极矩之和。

在使用这种方法时,可以保持 λ 为常数,然后为 λ 的每个值得到一个形变态;

遗憾的是，之后很难找到接近能量最大值的态。因此，通常最好是要求 $\hat{Q}$ 的一个给定的期望值，并在迭代期间相应地对 λ 取变分。这样的计算已被广泛地运用，并产生相当合理的裂变势和形变的基态。这些不应该直接与集体模型中使用的势进行比较，因为微观波函数在对应于集体基态中的零点振荡的四极矩中包含一些不确定性，毕竟，只有期望值是固定的。这样，哈特里-福克能量应该总是高于集体势能面。

目前，用多个约束进行哈特里-福克计算仍然太麻烦，因此，对于依赖于一个以上形变参数的势能面的研究，唯象模型是更可取的。

7.2.8 替代公式和三体力

在许多应用中，用变分原理本身代替由它导出的哈特里-福克方程更为方便。这可能是为了简单起见或以下实际考虑：通常方程是数值求解的，例如，通过将波函数表示为数值网格上的离散函数，如

$$\varphi(x) \rightarrow \varphi(x_j), \quad x_j = j\Delta x \quad (j = 1, \cdots, N_x) \tag{7.97}$$

在这种情况下，波函数中有一个附加的近似：我们用由这种离散的单粒子态构建的斯莱特行列式求最优解。不去离散化式(7.69)的单粒子哈密顿量的本征值问题，而是最好将哈密顿量本身的期望值离散化和根据真正的未知数 $\varphi(x_j)$取变分。通常这两种方法之间的差别很小，但是在概念上，第二种方法应该提供更好的近似。

同样应用了该方法的事例是哈特里-福克在斯克姆力中的应用，在那里还有一个附加的三体势。如果对二体势的处理适当地推广，这样的势会导致一个二次量子化算符

$$\frac{1}{6}\sum_{k_1k_2k_3k_4k_5k_6} v_{k_1k_2k_3k_4k_5k_6}\hat{a}^\dagger_{k_1}\hat{a}^\dagger_{k_2}\hat{a}^\dagger_{k_3}\hat{a}_{k_4}\hat{a}_{k_5}\hat{a}_{k_6} \tag{7.98}$$

用与以前完全相同的方法，这样一项的期望值可以求值得到

$$\frac{1}{6}\sum_{ijk}\bar{v}_{ijkijk} \tag{7.99}$$

其中 $\bar{v}_{ijkijk}$是反对称的组合：

$$\bar{v}_{ijkijk} = v_{ijkijk} + v_{ijkjki} + v_{ijkkij} - v_{ijkjik} - v_{ijkikj} - v_{ijkkji} \tag{7.100}$$

在下一小节中，这个公式将被应用。它的一个有趣的结果是，对于零程力，斯克姆哈密顿量的期望值可以表示为局部能量密度泛函上的积分。

7.2.9 具有斯克姆力的哈特里-福克

前一小节讨论三体力的主要目的是应用到斯克姆力。回想斯克姆相互作用的

定义,它是二体和三体部分的和:

$$\hat{H} = \sum_i \hat{t}_i + \sum_{i<j} v_{ij}^{(2)} + \sum_{i<j<k} v_{ijk}^{(3)} \tag{7.101}$$

二体部分由下式给出:

$$\begin{aligned} v_{12}^{(2)} &= t_0(1 + x_0\hat{P}_\sigma)\delta(\boldsymbol{r}_1 - \boldsymbol{r}_2) \\ &\quad + \frac{1}{2}t_1(\delta(\boldsymbol{r}_1 - \boldsymbol{r}_2)\hat{k}^2 + \hat{k}'^2\delta(\boldsymbol{r}_1 - \boldsymbol{r}_2)) + t_2\hat{\boldsymbol{k}}^2 \cdot \delta(\boldsymbol{r}_1 - \boldsymbol{r}_2)\hat{\boldsymbol{k}} \\ &\quad + \mathrm{i}W_0(\hat{\boldsymbol{\sigma}}_1 + \hat{\boldsymbol{\sigma}}_2) \cdot \hat{\boldsymbol{k}}' \times \delta(\boldsymbol{r}_1 - \boldsymbol{r}_2)\hat{\boldsymbol{k}} \end{aligned} \tag{7.102}$$

三体部分由下式给出:

$$v_{123}^{(3)} = t_3\delta(\boldsymbol{r}_1 - \boldsymbol{r}_2)\delta(\boldsymbol{r}_2 - \boldsymbol{r}_3) \tag{7.103}$$

请记住,算符 $\hat{\boldsymbol{k}}$ 和 $\hat{\boldsymbol{k}}'$ 定义为

$$\hat{\boldsymbol{k}} = \frac{1}{2\mathrm{i}}(\nabla_1 - \nabla_2), \quad \hat{\boldsymbol{k}}' = -\frac{1}{2\mathrm{i}}(\nabla_1 - \nabla_2) \tag{7.104}$$

$\hat{\boldsymbol{k}}'$ 作用于左边。

为了得到哈特里-福克方程,我们必须求斯莱特行列式 $|\mathrm{HF}\rangle$ 中哈密顿量的期望值。它由下式给出:

$$\begin{aligned} E &= \langle \mathrm{HF} \mid \hat{H} \mid \mathrm{HF} \rangle \\ &= \sum_i \langle i \mid \hat{t} \mid i \rangle + \frac{1}{2}\sum_{ij} \langle ij \mid \bar{v}^{(2)} \mid ij \rangle + \frac{1}{6}\sum_{ijk} \langle ijk \mid \bar{v}^{(3)} \mid ijk \rangle \end{aligned} \tag{7.105}$$

我们将看到它可以被改写为哈密顿密度上的空间积分:

$$E = \int \mathrm{d}^3 r \mathscr{H}(\boldsymbol{r}) \tag{7.106}$$

反过来,哈密顿密度是通过对单粒子态求和而得到的某些密度的函数。如果我们把它们写成

$$\varphi_i(\boldsymbol{r}, \sigma, q) \tag{7.107}$$

其中 $\sigma = \pm\frac{1}{2}$ 表示自旋投影,$q = \pm\frac{1}{2}$ 是同位旋(记号 $q = \mathrm{p}, \mathrm{n}$ 也将用于指标 q 的固定值),这样 i 只列举不同的轨道函数,则定义下面的密度将是有用的:

(1) 质子和中子数密度(取决于 q 的值)

$$\rho_q(\boldsymbol{r}) = \sum_{i,\sigma} |\varphi_i(\boldsymbol{r}, \sigma, q)|^2 \tag{7.108}$$

(2) 质子和中子的动能密度

$$\tau_q(\boldsymbol{r}) = \sum_{i,\sigma} |\nabla\varphi_i(\boldsymbol{r}, \sigma, q)|^2 \tag{7.109}$$

(3) 自旋-轨道流

$$\boldsymbol{J}_q(\boldsymbol{r}) = -\mathrm{i}\sum_{i,\sigma,\sigma'} \varphi_i^*(\boldsymbol{r}, \sigma, q)[\nabla\varphi_i(\boldsymbol{r}, \sigma', q) \times \langle \sigma \mid \hat{\boldsymbol{\sigma}} \mid \sigma' \rangle] \tag{7.110}$$

注意,动能密度不包括因子 $\hbar^2/(2m)$,也不涉及常规组合 $\varphi^* \nabla^2 \varphi$。这里使用的更对称的组合相当于总(积分的)哈密顿量,就像部分积分所显示的。自旋流密度似乎相当复杂。然而,将一个单波函数代入显示它本质上描述形式为 $\rho \boldsymbol{k} \times \boldsymbol{\sigma}$ 的一项,即局部动量与自旋的叉积,由局部概率密度加权。

应该对所有被占据的单粒子态进行求和。我们现在做一假设:在时间反演下占据态的空间是不变的。对于最重要的应用(即偶-偶核的静态性质)来说,这一点显然是正确的。形式上,该假设意味着如果态 $\varphi_i(\boldsymbol{r},\sigma,q)$ 被占据,则用时间反演算符 $\hat{\mathcal{T}}$ 得到的时间反演态也被占据。使用练习 2.4 的结果,对于旋量部分 $\hat{\mathcal{T}} = -\mathrm{i}\sigma_y$,结合对轨道波函数复共轭,我们得到

$$\begin{aligned}\hat{\mathcal{T}}\varphi_i(\boldsymbol{r},\sigma,q) &= -\mathrm{i}\sum_{\sigma'}\langle\sigma \mid \sigma_y \mid \sigma'\rangle\varphi_i^*(\boldsymbol{r},\sigma',q)\\ &= -2\sigma\varphi_i^*(\boldsymbol{r},-\sigma,q)\end{aligned} \tag{7.111}$$

其结果是包含一个自旋算符的期望值消失:

$$\sum_{i\sigma\sigma'}\varphi_i^*(\boldsymbol{r},\sigma,q)\langle\sigma \mid \hat{\boldsymbol{\sigma}} \mid \sigma'\rangle\varphi_i(\boldsymbol{r},\sigma',q) = 0 \tag{7.112}$$

要看到这一点,使用算符 $\frac{1}{2}(1+\hat{\mathcal{T}})$ 来时间反演对称化表达式:

$$\begin{aligned}&\sum_i\varphi_i^*(\boldsymbol{r},\sigma,q)\varphi_i(\boldsymbol{r},\sigma',q)\\ &= \frac{1}{2}\sum_i(\varphi_i^*(\boldsymbol{r},\sigma,q)\varphi_i(\boldsymbol{r},\sigma',q) + 4\sigma\sigma'\varphi_i(\boldsymbol{r},-\sigma,q)\varphi_i^*(\boldsymbol{r},-\sigma',q))\\ &= \frac{1}{2}\delta_{\sigma\sigma'}\sum_i(|\varphi_i(\boldsymbol{r},\sigma,q)|^2 + |\varphi_i(\boldsymbol{r},-\sigma,q)|^2)\\ &= \frac{1}{2}\delta_{\sigma\sigma'}\rho_q(\boldsymbol{r})\end{aligned} \tag{7.113}$$

现在可以求想得到的期望值:

$$\begin{aligned}&\sum_{i\sigma\sigma'}\varphi_i^*(\boldsymbol{r},\sigma,q)\langle\sigma \mid \hat{\boldsymbol{\sigma}} \mid \sigma'\rangle\varphi_i(\boldsymbol{r},\sigma',q)\\ &= \frac{1}{2}\sum_{\sigma\sigma'}\delta_{\sigma\sigma'}\rho_q(\boldsymbol{r})\langle\sigma \mid \hat{\boldsymbol{\sigma}} \mid \sigma'\rangle\\ &= \frac{1}{2}\rho_q(\boldsymbol{r})\mathrm{tr}\{\hat{\boldsymbol{\sigma}}\} = 0\end{aligned} \tag{7.114}$$

最后一个等式是根据泡利矩阵消失迹得出的。这一计算也清楚地表明,如果不满足两个时间反演态都被占据的条件,那么公式将变得更加复杂,因为单标量密度必须由具有自旋指标的密度矩阵代替。

能量泛函的推导在练习 7.3 中给出,足够详细,以使读者能够根据需要解决整个问题。在这里,我们概述结果。于是能量密度的最终结果(包括动能)变成

$$
\begin{aligned}
\hat{\mathscr{H}}(\boldsymbol{r}) = & \frac{\hbar^2}{2m}\tau + \frac{1}{2}t_0\left[\left(1+\frac{1}{2}x_0\right)\rho^2 - \left(x_0+\frac{1}{2}\right)(\rho_\mathrm{n}^2+\rho_\mathrm{p}^2)\right] \\
& + \frac{1}{4}(t_1+t_2)\rho\tau + \frac{1}{8}(t_2-t_1)(\rho_\mathrm{n}\tau_\mathrm{n}+\rho_\mathrm{p}\tau_\mathrm{p}) \\
& + \frac{1}{16}(t_2-3t_1)\rho\nabla^2\rho + \frac{1}{32}(3t_1+t_2)(\rho_\mathrm{n}\nabla^2\rho_\mathrm{n}+\rho_\mathrm{p}\nabla^2\rho_\mathrm{p}) \\
& + \frac{1}{16}(t_1-t_2)(\boldsymbol{J}_\mathrm{n}^2+\boldsymbol{J}_\mathrm{p}^2) + \frac{1}{4}t_3\rho_\mathrm{n}\rho_\mathrm{p}\rho \\
& - \frac{1}{2}W_0(\rho\nabla\cdot\boldsymbol{J}+\rho_\mathrm{n}\nabla\cdot\boldsymbol{J}_\mathrm{n}+\rho_\mathrm{p}\nabla\cdot\boldsymbol{J}_\mathrm{p})
\end{aligned} \tag{7.115}
$$

库仑效应不包括在这个公式中。具有库仑交换适当近似的库仑能必须另行添加。

对于 $N=Z$ 的核,一个更简单的形式是有效的。对于这种核,在没有库仑效应的情况下,可以假定 $\rho_\mathrm{p}=\rho_\mathrm{n}=\rho/2$,而对于其他密度也是类似的。那么我们有

$$
\begin{aligned}
\hat{\mathscr{H}}(\boldsymbol{r}) = & \frac{\hbar^2}{2m}\tau + \frac{3}{8}t_0\rho^2 + \frac{1}{16}t_3\rho^3 + \frac{1}{16}(3t_1+5t_2)\rho\tau \\
& + \frac{1}{64}(9t_1-5t_2)(\nabla\rho)^2 - \frac{3}{4}W_0\rho\nabla\cdot\boldsymbol{J} + \frac{1}{32}(t_1-t_2)\boldsymbol{J}^2
\end{aligned} \tag{7.116}
$$

在这两种情况下,能量表达式都是通过对单粒子波函数的变分来导出哈特里-福克方程的起点。这将产生积分-微分形式的方程,如标准哈特里-福克情形那样。

练习 7.3 斯克姆能量泛函

问题 对于斯克姆力的情况,计算与斯莱特行列式相关的能量。

解答 我们通过求一些对斯克姆能量泛函的单独贡献来展示所使用的方法。通过在矩阵元中添加交换算符来考虑交换贡献:

$$
\begin{aligned}
\bar{v}_{k_1k_2k_3k_4} &= v_{k_1k_2k_3k_4} - v_{k_1k_2k_4k_3} \\
&= \langle k_1k_2 \mid \hat{v} \mid k_3k_4\rangle - \langle k_1k_2 \mid \hat{v} \mid k_4k_3\rangle \\
&= \langle k_1k_2 \mid v(1-P_{3\leftrightarrow4}) \mid k_3k_4\rangle
\end{aligned} \tag{①}
$$

其中 $P_{3\leftrightarrow4}$ 交换右矢中的两个粒子。它可以表示为空间交换 $\hat{P}_\mathrm{M}$(马约拉纳)、自旋交换 $\hat{P}_\sigma$ 和同位旋交换 $\hat{P}_\tau$ 的乘积。用三重下标 (i,σ,q) 代替通用的下标 k,与 t_0 成比例的项产生

$$
V_0 = \frac{1}{2}\sum_{ij\sigma\sigma'qq'}\langle ij\sigma\sigma'qq' \mid t_0\delta(\boldsymbol{r}_1-\boldsymbol{r}_2)(1+x_0\hat{P}_\sigma)(1-\hat{P}_\mathrm{M}\hat{P}_\sigma\hat{P}_\tau)ij\sigma\sigma'qq'\rangle \tag{②}
$$

马约拉纳交换算符 $\hat{P}_\mathrm{M}$ 约化到因子1,这是由于 δ 函数迫使波函数在空间中的同一点上求值。对于同位旋交换算符,必须假设波函数保持纯同位旋,这样只要同位旋是相同的:$\hat{P}_\tau\rightarrow\delta_{qq'}$,在同位旋空间中就可以有一个与其他单粒子波函数的重叠。利用 $\hat{P}_\sigma=(1/2)(1+\hat{\boldsymbol{\sigma}}_1\cdot\hat{\boldsymbol{\sigma}}_2)$ 形式的自旋交换算符,得到

$$V_0=\frac{1}{2}t_0\sum_{ij\sigma\sigma'qq'}\langle ij\sigma\sigma'qq'\mid\sigma(\boldsymbol{r}_1-\boldsymbol{r}_2)\left[1+\frac{1}{2}x_0(1+\hat{\boldsymbol{\sigma}}_1\cdot\hat{\boldsymbol{\sigma}}_2)\right]$$

$$\cdot\left[1-\frac{1}{2}\delta_{qq'}(1+\hat{\boldsymbol{\sigma}}_1\cdot\hat{\boldsymbol{\sigma}}_2)\right]\mid ij\sigma\sigma'qq'\rangle$$

$$=\frac{1}{2}t_0\sum_{ij\sigma\sigma'qq'}\langle ij\sigma\sigma'qq'\mid\delta(\boldsymbol{r}_1-\boldsymbol{r}_2)$$

$$\cdot\left[1+\frac{1}{2}x_0-\frac{1}{2}\delta_{qq'}-\frac{x_0}{4}\delta_{qq'}(1+\hat{\boldsymbol{\sigma}}_1\cdot\hat{\boldsymbol{\sigma}}_2)^2\right]\mid ij\sigma\sigma'qq'\rangle \qquad ③$$

在最后一步利用了 $\hat{\boldsymbol{\sigma}}_1\cdot\hat{\boldsymbol{\sigma}}_2$ 的线性项消失的事实(见式(7.114)),而与$(\hat{\boldsymbol{\sigma}}_1\cdot\hat{\boldsymbol{\sigma}}_2)^2$ 成比例的那些项产生因子3,这很容易由式(7.5)中已经导出的关系

$$(\hat{\boldsymbol{\sigma}}\cdot\hat{\boldsymbol{\sigma}}')^2=3-2\hat{\boldsymbol{\sigma}}\cdot\hat{\boldsymbol{\sigma}}' \qquad ④$$

导出,注意只有常数3有贡献。现在已经没有明确的交换项了,由左边和右边的波函数可以组合成密度:

$$V_0=\frac{1}{2}t_0\sum_{ij\sigma\sigma'qq'}\int\mathrm{d}^3r\mid\varphi_i(\boldsymbol{r},\sigma,q)\mid^2\mid\varphi_j(\boldsymbol{r},\sigma',q')\mid^2$$

$$\cdot\left[1+\frac{1}{2}x_0-\delta_{qq'}\left(x_0+\frac{1}{2}\right)\right]$$

$$=\frac{1}{2}t_0\sum_{ij\sigma qq'}\int\mathrm{d}^3r\rho_q(\boldsymbol{r})\rho_{q'}(\boldsymbol{r})\left[1+\frac{1}{2}x_0-\delta_{qq'}\left(x_0+\frac{1}{2}\right)\right] \qquad ⑤$$

对能量密度的贡献变为

$$\mathscr{H}_0(\boldsymbol{r})=\frac{1}{2}t_0\left[\left(1+\frac{1}{2}x_0\right)\rho^2(\boldsymbol{r})-\left(x_0+\frac{1}{2}\right)(\rho_{\mathrm{p}}^2(\boldsymbol{r})+\rho_{\mathrm{n}}^2(\boldsymbol{r}))\right] \qquad ⑥$$

总密度 $\rho=\rho_{\mathrm{p}}+\rho_{\mathrm{n}}$。

对于与 t_1成比例的项,相同的讨论可以应用于交换算符。因为此项中的第二个贡献仅仅是第一个的厄米共轭,我们只需详细考虑那一个就足够了。将 $\hat{\boldsymbol{k}}$ 的定义代入并使用对 $1-\hat{P}_{\mathrm{M}}\hat{P}_\sigma\hat{P}_\tau$ 的上述考虑,得到

$$V_1=-\frac{1}{16}t_1\sum_{ij\sigma\sigma'qq'}\langle ij\sigma\sigma'qq'\mid\delta(\boldsymbol{r}_1-\boldsymbol{r}_2)(\nabla_1^2+\nabla_2^2-2\nabla_1\cdot\nabla_2)$$

$$\cdot\left(1-\frac{1}{2}\delta_{qq'}-\frac{1}{2}\hat{\boldsymbol{\sigma}}_1\cdot\hat{\boldsymbol{\sigma}}_2\delta_{qq'}\right)\mid ij\sigma\sigma'qq'\rangle+\mathrm{h.c.} \qquad ⑦$$

进行与导出式(7.114)的讨论相同的讨论,我们可以看到,一些涉及泡利矩阵的项没有贡献,表达式约化为

$$V_1=-\frac{1}{16}t_1\sum_{ij\sigma\sigma'qq'}\langle ij\sigma\sigma'qq'\mid\delta(\boldsymbol{r}_1-\boldsymbol{r}_2)(\nabla_1^2+\nabla_2^2-2\nabla_1\cdot\nabla_2)\mid ij\sigma\sigma'qq'\rangle$$

$$\cdot\left(1-\frac{1}{2}\delta_{qq'}\right)$$

$$-\frac{1}{16}t_1\sum_{ij}\langle ij\sigma\sigma'qq'\mid\delta(\boldsymbol{r}_1-\boldsymbol{r}_2)(\nabla_1\cdot\nabla_2)(\hat{\boldsymbol{\sigma}}_1\cdot\hat{\boldsymbol{\sigma}}_2)\mid ij\sigma\sigma'qq'\rangle\delta_{qq'}+\text{h.c.}$$

$$\equiv V_{11}+V_{12}+\text{h.c.} \tag{8}$$

对于第一项,我们可以使用时间反演不变性得到

$$\nabla^2\rho(\boldsymbol{r})=2\sum_{i\sigma q}\varphi_i^*\nabla^2\varphi_i+2\tau(\boldsymbol{r}) \tag{9}$$

和,类似地,由

$$\sum_{i\sigma q}\varphi_i^*\nabla\varphi_i=\frac{1}{2}\sum_{i\sigma q}(\varphi_i^*(\boldsymbol{r},\sigma,q)\nabla\varphi_i(\boldsymbol{r},\sigma,q)+\varphi_i(\boldsymbol{r},-\sigma,q)\nabla\varphi_i^*(\boldsymbol{r},-\sigma,q))$$

$$=\frac{1}{2}\nabla\rho \tag{10}$$

得到

$$V_{11}=-\frac{1}{16}t_1\int\mathrm{d}^3r\left\{\rho\nabla^2\rho-2\rho\tau-\frac{1}{2}(\nabla\rho)^2-\frac{1}{2}\sum_q\left[\rho_q\nabla^2\rho_q-2\rho_q\tau_q-\frac{1}{2}(\nabla\rho_q)^2\right]\right\} \tag{11}$$

通过部分积分将其简化为

$$V_{11}=\frac{1}{16}t_1\int\mathrm{d}^3r\left(2\rho\tau-\rho_\mathrm{n}\tau_\mathrm{n}-\rho_\mathrm{p}\tau_\mathrm{p}-\frac{3}{2}\rho\nabla^2\rho+\frac{3}{4}\rho_\mathrm{n}\nabla^2\rho_\mathrm{n}+\frac{3}{4}\rho_\mathrm{p}\nabla^2\rho_\mathrm{p}\right) \tag{12}$$

(7.117)

为了求 V_{12},可以使用矢量恒等式

$$(\nabla_1\cdot\nabla_2)(\hat{\boldsymbol{\sigma}}_1\cdot\hat{\boldsymbol{\sigma}}_2)=\frac{1}{3}(\nabla_1\cdot\hat{\boldsymbol{\sigma}}_1)(\nabla_2\cdot\hat{\boldsymbol{\sigma}}_2)+\frac{1}{2}(\nabla_1\times\hat{\boldsymbol{\sigma}}_1)\cdot(\nabla_2\times\hat{\boldsymbol{\sigma}}_2)+\sqrt{5}[[\nabla_1\times\hat{\boldsymbol{\sigma}}_1]^2\times[\nabla_2\times\hat{\boldsymbol{\sigma}}_2]^2]^0 \tag{13}$$

注意,在最后一个表达式中,方括号代表角动量耦合。只有在假设轴对称的情况下,该表达式才可以进一步简化,这导致除第二项外所有项消失,因为在积分过程中其他项平均为零。最后的结果是

$$V_{12}=-\frac{1}{32}t_1\sum_{ij\sigma\sigma'qq'}\langle ij\sigma\sigma'qq'\mid\delta(\boldsymbol{r}_1-\boldsymbol{r}_2)(\nabla_1\times\hat{\boldsymbol{\sigma}}_1)(\nabla_2\times\hat{\boldsymbol{\sigma}}_2)\mid ij\sigma\sigma'qq'\rangle\delta_{qq'}$$

$$=\frac{1}{32}t_1\int\mathrm{d}^3r[\boldsymbol{J}_\mathrm{n}^2(\boldsymbol{r})+\boldsymbol{J}_\mathrm{p}^2(\boldsymbol{r})] \tag{14}$$

其中 $\boldsymbol{J}_{\mathrm{p,n}}$表示质子和中子对总电流密度的贡献。包括厄米共轭贡献在内,对能量密度的总的 t_1依赖的贡献现在是

$$\mathscr{H}_1=\frac{1}{16}\left(4\rho\tau-2\rho_\mathrm{n}\tau_\mathrm{n}-2\rho_\mathrm{p}\tau_\mathrm{p}-3\rho\nabla^2\rho+\frac{3}{2}\rho_\mathrm{n}\nabla^2\rho_\mathrm{n}+\frac{3}{2}\rho_\mathrm{p}\nabla^2\rho_\mathrm{p}+\boldsymbol{J}_\mathrm{n}^2+\boldsymbol{J}_\mathrm{p}^2\right) \tag{15}$$

这些详细推导应该足以说明在计算中使用的方法,并且因为没有新的思想用于推导其他计算,我们跳过那些计算,仅通过三体项这一特别有趣的事例来完成这个练习。

矩阵元

$$V_3 = \frac{1}{6}\sum_{ijk}\langle ijk \mid \tilde{v}_{123} \mid ijk\rangle \tag{16}$$

需要插入一个反对称化单粒子坐标的所有排列的算符。带有正符号的(123)的排列是(123),(231)和(312),而负贡献来自(213),(132)和(321)。交换粒子1和2的算符用 $\hat{P}(12)$表示,正确的算符是

$$1 + \hat{P}(12)\hat{P}(23) + \hat{P}(13)\hat{P}(23) - \hat{P}(21) - \hat{P}(23) - \hat{P}(31) \tag{17}$$

现在 $\hat{P}$ 算符的每一个都被 $\hat{P}_{\mathrm{M}}\hat{P}_\sigma\hat{P}_\tau$ 的组合所代替。由于 δ 函数,$\hat{P}_{\mathrm{M}}$ 可以省略,然而,例如,$\hat{P}_\sigma(12)$导致$(1/2)(1+\hat{\boldsymbol{\sigma}}_1\cdot\hat{\boldsymbol{\sigma}}_2)$,其中含有泡利矩阵的项因式(7.114)而可以像以前一样被丢弃。这样我们得到

$$\begin{aligned}\tilde{v}_{123} = {} & t_3\delta(\boldsymbol{r}_1-\boldsymbol{r}_2)\delta(\boldsymbol{r}_2-\boldsymbol{r}_3)\\ & \cdot\Big[1+\frac{1}{4}\hat{P}_\tau(12)\hat{P}_\tau(23)+\frac{1}{4}\hat{P}_\tau(13)\hat{P}_\tau(23)\\ & -\frac{1}{2}\hat{P}_\tau(12)-\frac{1}{2}\hat{P}_\tau(23)-\frac{1}{2}\hat{P}_\tau(31)\Big]\end{aligned} \tag{18}$$

重新标记指标表明,第二和第三项对总和产生相同的贡献,对于最后三个项也是如此。同位旋交换算符也像以前一样产生克罗内克符号,所以我们得到

$$V_3 = \frac{1}{6}t_3\sum_{ijk}\int \mathrm{d}^3 r \mid \varphi_i \mid^2 \mid \varphi_j \mid^2 \mid \varphi_k \mid^2\left(1+\frac{1}{2}\delta_{qq'}\delta_{qq'}-\frac{3}{2}\delta_{qq'}\right) \tag{19}$$

将密度的定义代入,得到最终结果

$$\mathscr{H}_3 = \frac{1}{6}t_3\left[\rho^3+\frac{1}{2}(\rho_{\mathrm{n}}^3+\rho_{\mathrm{p}}^3)-\frac{3}{2}\rho(\rho_{\mathrm{n}}^2+\rho_{\mathrm{p}}^2)\right] = \frac{1}{4}t_3\rho_{\mathrm{n}}\rho_{\mathrm{p}}\rho \tag{20}$$

7.3 唯象单粒子模型

7.3.1 球形壳模型

从历史上看,原子核的壳层结构不是基于哈特里-福克方法的从头计算(ab initio)理论考虑来预测的。取而代之的是,类似于惰性气体原子结构的壳层闭合的实验证据导致了平均场势的唯象假设[75,99,136~139],后来这可以用自洽场来解释。

与原子结构的主要区别已被清楚地认识到：没有与核的库仑场对应的外部源产生的支配场，库仑场足以解释原子的许多特征，而不必求助于电子-电子相互作用的更复杂的效应。在核中，平均场仅由核子-核子相互作用产生。

这种在平均势中的非相互作用粒子模型通常被称为独立粒子模型。

关于壳结构的最重要的实验信息是幻数的存在。如果质子或中子的数目是一个幻数，那么核就会特别稳定。更具体地说，它的特点是：

- 原子核更大的总结合能；
- 分离单个核子所需的更大能量；
- 最低激发态的更高能量；
- 具有相同的质子(中子)幻数的大量同位素或同中子异位素。

(所有这些都是与核素表中的相邻核比较而言的。)较低的幻数对于质子和中子是相同的，即2,8,20,28,50和82，而下一个数字126仅对中子通过实验建立。理论上，人们预计质子的额外幻数接近114，对中子是184(准确的预测取决于理论)，这导致超重核[78,95,160,172](扩展论述参见文献[114,128])，但这些预测在实验上尚未得到证实，尽管到目前为止观察到最重元素的寿命有增加的迹象。我们将在9.2节中回到这个问题。

这样，唯象壳模型是基于单粒子能级的薛定谔方程：

$$\left(-\frac{\hbar^2}{2m}\nabla^2+V(\boldsymbol{r})\right)\psi_i(\boldsymbol{r})=\varepsilon_i\psi_i(\boldsymbol{r}) \tag{7.118}$$

它具有一个规定的势 $V(\boldsymbol{r})$。

$V(\boldsymbol{r})$应该取什么样的函数？在重核内部，它应该是相对恒定的，以解释由核半径表现为

$$R=r_0A^{1/3} \tag{7.119}$$

的事实所建议的恒定密度，但是在核表面以外很快就会变为零。下面给出了流行的和成功的选择(假设球对称)。

- 伍兹-萨克森(Woods-Saxon)势[178,215]

$$V(r)=-\frac{V_0}{1+\exp[(r-R)/a]} \tag{7.120}$$

参数的典型值为：深度 $V_0\approx50$ MeV，半径 $R\approx1.1\ \mathrm{fm}\cdot A^{1/3}$，表面厚度 $a\approx0.5$ fm。虽然这种势遵循与实验核密度分布相似的形式，并且具有上面所讨论的一般行为，但它具有不导致波函数解析形式的实际缺点。这样，它通常用于波函数的渐近形式很重要和计算代价不高的情况。

- 谐振子势

$$V(r)=\frac{1}{2}m\omega^2r^2 \tag{7.121}$$

具有典型的 $\hbar\omega \approx 41\ \mathrm{MeV} \cdot A^{-1/3}$。这对于计算非常方便，但由于在很大距离处它是无限大的，而不是零，因此它显然不能产生波函数的正确的大距离行为，它以 $\exp(-k^2r^2)$ 而不是 $\exp(-kr)$ 的形式衰减，根本没有散射态。振子常数的 $A^{-1/3}$ 依赖意味着在核表面，即对于 $R = r_0A^{1/3}$，不管 A 值如何，都有同样的势，从而模拟势阱的恒定深度。

- 最后，对于一些应用，方阱势

$$V(r) = \begin{cases} -V_0 & (r \leqslant R) \\ \infty & (r > R) \end{cases} \tag{7.122}$$

这是一种将有限范围和适度计算困难相结合的折中方法。注意，波函数在 $r \geqslant R$ 处消失，从而在该区域是不现实的。虽然波函数可以解析地给出，但用现在的计算设备，在振子势不足的情况下，通常伍兹-萨克森势是首选。

图 7.3 中勾画出所有三种势。由于它们都是球对称的，因此波函数包含因子 $Y_{lm}(\Omega)$。对于球坐标下的谐振子，人们在初等量子力学中就应该熟悉完整的波函数，它们由下式给出：

$$\psi_{nlm}(r,\Omega) = \sqrt{\frac{2^{n+l+2}}{n!(2n+2l+1)!!\sqrt{\pi}x_0^3}} \cdot \frac{r^l}{x_0^l} L_n^{l+1/2}\left(\frac{r^2}{x_0^2}\right) e^{i(-r^2/(2x_0^2))} Y_{lm}(\Omega) \tag{7.123}$$

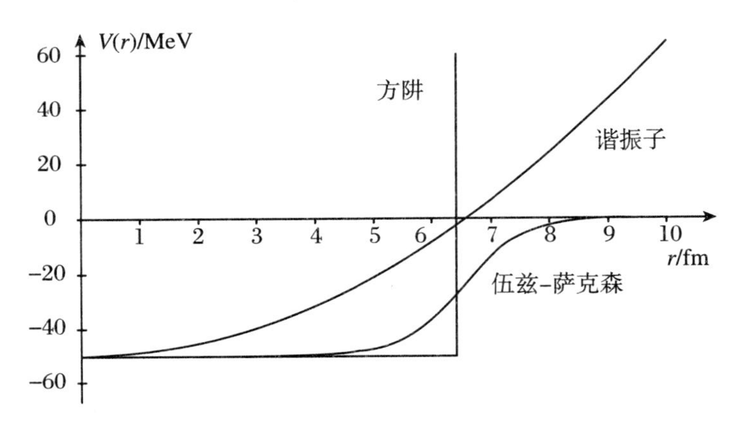

图 7.3　三种流行的唯象壳模型势（伍兹-萨克森、谐振子和方阱）函数形式示意图。参数适用于 ^{208}Pb。注意，对于谐振子，能量的绝对值是不重要的，因为它确实具有在大距离下能量消失的自然极限；在此图中，它被调整为在核中心与其他势一致

其中 $x_0 = \sqrt{\hbar/(m\omega)}$。符号 $L_n^m(x)$ 代表广义拉盖尔多项式（generalized Laguerre polynomial）。本征能量由主量子数 $N = 2(n-1) + l$ 决定，为

$$E_N = \hbar\omega\left(N + \frac{3}{2}\right) \tag{7.124}$$

它是$(N+1)(N+2)/2$重退化的。图7.4展示出相关谱和占据数(包括自旋)。显然,只有前三个幻数被重现。以后将很重要的谱的性质是,该模型的一个壳层只包含相同宇称的态,由$(-1)^l$给出。角动量如原子物理学里面一样由字母s,p,d,f,g,…表示。

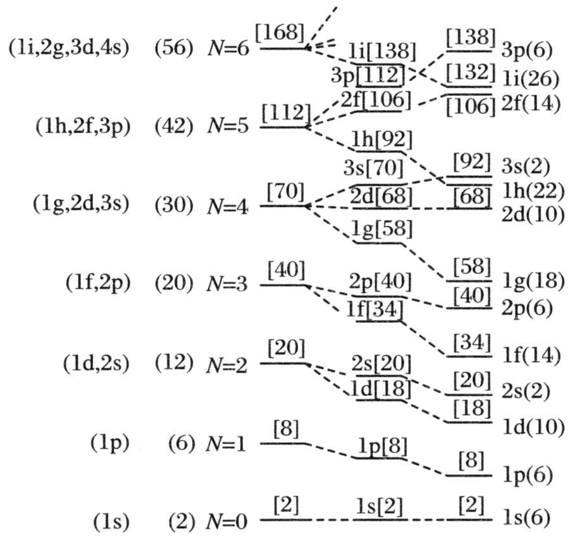

谐振子 中间 方阱

(1i,2g,3d,4s) (56) $N=6$ [168] 1i[138] 3p[112] [138] 3p(6) [132] 1i(26)

(1h,2f,3p) (42) $N=5$ [112] 2f[106] 1h[92] [106] 2f(14)

(1g,2d,3s) (30) $N=4$ [70] 3s[70] 2d[68] 1g[58] [92] 3s(2) [68] 1h(22) 2d(10)

(1f,2p) (20) $N=3$ [40] 2p[40] 1f[34] [58] 1g(18) [40] 2p(6)

(1d,2s) (12) $N=2$ [20] 2s[20] 1d[18] [34] 1f(14) [20] 2s(2) [18] 1d(10)

(1p) (6) $N=1$ [8] 1p[8] [8] 1p(6)

(1s) (2) $N=0$ [2] 1s[2] [2] 1s(6)

图7.4 谐振子势(左边)、伍兹-萨克森势(中间)和方阱势(右边)中的能级结构。对于每个能级,给出由径向量子数和角动量组成的传统量子数名称。每个态中的粒子数(包括二重自旋简并)在每个能级的圆括号中表示,而一直到该能级的总占据在方括号中给出

对于方阱势,波函数具有形式

$$\psi(r) \propto j_l(kr)Y_{lm}(\Omega) \quad (r \leqslant R) \tag{7.125}$$

能量根据匹配条件$j_l(kR)=0$得出,这只能通过数值求解。所得谱也在图7.4中示出。它退化较少,但仍然不能再现实验幻数。

最后,对于伍兹-萨克森势,径向波函数只能通过数值计算获得。能量位于谐振子与方阱结果之间,与实验的对比也失败了。

练习7.4 谐振子的本征函数

问题 在笛卡儿坐标和圆柱坐标中确定谐振子的本征函数。

解答 在笛卡儿坐标中,薛定谔方程是

$$\left[-\frac{\hbar^2}{2m}\left(\frac{\partial^2}{\partial x^2}-\frac{\partial^2}{\partial y^2}-\frac{\partial^2}{\partial z^2}\right)+\frac{\omega^2}{2}(x^2+y^2+z^2)\right]\psi(x,y,z)$$

$$= E\psi(x,y,z) \tag{①}$$

在这种情况下，哈密顿量仅仅是三个一维谐振子哈密顿量之和，变量分离是平凡的，解仅仅是具有谐振子量子数 n_x, n_y, n_z 的一维谐振子波函数

$$\varphi_n(\xi) = N_n \mathrm{e}^{-\xi^2/2} H_n(\xi) \quad \left(N_n = (\sqrt{\pi} n! 2^n)^{-1/2}, \quad \xi = x\sqrt{\frac{m\omega}{\hbar}}\right) \tag{②}$$

的乘积：

$$\psi_{n_x n_y n_z}(x,y,z) = \varphi_{n_x}(x)\varphi_{n_y}(y)\varphi_{n_z}(z) \tag{③}$$

此式对应于在各自坐标方向上给定数量的激发和如下能量：

$$E_{n_x n_y n_z} = \hbar\omega\left(n_x + n_y + n_z + \frac{3}{2}\right) \tag{④}$$

注意，现在所有具有主量子数 $N = n_x + n_y + n_z$ 的态都是简并的。

在圆柱坐标中，问题有点复杂。薛定谔方程取如下形式：

$$\left[-\frac{\hbar^2}{2m}\left(\frac{\partial^2}{\partial z^2} + \frac{\partial^2}{\partial \rho^2} + \frac{1}{\rho}\frac{\partial}{\partial \rho} + \frac{\partial^2}{\partial \varphi^2}\right) + \frac{\omega^2}{2}(z^2 + \rho^2)\right]\psi(z,\rho,\varphi)$$
$$= E\psi(z,\rho,\varphi) \tag{⑤}$$

通常的变量分离 $\psi(z,\rho,\varphi) = \xi(z)\chi(\rho)\eta(\varphi)$ 得到

$$0 = \left(\frac{\mathrm{d}^2}{\mathrm{d}\varphi^2} + \mu^2\right)\eta(\varphi)$$
$$0 = \left(\frac{\mathrm{d}^2}{\mathrm{d}\rho^2} + \frac{1}{\rho}\frac{\mathrm{d}}{\mathrm{d}\rho} - \frac{m^2\omega^2}{\hbar^2}\rho^2 - \frac{\mu^2}{\rho^2} + \frac{2mA}{\hbar^2}\right)\chi(\rho) \tag{⑥}$$
$$0 = \left(\frac{\mathrm{d}^2}{\mathrm{d}z^2} - \frac{m\omega^2}{\hbar^2}z^2 + \frac{2m(E-A)}{\hbar^2}\right)\xi(z)$$

这里 μ^2 和 A 是分离常数。当然，不出所料，因为轴对称的缘故，角量子数 $\mu = 0, \pm 1, \pm 2, \cdots$ 出现在 φ 依赖部分：

$$\eta_m(\varphi) = \frac{1}{\sqrt{2\pi}}\mathrm{e}^{\mathrm{i}m\varphi} \tag{⑦}$$

它被表示为 μ 而不是 m，以与核子的质量区分开。z 依赖方程又是一个简单的一维谐振子方程，因此，我们找到上面给出的具有量子数 n_z 的笛卡儿情形的解。本征能量给出如下：

$$E = \hbar\omega\left(n_z + \frac{1}{2}\right) + A \tag{⑧}$$

多种方法可用于求解 ρ 依赖方程。量子力学教科书中通常遵循的步骤是观察波函数在原点附近和无穷远处的渐近行为，提取合适的函数因子。然后（希望）发现剩下的由多项式给出，它必须满足截止条件，以得到一个可归一化的波函数。在实践中，每当预期解析解法确实存在时，就可以通过查阅数学手册来简化这些步骤的一部分。

对于 $\rho \to 0$，方程变为

$$0 = \left(\frac{d^2}{d\rho^2} + \frac{1}{\rho}\frac{d}{d\rho} - \frac{\mu^2}{\rho^2}\right)\chi(\rho) \tag{9}$$

这可以用 $\chi(\rho)=\rho^\alpha$ 来求解,代入得到 $\alpha=|\mu|$(由于波函数必须在原点处变为零,因此必须舍弃负号)。另一方面,对于 $\rho\to\infty$,方程逼近

$$0 = \left(\frac{d^2}{d\rho^2} + \frac{1}{\rho}\frac{d}{d\rho} - \frac{m^2\omega^2}{\hbar^2}\rho^2\right)\chi(\rho) \tag{10}$$

根据处理一维振子的经验,建议用 $\chi(\rho)=\exp(-\beta\rho^2)$进行试验。这一代换产生条件

$$\left(4\beta^2 - \frac{m^2\omega^2}{\hbar^2}\right)\rho^2 - 4\beta = 0 \tag{11}$$

因此在极限情况下,我们得到 $\beta=m\omega/(2\hbar)$。引入 $k=m\omega/\hbar$,我们将使用分解

$$\chi(\rho) = e^{-k\rho^2/2}\rho^{|\mu|}L(\rho) \tag{12}$$

在这一点上,我们可以通过寻找合适的正交多项式来简化求解。不去试着找到一个满足代换后剩余的微分方程的解(实际上,在这种情况下它不起作用,因为会发现多项式依赖于 $k\rho^2$ 而不是 ρ),而是在表中查找一个满足适当正交条件的解。物理归一化是

$$\int_0^\infty d\rho\rho e^{-k\rho^2}\rho^{2\mu}L^2(\rho) = 1 \tag{13}$$

在正交多项式中,唯二定义在无穷区间上的是拉盖尔多项式和厄米多项式。类似的正交关系是由

$$\int_0^\infty dx e^{-x}x^\alpha L_n^\alpha(x)^2 = 1 \tag{14}$$

给出的广义拉盖尔多项式 $L_n^\alpha(x)$的正交关系。这意味着 $x\to k\rho^2$ 和 $\alpha\to|\mu|$,所以最后的试验函数是

$$\chi(\rho) = e^{-k\rho^2/2}\rho^{|\mu|}L_n^{|\mu|}(k\rho^2) \tag{15}$$

把这个函数代入到微分方程中,把一切简化为新变量 x,得到

$$x\frac{d^2}{dx^2}L_n^{|\mu|}(x) + (|\mu|+1-x)\frac{d}{dx}L_n^{|\mu|}(x) - \left(\frac{|\mu|+1}{2} + \frac{mA}{2k\hbar^2}\right)L_n^{|\mu|}(x) = 0 \tag{16}$$

这个方程可以与广义拉盖尔多项式的微分方程

$$x\frac{d^2}{dx^2}L_n^\alpha(x) + (\alpha+1-x)\frac{d}{dx}L_n^\alpha(x) + nL_n^\alpha(x) = 0 \tag{17}$$

进行比较,产生的不仅有对 α 的相同确认,而且有 A 的条件:

$$A = \frac{\hbar^2 k}{m}(2n+|\mu|+1) = \hbar\omega(2n+|\mu|+1) \tag{18}$$

新的量子数 n 可以取 $0,\cdots,\infty$。为了说明它与 ρ 方向有关,我们从现在开始用 n_ρ 表示它。

当然,这个论证缺乏这些是唯一可归一化解的证明。为此人们不得不将微分

方程转换为超几何类型，然后显示唯一可归一化解是具有特殊选择系数的解，这些系数正好导致拉盖尔多项式。

总结一下结果，圆柱坐标下谐振子的本征函数如下：

$$\psi_{n_z n_\rho \mu}(z,\rho,\varphi) = N\exp\left[-\frac{1}{2}k^2(z^2+\rho^2)\right]H_{n_z}(kz)\rho^{|\mu|}L_{n_\rho}^{|\mu|}(k\rho^2)e^{i\mu\varphi} \quad ⑲$$

N 是一个未指定的归一化常数，可以用给定的积分公式很容易地确定，$k = m\omega/\hbar$。能级的能量给出如下：

$$E = \hbar\omega\left(n_z + 2n_\rho + |\mu| + \frac{3}{2}\right) \quad ⑳$$

注意，ρ 方向上的"量子"数 n_ρ 在能量公式中计数两次是因为它包含两个振子方向，且由于离心势，角动量投影对能量有贡献。

当然，能级的简并同样独立于所使用的坐标系，主量子数 N 可以用三种方式分解：

$$N = n_x + n_y + n_z = n_z + 2n_\rho + |\mu| = 2n + l \quad ㉑$$

各种坐标系在不同情况下有用。我们将立即看到球基使自旋-轨道耦合对角，而形变核在圆柱基上处理常常更简单。

使唯象单粒子模型成为核物理学中一件可行工具的基本见解是格佩特-梅耶(Goeppert-Mayer)和延森(Jensen)的包含一个强自旋-轨道力的工作[139]。它耦合每个单个核子的自旋角动量和轨道角动量，因此对应于原子理论的 jj 耦合极限。这样，单粒子势中的附加项是

$$C\hat{\boldsymbol{l}}\cdot\hat{\boldsymbol{s}} \tag{7.126}$$

在球形情况下，这一项是对角的，其值可以从下式计算：

$$\begin{aligned}\hat{\boldsymbol{l}}\cdot\hat{\boldsymbol{s}} &= \frac{1}{2}[(\hat{\boldsymbol{l}}+\hat{\boldsymbol{s}})^2 - \hat{\boldsymbol{l}}^2 - \hat{\boldsymbol{s}}^2] \\ &= \frac{1}{2}\hbar^2[j(j+1) - l(l+1) - s(s+1)]\end{aligned} \tag{7.127}$$

直接关注的是具有 $j = l \pm \frac{1}{2}$ 的两个能级的分裂。它由下式给出：

$$E_{j=l+1/2} - E_{j=l-1/2} = C\hbar^2\left(l + \frac{1}{2}\right) \tag{7.128}$$

实验发现，$j = l + \frac{1}{2}$ 态的能量较低，所以自旋-轨道耦合项必须有负号。

仍然存在 r 依赖系数 C 的可能性。对于纯粹唯象的方法，实验数据没有提供足够的信息来确定这样的 r 依赖性，因此通常假定为常数。从微观考虑导出自旋轨道耦合的尝试仅在相对论介子场公式中是成功的(参见 7.4 节)。狄拉克方程(Dirac equation)中固有的相对论自旋-轨道耦合被证明太小了。

$|C|$ 的典型值在 0.3～0.6 MeV/$\hbar^2$ 范围内(更详细的参数化参见下一小节)，

图7.5中示出了具有自旋轨道耦合的谐振子的谱。能级由径向量子数 n、轨道角动量 l 和总角动量 j 记为 nlj。这些态中的每一个都是具有投影 $\Omega = -j, \cdots, +j$ 的 $2j+1$ 重简并的。显然，现在幻数被正确地描述了！

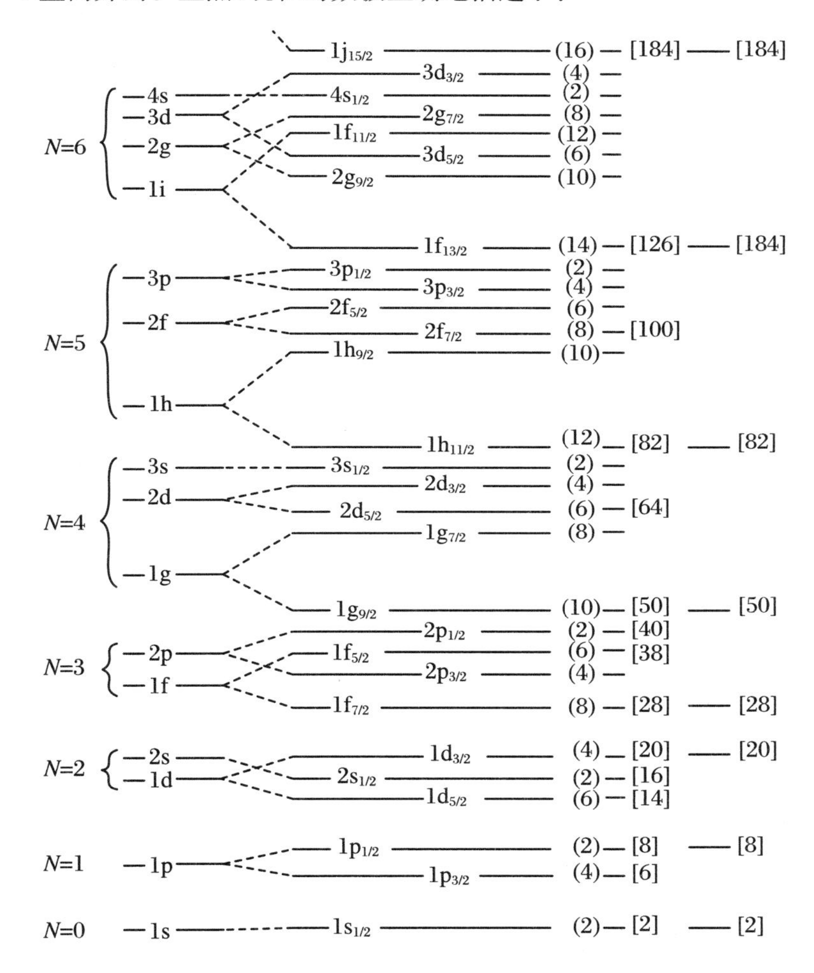

图7.5　具有自旋轨道耦合的谐振子的能级图。绘制在左边的纯谐振子的态分裂形成右边的结构。每个能级的粒子数和总数都如图7.4所示。在最右边给出了对应于主壳层封闭的幻数

现在我们来讨论该模型的应用及其实验数据的证实。单粒子态本身的性质可以通过拾取和削裂反应来检验，这允许确定费米能级附近粒子的结合能和角动量。接近闭壳层时，这种类型的实验往往与模型的预测一致。

原子核的基态应通过填充单粒子能级到费米能级来构造。原则上，对质子应该添加库仑势。由于对稳定核，质子和中子的费米能级应该相等（否则β衰变会使它们相等），它提升单粒子态，因此质子的费米能级应该与中子的费米能级处于相同的位置，尽管中子有更多的粒子。通常，库仑势对谱的影响被忽略，因此使用相同的谱并简单地填充到不同的费米能级。然而，请注意，对于更精致的参数化（参见下一小节），两种类型的粒子的自旋-轨道力略有不同，因此能级图在细节上也不同。

我们可以区分两种类型的壳层封闭。如果属于相同 j 态的所有投影 Ω 被填充，我们称之为一个封闭的 j 壳层。如果在能级图中到下一个未填充的 j 壳层有较大的间隙，即如果达到一个幻数，这对应于一个主壳层封闭。在这两种情况下，核的角动量应该是零。要明白这一点，只需注意到填充满的 j 壳层必须具有消失的角动量，因为用任何角动量算符作用于它时，只在它们自己之间变换具有不同投影的子态，而多体态不变。

这样，我们得到第一个结果：所有对应于质子和中子填充满 j 壳层的原子核都必须具有角动量 $I=0$。这与实验完全一致。

下一个最简单的例子是将一个核子加到这样的核上。在这种情况下，核的角动量应该由这个单粒子的角动量单独产生。这在幻数附近也成立。j 壳层中一个空穴的情况可以类似地处理。

如果在部分填充的 j 壳层中存在不止一个核子，该模型预测所有的角动量耦合应该是简并的。例如，j 壳层中的两个粒子可以耦合到 $I=0,2,\cdots,2j$ 的核角动量，且所有这些可能性都应该导致简并的基态。实验上这是不正确的：核基态永远不会简并，这必然是由于剩余相互作用，它解除了纯单粒子模型的简并性。人们可以给出某些关于偏向于哪一个角动量的规则（如诺德海姆规则（Nordheim rule））。因为这些内容都严格超出了单粒子模型的范围，我们不给出细节，只指出一个稍后将变得重要的例子：对于一个 j 壳层中两个同位旋相同的粒子，角动量总是耦合到零，在这种情况下，剩余相互作用是配对类型的（参见 7.5 节）。此外，我们将显示，对所有偶-偶核都有 $I=0$。

唯象单粒子模型的另一个有趣的预测涉及核磁矩。对于 j 壳层外的一个核子，预期它携带核的总磁矩。关于这点，因为细节不太有趣，我们只提一下仅在主壳层封闭附近结果与实验相符。

更直接的关注点是四极矩问题。同样，对于 j 壳层外的一个粒子，四极矩应该只由这个粒子的波函数来决定。结果（参见练习 7.5）是

$$Q_0=-e\overline{r^2}\,\frac{2j-1}{2j+1}\tag{7.129}$$

这意味着当 $j=1/2$ 时 Q_0 应该消失，否则应该是负的。实验上人们发现，对于大多数原子核，这些值是正的，而且要大得多（达到 100 倍）。仅在主壳层封闭附近实现与实验的合理一致。

练习 7.5　核的四极矩

问题　求由于一个粒子处于态 n,j,l 而产生的核的四极矩。

解答 把波函数写成

$$\psi_{nlj\Omega}=f_n(r)\sum_{ms}\left(l\ \frac{1}{2}j\ \middle|\ ms\Omega\right)Y_{lm}(\theta,\varphi)\chi_s \quad ①$$

其中有一些未指定的径向函数 $f_n(r)$，我们可以把它代入四极矩的定义中，得到

$$\begin{aligned}Q_0&=e\sqrt{\frac{16\pi}{5}}\langle njl\Omega=j\mid r^2Y_{20}(\theta,\varphi)\mid njl\Omega=j\rangle\\&=e\sqrt{\frac{16\pi}{5}}\left(\int \mathrm{d}r r^2 f_n^2(r)r^2\right)\\&\quad\cdot\sum_{mm'ss'}\left(l\ \frac{1}{2}j\ \middle|\ msj\right)\left(l\ \frac{1}{2}j\ \middle|\ m's'j\right)\chi_s^\dagger\chi_{s'}\int \mathrm{d}(\cos\theta)\mathrm{d}\varphi Y_{lm}^*Y_{20}Y_{lm'}\end{aligned} \quad ②$$

球谐函数的自变量在所有情况下都是(θ,φ)，它们在下面同样省略不写。径向积分只是波函数的均方半径$\overline{r^2}$，对角度的积分可以用下式求值：

$$\begin{aligned}&\int \mathrm{d}(\cos\theta)\mathrm{d}\varphi\ Y_{lm}^*Y_{LM}Y_{l'm'}\\&\quad=(l'Ll\mid m'Mm)\sqrt{\frac{(2l'+1)(2L+1)}{4\pi(2l+1)}}(l'Ll\mid 000)\end{aligned} \quad ③$$

对这种特殊情况得到

$$\begin{aligned}\int \mathrm{d}(\cos\theta)\mathrm{d}\varphi\ Y_{lm}^*Y_{20}Y_{lm'}&=(l2l\mid m'0m)\sqrt{\frac{5}{4\pi}}(l2l\mid 000)\\&=\delta_{m'm}(l2l\mid m0m)(l2l\mid 000)\sqrt{\frac{5}{4\pi}}\end{aligned} \quad ④$$

结合旋量的正交性，$\chi_s^\dagger\chi_{s'}=\delta_{ss'}$，我们得到结果

$$Q_0=2e\overline{r^2}\sum_{ms}\left(l\ \frac{1}{2}j\ \middle|\ msj\right)^2(l2l\mid m0m)(l2l\mid 000) \quad ⑤$$

当代入克莱布希-戈尔登系数时，对于 $j=l\pm\frac{1}{2}$ 都有

$$Q_0=-e\overline{r^2}\frac{2j-1}{2j+1} \quad ⑥$$

最后，对电磁跃迁概率的计算必然导致接近韦斯科夫估计的结果；再一次，离开封闭主壳层的实验值往往要大得多，正如我们已经看到的与集体模型有关。

总之，我们可以说，球唯象单粒子模型成功地解释了幻数的壳层封闭和附近的核的性质，但不能解释主壳层封闭之间的核。如果我们回顾6.3节、6.4节中对转动态的讨论，看来模型必须修改，以说明核形变。这将在下一小节进行讨论。

7.3.2 形变壳模型

尼尔逊(S. G. Nilsson)[157]及文献[88,149]首先将唯象壳模型推广到形变核形状上，所以这个版本也常被称为尼尔逊模型。其主要思想是在不同的空间方向上使振子常数不同：

$$V(\boldsymbol{r}) = \frac{m}{2}(\omega_x^2 x^2 + \omega_y^2 y^2 + \omega_z^2 z^2) \tag{7.130}$$

在找到更方便的参数化之前，先考虑一下相关的核形状是什么。对于球形振子壳模型，我们已经看到，核表面具有独立于 A 的恒定势能值。在形变情况下，密度分布应该以同样的方式遵循势能，这样我们就可以定义一个几何核表面，它由满足

$$\frac{1}{2}m\bar{\omega}_0^2 R^2 = \frac{m}{2}(\omega_x^2 x^2 + \omega_y^2 y^2 + \omega_z^2 z^2) \tag{7.131}$$

的所有点(x,y,z)组成，其中 $\hbar\bar{\omega}_0 = 41\ \text{MeV} \times A^{-1/3}$是等效球形核的振子常数。这描述了一个 X 轴，Y 轴和 Z 轴由

$$\bar{\omega}_0 R = \omega_x X = \omega_y Y = \omega_z Z \tag{7.132}$$

给出的椭球体。核物质的不可压缩条件要求椭球体的体积与球体的体积相同，这意味着 $R^3 = XYZ$，这就对振子频率施加了一个条件：

$$\bar{\omega}_0^3 = \omega_x \omega_y \omega_z \tag{7.133}$$

现在假设绕 z 轴轴对称，即 $\omega_x = \omega_y$，对球形状的一个小偏离由一个小参数 δ 给出，我们定义

$$\omega_x^2 = \omega_y^2 = \omega_0^2\left(1 + \frac{2}{3}\delta\right), \quad \omega_z^2 = \omega_0^2\left(1 - \frac{4}{3}\delta\right) \tag{7.134}$$

在 $\omega_0 = \bar{\omega}_0$ 时，到一阶近似它明显满足式(7.133)的体积守恒条件。利用

$$\bar{\omega}_0^6 = \left(1 - \frac{4}{3}\delta\right)\left(1 + \frac{2}{3}\delta\right)^2 \omega_0^6 \tag{7.135}$$

可以到二阶满足体积守恒，使得二阶下有

$$\omega_0 \approx \left(1 + \frac{2}{9}\delta^2\right)\bar{\omega}_0 \tag{7.136}$$

利用球谐函数 Y_{20}的显式表达式，我们也可以把势写为

$$V(\boldsymbol{r}) = \frac{1}{2}m\omega_0^2 r^2 - \beta_0 m\omega_0^2 r^2 Y_{20}(\theta,\varphi) \tag{7.137}$$

其中 β_0 是通过

$$\beta_0 = \frac{4}{3}\sqrt{\frac{4\pi}{5}}\delta \tag{7.138}$$

与 δ 相关的。重要的是要认识到，用这种方式获得的形变形状不同于集体模型中的形变形状，在集体模型中半径(而不是这里所说的势能)在球谐函数中展开(参见6.1.1小节)。对于大变形，差异变得明显，在那里集体模型的形状发展成一个颈部，甚至分开：当 $\theta = \pi/2$ 时，我们有最大的负值 $Y_{20}(\pi/2,\varphi) = -(1/2)\sqrt{5/(4\pi)}$，所以在那里对于 $\alpha_{20} = 2\sqrt{4\pi/5}$，

$$R\left(\frac{\pi}{2},\varphi\right) = R_0\left(1 + \alpha_{20}\left(\frac{\pi}{2},\varphi\right)\right) \tag{7.139}$$

变为零，产生一个裂变的形状。相反，形变壳模型中的形状始终保持椭球形，即使

具有任意长的拉伸。

现在我们可以写出模型的哈密顿量：

$$\hat{H} = -\frac{\hbar}{2m}\nabla^2 + \frac{m\omega_0^2}{2}r^2 - \beta_0 m\omega_0^2 r^2 Y_{20}(\theta,\varphi) - \hbar\bar{\omega}_0\kappa(2\hat{\boldsymbol{l}}\cdot\hat{\boldsymbol{s}} + \mu\hat{\boldsymbol{l}}^2) \tag{7.140}$$

自旋-轨道项按惯例用一个常数 κ 参数化，还有一个新的用 μ 参数化的 $\hat{\boldsymbol{l}}^2$ 项，它被唯象地引入，以降低靠近核表面的单粒子态的能量，以便校正那里的谐振子势的急剧上升。对于质子和中子，κ 和 μ 可能都不同，而且取决于核子数。在文献中有各种参数化，假设随 A 或 $A^{1/3}$ 变化，或随主壳层变化[97,160,190]。当将模型外推到超重核时，细节非常重要。这里我们只提一下，κ 的数值大约是 0.05，μ 的数值大约是 0.3。

哈密顿量可以在谐振子基上对角化，使用球坐标或圆柱坐标取决于应用。在球坐标中，自旋-轨道项和 $\hat{\boldsymbol{l}}^2$ 项是对角的，但是 Y_{20} 项与轨道角动量耦合有 ±2 的差别（由于当时计算机的限制，在尼尔逊的原著中这种耦合被忽略了）。另一方面，在圆柱坐标中，形变的振子势是对角的，角动量项必须用数值方法对角化。在任何情况下，使用现代计算资源，这些都不是问题。

研究这两种方法得到的量子数是值得的（详情参见练习 7.4）。首先考虑没有自旋效应的球形振子。球形基中的能级由

$$\varepsilon = \hbar\omega_0\left(N + \frac{3}{2}\right) \tag{7.141}$$

给出，其主量子数 $N = 2(n_r - 1) + l$，径向量子数 n_r，角动量量子数 l 和投影 m。在圆柱基中，它们被

$$\varepsilon = \hbar\omega_z\left(n_z + \frac{1}{2}\right) + \hbar\omega_\rho(2n_\rho + |m| + 1) \tag{7.142}$$

代替，其中 n_z 是 z 方向上的量子数，n_ρ 是径向激发量子数，m 仍是在 z 轴上的角动量投影。对于球形状，能级将按照主量子数 N 分组（因自旋-轨道力而产生分裂，然后通过总角动量 j 决定），但是，伴随有形变的行为取决于在 z 方向有多少激发。对于长椭球形变，势能在这个方向变得较浅，由 n_z 激发贡献的能量减少。这样，圆柱量子数有助于理解小形变的分裂。

另一方面，对于非常大的形变，自旋-轨道项和 $\hat{\boldsymbol{l}}^2$ 项的影响变得不那么重要，人们可以根据圆柱量子数对能级进行分类。这样，习惯性地用量子数集合 $\Omega^\pi[Nn_zm]$标记单粒子能级。总角动量的投影 Ω 和宇称 π 是好量子数；而 N，n_z 和 m 只是近似，对于一个给定的能级，只能通过观察其在球形态附近的行为来确定它们，或对于 m，在大形变处观察（在实践中，计算将显示在对角化态展开中主导基函数是什么）。

练习 7.6 探讨在圆柱基上是如何进行实际计算的。

图 7.6、图 7.7 显示了得到的作为形变函数的能级。乍一看，这个尼尔逊图似乎是一个混乱的交叉能级的混合物，然而，可以观察到一些有趣的特征。高度简并的球形能级分裂成以 $\pm\Omega$ 和宇称为特征的单个态对，宇称是由球形状情况下的轨道角动量决定的。对于球形能级还指出了幻数、轨道和总角动量的传统命名。

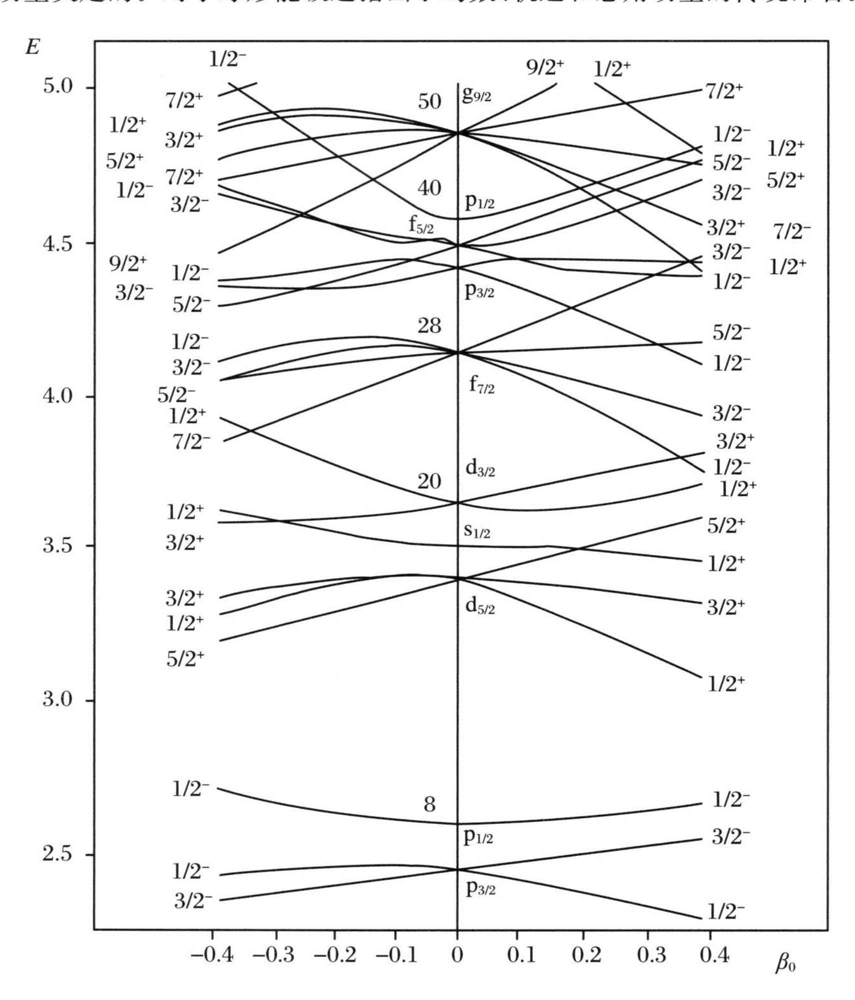

图 7.6　形变壳模型能级图(尼尔逊图)的最低部分。单粒子能量被绘制为形变的函数并以 $\hbar\bar{\omega}_0$ 为单位给出。图中标示了单个能级的量子数 Ω^π 和球形的量子数 l_j，也标示了球形的幻数

起因于幻数 82 以下的球形多重态的所有能级都指出了投影 $|\Omega|$ 和宇称。能级叉开的方式很容易理解：具有较大投影的态应该具有较小的量子数 n_z，所以对于扁椭球形变(其中 z 方向上的频率增加)，它们相对于其他态降低；对于长椭球形变，情况相反。

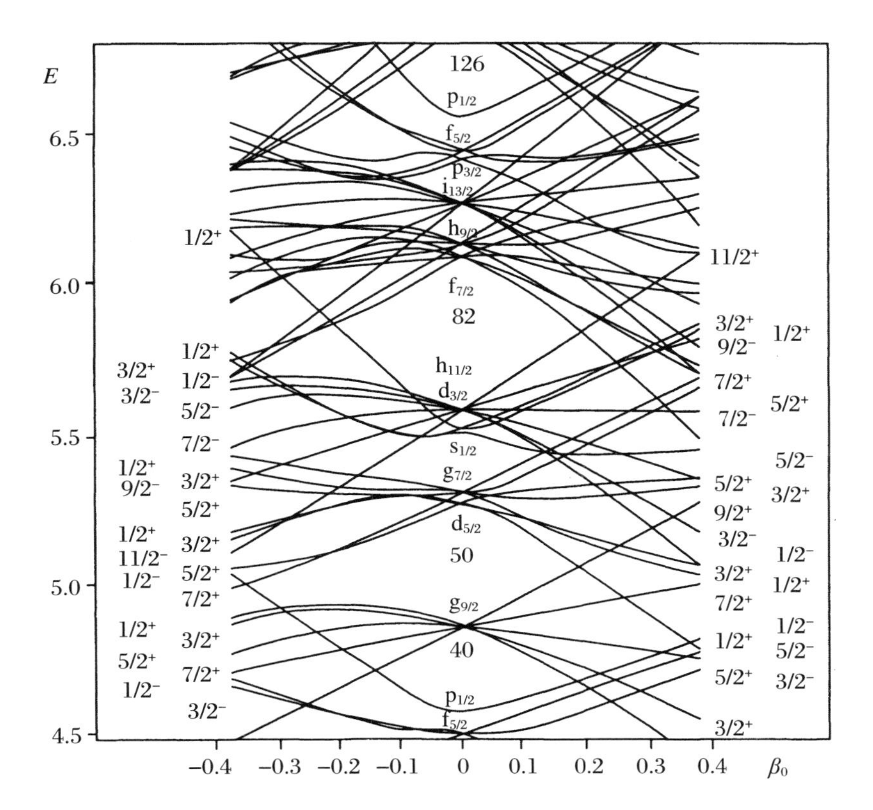

图 7.7 尼尔逊图的上部。单个能级的量子数仅标示到幻数为 82 的球壳层

能级的这个系统行为由于要避免能级交叉而变得更加复杂。作为一般规则，如果将具有相同(确切)量子数的能级绘制为单个参数的函数，则它们不应该交叉。冯・诺伊曼(von Neumann)和维格纳(Wigner)首先注意到了这一点[153]，他们研究了如果矩阵被约束为具有两个相等的本征值，那么一般厄米矩阵的自由度数是如何减少的。他们发现，一般来说，改变一个参数来将矩阵简化到这种特殊情况是不够的。这样，简并应该总是由产生附加量子数以区分态的对称性引起的。

如果具有相同量子数的两个能级彼此接近，它们反而被排斥，这从练习 7.7 中证明的两能级问题中可以很容易看出。在图 7.6 所示的尼尔逊图中，这种效应显然是可以观察到的，例如，对于来自幻数 40 以下的 $f_{5/2}$ 球形多重态的 $1/2^-$ 能级。朝负形变走，它首先被从上面 $p_{1/2}$ 态来的 $1/2^-$ 能级排斥，然后被从下面 $p_{3/2}$ 态来的 $1/2^-$ 能级排斥。然而，它并没有被禁止与从上面来的 $9/2^+$ 交叉。

为了显示更多细节，图 7.8 展示了幻数 82 的壳层上方的铅的尼尔逊图的一个摘录。在这个图中，按照 $\Omega^\pi[Nn_zm]$，这些能级也用括号中的渐近量子数标记，其中 N 是球形振子主量子数，n_z 是 z 方向上的声子数，m 是轨道角动量的投影。后两者在大形变极限下成为好量子数，其中自旋轨道耦合与振子势中的形变相比可以忽略不计。注意大形变时能级的斜率，它清楚地显示了在 z 方向上降低频率的效应，导致能量的 n_z 依赖性减少。

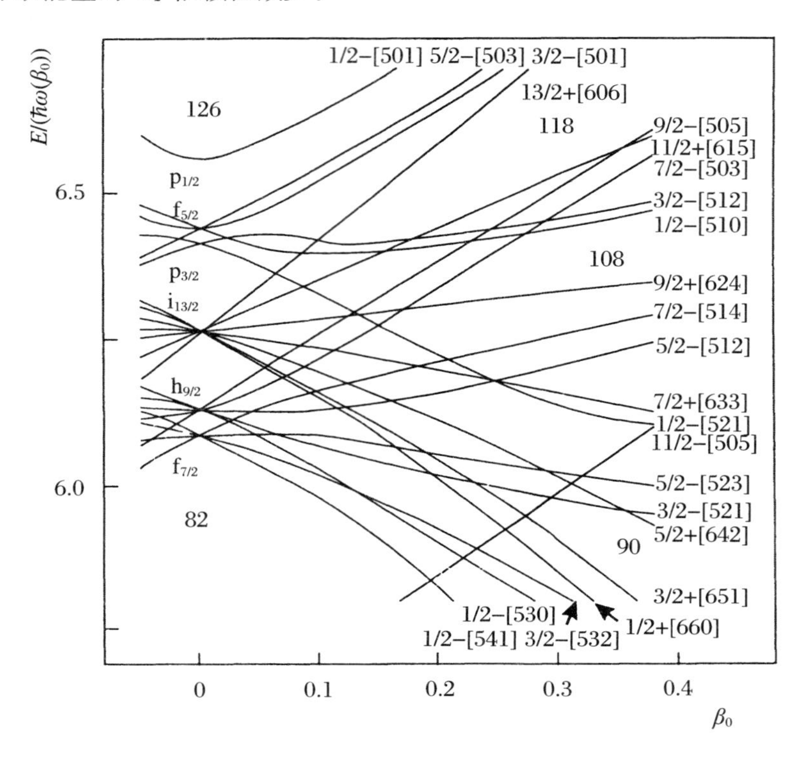

图 7.8　摘自幻数 82 的壳层上方的铅的尼尔逊图，以显示更多细节。除了 Ω^π，单粒子态还用近似的量子数[Nn_zm]标记，对于球形和形变壳层封闭都给出了幻数

在这个图中需要注意的另一个有趣之处是，在较大形变时能级图中存在间隙，在某些情况下，其大小可以与较小的球形壳层间隙相比拟。在这些间隙中也指出了适当的“幻数”。更多关于这些壳层结构在较大变形时的重要性的内容将在第 9 章中给出。

在实践中有问题的一点是，即使在这个模型中，也存在不同的形变参数。它们反映了不同的参数化方法，这取决于势是否在球谐函数中展开（这些参数通常称为 ε，如这里所讨论的 ε_2 对应于四极，ε_4 对应于十六极），而另一些则以轴或频率的比值开始（δ，η 等）。当然，它们很平凡地联系着。关于所有各种核形状参数化的（集体的和单粒子的）最佳信息来源可能是由哈斯（Hasse）和迈尔斯（Myers）给出的[101]，建议读者从中查阅这些问题。

当务之急是，上面使用的变形参数 β_0 如何与具有同名但对应于 α_{20} 的集体模型的形变参数相联系。如提到的，两个模型中允许的形状非常不同，但是对于小形变来说足够一致，故可比较。一种方法是求形状的四极矩，然后鉴别导致相同四极矩的形变参数。我们这里采用比较两个模型中的轴长比这一比较简单的方法（当然，对于最低阶，结果相同）。

在集体模型中，轴长 R_z 和 $R_x = R_y$ 由下式给出：

$$
\begin{aligned}
R_z &= R_0(1 + \alpha_{20} Y_{20}(\theta = 0)) = R_0\left(1 + \alpha_{20}\sqrt{\frac{5}{4\pi}}\right) \\
R_x &= R_0\left(1 + \alpha_{20} Y_{20}\left(\theta = \frac{\pi}{2}\right)\right) = R_0\left(1 - \frac{1}{2}\alpha_{20}\sqrt{\frac{5}{4\pi}}\right)
\end{aligned}
\tag{7.143}
$$

因此对比值近似到一阶，我们得到

$$
\frac{R_z}{R_x} = \frac{1 + \alpha_{20}\sqrt{\dfrac{5}{4\pi}}}{1 - \dfrac{1}{2}\alpha_{20}\sqrt{\dfrac{5}{4\pi}}} \approx 1 + \frac{3}{2}\alpha_{20}\sqrt{\frac{5}{4\pi}} \tag{7.144}
$$

另一方面，在尼尔逊模型中，轴长比由如下关系给出：

$$
\frac{1}{2}m\omega_0^2(1 - 2\beta_0 Y_{20}(\theta = 0))R_z^2 = \frac{1}{2}m\omega_0^2\left(1 - 2\beta_0 Y_{20}\left(\theta = \frac{\pi}{2}\right)\right)R_x^2 \tag{7.145}
$$

从中（仍近似到一阶）得到

$$
\frac{R_z^2}{R_x^2} = \frac{1 + \dfrac{1}{2}\beta_0\sqrt{\dfrac{5}{\pi}}}{1 - \beta_0\sqrt{\dfrac{5}{\pi}}} \approx 1 + \frac{3}{2}\alpha_{20}\sqrt{\frac{5}{\pi}} \tag{7.146}
$$

取平方根对一阶项加了一个 $\frac{1}{2}$ 因子，因此，到一阶近似这两个表达式一致。这表明记号 β_0 显示集体模型的 β_0 的一阶等式是适合的。

这种类型的能级图对于理解形变核的许多性质是必不可少的。在9.2.2小节中我们将回到基态形变的确定，其结合壳修正的现代方法。然而，一旦知道了基态的形变，就可以得出关于原子核的角动量和宇称的一些结论。对于偶-偶核，配对（参见7.5节）让所有核子对在 $\pm\Omega$ 能级对中加起来总角动量为零；但在奇核中，单个未配对核子所占据的态的角动量和宇称决定了基态的性质。这样，在一个固定的形变下，可对质子或中子清点能级图，以找到奇粒子的能级。理想情况下，原子核的自旋由 $I = \Omega$ 给出，宇称由单粒子态的宇称给出。在实践中，在那种变形下通常几个能级是紧靠在一起的，在这种情况下，其中一个产生基态性质，而另外的量子数组合可以在低能激发中被发现。

在本章结束时，我们将提到，当然也有形变形状的伍兹-萨克森势和其他现实势的推广。当我们讨论大尺度集体运动时，这个话题将在9.1节中再次被提起。

练习 7.6　形变振子中的单粒子能量

问题　计算形变振子壳模型的单粒子能量，包括自旋轨道耦合，但是不包括 $\hat{\boldsymbol{l}}^2$ 项。

解答　这个问题不能完全解析求解，但是由于它说明了核结构计算中一些最常用的方法，我们将尽可能地展示它。

对于哈密顿量的对角化，本质上有两种数值方法：基展开方法，其在由相似哈密顿量的本征态给出的基上展开未知波函数；纯粹的数值方法，其中使用有限差分近似或一些其他通用的数值方法，如样条。后一种方法的特点是扩展与物理情况几乎没有联系，它通常可以用于非常随意的问题。虽然计算机的日益强大使得后一种方法更加普遍，但我们将在这里讨论基展开，因为它具有更多的物理内容。

基的选择是关键的第一步。对于球形谐振子我们已经看到基函数的三个不同系统，分别基于笛卡儿坐标、圆柱坐标和球坐标。对于手头的问题，每一个系统都有一定的优点和缺点。

- 在笛卡儿坐标中振子势是对角的，但角动量不产生任何量子数。
- 在圆柱坐标中振子势也是对角的，只要保持围绕 z 轴的轴对称，且角动量投影 μ 被定义。
- 在球坐标中自旋轨道耦合是对角的，但振子势本身不对角。

这样，基的选择就在于自旋轨道耦合还是势的形变更重要。在实践中，这取决于形变：接近球形时自旋轨道耦合使能级分裂的程度远大于形变，而对于大形变，圆柱基更接近真实状态。这在上面讨论的“渐近量子数”中是显而易见的。这里我们将讨论圆柱基的情况，因为它稍微复杂一些，因此更有趣。

练习 7.4 中讨论的圆柱基可以用狄拉克记号写成 $|n_z n_\rho \mu s\rangle$，其中添加了自旋投影 s。由于波函数是不同坐标函数的乘积，因此我们也可以将它们分解为

$$|n_z n_\rho \mu s\rangle = |n_z\rangle\,|n_\rho \mu\rangle\,|\mu\rangle\,|s\rangle \tag{①}$$

其中右边的右矢分别表示 z 依赖、ρ 依赖、φ 依赖和自旋依赖的波函数。

形变壳模型的哈密顿量可以分解为产生基函数的部分和自旋-轨道部分：

$$\hat{H} = \hat{H}_0 + \hat{H}_{\mathrm{so}} \tag{②}$$

其中

$$\begin{aligned}
\hat{H}_0 &= -\frac{\hbar^2}{2m}\left(\frac{\partial^2}{\partial z^2} + \frac{\partial}{\partial \rho^2} + \frac{1}{\rho}\frac{\partial}{\partial \rho} + \frac{1}{\rho^2}\frac{\partial}{\partial \varphi^2}\right) + \frac{1}{2}m\omega_z^2 z^2 + \frac{1}{2}m\omega_\rho^2\rho^2 \\
\hat{H}_{\mathrm{so}} &= -2\hbar\bar{\omega}_0\kappa\hat{\boldsymbol{l}}\cdot\hat{\boldsymbol{s}} = -2\hbar\bar{\omega}_0\kappa\left[\frac{1}{2}(\hat{L}_+\hat{s}_- + \hat{L}_-\hat{s}_+) + \hat{L}_z\hat{s}_z\right]
\end{aligned} \tag{③}$$

这里，z 和 ρ 方向上轴的差别用不同的振子频率 ω_z 和 ω_ρ 来表示；自旋-轨道势用角动量移位算符来写出，因为在一个具有好投影量子数的基中它们具有比较简单的

矩阵元。

如所承诺的，算符 $\hat{H}_0$ 在上述基上是对角的：

$$\langle n'_z n'_\rho \mu' s' \mid \hat{H}_0 \mid n_z n_\rho \mu s \rangle = \left[\hbar\omega_z\left(n_z + \frac{1}{2}\right) + \hbar\omega_\rho(2n_\rho + |\mu| + 1)\right]\delta_{n'_z n_z}\delta_{n'_\rho n_\rho}\delta_{\mu'\mu}\delta_{s's} \quad ④$$

因此，非平凡问题是自旋轨道耦合问题。为此，第一步是将轨道角动量算符转换到圆柱坐标中。使用偏微分的一般规则进行冗长的计算得到

$$\begin{aligned}\hat{L}_+ &= -\hbar e^{i\varphi}\left(\rho\frac{\partial}{\partial z} - z\frac{\partial}{\partial\rho} - i\frac{z}{\rho}\frac{\partial}{\partial\varphi}\right)\\ \hat{L}_- &= \hbar e^{-i\varphi}\left(\rho\frac{\partial}{\partial z} - z\frac{\partial}{\partial\rho} + i\frac{z}{\rho}\frac{\partial}{\partial\varphi}\right)\\ \hat{L}_z &= -i\hbar\frac{\partial}{\partial\varphi}\end{aligned} \quad ⑤$$

自旋算符具有简单的矩阵元

$$\langle s' \mid \hat{s}_+ \mid s\rangle = \hbar\delta_{s',s+1},\quad \langle s' \mid \hat{s}_- \mid s\rangle = \hbar\delta_{s',s-1},\quad \langle s' \mid \hat{s}_z \mid s\rangle = \hbar s\delta_{s's} \quad ⑥$$

从而使得自旋-轨道矩阵元的第一次分解是

$$\begin{aligned}\langle n'_z n'_\rho \mu' s' \mid \hat{H}_{so} \mid n_z n_\rho \mu s\rangle = &-\hbar\bar{\omega}_0\kappa\langle n'_z n'_\rho \mu' \mid \hat{L}_+ \mid n_z n_\rho \mu\rangle\delta_{s',s-1}\\ &-\hbar\bar{\omega}_0\kappa\langle n'_z n'_\rho \mu' \mid \hat{L}_- \mid n_z n_\rho \mu\rangle\delta_{s',s+1}\\ &-\hbar\bar{\omega}_0\kappa s\langle n'_z n'_\rho \mu' \mid \hat{L}_z \mid n_z n_\rho \mu\rangle\delta_{s's}\end{aligned} \quad ⑦$$

省略了自旋算符的因子 $\hbar$（轨道角动量算符中包含的 $\hbar$ 也将如此），这是由于尼尔逊[157]引入了将这些因子包括在 κ 的定义中的约定。

最后的矩阵元是平凡的，因为 $\hat{L}_z$ 是对角的：

$$\langle n'_z n'_\rho \mu' \mid \hat{L}_z \mid n_z n_\rho \mu\rangle = \hbar\mu\delta_{n'_z n_z}\delta_{n'_\rho n_\rho}\delta_{s's} \quad ⑧$$

而其他的可以简化为如下矩阵元的乘积：

$$\begin{aligned}&\langle n'_z \mid z \mid n_z\rangle,\quad \langle n'_z \mid \frac{d}{dz} \mid n_z\rangle,\quad \langle n'_\rho \mu \pm 1 \mid \rho \mid n_\rho \mu\rangle,\\ &\langle n'_\rho \mu \pm 1 \mid \frac{d}{d\rho} \mid n_\rho \mu\rangle,\quad \langle n'_\rho \mu \pm 1 \mid \frac{1}{\rho} \mid n_\rho \mu\rangle\end{aligned} \quad ⑨$$

现在我们必须计算这些矩阵元。事实上，z 方向的那些非常简单，因为这是一个直截了当的一维谐振子，所以可以使用二次量子化。用产生和湮没算符来表示 z 和 $\partial/\partial z$，立即得到

$$\begin{aligned}\langle n'_z \mid z \mid n_z\rangle &= \sqrt{\frac{\hbar}{2m\omega}}\left(\sqrt{n_z}\delta_{n'_z,n_z-1} + \sqrt{n_z+1}\delta_{n'_z,n_z+1}\right)\\ \langle n'_z \mid \frac{d}{dz} \mid n_z\rangle &= \sqrt{\frac{m\omega}{2\hbar}}\left(\sqrt{n_z}\delta_{n'_z,n_z-1} - \sqrt{n_z+1}\delta_{n'_z,n_z+1}\right)\end{aligned} \quad ⑩$$

对于径向坐标，计算稍微复杂一些，我们甚至还没有把波函数归一化！我们把归一化的本征函数写为

$$\chi_{n_\rho\mu}(\rho) = N_{n_\rho\mu}^{-1}\mathrm{e}^{-k\rho^2/2}\rho^{|\mu|}L_{n_\rho}^{|\mu|}(k\rho^2) \tag{⑪}$$

查阅文献[93]，我们发现很少给出拉盖尔多项式(Laguerre polynomials)的积分，甚至这些积分都以 Γ 函数、超几何函数(hypergeometric functions)等复杂表达式形式表示。计算所需积分的替代过程如下。矩阵元和归一化积分都可以写成

$$K_{a,b} = \int_0^\infty \mathrm{d}\rho\chi_{n'_\rho\mu'}(\rho)\rho^a\frac{\mathrm{d}^b}{\mathrm{d}\rho^b}\chi_{n_\rho\mu}(\rho)\rho \tag{⑫}$$

用 $x=k\rho^2$ 代替和将式⑪代入得到

$$K_{a,b} = \frac{2^{b-1}N_{n'_\rho\mu'}^{-1}N_{n_\rho\mu}^{-1}}{k^{(a+|\mu|+|\mu'|-b+2)/2}} \cdot\int_0^\infty \mathrm{d}x\mathrm{e}^{-x/2}x^{(|m'|+a+b)/2}L_{n'_\rho}^{m}(x)\frac{\mathrm{d}^b}{\mathrm{d}x^b}(\mathrm{e}^{-x/2}x^{|\mu|}L_{n_\rho}^{m}(x)) \tag{⑬}$$

我们可得拉盖尔多项式的正交积分：

$$I_{n'n}^{m} = \int_0^\infty \mathrm{d}x\mathrm{e}^{-x}x^mL_{n'}^{m}(x)L_n^m(x) = \frac{(n+m)!}{n!}\delta_{n'n} \tag{⑭}$$

(注意，这适用于两个多项式的相同的上标)。对于特殊情况 $\mu=\mu'$，$n_\rho=n'_\rho$，归一化积分可以立即简化到该积分：

$$1 = K_{0,0} = \frac{N_{n_\rho\mu}^{-2}}{2k^{|m|+1}}I_{n_\rho n_\rho}^{\mu} = \frac{N_{n_\rho\mu}^{-2}}{2k^{|m|+1}}\frac{(n_\rho+|m|)!}{n_\rho!} \tag{⑮}$$

从中得出归一化常数是

$$N_{n_\rho\mu} = \sqrt{\frac{(n_\rho+|\mu|)!}{2n_\rho!k^{|\mu|+1}}} \tag{⑯}$$

其他积分分别对应于 $a=1,b=0$ 和 $b=1,a=0$。我们简要地指出如何计算它们(只取矩阵元左侧为 $\mu+1$ 的情况，另一种情况可以通过对称转换成这种情况)。

(1) 包含一个附加 ρ 的积分可以使用以下递推公式重写：

$$L_n^m(x) = L_n^{m+1}(x) - L_{n-1}^{m+1}(x) \tag{⑰}$$

得到

$$\frac{N_{n'_\rho\mu+1}^{-1}N_{n_\rho\mu}^{-1}}{2k^{m+2}}\int_0^\infty \mathrm{d}x\mathrm{e}^{-x}x^{|\mu|+1}L_{n'_\rho}^{|\mu+1|}L_{n_\rho}^{|\mu|}(x) = \delta_{n'_\rho n_\rho}\sqrt{k^{-1}(n_\rho+|\mu|+1)} - \delta_{n'_\rho,n_\rho-1}\sqrt{k^{-1}n_\rho} \tag{⑱}$$

(2) 包含导数的积分有点复杂，因为导数不单作用于拉盖尔多项式。进行微分产生三项之和：

$$\langle n'_\rho\mu+1 \mid \frac{\mathrm{d}}{\mathrm{d}\rho} \mid n_\rho\mu\rangle$$

$$= -k\langle n'_\rho\mu+1 \mid \rho \mid n_\rho\mu\rangle + |\mu| \langle n'_\rho\mu+1 \mid \frac{1}{\rho} \mid n_\rho\mu\rangle$$

$$+ \frac{N^{-1}_{n'_\rho\mu+1}N^{-1}_{n_\rho\mu}}{2k^{|\mu|+1}}\int_0^\infty \mathrm{d}x\mathrm{e}^{-x}x^{|\mu|+1}L^{|\mu+1|}_{n'_\rho}\frac{\mathrm{d}}{\mathrm{d}x}L^{|\mu|}_{n_\rho}(x) \tag{19}$$

前两个矩阵元分别对应于第1点和第2点，而使用公式

$$\frac{\mathrm{d}}{\mathrm{d}x}L^m_n(x) = -L^{m+1}_{n-1}(x) \tag{20}$$

可将最后一个积分简化到$-2\delta_{n'_\rho,n_\rho-1}\sqrt{kn_\rho}$。

(3) 包含$1/\rho$的积分实际上不需要求值，因为它在总矩阵元的各个部分的求和中退出(出现的项明确地与由第2点产生的项抵消)。

我们还需要对不同坐标方向上的矩阵元作乘积，然后把所有项相加。在这个计算中，引入一个新的量子数$N_\rho = 2n_\rho + |\mu|$是有利的。原因是在矩阵元中$|\mu|$和μ都出现，这种新的记号允许不同项的组合。最后的结果是

$$\begin{aligned}
&\langle n'_z N'_\rho \mu' s' \mid \hat{L}\cdot\hat{s} \mid n_z N_\rho \mu s\rangle \\
&= \delta_{\mu',\mu+1}\delta_{s',s-1}\cdot\frac{1}{2}\Big[\delta_{n'_z,n_z-1}\delta_{N'_\rho,N_\rho+1}\sqrt{\frac{n_z(N_\rho+\mu+2)}{2}} \\
&\quad + \delta_{n'_z,n_z+1}\delta_{N'_\rho,N_\rho-1}\sqrt{\frac{(n_z+1)(N_\rho-\mu)}{2}}\Big] \\
&\quad + \delta_{\mu',\mu-1}\delta_{s',s+1}\cdot\frac{1}{2}\Big[\delta_{n'_z,n_z-1}\delta_{N'_\rho,N_\rho+1}\sqrt{\frac{n_z(N_\rho-\mu+2)}{2}} \\
&\quad + \delta_{n'_z,n_z+1}\delta_{N'_\rho,N_\rho-1}\sqrt{\frac{(n_z+1)(N_\rho+\mu)}{2}}\Big] \\
&\quad + s\mu\delta_{n'_z n_z}\delta_{N'_\rho N_\rho}\delta_{\mu'\mu}\delta_{s's}
\end{aligned} \tag{21}$$

虽然这是一个冗长的表达式，请注意，选择定则是相当严格的：每个项在左边和右边量子数的不同组合中作出贡献，在每种情况下，量子数的差别不能超过1。所以实际的矩阵是非常稀疏的。

接下来得运用数值计算接手，我们只指出这是怎么做的。第一步是建立一套基函数。唯一的好量子数是$\Omega=\mu+s$，因此，不同Ω的态不是由哈密顿量耦合的(检查可知自旋-轨道项中的选择定则保持这一点!)。此外，具有$\pm\Omega$的态是简并的(克拉默斯简并(Kramers degeneracy))。无限的态如何被截断？原则上没有规定的方法，人们应该检查微扰是如何与基态(basis states)耦合的。一个好的选择通常是能量截断，这在目前情况下对应于允许在所有方向上有相同数目的量子，或明确地$n_z+N_\rho<N_{截断}$(如果核是强烈形变的，这可能是一个坏的选择)。

我们对$\Omega=1/2$和$N_{截断}=5$建立基。$\mu=0$和$\mu=1$的态有贡献。它们在表7.2中给出。

表 7.2 柱坐标基中 $N<5$ 的谐振子态的量子数

序号	n_z+N_ρ	n_z	N_ρ	n_ρ	μ	s
1	0	0	0	0	0	+1/2
2	1	1	0	0	0	+1/2
3	2	2	0	0	0	+1/2
4	2	0	2	1	0	+1/2
5	3	3	0	0	0	+1/2
6	3	1	2	1	0	+1/2
7	4	4	0	0	0	+1/2
8	4	2	2	1	0	+1/2
9	4	0	2	1	0	+1/2
10	1	0	1	0	1	−1/2
11	2	1	1	0	1	−1/2
12	3	2	1	0	1	−1/2
13	3	0	3	1	1	−1/2
14	4	3	1	0	1	−1/2
15	1	1	3	1	1	−1/2

当然,这个列表可以很容易地通过计算机循环生成。然后可以用矩阵元来填充 15×15 矩阵,沿对角线的能量和自旋-轨道矩阵元根据本练习中导出的具有左右态量子数的公式计算。最后把矩阵传给一个对角化程序,它返回一列数值本征能量以及(如果需要的话)给出真本征矢量按 15 个基态展开的数值系数。对于 Ω 的其他正值,必须做相同的重复。

要保证展开的准确性,这种计算应该以不同的截断极限重复,直到达到收敛。$N_{截断}$ 值必然取决于形变和期望的精度。

练习 7.7 能级的交叉

问题 考虑作为一个参数的函数相交的两个能级的情况。如果引入常数矩阵元的相互作用,本征态如何变化?

解答 假设参数为 t,交叉点在 $t=0$,在那里这两个能级都有能量 a。为了简化公式而又不失一般性,我们采用两个能级具有相同斜率的对称情况:

$$E_1^{(0)}(t)=a-bt,\quad E_2^{(0)}(t)=a+bt \tag{①}$$

该情况由图 7.9 中的两条虚线表示。添加一个大小为 d 的非对角矩阵元导致扰动哈密顿量

$$H'=\begin{pmatrix} a-bt & d \\ d & a+bt \end{pmatrix} \tag{②}$$

由特征方程计算本征值是直截了当的。这两个新的本征态由下式给出：

$$E_1(t) = a + \sqrt{b^2 t^2 + d^2}, \quad E_2(t) = a - \sqrt{b^2 t^2 + d^2} \tag{③}$$

它们由图7.9中的实线表示，并显示了避免能级交叉的典型特征。远离原始的交叉点时扰动态渐近地逼近未扰动态，最接近的距离为$2d$，所以它直接由相互作用矩阵元决定。在图7.6、图7.7的尼尔逊图中，每当具有完全相同量子数（这样在完整的哈密顿量中有一个相互作用矩阵元）的两个能级彼此接近时，就可以看到这种类型的许多结构。

研究本征矢量也是有趣的，它也可以很容易地计算。对于对应于较低本征值的归一化本征矢量，人们发现

$$v_1 = \frac{|d|}{\left[(bt - \sqrt{b^2 t^2 + d^2})^2 + d^2\right]^{1/2}} \begin{pmatrix} bt - \sqrt{b^2 t^2}/d \\ 1 \end{pmatrix} \tag{④}$$

这些结果在图7.9、图7.10中阐明。对于$t=0$，即在前交叉点，新态在无扰动态中具有相等的振幅。对于$t \to -\infty$，它变成与态$E_1^{(0)}$相同，其能量也接近；对于$t \to +\infty$，它变成与另一个态相同。这样，能级交叉的避免对应于两个波函数的交换。

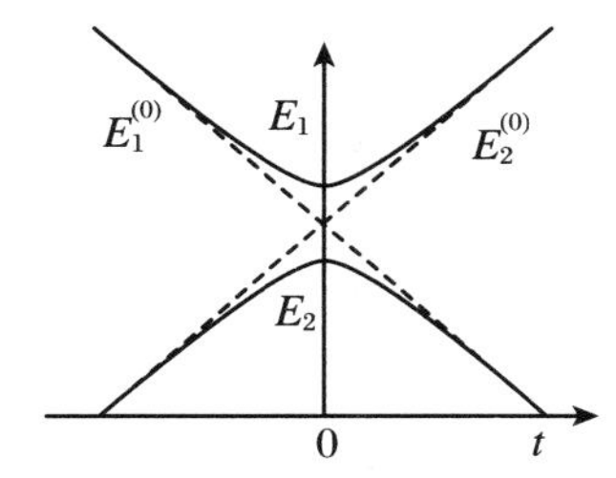

图7.9　交叉能级的避免。两个非相互作用能级（虚线）（它们作为参数t的函数相交）被相互作用排斥成新的能级，如实曲线所示

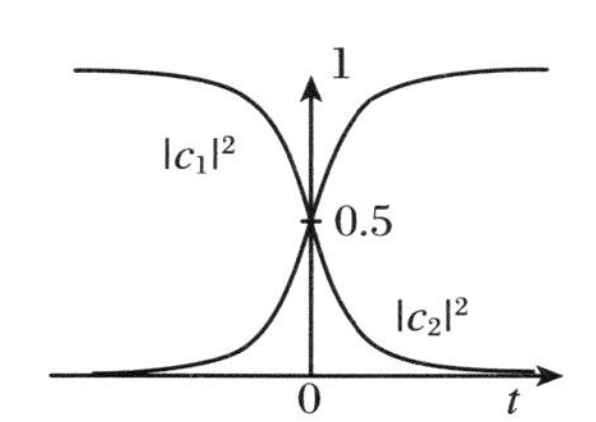

图7.10　对应于图7.9中较低扰动态的本征矢量的振幅平方$|c_i|^2$，为参数t的函数

在核动力学中，这具有非常重要的结果。作为例子，取四极参数的情况。如果核在四极方向上运动，在每个可避免的能级交叉处，单粒子必须调整成一个可能具有完全不同空间分布的新波函数（如果运动缓慢，则粒子呆在最低可用能级）。这对应于与四极矩的小变化相关的大量运动，从而引起大的动能。

7.4 相对论平均场模型

7.4.1 引言

传统观点认为相对论效应对于低能核结构问题并不重要。的确,考虑到核中核子的最大动能是由费米动量 $k_F \approx 1.4\ \text{fm}^{-1}$ 决定的,为

$$T_{\max} = \frac{\hbar^2 k_F^2}{2m} \approx 38\ \text{MeV} \tag{7.147}$$

这对应于 $\gamma = (1 - v^2/c^2)^{-1/2} \approx 1.04$ 或速度 $v \approx 0.29c$。这样,人们会期待由于相对论运动学而只作微小修改。然而,由于以下原因,近年来相对论版本的核结构模型变得很重要。

- 相对论平均场模型在描述原子核的单粒子结构方面与斯克姆力哈特里-福克模型一样成功,并提供自旋轨道力的一个自然解释[61,147,209]。
- 核物质的相对论理论在解决非相对论理论中遇到的长期存在的问题方面取得了一些成功[40,200]。
- 人们可能希望把通过介子场相互作用的核子模型与核相互作用的更基本的场理论描述联系起来。
- 它可以作为对稠密和热核物质外推的基础,在那里相对论当然会变得重要。

从本书的主旨来看,我们将把讨论限制在模型最简单的版本上,该模型将被视为非常类似于斯克姆力哈特里-福克理论的相对论版本,并且不会进入高级场理论的讨论,关于它读者可参考文献[44,192]。在文献[176]中给出了模型的实际应用的更透彻的介绍。

7.4.2 模型的构想

在对相互作用粒子的相对论描述中,例如由势描述的瞬时力的概念是不合适的。取而代之的是,相互作用必须由独立自由度的场来作为中介。场可以根据它们的内部角动量、宇称和同位旋来分类。通常考虑的场如下:

(1) σ 介子:标量和同位旋标量介子,提供了吸引的相互作用。

(2) ω 介子:同位旋标量矢量介子,导致排斥的相互作用。

(3) ρ 介子:同位旋矢量矢量介子,为了更好地描述核内同位旋依赖效应的需要。

(4) γ 光子:描述电磁相互作用。

这些模型最初的突破是证实两个介子 σ 和 ω 已经足够好地描述核物质的饱和度和核的结合性质。事实上,为 ω 介子选择比 σ 介子更大的质量和更强的耦合已经产生从标准核子-核子相互作用所熟悉的长程吸引和短程排斥。稍后将讨论其改进,如下所示。

相对论模型的出发点是拉格朗日密度 $\mathscr{L}$。它应该包含核子和介子场(这也总是包括光子)的自由拉格朗日量以及将核子和介子耦合的项。这样我们可以写下

$$\mathscr{L} = \mathscr{L}_{核子} + \mathscr{L}_{介子} + \mathscr{L}_{耦合} \tag{7.148}$$

核子的自由拉格朗日量是标准的:

$$\mathscr{L}_{核子} = \hat{\bar{\psi}}(\mathrm{i}\gamma^{\mu}\partial_{\mu} - m_{\mathrm{B}})\hat{\psi} \tag{7.149}$$

注意,在本章中用 m_{B}表示核子质量,以便更清楚地与出现的各种其他质量区分开。类似地,自由介子场的拉格朗日量也容易被写下来:

$$\begin{aligned}\mathscr{L}_{介子} =& \frac{1}{2}(\partial^{\mu}\hat{\sigma}\partial_{\mu}\hat{\sigma} - m_{\sigma}^{2}\hat{\sigma}^{2}) - \frac{1}{2}(\overline{\partial^{\nu}\hat{\omega}^{\mu}}\partial_{\mu}\hat{\omega}_{\nu} - m_{\omega}^{2}\hat{\omega}^{\mu}\hat{\omega}_{\mu}) \\ &- \frac{1}{2}(\overline{\partial^{\nu}\hat{\boldsymbol{R}}^{\mu}}\cdot\partial_{\mu}\hat{\boldsymbol{R}}_{\nu} - m_{\rho}^{2}\hat{\boldsymbol{R}}^{\mu}\cdot\hat{\boldsymbol{R}}_{\mu}) - \frac{1}{2}\overline{\partial^{\nu}\hat{A}^{\mu}}\partial_{\mu}\hat{A}_{\nu}\end{aligned} \tag{7.150}$$

请注意,通常的相对论单位 $\hbar = c = 1$ 用于该模型的讨论。场 $\hat{\sigma}$ 和 $\hat{\omega}_{\mu}$ 描述对应的介子;对于 ρ 介子,使用记号 $\hat{\boldsymbol{R}}_{\mu}$ 来把它与密度区分开来;$\hat{A}_{\mu}$ 代表光子场。通过下式也定义了一个反对称导数:

$$\overline{\partial^{\nu}A^{\mu}} = \partial^{\nu}A^{\mu} - \partial^{\mu}A^{\nu} \tag{7.151}$$

这个表达式对应于场强张量,对于电磁情况,场强张量通常用 $\boldsymbol{F}_{\mu\nu}$表示,拉格朗日量由下式给出:

$$\mathscr{L} = -\frac{1}{4}\boldsymbol{F}_{\mu\nu}\boldsymbol{F}^{\mu\nu} = \frac{1}{2}\overline{\partial^{\nu}A^{\mu}}\partial_{\mu}A_{\nu} \tag{7.152}$$

本符号记法避免了为与各种介子场相关的场强引入不同的字母。对于相互作用,自然的选择是使用最小耦合,但这由 σ 介子的非线性自耦合补充,

$$U(\hat{\sigma}) = \frac{1}{3}b_{2}\hat{\sigma}^{3} + \frac{1}{4}b_{3}\hat{\sigma}^{4} \tag{7.153}$$

上式首次由博古塔(Boguta)和博德默(Bodmer)提出[31],此后被广泛接受。这一项的目的是提高模型中核物质的可压缩性。这样通常采用的拉格朗日量为

$$\mathscr{L}_{耦合} = -g_{\sigma}\hat{\sigma}\hat{\rho}_{\mathrm{s}} - g_{\omega}\hat{\omega}^{\mu}\hat{\rho}_{\mu} - \frac{1}{2}g_{\rho}\boldsymbol{R}^{\mu}\cdot\hat{\boldsymbol{\rho}}_{\mu} - A^{\mu}\hat{\rho}_{\mu}^{\mathrm{C}} - U(\hat{\sigma}) \tag{7.154}$$

在耦合项中有四种不同的密度:

- 标量密度 $\hat{\rho}_{\mathrm{s}} = \hat{\bar{\psi}}\hat{\psi}$,描述波函数中正、负能量分量的密度的差异;
- 矢量密度 $\hat{\rho}_{\mu} = \hat{\bar{\psi}}\gamma_{\mu}\hat{\psi}$,描述这些的总和;
- 同位旋矢量密度 $\hat{\boldsymbol{\rho}}_{\mu} = \hat{\bar{\psi}}\boldsymbol{\tau}\gamma_{\mu}\hat{\psi}$;

• 电荷密度 $\hat{\rho}^{C}_{\mu}=(1/2)e\hat{\bar{\psi}}(1+\tau_0)\gamma_{\mu}\hat{\psi}$。

模型事实上包含介子质量 m_σ, m_ω 和 m_ρ 以及耦合常数 $g_\sigma, g_\omega, g_\rho, b_2$ 和 b_3 作为自由参数。对于核子质量 m_B，通常采用自由值。

对于实际应用，需要做一些近似，因为完整的场理论问题的解显然是不可能的。第一步是将介子和光子的场算符替换为它们的期望值（平均场近似），形式上 $\hat{\sigma}\rightarrow\sigma=\langle\hat{\sigma}\rangle$ 等。然后介子场简化为由适当的核子密度产生的势，核子表现为在这些平均场中移动的非相互作用粒子。这意味着核子场算符可以在单粒子态 $\varphi_\alpha(x^\mu)$ 中展开：

$$\hat{\psi}=\sum_{\alpha}\varphi_\alpha(x^\mu)\hat{a}_\alpha \tag{7.155}$$

密度简化到单粒子态密度的总和：

$$\hat{\rho}_s\rightarrow\sum_{\alpha<F}\bar{\varphi}_\alpha\varphi_\alpha-\rho_s^{真空} \tag{7.156}$$

其他密度也类似。这里 $\alpha<F$ 照旧表示费米能以下所有态的总和，$\rho_s^{真空}$ 是重子数为零的自由粒子的对应密度。在相对论理论中，这个真空项的存在和需要对低于费米能级的所有能级（包括所有负能态）求和是不可避免的，但使问题很难解决。由于这个原因，必须引入另一近似：无海近似（即排除了负能量态的填满的狄拉克海）[176]，它假设在式(7.156)第一项中对所有负能态的总和抵消真空贡献。它对应于真空极化的忽略。

这些近似的净结果是，我们有一些被占据的单粒子轨道 $\varphi_\alpha(\alpha=1,\cdots,\Omega)$，它们决定了密度，如

$$\rho_s=\sum_{\alpha=1}^{\Omega}w_\alpha\bar{\varphi}_\alpha\varphi_\alpha \tag{7.157}$$

矢量密度等类似。引入权重因子 w_α 以允许一个唯象引入的配对（见 7.5 节），于是态 Ω 的数目大于核子 A 的数目。介子场是以这些密度为源的经典场，又反过来出现在单粒子态的狄拉克方程中，因此在如标准哈特里-福克中产生一个自洽问题。现在我们将导出静态情况下带有一些附加的限制的场方程。

在核结构计算中，我们通常对定态感兴趣。质子态和中子态不混合通常也是真实的，即单粒子态是 τ_0 的本征态。这样，只有 ρ 场的分量和同位旋投影为 0 的同位旋矢量矢量密度才会出现，即 $R_{0\mu}$ 和 $\rho_{0\mu}$。稳态意味着所有的时间导数以及密度的空间分量（其描述电流密度）都消失。后一个事实也导致了场本身的空间分量的消失，因为它们的源项就是这些密度。这样剩下的场只是 σ,ω_0,R_{00} 和 A_0。而且，波函数的时间依赖性可以根据下式分开：

$$\varphi_\alpha(x^\mu)=\varphi_\alpha(\boldsymbol{r})e^{i\varepsilon_\alpha t} \tag{7.158}$$

其中 ε_α 为单粒子能量。

现在可以通过作用 $S=\int d^4x\mathscr{L}$ 对场取变分来获得运动方程。在场存在的情况

下,平凡的计算导致核子态的狄拉克方程:

$$\begin{aligned}\varepsilon_\alpha \gamma_0 \varphi_\alpha = \Big[& - \mathrm{i}\boldsymbol{\gamma} \cdot \nabla + m_{\mathrm{B}} + g_\sigma \sigma + g_\omega \omega_0 \gamma_0 \\ & + \frac{1}{2} g_\rho R_{00} \gamma_0 \tau_0 + \frac{1}{2} e A_0 \gamma_0 (1 + \tau_0) \Big] \varphi_\alpha \end{aligned} \tag{7.159}$$

以及描述场的方程

$$\begin{aligned} (-\Delta + m_\sigma^2)\sigma + U'(\sigma) &= - g_\sigma \rho_{\mathrm{s}} \\ (-\Delta + m_\omega^2)\omega_0 &= g_\omega \rho_0 \\ (-\Delta + m_\rho^2) R_{00} &= \frac{1}{2} g_\rho \rho_{00} \\ -\Delta A_0 &= \rho_0^{\mathrm{C}} \end{aligned} \tag{7.160}$$

这组方程连同密度的定义一起构成了一个非常类似于非相对论哈特里-福克的自洽场问题。然而,为了从非常一般的出发点到达那里,所做的近似是相当大的,目前还不清楚(这也是正在努力寻找的主题)它们有多合理。尽管如此,人们可以总是认为这些方程定义了与斯克姆力方法有相同实质的有效模型,它在实际应用中确实相当成功。

图 7.11 中模型的一个非常有趣的特征变得明显,图中绘制了^{208}Pb 的介子场。σ 和 ω 场相当大,其大小与核子质量相当(相反,ρ 介子是一个相对较小的校正),但几乎相抵消,因此结果是标准核势。这意味着,无论这些势如何以建设性的方式相加,相对论效应是不可忽略的,例如,它负责自旋轨道耦合自然地在该模型中具有正确的幅度这一事实(需要额外的拟合参数)。

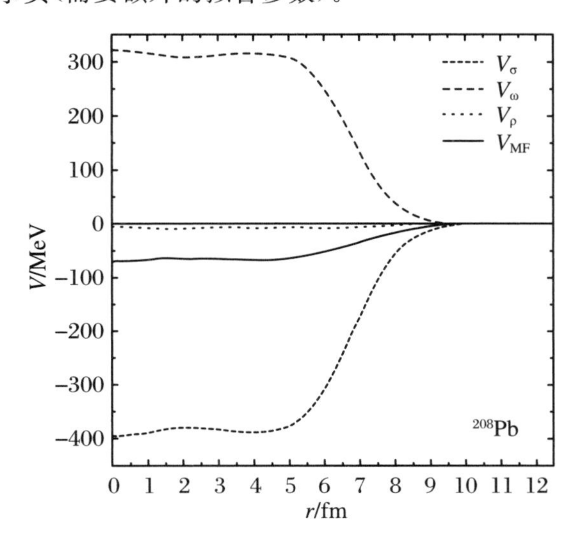

图 7.11　对于一组典型的参数,^{208}Pb 核中的各个介子势的图。V_{MF}是由 σ 和 ω 项接近抵消引起的总势

平均场模型是一种忽略多粒子相互作用和反粒子贡献的近似。对于核物质和有限核,人们已经多次尝试考虑几种高阶修正。例如,在相对论哈特里近似(狄拉克-哈特里理论)中真空涨落效应被包括在内,结果相当可观。虽然,在重新拟合参数之后,对于核物质[46,48]和有限核[164],与平均场理论只剩下很小的差别。在其他计算中,通过各种近似(狄拉克-哈特里-福克[22,192],相对论贝特-布鲁克纳-戈德斯通(Bethe-Brueckner-Goldstone)[4])甚至考虑到由狄拉克海引起的效应[106]来考虑多粒子关联的影响。这些校正也很大,但在重新拟合参数之后,最终结果仅受轻微影响,因此可以假定它们确实隐含地包含在平均场模型的有效拉格朗日量中。除了这些"单圈"的贡献,甚至"双圈"的贡献也考虑了。然而,这并不意味着微扰展开,因为每个近似都包含耦合常数的所有阶。双圈校正的大小和特征都导致这种近似的物理上不令人满意的结果[193]。甚至昂贵的格点计算也被用来寻找对平均场模型的校正[42]。各种近似研究的一个广泛讨论可以在文献[176,193]中找到。

7.4.3 应用

对于斯克姆力研究对称核物质的极限情况是有指导意义的(7.2.9 小节)。在这种情况下,同位旋密度将消失,从而 ρ 介子不起作用。在无限对称核物质中库仑力从来没有被考虑,因为原则上它应该是无限的。波函数是由动量 $\boldsymbol{k}$ 和自旋方向标记的平面波态。一个重要的区别是,式(7.159)中有效质量

$$m_{\mathrm{B}}^{*} = m_{\mathrm{B}} + g_{\sigma}\sigma \tag{7.161}$$

出现在与自由狄拉克方程中的自由质量 m_{B} 相同的数学位置(即该项不乘以任何 γ 矩阵)。这样,在解中凡是在自由狄拉克旋量中自由质量出现的地方,我们必须使用有效质量。

旋量必须归一化,使得重子数(它对应于密度 ρ_0)从每个单粒子波函数中得到 1 的贡献。于是密度本身由对费米气体的熟悉的计算给出:

$$\rho_0 = \sum_{\text{同位旋}}\sum_{\text{自旋}}\int_0^{k_{\mathrm{F}}} \frac{\mathrm{d}^3 k}{(2\pi)^3} = \frac{2}{3\pi^2}k_{\mathrm{F}}^3 \tag{7.162}$$

而标量密度被证明是

$$\begin{aligned}\rho_{\mathrm{s}} &= \sum_{\text{同位旋}}\sum_{\text{自旋}}\int_0^{k_{\mathrm{F}}} \frac{\mathrm{d}^3 k}{(2\pi)^3}\frac{m_{\mathrm{B}}^{*}}{\sqrt{k^2 + m_{\mathrm{B}}^{*2}}} \\ &= \frac{1}{\pi^2}m_{\mathrm{B}}^{*}\left(k_{\mathrm{F}}\sqrt{k_{\mathrm{F}}^2 + m_{\mathrm{B}}^{*2}} - m_{\mathrm{B}}^{*2}\log\frac{k_{\mathrm{F}} + \sqrt{k_{\mathrm{F}}^2 + m_{\mathrm{B}}^{*2}}}{m_{\mathrm{B}}^{*}}\right)\end{aligned} \tag{7.163}$$

剩下的两个介子场必须是均匀的并由如下方程确定:

$$\omega_0 = \frac{g_{\omega}}{m_{\omega}^2}\rho_0, \quad m_{\sigma}^2\sigma + U'(\sigma) = -g_{\sigma}\rho_{\mathrm{s}} \tag{7.164}$$

ω_0 是核子密度的直接函数,σ 必须从这个方程在数值上确定,因为它本身不仅是第三阶,而且根据式(7.163),标量密度反过来以复杂的方式通过 m_{B}^{*} 依赖于 σ(k_{F}

通过式(7.162)由核子密度决定)。

系统的每个核子的能量可以这样计算:从拉格朗日量开始,确定相应的哈密顿密度,然后将这里所做的近似代入。这是一个直截了当的计算,得到如下结果:

$$\begin{aligned}\frac{E}{A} &= \frac{1}{\rho_0}\Bigg[\sum_{\substack{\text{自旋}\\ \text{同位旋}}}\int_0^{k_\mathrm{F}} \frac{\mathrm{d}^3 k}{(2\pi)^3}\sqrt{k^2 + m_\mathrm{B}^{*2}} \\ &\quad - \frac{1}{2}(g_\sigma \sigma \rho_\mathrm{s} + g_\omega \omega_0 \rho_0) + U(\sigma) - \frac{1}{2}\sigma U'(\sigma)\Bigg] \\ &= \frac{3}{4k_\mathrm{F}^3}\left[k_\mathrm{F}\sqrt{k_\mathrm{F}^2 + m_\mathrm{B}^{*2}}(2k_\mathrm{F}^2 + m_\mathrm{B}^{*2}) - m_\mathrm{B}^{*4}\log\frac{k_\mathrm{F} + \sqrt{k_\mathrm{F}^2 + m_\mathrm{B}^{*2}}}{m_\mathrm{B}^*}\right] \\ &\quad - \frac{1}{2}g_\sigma \sigma \frac{\rho_\mathrm{s}}{\rho_0} - \frac{1}{2}\frac{g_\omega^2}{m_\omega^2}\rho_0 + \frac{U(\sigma) - \frac{1}{2}\sigma U'(\sigma)}{\rho_0}\end{aligned} \tag{7.165}$$

任取密度 ρ_0 的值,使用式(7.162)和式(7.164)可以确定 k_F 和 m_B^*,以此方式构造核物质的状态方程(在零温时)。至于斯克姆力、基态密度、结合能和核物质的不可压缩性则可能与模型的参数相关。

在文献中的许多组参数中,最仔细获得的参数之一是莱因哈德(Reinhard)等人的参数[174],他们利用对若干球形核性质的计算,在其中自动调整模型的参数,在最小二乘法拟合的意义上实现与实验数据的最佳一致。考虑的量是结合能、半径和表面弥散。表7.3将这些参数与瓦莱卡(Walecka)的原始参数进行了比较[209],并显示了相关的核物质性质。注意,对于要拟合的值而言,数据极少依赖于 ρ 介子的质量;相反这里使用的是实验值。

表7.3 相对论平均场模型的一组典型参数

	文献[209]	文献[174]
g_σ	9.57371	10.1377
g_ω	11.6724	13.2846
g_ρ	0.0	9.95145
b_2	0.0	−12.1724
b_3	0.0	−36.2646
m_σ	550.00	492.25
m_ω	783.00	795.36
m_ρ	763	763
E/A	−15.75	−16.42
$\rho_{\mathrm{n.m.}}$	0.194	0.152
K	544.6	211.7
$m_\mathrm{B}^*/m_\mathrm{B}$	0.56	0.57

核物质性质清楚地显示了模型线性版本的基本问题：不可压缩性太大，而非线性拟合容易接近实验估计值，尽管这个特性没有直接用于拟合。线性模型中的问题似乎是不可避免的。

核物质中的有效质量似乎比其他模型中的值小。目前还不清楚这是什么原因。它具有导致模型不稳定的附加缺点[211]。

到目前为止，相对论平均场模型已经用于许多可与斯克姆力哈特里-福克相比的应用中。在本书中，也许最有趣的是使用约束计算四极形变核[23,80,83]。图 7.12 显示了该模型的各种参数化的若干轻核的势能曲线。显然，表面的一般结构似乎与参数的细节相对独立。极小值的位置与可获得的实验信息吻合得很好。结果也证实了模型的一个问题：在拟合中，σ 介子中的非线性势趋于负值，使得模型对于大 σ 值不稳定，这在高密度下发生，而且对于有效质量的最小值，甚至由于密度的壳振荡而发生在核内。人们可能会争辩说，这个势的特定形式是为了模型的可重整化而选择的，如果该模型不被视为一个场理论模型，而是一个有效的模型，那么其他函数形式可能是合适的。

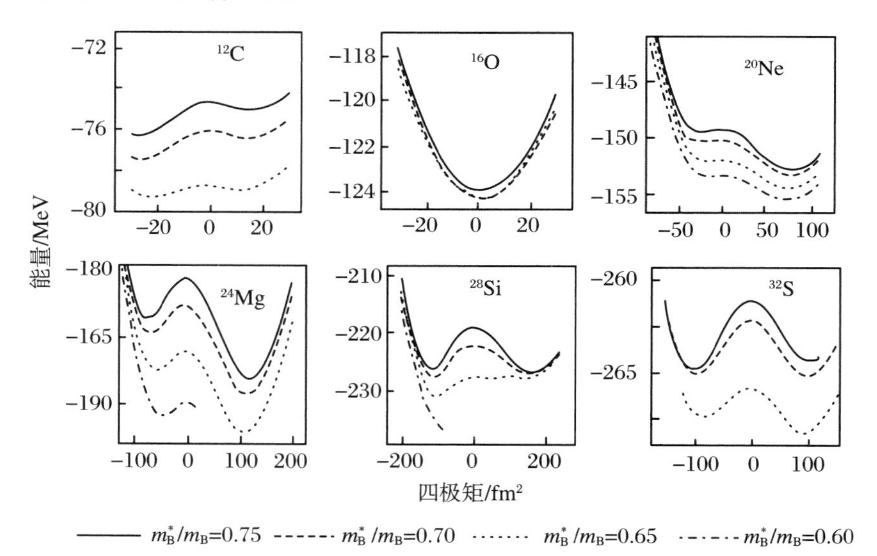

图 7.12　相对论平均场模型中各种轻核的势能曲线，由芬克(Fink)等人在具有四极约束的轴向网格上计算[80]。每个核素的不同曲线对应于提供球形核的最佳拟合的参数组，但是有效质量被约束到规定值。这些值是 $m_B^*/m_B=0.75$(实线)，0.7(虚线)，0.65(点线)和 0.6(点划线)。一些曲线以 $m_B^*/m_B=0.6$ 结束，因为模型变得不稳定

图 7.13 显示了一些钆同位素的结果。形变对所使用的一组参数有系统的依赖性，实验值似乎更倾向于接近 $0.65m_B$ 的有效质量。这样，与仅基于球形核的参

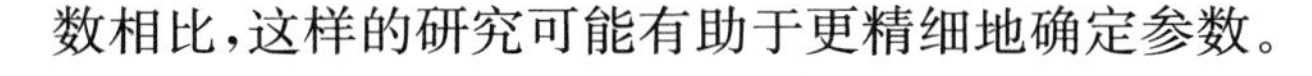
数相比，这样的研究可能有助于更精细地确定参数。

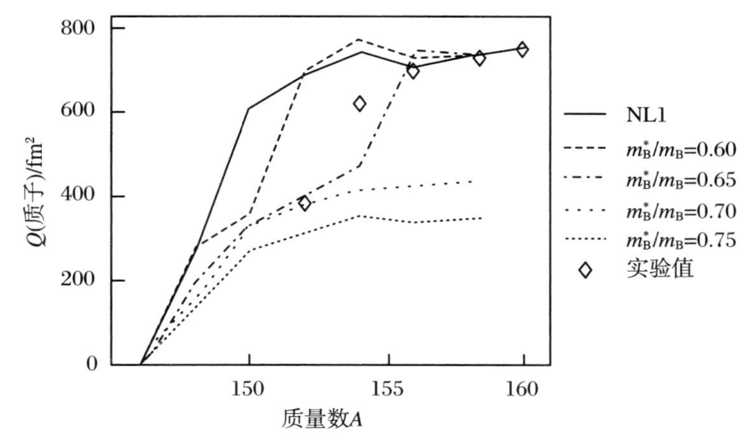

图7.13 布卢姆(Blum)等人计算的不同参数化下平均场模型中一些偶钆同位素的基态形变[23]。曲线的含义已指出，NL1表示球形核的无约束最佳拟合，其他的NLx对应于$m_B^*/m_B=x$。实验数据用方块表示

7.5 配 对

7.5.1 动机

迄今讨论的单粒子模型存在一些严重缺陷。当考虑球形核中总的核角动量时，其中一个问题变得明显。在这种情况下，单粒子态将具有好的角动量量子数，我们可以用例如φ_{njm}表示它们，n代表所有非角动量量子数。让我们把具有$m=-j,\cdots,j$的一组状态叫做一个j壳层。每个j壳层满足两种情况之一：

- 如果所有具有不同m的子态被填充，有关的核子的总角动量总是为零，因为被占据的m态的空间在任何转动下都是不变的；
- 如果j壳层的一部分被占据，核子的角动量可能导致不同的总角动量，这取决于耦合。然而，能量不依赖于耦合，因为在单粒子模型中，它简单地由占据态的单粒子能量之和给出。这样，我们得到各种总角动量的简并。这种简并的任何解除都是由剩余相互作用引起的。

实验中，具有不同角动量的基态的简并不会发生。相反，由实验建立了以下事实：

- 对于偶-偶核，基态总是具有零角动量，即相对于其他角动量组合，剩余相互作用降低了这个特定的态；
- 偶-偶核比奇质量数核的结合更紧密。
- 在偶-偶核中，在基态和最低单粒子激发之间存在一个1～2 MeV的能隙。

注意，最后一个性质并不涉及许多集体态，例如，其中基态转动带通常能量非常低，特别是在重核中。

这样，剩余相互作用一定强烈地促成耦合到零角动量，配对形式提供了一个简单的模型相互作用，它具有这种特性。

为了弄清楚如何用公式表示相互作用，我们研究耦合到零角动量的同一 j 壳层中的一对核子的特殊性（同本小节的其余部分一样，这是基于莫特尔森（Mottelson）的讨论[150]的）。为了看到主要论点，不必包括自旋或反对称化，这样

$$\begin{aligned}\Psi(\boldsymbol{r}_1,\boldsymbol{r}_2) &= \sum_{m_1 m_2}(jj0 \mid m_1 m_2 0)\psi_{m_1}(\boldsymbol{r}_1)\psi_{m_2}(\boldsymbol{r}_2)\\ &= \frac{1}{\sqrt{2j+1}}\sum_m(-1)^{j-m}\psi_m(\boldsymbol{r}_1)\psi_{-m}(\boldsymbol{r}_2)\end{aligned} \tag{7.166}$$

因为没有自旋，所以 $\psi_m(\boldsymbol{r}) = f(r)Y_{jm}(\Omega)$（注意，在下面的讨论中，下标 j 被省略，因为我们将总是在处理一个固定的 j 值），

$$\begin{aligned}\Psi(\boldsymbol{r}_1,\boldsymbol{r}_2) &= \frac{1}{\sqrt{2j+1}}f(r_1)f(r_2)\sum_m(-1)^{j-m}Y_{jm}(\Omega_1)Y_{j-m}(\Omega_2)\\ &= \frac{(-1)^j}{4\pi}\sqrt{2j+1}f(f_1)f(r_2)P_j(\cos\theta_{12})\end{aligned} \tag{7.167}$$

其中 θ_{12} 是方向 Ω_1 和 Ω_2 之间的夹角。勒让德多项式在自变量值1附近强烈地达到峰值，因此，两粒子概率分布显示出使两个核子彼此接近的偏好。当自旋和反对称包含在内时，这个结果没有根本性改变。注意，在波函数中投影 m 和 $-m$ 的单粒子态是成对的，它们彼此是时间反演的，且具有相似的概率分布，这再次支持几何关联的论点。

这样，负责耦合到角动量为零的剩余相互作用必须是吸引力，并且是短程的，以提供期望的关联。例如，使用有吸引力的 δ 函数相互作用实际上产生能量依赖于总角动量 J 并且 $J=0$ 的态最低的谱，但是这样的相互作用对于大多数的应用来说太复杂了。一种更实用的方法是用一个理想化的配对势代替它，它以这样的方式显式构造，以便仅降低 $J=0$ 态。对于两粒子情形，这种态由下式给出：

$$|j=0\rangle = \frac{1}{\sqrt{2j+1}}\sum_{m=-j}^{j}(-1)^{j-m}|jm\rangle|j-m\rangle \tag{7.168}$$

二次量子化“产生”算符是

$$\hat{A}^\dagger = \frac{1}{2}\sum_{m=-j}^{j}(-1)^{j-m}\hat{a}_m^\dagger\hat{a}_{-m}^\dagger \tag{7.169}$$

其中指标 j 在算子中被省略(目前我们将停留在一个 j 壳层之内)。由这个算符作用到真空产生的态没有归一化。算符前面的因子选择为 1/2 是鉴于其对易性质。

为了进一步的发展,通过重新定义波函数的相位可以方便地消除因子 $(-1)^{j-m}$。根据康登和肖特利相位约定(见 2.3.2 小节),由 $|m\rangle_{\mathrm{CS}}$ 来表示通常的角动量本征态,我们可以通过下式引入新的态 $|m\rangle_{\mathrm{BCS}}$[158]:

$$|m\rangle_{\mathrm{BCS}}=\begin{cases}|m\rangle_{\mathrm{CS}} & (m>0)\\(-1)^{j+m}|m\rangle_{\mathrm{CS}} & (m<0)\end{cases}\tag{7.170}$$

名称“BCS”指的是巴丁-库珀-施里弗(Bardeen-Cooper-Schrieffer)超导理论[8],这个理论首先是在凝聚态物理中发展起来的,后来被别利亚耶夫(Belyaev)应用于原子核[13]。

算符 $\hat{A}^{\dagger}$ 现在取以下形式:

$$\begin{aligned}\hat{A}^{\dagger}&=\frac{1}{2}\sum_{m>0}(-1)^{j-m}(\hat{a}_{m}^{\dagger}\hat{a}_{-m}^{\dagger})_{\mathrm{CS}}+\frac{1}{2}\sum_{m<0}(-1)^{j-m}(\hat{a}_{m}^{\dagger}\hat{a}_{-m}^{\dagger})_{\mathrm{CS}}\\&=\frac{1}{2}\Big(\sum_{m>0}\hat{a}_{m}^{\dagger}\hat{a}_{-m}^{\dagger}+(-1)^{2m}\sum_{m<0}\hat{a}_{m}^{\dagger}\hat{a}_{-m}^{\dagger}\Big)_{\mathrm{BCS}}\\&=\sum_{m>0}(\hat{a}_{m}^{\dagger}\hat{a}_{-m}^{\dagger})_{\mathrm{BCS}}\end{aligned}\tag{7.171}$$

注意,由于 m 是半整数,因此 $(-1)^{2m}=-1$。在本小节关于配对的其余部分,将使用 BCS 相位。

配对势现在试验性地构建为

$$\hat{V}_{\mathrm{P}}=-G\hat{A}^{\dagger}\hat{A}=-G\sum_{m,m'>0}\hat{a}_{m'}^{\dagger}\hat{a}_{-m'}^{\dagger}\hat{a}_{-m}\hat{a}_{m}\tag{7.172}$$

其中 $G>0$ 给出强度。求和仅对正 m 值进行,对整个范围求和的其他定义有 1/4 的因子在前面。$\hat{V}_{\mathrm{P}}$ 的定义是由粒子数算符启发的,并且猜想会“计数”耦合到零角动量的对。因为 $\hat{A}^{\dagger}$ 不是一个简单的产生算符,必须显示这个算符是否真的按照要求执行。为明白这一点,计算反对称两粒子态 $|m_1m_2\rangle$ 空间中的 $\hat{V}_{\mathrm{P}}$ 的谱。它的矩阵元是

$$\langle m_1'm_2'|\hat{V}_{\mathrm{P}}|m_1m_2\rangle=-G\delta_{m_1',-m_2'}\delta_{m_1,-m_2}\tag{7.173}$$

(事实上,只有当正投影态和负投影态的次序在两者上相同时,例如 $m_1,m_1'>0$ 和 $m_2,m_2'<0$,这个结果的符号才成立)。态 $|m_1m_2\rangle$ 的数目是 $N=\binom{2j+1}{2}$,这刚好对应于在可用的 $2j+1$ 个态中选择两个占据态的方式的数目。其中形式为 $|m-m\rangle$(其中 $m>0$)的态有 $\Omega=(2j+1)/2$ 个,$\hat{V}_{\mathrm{P}}$ 在所有这些态之间都有一个 $-G$ 矩阵元,否则矩阵元为零。假设我们安排了两粒子基,使得开始的 Ω 个态是

$|m-m\rangle$形式的。在 $\hat{V}_P$ 的作用下，这个空间中具有分量$(c_1,\cdots,c_\Omega,c_{\Omega+1},\cdots,c_N)$的矢量按照下式进行变换：

$$\hat{V}_P\begin{pmatrix}c_1\\ \vdots\\ c_\Omega\\ c_{\Omega+1}\\ \vdots\\ c_N\end{pmatrix}=-G\begin{pmatrix}C\\ \vdots\\ C\\ 0\\ \vdots\\ 0\end{pmatrix}\tag{7.174}$$

其中 $C=\sum_{j=1}^{\Omega}c_j$。显然，$\hat{V}_P$ 将任何矢量映射到开始的 Ω 个分量相等、别的分量为零的矢量，因此它是一个到一维子空间的投影。这意味着在该空间之外的所有矢量都具有零本征值，唯一具有非消失本征值的本征矢量是由 $c_j=1(j=1,\cdots,\Omega)$和 $c_j=0(j>\Omega)$给出，具有本征值 $-G\Omega$。这样，我们构建了期望的配对势，它使得除了由 $\sum_m|m-m\rangle$ 给出的一个态(该态具有零总角动量，并且能量被降低 $-G\Omega$)之外所有态保持不变。

下一步是检查如果在一个 j 壳层中有两个以上的粒子会发生什么情况。

7.5.2 高位数模型

让我们尝试将前一小节的考虑扩展到 j 壳层中有 N 个粒子的情况。这个问题首先是拉卡(Racah)研究的[171]。我们将再次使用算符

$$\hat{A}^\dagger=\sum_{m>0}\hat{a}_m^\dagger\hat{a}_{-m}^\dagger\tag{7.175}$$

它产生耦合到零总角动量的两个粒子。重复应用这个算符并不简单地产生许多这样的对；例如，算符$(\hat{A}^\dagger)^2$ 将包含正比于$(\hat{a}^\dagger)^2$ 的贡献，该贡献由于泡利原理而消失。

对于两粒子情况，$N=2$，我们已经知道 $\hat{A}^\dagger|0\rangle$态的能量比其他所有两粒子态的能量低，其他所有两粒子态简并。较多数目 N 的态的构造是算符代数的一个很好的例子。除了 $\hat{A}^\dagger$ 以外，其他可能起作用的算符是粒子数算符

$$\hat{N}=\sum_{m=-j}^{j}\hat{a}_m^\dagger\hat{a}_m\tag{7.176}$$

(请注意，对于这个算符，对 m 的求和扩展到正负两种情况)和配对势

$$\hat{V}_P=-G\hat{A}^\dagger\hat{A}=-G\sum_{m,m'>0}\hat{a}_{m'}^\dagger\hat{a}_{-m'}^\dagger\hat{a}_{-m}\hat{a}_m\tag{7.177}$$

我们将利用这些算符之间的对易关系来构造 $\hat{V}_P$ 的本征态。因为 $\hat{V}_P$ 不改变粒子

数，很明显$[\hat{N},\hat{V}_{\mathrm{P}}]=0$。其他对易关系也可以容易求出：

$$
\begin{aligned}
[\hat{A}^{\dagger},\hat{N}] &= \sum_{m>0,m'}[\hat{a}_m^{\dagger}\hat{a}_{-m}^{\dagger},\hat{a}_{m'}^{\dagger}\hat{a}_{m'}] \\
&= \sum_{m>0,m'}(\hat{a}_m^{\dagger}\hat{a}_{-m}^{\dagger}\hat{a}_{m'}^{\dagger}\hat{a}_{m'} - \hat{a}_{m'}^{\dagger}\hat{a}_{m'}\hat{a}_m^{\dagger}\hat{a}_{-m}^{\dagger}) \\
&= \sum_{m>0,m'}(\hat{a}_{m'}^{\dagger}\hat{a}_m^{\dagger}\hat{a}_{-m}^{\dagger}\hat{a}_{m'} - \hat{a}_{m'}^{\dagger}\hat{a}_{m'}\hat{a}_m^{\dagger}\hat{a}_{-m}^{\dagger}) \\
&= \sum_{m>0,m'}(\delta_{m',-m}\hat{a}_{m'}^{\dagger}\hat{a}_m^{\dagger} - \hat{a}_{m'}^{\dagger}\hat{a}_m^{\dagger}\hat{a}_{m'}\hat{a}_{-m}^{\dagger} - \hat{a}_{m'}^{\dagger}\hat{a}_{m'}\hat{a}_m^{\dagger}\hat{a}_{-m}^{\dagger}) \\
&= \sum_{m>0,m'}(\delta_{m',-m}\hat{a}_{m'}^{\dagger}\hat{a}_m^{\dagger} - \delta_{mm'}\hat{a}_{m'}^{\dagger}\hat{a}_{-m}^{\dagger}) \\
&= \sum_{m>0}\hat{a}_{-m}^{\dagger}\hat{a}_m^{\dagger} - \sum_{m>0}\hat{a}_m^{\dagger}\hat{a}_{-m}^{\dagger} \\
&= 2\hat{A}^{\dagger}
\end{aligned}
\tag{7.178}
$$

这一结果表明$\hat{A}^{\dagger}$将粒子数增加了2：

$$
\hat{N}\hat{A}^{\dagger} = \hat{A}^{\dagger}(\hat{N}+2) \tag{7.179}
$$

对于第二个对易关系，我们可以类似地进行连续排列，注意到现在下标总是正的，因此，例如，$\hat{a}_m^{\dagger}$与$\hat{a}_{-n}$反对易：

$$
\begin{aligned}
[\hat{V}_{\mathrm{P}},\hat{A}^{\dagger}] &= -G\sum_{mm'n>0}[\hat{a}_m^{\dagger}\hat{a}_{-m}^{\dagger}\hat{a}_{-m'}\hat{a}_{m'},\hat{a}_n^{\dagger}\hat{a}_{-n}^{\dagger}] \\
&= -G\sum_{mm'n>0}\hat{a}_m^{\dagger}\hat{a}_{-m}^{\dagger}\hat{a}_{-m'}(\delta_{m'n} - \hat{a}_{-n}^{\dagger} - \hat{a}_m^{\dagger}\hat{a}_{-m}^{\dagger}\hat{a}_n^{\dagger}(\delta_{m'n} - \hat{a}_{-m'})\hat{a}_{m'}) \\
&= -G\Big(-\sum_{m>0}\hat{a}_m^{\dagger}\hat{a}_{-m}^{\dagger}\sum_n\hat{a}_n^{\dagger}\hat{a}_n + \sum_{m>0}\hat{a}_m^{\dagger}\hat{a}_{-m}^{\dagger}\sum_{m'n>0}\delta_{m'n}\Big) \\
&= -G(-\hat{A}^{\dagger}\hat{N} + \Omega\hat{A}^{\dagger}) \\
&= -G(\Omega+2-\hat{N})\hat{A}^{\dagger}
\end{aligned}
\tag{7.180}
$$

其中Ω又是正角动量投影的数目。这个结果意味着$\hat{A}^{\dagger}$将$\hat{V}_{\mathrm{P}}$的本征值移动了依赖于粒子数的量。现在我们也可以来求$\hat{V}_{\mathrm{P}}$与$\hat{A}^{\dagger}$的幂的对易关系：

$$
\begin{aligned}
[\hat{V}_{\mathrm{P}},(\hat{A}^{\dagger})^{\nu}] &= \hat{V}_{\mathrm{P}}(\hat{A}^{\dagger})^{\nu} - (\hat{A}^{\dagger})^{\nu}\hat{V}_{\mathrm{P}} \\
&= [\hat{V}_{\mathrm{P}},\hat{A}^{\dagger}](\hat{A}^{\dagger})^{\nu-1} + \hat{A}^{\dagger}[\hat{V}_{\mathrm{P}},\hat{A}^{\dagger}](\hat{A}^{\dagger})^{\nu-2} \\
&\quad + \cdots + (\hat{A}^{\dagger})^{\nu-1}[\hat{V}_{\mathrm{P}},\hat{A}^{\dagger}] \\
&= -G\sum_{i=0}^{\nu-1}(\hat{A}^{\dagger})^{i}(\Omega+2-\hat{N})(\hat{A}^{\dagger})^{\nu-i}
\end{aligned}
\tag{7.181}
$$

现在使用$(\hat{A}^{\dagger})^{i}\hat{N}=(\hat{N}-2i)(\hat{A}^{\dagger})^{i}$将主导算符对易到右边，得到

$$[\hat{V}_P,(\hat{A}^\dagger)^\nu]=-G\sum_{i=0}^{\nu-1}(\Omega+2-\hat{N}+2i)(\hat{A}^\dagger)^\nu$$

$$=-G[\nu(\Omega+2-\hat{N})+\nu(\nu-1)](\hat{A}^\dagger)^\nu \qquad (7.182)$$

我们现在可以着手构造 N 粒子态。这些态的基是通过将粒子分布在 $2j+1=2\Omega$ 个单粒子能级上获得的，有 $d_N=\begin{pmatrix}2\Omega\\N\end{pmatrix}$ 个这样的组态。注意，例如，对于 $N=2\Omega$ 只有一个这样的态，因为所有的能级都被填充了。所有粒子都组合成$(m,-m)$的组态数是 $p_N=\begin{pmatrix}\Omega\\N/2\end{pmatrix}$，即在正投影单粒子态上分配这些对的方法数。

对于 $N=2$，配对态是 $\hat{A}^\dagger|0\rangle$，它的能量可决定如下：

$$\hat{V}_P\hat{A}^\dagger\mid 0\rangle=[\hat{V}_P,\hat{A}^\dagger]\mid 0\rangle=-G(\Omega+2-\hat{N})\hat{A}^\dagger\mid 0\rangle$$

$$=-G\Omega\hat{A}^\dagger\mid 0\rangle \qquad (7.183)$$

这样就恢复了原来的结果。对于 $N=4$，我们期望最低的态是$(\hat{A}^\dagger)^2|0\rangle$。由 $J=0$ 的两个态建立，它的角动量为零，它的能量能再次容易地从对易关系计算出来：

$$\hat{V}_P(\hat{A}^\dagger)^2\mid 0\rangle=[\hat{V}_P,(\hat{A}^\dagger)^2]\mid 0\rangle$$

$$=-G[2(\Omega+2-\hat{N})+2](\hat{A}^\dagger)^2\mid 0\rangle$$

$$=-2G(\Omega-1)(\hat{A}^\dagger)^2\mid 0\rangle \qquad (7.184)$$

所以这个态的能量是 $E=-2G(\Omega-1)$。泡利原理的效应已经将获得的能量减少到不到单对能量的两倍。

其他可能的态呢？对于两粒子的情况，我们已经看到剩余的 d_N-1 个态具有零能量。我们用 $\hat{B}_i^{\dagger(2)}|0\rangle(i=1,\cdots,d_N-1)$表示它们，所以

$$\hat{V}_P\hat{B}_i^{\dagger(2)}\mid 0\rangle=0 \qquad (7.185)$$

这些允许构造第二组四粒子态 $\hat{A}^\dagger\hat{B}_i^{\dagger(2)}|0\rangle$，其能量由下式给出：

$$\hat{V}_P\hat{A}^\dagger\hat{B}_i^{\dagger(2)}\mid 0\rangle=[\hat{V}_P,\hat{A}^\dagger]\hat{B}_i^{\dagger(2)}\mid 0\rangle$$

$$=-G(\Omega+2-\hat{N})\hat{A}^\dagger\hat{B}_i^{\dagger(2)}\mid 0\rangle$$

$$=-G(\Omega-2)\hat{A}^\dagger\hat{B}_i^{\dagger(2)}\mid 0\rangle \qquad (7.186)$$

其中使用了前面的等式。到目前为止，我们已经构造了 d_2 个特殊的四粒子态。为了得到其他态的能量，首先要注意势 $\hat{V}_P$ 是负定的，因为对于任何$|\Psi\rangle$，我们有

$$\langle\Psi\mid\hat{V}_P\mid\Psi\rangle=-G\langle\Psi\mid\hat{A}^\dagger\hat{A}\mid\Psi\rangle=-G\mid\hat{A}\mid\Psi\rangle\mid^2\leqslant 0 \quad (7.187)$$

这样，它的所有本征值必须是负的，我们将显示，迄今为止导出的本征值之和耗尽

了 $\hat{V}_P$ 的迹，对于剩余的本征值只留下零。这个和是

$$-2G(\Omega-1)-G(d_2-1)(\Omega-2)=-G\Omega(2\Omega^2-5\Omega+3) \quad (7.188)$$

另一方面，$\hat{V}_P$ 的迹是

$$\begin{aligned}\mathrm{tr}\{\hat{V}_P\}&=-G\sum_{mm'>0}\sum_i\langle\Psi_i\mid\hat{a}_m^\dagger\hat{a}_{-m}^\dagger\hat{a}_{m'}\hat{a}_{-m'}\mid\Psi_i\rangle\\&=-G\sum_{m>0}\sum_i\langle\Psi_i\mid\hat{a}_m^\dagger\hat{a}_{-m}^\dagger\hat{a}_m\hat{a}_{-m}\mid\Psi_i\rangle\end{aligned} \quad (7.189)$$

态 $|\Psi_i\rangle(i=1,\cdots,d_4)$ 跨越四粒子空间。矩阵元计算 m 和 $-m$ 都填充时有多少这样的态。如果这些态被占据，剩余的两个粒子可以分布在剩余的 $2\Omega-2$ 个态上，因此存在 $\begin{pmatrix}2\Omega-2\\2\end{pmatrix}$ 种可能性。所以迹为

$$\begin{aligned}\mathrm{tr}\{\hat{V}_P\}&=-G\sum_{m>0}\begin{pmatrix}2\Omega-2\\2\end{pmatrix}=-G\Omega\begin{pmatrix}2\Omega-2\\2\end{pmatrix}\\&=-G\Omega(2\Omega^2-5\Omega+3)\end{aligned} \quad (7.190)$$

与式(7.188)一致。这样，所有其他态必须具有为零的本征值，我们可用 $B_i^{\dagger(4)}|0\rangle$ $(i=1,\cdots,d_4-d_2)$ 来表示它们。

现在可以处理一般情况了。看来由 $\hat{A}^\dagger$ 创建的"对"的数目起着特殊的作用；因此，引入新的量子数 s（即高位数）以跟踪它们是有利的。它计数不成对的核子的数目。对于到目前为止讨论的情况，我们有表 7.4 中概括的态的特性和结构。

表 7.4　直到 $N=4$ 的不同态的粒子数 N 和高位数 s

N	s	态
2	0	$\hat{A}^\dagger|0\rangle$
2	2	$\hat{B}_i^{\dagger(2)}|0\rangle$
4	0	$(\hat{A}^\dagger)^2|0\rangle$
4	2	$\hat{A}^\dagger\hat{B}_i^{\dagger(2)}|0\rangle$
4	4	$\hat{B}_i^{\dagger(4)}|0\rangle$

通过前面结构的递推应用，这可以首先推广到 N 为偶数值的情况。对于给定的值 s，我们期望以下形式的态：

$$\begin{array}{ll}s=0 & (\hat{A}^\dagger)^{N/2}\mid0\rangle\\ s=2 & (\hat{A}^\dagger)^{(N-2)/2}\hat{B}_i^{(2)}\mid0\rangle\\ \vdots & \vdots\\ \text{一般的 } s & (\hat{A}^\dagger)^{(N-s)/2}\hat{B}_i^{(s)}\mid0\rangle\end{array} \quad (7.191)$$

以这种方式,算符 $\hat{B}_i^{(s)}$ 被递归地定义为 s 的最大允许值的态。因为通常我们要求 $\hat{V}_P\hat{B}_i^{(s)}|0\rangle=0$,所以这些态的能量可以再次容易地通过以下方式计算:

$$\begin{aligned}
&\hat{V}_P(\hat{A}^\dagger)^{(N-s)/2}\hat{B}_i^{(s)}\mid 0\rangle \\
&\quad=[\hat{V}_P,(\hat{A}^\dagger)^{(N-s)/2}]\hat{B}_i^{(s)}\mid 0\rangle \\
&\quad=-G\left[\frac{N-s}{2}(\Omega+2-\hat{N})+\frac{N-s}{4}(N-s-2)\right](\hat{A}^\dagger)^{(N-s)/2}\hat{B}_i^{(s)}\mid 0\rangle \\
&\quad=-\frac{G}{4}(N-s)(2\Omega+2-\hat{N}-s)(\hat{A}^\dagger)^{(N-s)/2}\hat{B}_i^{(s)}\mid 0\rangle
\end{aligned}\tag{7.192}$$

所以能量公式将是

$$E_s^N=-\frac{G}{4}(N-s)(2\Omega+2-N-s)\tag{7.193}$$

对于 N 的奇数值,奇粒子必须在上述构造开始之前明确产生。例如,对于 $s=1$,态应该是

$$(\hat{A}^\dagger)^{(N-1)/2}\hat{a}_m^\dagger\mid 0\rangle\quad(m=-j,\cdots,+j)\tag{7.194}$$

于是我们可以像以前一样继续进行,只是凡真空态前均添加一个额外的算符 $\hat{a}_m^\dagger$。因为显然 $\hat{V}_P\hat{a}_m^\dagger|0\rangle=0$,所以通过对易关系计算能量产生与式(7.193)相同的结果,只是其中的 N 和 s 反映了正确的奇数。

到目前为止,“在较大的 N 值下会发生什么”这个问题一直被人们心照不宣地忽略。一旦态的数目不再随着 N 增加,递推结构一定失败,这发生在 $N=\Omega/2$ 处。由于泡利原理,通过继续应用 $\hat{A}^\dagger$ 而产生的态将不再是独立的。然而,如果我们从完全填满的壳层开始增加空穴,我们可以应用相同的思想。如果我们通过下式对空穴定义产生和湮没算符:

$$\hat{\beta}_m^\dagger=\hat{a}_{-m},\quad\hat{\beta}_m=\hat{a}_{-m}^\dagger\tag{7.195}$$

配对势可以通过对易重写为

$$\begin{aligned}
\hat{V}_P&=-G\sum_{mm'>0}\hat{\beta}_{-m}\hat{\beta}_m\hat{\beta}_{m'}^\dagger\hat{\beta}_{-m'}^\dagger \\
&=-G\sum_{mm'>0}[\hat{\beta}_{m'}^\dagger\hat{\beta}_{-m'}^\dagger\hat{\beta}_{-m}\hat{\beta}_m+\delta_{mm'}(\hat{\beta}_{-m}\hat{\beta}_{-m'}^\dagger-\hat{\beta}_{m'}^\dagger\hat{\beta}_m)] \\
&=-G\sum_{mm'>0}\hat{\beta}_{m'}^\dagger\hat{\beta}_{-m'}^\dagger\hat{\beta}_{-m}\hat{\beta}_m-G(\Omega-N)
\end{aligned}\tag{7.196}$$

这样,除了仅取决于 N 的贡献之外,空穴的配对势具有相同的形式。因为在这个模型中,无论如何我们不能描述相邻原子核基态的相对位置,所以这部分可以忽略,并且能级图将关于 $N=\Omega/2$ 对称。但是,请注意,在能量公式中 N 应该被空穴的数目 $2\Omega-N$ 代替,公式中的 s 指的是未配对空穴,并且必须小于等于 $2\Omega-N$。

现在我们总结本小节的结果。在单粒子模型中，不管角动量耦合如何，原子核的能级完全简并，现在由于配对相互作用而分裂，该能谱用高位量子数描述。最低态是 s 值最小的态，即 $s=0$ 或 $s=1$。到下一个较高态的距离是

$$E_{s+2}^{N}-E_{s}^{N}=G(\Omega-s) \tag{7.197}$$

因此，在偶-偶核中，特别地在基态($s=0$)和第一激发态之间产生一个能隙 $G\Omega$。而且，由于这个态具有零高位数，显然核自旋必须消失。对于奇 A 核，间隙具有较小值 $G(\Omega-1)$。

在大壳层(即对于 $\Omega\gg N,s,1$)中粒子很少的极限情况下，能量可以近似为

$$E_{s}^{N}\approx-\frac{G}{2}(N-s)\Omega \tag{7.198}$$

所以每对贡献 $G\Omega$。对于大量的粒子，泡利原理会减少配对效应。

练习 7.8　$j=7/2$ 壳层中的配对

问题　计算 $j=7/2$ 壳层中原子核的谱的配对效应。

解答　如上所述，我们对具有不同 N 的原子核的相对能量不感兴趣，只考虑由于配对导致的态的降低。写出对于 $\Omega=4$ 的能量公式(7.193)，我们得到

$$E_{s}^{N}=-\frac{G}{4}(N-s)(10-N-s) \quad ①$$

能谱绘制在图 7.14 中。

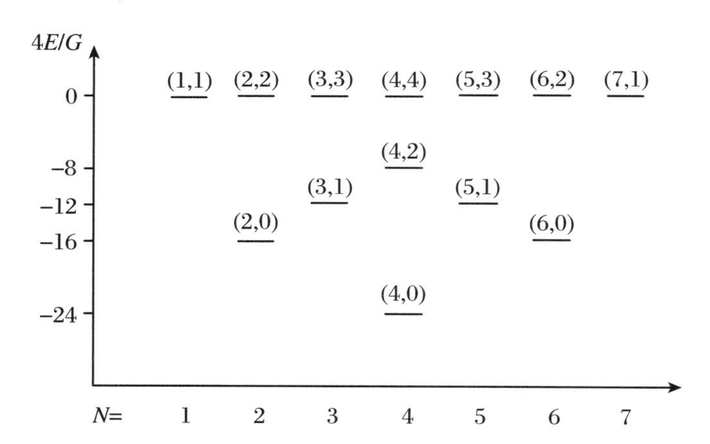

图 7.14　$j=7/2$ 壳层中高位数模型的谱。各个态用(N,s)标记，每个 N 的最高能态都在能量为零处排成一行

7.5.3　准自旋模型

有一个更优雅的方法来推导前一小节的结果[120]，虽然结果没有超出呈现在那里的，但数学思想足够有趣，值得进行简短的讨论。其基本思想是构造满足角动量

对易规则的算符。定义算符

$$\hat{S}_+ = \hat{A}^\dagger = \sum_{m>0} \hat{a}_m^\dagger \hat{a}_{-m}^\dagger$$

$$\hat{S}_- = \hat{A} = \sum_{m>0} \hat{a}_{-m} \hat{a}_m \tag{7.199}$$

$$\hat{S}_0 = \frac{1}{2} \sum_{m>0} (\hat{a}_m^\dagger \hat{a}_m + \hat{a}_{-m}^\dagger \hat{a}_{-m} - 1)$$

m 从 $-j$ 到 j。简单的检查显示这些算符满足

$$[\hat{S}_+, \hat{S}_-] = 2\hat{S}_0, \quad [\hat{S}_0, \hat{S}_+] = \hat{S}_+, \quad [\hat{S}_0, \hat{S}_-] = -\hat{S}_- \tag{7.200}$$

即与角动量算符 $\hat{J}_+, \hat{J}_-$ 和 $\hat{J}_0$ 完全相同的对易关系。这证明引入"准自旋"这个名字是有道理的。现在,配对势可以表示为

$$\hat{V}_{\mathrm{P}} = -G\hat{A}^\dagger \hat{A} = -G\hat{S}_+ \hat{S}_- \tag{7.201}$$

而算符 $\hat{S}_0$ 可以重写为

$$\hat{S}_0 = \frac{1}{2}\hat{N} - \frac{1}{2}\sum_{m>0} 1 = \frac{1}{2}(\hat{N} - \Omega) \tag{7.202}$$

通过注意到"角动量"算符的平方必须类似地定义为

$$\hat{S}^2 = \hat{S}_+ \hat{S}_- - \hat{S}_0 + \hat{S}_0^2 \tag{7.203}$$

$\hat{V}_{\mathrm{P}}$ 的本征值可以与准自旋的本征值相关,所以

$$\hat{V}_{\mathrm{P}} = -G(\hat{S}^2 - \hat{S}_0^2 + \hat{S}_0) \tag{7.204}$$

这样,利用众所周知的角动量本征态解决了这个问题。用 $\sigma(\sigma+1)$ 表示 $\hat{S}^2$ 的本征值,并使用式(7.202),我们发现

$$E_\sigma^N = -G\left[\sigma(\sigma+1) - \frac{1}{4}(N-\Omega)^2 + \frac{1}{2}(N-\Omega)\right] \tag{7.205}$$

形式上问题解决了,但是新的量子数 σ 与它所取代的高位数 s 之间的关系必须找到。这里比较一下我们之前的构建是有帮助的。通过投影 $\hat{S}_0$ 的不同本征值来区分固定的 σ 的态,对应于 $\hat{N}$ 中相邻投影之间相差 2,但是因为算符 $\hat{S}_\pm$ 产生和湮没对,它们都必须具有相同的高位数。这样,σ 必须是 s 和 Ω 的函数。它可以通过检查具有最低投影 $-\sigma = (N-\Omega)/2$ 的态(从 $\hat{S}_0$ 的定义)来导出,并且相应的态具有以下性质:

$$\hat{S}_- |-\sigma\rangle = \hat{A} |-\sigma\rangle = 0 \tag{7.206}$$

但是从物理上来说,这意味着这个态中没有配对,即 $s = N$。所以 σ 必须由

$$\sigma = \frac{1}{2}(\Omega - s) \tag{7.207}$$

给出。将此结果代入式(7.204),得到式(7.193),通过与对 σ 类似的讨论,可以验

证量子数的允许范围也相同。

7.5.4 BCS 模型

高位数模型和准自旋模型很好地说明了配对力的行为。但是受到部分填充 j 壳层的假设的严重限制，它们只适用于球形核。公式基于两个核子通过对态（m，$-m$）的对的求和耦合成零角动量。对于变形核，在一个 j 壳层内不再存在不同投影的简并，但是克拉默斯简并仍然保证一对简并的、相互时间反演共轭态的存在，它们应该通过短程力强烈地耦合。在固体中（这种情况中的理论最初是由巴丁、库珀和施里弗提出的[8]），它们是动量本征态（$\boldsymbol{k}$，$-\boldsymbol{k}$），而对于原子核，到内禀轴的角动量投影将是关键的量子数。应用到原子核是由别利亚耶夫开创的[13]。该方法的扩展版本是所谓的利普金-野上（Lipkin-Nogami）配对模型，在文献[130,161,169]中讨论了该模型，并且一旦知晓本章中给出的技术，就可以很容易理解该模型。

即使 k 是指角动量投影 Ω，用 k 和 $-k$ 表示这两个态仍然是惯例。在下文中，k 将用于表示单粒子态的所有量子数。我们需要的唯一重要性质是，总是存在两个态 k 和 $-k$ 通过时间反演相互联系，并且优先通过配对力耦合。

我们可以从包含纯单粒子部分加上只作用于这些对的剩余相互作用的哈密顿量开始：

$$\hat{H} = \sum_k \varepsilon_k^0 \hat{a}_k^\dagger \hat{a}_k + \sum_{kk'>0} \langle k, -k \mid v \mid k', -k' \rangle \hat{a}_k^\dagger \hat{a}_{-k}^\dagger \hat{a}_{-k'} \hat{a}_{k'} \tag{7.208}$$

本质上，除了不再暗示耦合到零角动量和允许配对势的非常数矩阵元，这与迄今为止使用的配对力类似。第二个求和中的限制 $k>0$ 再次意味着只有正投影被求和。在最简单的情况下，可以假定一个常数矩阵元 $-G$（虽然我们将回到更一般的情况）：

$$\hat{H} = \sum_k \varepsilon_k^0 \hat{a}_k^\dagger \hat{a}_k - G \sum_{kk'>0} \hat{a}_k^\dagger \hat{a}_{-k}^\dagger \hat{a}_{-k'} \hat{a}_{k'} \tag{7.209}$$

在这种情况下，无法找到解析解，但是存在一个基于 BCS 态的近似解：

$$| \mathrm{BCS} \rangle = \prod_{k>0}^{\infty} (u_k + v_k \hat{a}_k^\dagger \hat{a}_{-k}^\dagger) | 0 \rangle \tag{7.210}$$

在这个态中，每一对单粒子能级（k，$-k$）被占据的概率为 $|v_k|^2$，而保持空着的概率为 $|u_k|^2$。参数 u_k 和 v_k 将通过变分原理来确定。我们将假定它们是实数。对于与时间无关的问题，这将被证明是足够一般的。

我们首先检查 BCS 态的一些性质。

- 归一化：范数由下式给出：

$$\langle \mathrm{BCS} | \mathrm{BCS} \rangle = \langle 0 | \prod_{k>0}^{\infty} (u_k + v_k \hat{a}_{-k} \hat{a}_k) \prod_{k'>0}^{\infty} (u_{k'} + v_{k'} \hat{a}_{k'}^\dagger \hat{a}_{-k'}^\dagger) | 0 \rangle \tag{7.211}$$

对于不同的下标，括号中的项都对易，因此只需考虑两个具有相同下标的项的乘积：

$$
\begin{aligned}
&(u_k + v_k\hat{a}_{-k}\hat{a}_k)(u_k + v_k\hat{a}_k^\dagger\hat{a}_{-k}^\dagger) \\
&\quad = u_k^2 + u_k v_k(\hat{a}_k^\dagger\hat{a}_{-k}^\dagger + \hat{a}_{-k}\hat{a}_k) + v_k^2\hat{a}_{-k}\hat{a}_k\hat{a}_k^\dagger\hat{a}_{-k}^\dagger
\end{aligned}
\tag{7.212}
$$

因为乘积中的其他项不影响 k 和 $-k$ 态，所以这个表达式被矩阵元中的真空有效地封闭，只有第一项和最后一项才会有所贡献。这样，范数是

$$
\langle \mathrm{BCS} \mid \mathrm{BCS} \rangle = \prod_{k>0}^{\infty}(u_k^2 + v_k^2) \tag{7.213}
$$

且为了归一化，我们必须要求

$$
u_k^2 + v_k^2 = 1 \tag{7.214}
$$

- 粒子数：对于 BCS 态，显然这不是一个好量子数。它的期望值是

$$
N = \langle \mathrm{BCS} \mid \hat{N} \mid \mathrm{BCS} \rangle = \langle \mathrm{BCS} \mid \sum_{k>0}(\hat{a}_k^\dagger\hat{a}_k + \hat{a}_{-k}^\dagger\hat{a}_{-k}) \mid \mathrm{BCS} \rangle \tag{7.215}
$$

并且通过简单地注意到对于 k 的每个值，算符将分量投影成正比于来自 BCS 态的 v_k，并将其乘以粒子数 2，而到左边态的投影将再次只贡献 v_k 因子，它的值就可以计算出来。结果是

$$
N = \sum_{k>0} 2v_k^2 \tag{7.216}
$$

这自然符合将 v_k^2 解释为$(k, -k)$对被占据的概率。

- 粒子数不确定性：粒子数的均方偏差由下式给出：

$$
\Delta N^2 = \langle \mathrm{BCS} \mid \hat{N}^2 \mid \mathrm{BCS} \rangle - \langle \mathrm{BCS} \mid \hat{N} \mid \mathrm{BCS} \rangle^2 \tag{7.217}
$$

$\hat{N}^2$ 的矩阵元简单地由它的展开得到：

$$
\hat{N}^2 = \sum_{kk'>0}(\hat{a}_k^\dagger\hat{a}_k + \hat{a}_{-k}^\dagger\hat{a}_{-k})(\hat{a}_{k'}^\dagger\hat{a}_{k'} + \hat{a}_{-k'}^\dagger\hat{a}_{-k'}) \tag{7.218}
$$

每一项通过计算在相应单粒子态中的核子数产生一个系数 $2v_k^2 \times 2v_{k'}^2$。然而，对于对角项 $k = k'$，这个结果不成立，在那里从波函数只能得到一个因子 $4v_k^2$。这样我们有

$$
\langle \mathrm{BCS} \mid \hat{N}^2 \mid \mathrm{BCS} \rangle = 4\sum_{\substack{k \neq k' \\ kk'>0}} v_k^2 v_{k'}^2 + 4\sum_{k>0} v_k^2 \tag{7.219}
$$

将此式与前面的范数结果相结合并使用 $u_k^2 = 1 - v_k^2$，得到

$$
\Delta N^2 = 4\sum_{k>0} u_k^2 v_k^2 \tag{7.220}
$$

这个最后的结果显示粒子数的不确定性是由那些部分占据的单粒子态(即那些 u_k^2 或 v_k^2 都不等于 1 的态)引起的。因为占据概率只允许值 0 或 1 将意味着恢复到纯单粒子模型，配对的效应必须通过这个部分占据发挥作用。只要 $\Delta N \ll N$，粒子数的不确定性(虽然严格说来是不正确的)就不重要。这必须在实际结果中加以检验。

因为试验波函数不能使粒子数守恒，欲求的期望值必须通过带有拉格朗日乘

子的约束来得到。这样，我们考虑变分条件

$$\delta\langle \mathrm{BCS} \mid \hat{H}-\lambda\hat{N} \mid \mathrm{BCS}\rangle = 0 \tag{7.221}$$

由式(7.209)的哈密顿量和考虑到自由参数为 v_k，上式被更完整地写成

$$\frac{\partial}{\partial v_k}\langle \mathrm{BCS} \mid \sum_k(\varepsilon_k^0-\lambda)\hat{a}_k^\dagger\hat{a}_k - G\sum_{kk'>0}\hat{a}_k^\dagger\hat{a}_{-k}^\dagger\hat{a}_{-k'}\hat{a}_{k'} \mid \mathrm{BCS}\rangle = 0 \tag{7.222}$$

u_k 通过归一化 $u_k^2+v_k^2=1$ 依赖于 v_k，归一化产生 $u_k\mathrm{d}u_k+v_k\mathrm{d}v_k=0$ 或

$$\frac{\partial}{\partial v_k} = \left.\frac{\partial}{\partial v_k}\right|_{u_k} - \frac{v_k}{u_k}\left.\frac{\partial}{\partial u_k}\right|_{v_k} \tag{7.223}$$

利用迄今为止获得的经验，矩阵元的求值是相当容易的。检查波函数的哪些部分由算符投影出来到左边和右边，我们发现

$$\langle \mathrm{BCS} \mid \hat{a}_k^\dagger\hat{a}_k \mid \mathrm{BCS}\rangle = v_k^2$$

$$\langle \mathrm{BCS} \mid \hat{a}_k^\dagger\hat{a}_{-k}^\dagger\hat{a}_{-k'}\hat{a}_{k'} \mid \mathrm{BCS}\rangle = \begin{cases} u_kv_ku_{k'}v_{k'} & (k\neq k') \\ v_k^2 & (k=k') \end{cases} \tag{7.224}$$

配对矩阵元现在为

$$\begin{aligned}
&\langle \mathrm{BCS} \mid -G\sum_{kk'>0}\hat{a}_k^\dagger\hat{a}_{-k}^\dagger\hat{a}_{-k'}\hat{a}_{k'} \mid \mathrm{BCS}\rangle \\
&= -G\sum_{\substack{kk'>0\\k\neq k'}}u_kv_ku_{k'}v_{k'} - G\sum_{k>0}v_k^2 \\
&= -G\Big(\sum_{k>0}u_kv_k\Big)^2 - G\sum_{k>0}v_k^4
\end{aligned} \tag{7.225}$$

哈密顿量的期望值变成

$$\langle \mathrm{BCS} \mid \hat{H}-\lambda\hat{N} \mid \mathrm{BCS}\rangle = 2\sum_{k>0}(\varepsilon_k^0-\lambda)v_k^2 - G\Big(\sum_{k>0}u_kv_k\Big)^2 - G\sum_{k>0}v_k^4 \tag{7.226}$$

这必须按照式(7.223)进行微分，得到

$$4(\varepsilon_k^0-\lambda)v_k - 2G\Big(\sum_{k'>0}u_{k'}v_{k'}\Big)u_k - 4Gv_k^3 - \frac{v_k}{u_k}\Big[-2G\Big(\sum_{k'>0}u_{k'}v_{k'}\Big)\Big] = 0 \tag{7.227}$$

不同 k 值的所有方程通过如下项都是耦合的：

$$\Delta = G\sum_{k'>0}u_{k'}v_{k'} \tag{7.228}$$

我们暂时假设 Δ 是已知的，继续下去，导出 v_k 和 u_k 的显式形式，然后以 Δ 的定义作为补充条件。如果我们作如下缩写：

$$\varepsilon_k = \varepsilon_k^0 - \lambda - Gv_k^2 \tag{7.229}$$

式(7.227)简化为

$$2\varepsilon_kv_ku_k + \Delta(v_k^2-u_k^2) = 0 \tag{7.230}$$

对这个方程取平方允许我们用 v_k^2 代替 u_k^2，然后我们可以求解后者：

$$v_k^2 = \frac{1}{2}\left(1 \pm \sqrt{1 - \frac{\Delta^2}{\varepsilon_k^2 + \Delta^2}}\right) = \frac{1}{2}\left(1 \pm \frac{\varepsilon_k}{\sqrt{\varepsilon_k^2 + \Delta^2}}\right) \tag{7.231}$$

模棱两可的符号是由计算中出现的四阶方程产生的。取 ε_k^2 的平方根不会造成进一步的模糊性。通过注意对于非常大的单粒子能量 $\varepsilon_k \to \infty$，占据概率必须归零，可以选择正确的符号。这可以通过取负号来实现。这样最后的结果是

$$v_k^2 = \frac{1}{2}\left(1 - \frac{\varepsilon_k}{\sqrt{\varepsilon_k^2 + \Delta^2}}\right), \quad u_k^2 = \frac{1}{2}\left(1 + \frac{\varepsilon_k}{\sqrt{\varepsilon_k^2 + \Delta^2}}\right) \tag{7.232}$$

如果我们假设 λ 和 Δ 已经确定，那么很容易看出这些表达式的行为。对于 $\varepsilon_k = 0$，即当 $\varepsilon_k^0 - Gv_k^2 = \lambda$ 时，u_k^2 和 v_k^2 都等于1/2。对于 ε_k 的大的负值，我们将有 $u_k^2 \approx 0$ 和 $v_k^2 \approx 1$；对于大的正值，则相反。过渡的宽度由 Δ 控制。图 7.15 显示了这种行为。我们注意到 λ 显然扮演了一个广义费米能的角色。

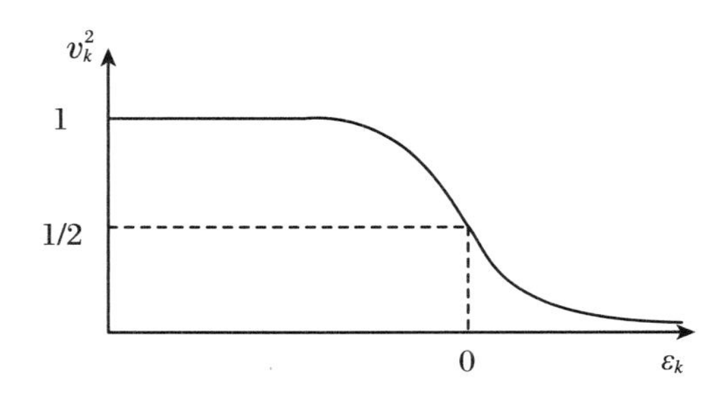

图 7.15　占据概率对单粒子能量 ε_k 的依赖性

现在可以通过将 u_k 和 v_k 的显式形式代入其定义中来确定未知参数，得到

$$\Delta = G\sum_{k>0} u_k v_k = \sum_{k>0} \frac{G}{2}\sqrt{1 - \frac{\varepsilon_k^2}{\varepsilon_k^2 + \Delta^2}} = \frac{G}{2}\sum_{k>0} \frac{\Delta}{\sqrt{\varepsilon_k^2 + \Delta^2}} \tag{7.233}$$

即所谓的间隙方程

$$\Delta = \frac{G}{2}\sum_{k>0} \frac{\Delta}{\sqrt{\varepsilon_k^2 + \Delta^2}} \tag{7.234}$$

它可以用已知的 G 值和单粒子能量 ε_k^0 迭代求解。于是另一个参数 λ 将同时满足总粒子数的条件：

$$\sum_{k>0} 2v_k^2 = N \tag{7.235}$$

为做到这一点，必须忽略式(7.234)中 ε_k 的定义中的项 $-Gv_k^2$。通常都这样做的论据在于它只对应于单粒子能量的重新归一化。

下面是 BCS 模型实际应用的一些提示。$\varepsilon_k \approx 0$ 的能级，即那些费米能附近的能级，在间隙方程中贡献最大。这促使我们分别处理质子和中子，因为除了非常轻的原子核，质子和中子的费米能是完全不同的，这也导致在各自的波函数之间产生一个短程配对型力的小矩阵元。这样，对于质子和中子能级图，分别写出间隙方

程，以及单独的强度参数 G_p和 G_n、能隙参数 Δ_p和 Δ_n及费米能 λ_p和 λ_n。强度参数的指导值为

$$G_p \approx 17\ \text{MeV}/A, \quad G_n \approx 25\ \text{MeV}/A \tag{7.236}$$

但是在文献中还可以找到许多其他的解决方案。许多作者使用配对能隙作为指定参数，这大大简化了计算。对于形变核，配对强度或能隙是否取决于形变仍是一个有争议的问题。

能隙方程式(7.234)总是有平凡解 $\Delta=0$。在大多数情况下，也有一个非平凡的配对解，它具有非零的间隙和降低的能量。这两个解不能通过不断增加配对强度联系起来，这样我们就可以讨论原子核的成对态和不成对态之间的相变。

7.5.5　博戈留博夫变换

BCS 模型可以通过向新的准粒子算符的变换，以更优雅的方式表述，即由博戈留博夫(Bogolyubov)和瓦拉廷(Valatin)发展的所谓博戈留博夫变换[28,29,204]描述。一个受欢迎的副产物是一种简单的方法，它将原子核的激发态构造为准粒子激发。

其基本思想是寻找算符 $\hat{\alpha}_k$，对它而言 BCS 基态是真空态，即

$$\hat{\alpha}_k \mid \text{BCS}\rangle = 0 \tag{7.237}$$

这是一个与哈特里-福克态类似但更一般的问题，对于它，向粒子和空穴的变换得到所需的公式：

$$\begin{cases} \hat{\alpha}_k^\dagger = \hat{a}_k^\dagger, \quad \hat{\alpha}_k = \hat{a}_k \quad (k>F) \\ \hat{\alpha}_k^\dagger = -\hat{a}_{-k}, \quad \hat{\alpha}_k = -\hat{a}_{-k}^\dagger \quad (k<F) \end{cases} \tag{7.238}$$

式中，$k<F$ 和 $k>F$ 分别又指哈特里-福克态中的占据和未占据态。注意，对于空穴($k<F$)来说，空穴 k 的产生意味着具有角动量投影 k 的粒子的消灭，所以它的下标应该表示为 $-k$。

就 BCS 态来说，粒子数不再守恒，尝试更一般的变换看来是合理的：

$$\hat{\alpha}_k = p\hat{a}_k + q\hat{a}_{-k}^\dagger \tag{7.239}$$

从上面的讨论可以清楚地知道，下标在这两项中为什么有不同的符号。将此算符应用于 BCS 态，并注意到只有算符乘积中的下标 k 才是重要的，我们得到条件

$$\begin{aligned} 0 &= (p\hat{a}_k + q\hat{a}_{-k}^\dagger)(u_k + v_k\hat{a}_k^\dagger\hat{a}_{-k}^\dagger) \mid 0\rangle \\ &= (qu_k + pv_k)\hat{a}_{-k}^\dagger \mid 0\rangle \end{aligned} \tag{7.240}$$

得出 $qu_k+pv_k=0$，由它可求得 $p=su_k$，$q=-sv_k$，其中有一个尚未确定的任意实因子 s。对 $\hat{\alpha}_{-k}$做同样的计算，我们得到两个定义

$$\hat{\alpha}_k = su_k\hat{a}_k - sv_k\hat{a}_{-k}^\dagger, \quad \hat{\alpha}_{-k} = tu_k\hat{a}_{-k} + tv_k\hat{a}_k^\dagger \tag{7.241}$$

并由厄米共轭得到相应产生算符

$$\hat{\alpha}_k^\dagger = su_k\hat{a}_k^\dagger - sv_k\hat{a}_{-k}, \quad \hat{\alpha}_{-k}^\dagger = tu_k\hat{a}_{-k}^\dagger + tv_k\hat{a}_k \tag{7.242}$$

假设 u_k 和 v_k 可以像以前一样被选择为实数。未知因子 s 和 t 可以通过要求通常

的费米子对易规则来确定,例如,

$$\delta_{kk'} = \{\hat{\alpha}_k, \hat{\alpha}_{k'}^\dagger\} = \delta_{kk'} s^2(u_k^2 + v_k^2) \tag{7.243}$$

所有这些都可以通过设 $s = t = 1$ 并像以前一样要求 $u_k^2 + v_k^2 = 1$ 来满足。

这样,博戈留博夫变换的最终版本是准粒子算符的如下定义:

$$\begin{aligned} \hat{\alpha}_k &= u_k \hat{a}_k - v_k \hat{a}_{-k}^\dagger, \quad \hat{\alpha}_k^\dagger = u_k \hat{a}_k^\dagger - v_k \hat{a}_{-k} \\ \hat{\alpha}_{-k} &= u_k \hat{a}_{-k} + v_k \hat{a}_k^\dagger, \quad \hat{\alpha}_{-k}^\dagger = u_k \hat{a}_{-k}^\dagger + v_k \hat{a}_k \end{aligned} \tag{7.244}$$

逆变换由下式给出:

$$\hat{a}_k = u_k \hat{\alpha}_k + v_k \hat{\alpha}_{-k}^\dagger, \quad \hat{a}_{-k} = u_k \hat{\alpha}_{-k} - v_k \hat{\alpha}_k^\dagger \tag{7.245}$$

产生算符通过取厄米共轭得到。

下一个任务是变换由动能加上二体相互作用组成的哈密顿量

$$\hat{H} = \sum_{k_1 k_2} t_{k_1 k_2} \hat{a}_{k_1}^\dagger \hat{a}_{k_2} + \frac{1}{2} \sum_{k_1 k_2 k_3 k_4} \bar{v}_{k_1 k_2 k_3 k_4} \hat{a}_{k_1}^\dagger \hat{a}_{k_2}^\dagger \hat{a}_{k_4} \hat{a}_{k_3} \tag{7.246}$$

这里 $\bar{v}_{k_1 k_2 k_3 k_4}$ 指的是如 7.2.4 小节的反对称矩阵元。通过上面给出的逆向博戈留博夫变换用准粒子算符替换这些算符会导致项过多。我们只讨论较简单动能项的一些一般特征(注意,矩阵元 $t_{k_1 k_2}$ 不依赖于 k_1 和 k_2 的符号):

$$\begin{aligned} \sum_{k_1 k_2} t_{k_1 k_2} \hat{a}_{k_1}^\dagger \hat{a}_{k_2} &= \sum_{k_1 k_2 > 0} t_{k_1 k_2} (u_{k_1} \hat{\alpha}_{k_1}^\dagger + v_{k_1} \hat{\alpha}_{-k_1})(u_{k_2} \hat{\alpha}_{k_2} + v_{k_2} \hat{\alpha}_{-k_2}^\dagger) \\ &\quad + \sum_{k_1 k_2 > 0} t_{k_1 k_2} (u_{k_1} \hat{\alpha}_{-k_1}^\dagger - v_{k_1} \hat{\alpha}_{k_1})(u_{k_2} \hat{\alpha}_{k_2} + v_{k_2} \hat{\alpha}_{-k_2}^\dagger) \\ &\quad + \sum_{k_1 k_2 > 0} t_{k_1 k_2} (u_{k_1} \hat{\alpha}_{k_1}^\dagger + v_{k_1} \hat{\alpha}_{-k_1})(u_{k_2} \hat{\alpha}_{-k_2} - v_{k_2} \hat{\alpha}_{k_2}^\dagger) \\ &\quad + \sum_{k_1 k_2 > 0} t_{k_1 k_2} (u_{k_1} \hat{\alpha}_{-k_1}^\dagger - v_{k_1} \hat{\alpha}_{k_1})(u_{k_2} \hat{\alpha}_{-k_2} - v_{k_2} \hat{\alpha}_{k_2}^\dagger) \end{aligned} \tag{7.247}$$

例如,注意包含 $\hat{\alpha}_{k_1}^\dagger \hat{\alpha}_{k_2}$ 的项,它是

$$t_{k_1 k_2} u_{k_1} u_{k_2} \hat{\alpha}_{k_1}^\dagger \hat{\alpha}_{k_2} \tag{7.248}$$

而对于组合 $\hat{\alpha}_{k_1} \hat{\alpha}_{k_2}^\dagger$,我们有

$$t_{k_1 k_2} v_{k_1} v_{k_2} \hat{\alpha}_{k_1} \hat{\alpha}_{k_2}^\dagger \tag{7.249}$$

对 k_1 和 k_2 求和,它们可以合并为

$$t_{k_1 k_2} [(u_{k_1} u_{k_2} - v_{k_1} v_{k_2}) \hat{\alpha}_{k_1}^\dagger \hat{\alpha}_{k_2} + v_{k_1}^2 \delta_{k_1 k_2}] \tag{7.250}$$

这个最简单的例子说明了我们期望的项的类型:算符乘积应按正常次序进行,即所有产生算符移到所有湮没算符的左边,因为在这种情况下,它们不会在 BCS 基态中作出贡献。进行交换也会生成具有较少算符的项,比如在前面的例子中,一个完全没有算符的项。

以这种方式处理所有项,最终根据项中算符的数目,导出哈密顿量的自然分

解。减去用于约束粒子数的项,我们可以把它一般地写成

$$\hat{H}-\lambda\hat{N}=U+\hat{H}_{11}+\hat{H}_{20}+\hat{H}_{40}+\hat{H}_{31}+\hat{H}_{22} \tag{7.251}$$

其中,两个下标表示构成总 $\hat{H}$ 的这一特定部分的项中的产生和湮没算符的数目。在讨论细节之前,让我们先讨论一下现在的目标应该是什么。项 U 是零准粒子BCS基态的能量。$\hat{H}_{11}$表示准粒子-准空穴激发能的依赖性,$\hat{H}_{20}$违反准粒子数守恒,甚至暗示BCS态将不是真正的基态。其他项包含高阶耦合,暂时可以忽略。对具有准粒子激发的BCS基态的合理解释需要 $\hat{H}_{20}=0$,我们可以将这一点作为条件来确定 v_k(及暗含 u_k),v_k 迄今为止是任意的。$\hat{H}_{20}$被证明是包含 $\hat{\alpha}_k^\dagger\hat{\alpha}_{-k'}^\dagger+\hat{\alpha}_{-k}\hat{\alpha}_{k'}$的项的和,要求系数消失得到

$$\begin{aligned}0=&\left[t_{kk'}-\lambda\delta_{kk'}+\sum_{k''>0}(\bar{v}_{k-k''k'-k''}+\bar{v}_{kk''k'k''})v_{k''}^2\right](u_kv_{k'}-u_{k'}v_k)\\&+\sum_{k''>0}\bar{v}_{k-k'k''-k''}u_{k''}v_{k''}(u_ku_{k'}+v_kv_{k'})\end{aligned} \tag{7.252}$$

这组方程是哈特里-福克方程式(7.64)的推广,当占据数限制为1或0时,式(7.252)会约化到式(7.64)(因为 $u_{k''}v_{k''}=0$,第二项消失,因子 $u_kv_{k'}-u_{k'}v_k$ 要求 k 和 k'在占据上不同,求和中的因子 $v_{k''}^2$将其限制在占据能级)。这样,第二项可正当地被视为配对项。对哈特里-福克-博戈留博夫势引入缩写

$$\Gamma_{kk'}^{\mathrm{BCS}}=\sum_{k''}\bar{v}_{kk''k'k''}v_{k''}^2 \tag{7.253}$$

(注意,现在求和对 k''的正值和负值进行,允许括号中两项的组合),并对配对势引入缩写

$$\Delta_{k-k'}=-\sum_{k''>0}\bar{v}_{k-k'k''-k''}u_{k''}v_{k''} \tag{7.254}$$

这样很方便。用它们来表述,哈特里-福克-博戈留博夫方程为

$$\begin{aligned}0=&(t_{kk'}-\lambda\delta_{kk'}+\Gamma_{kk'}^{\mathrm{BCS}})(u_kv_{k'}+u_{k'}v_k)\\&-\Delta_{k-k'}(u_ku_{k'}-v_kv_{k'})\end{aligned} \tag{7.255}$$

我们还需要指出哈密顿量的其他部分。使用相同的缩写,我们有

$$\begin{aligned}U&=\sum_{k>0}\left[\left(t_{kk}-\lambda+\frac{1}{2}\Gamma_{kk}^{\mathrm{BCS}}\right)2v_k^2-\Delta_{k-k}u_kv_k\right]\\\hat{H}_{11}&=\sum_{kk'>0}\Big[(t_{kk'}-\lambda\delta_{kk'}+\Gamma_{kk'}^{\mathrm{BCS}})(u_ku_{k'}-v_kv_{k'})\\&\qquad+\Delta_{k-k'}(u_kv_{k'}+v_ku_{k'})\Big](\hat{\alpha}_k^\dagger\hat{\alpha}_{k'}+\hat{\alpha}_{-k'}^\dagger\hat{\alpha}_{-k})\end{aligned} \tag{7.256}$$

具有四个算符的项通常被忽略,虽然一般不能显示这是否是适当的。

从哈特里-福克-博戈留博夫变换得到的方程得出的结果比前面章节中使用的简单配对相互作用更为一般。事实上,我们现在可以从深层的二体相互作用计算配对相互作用,只有当矩阵元接近简单配对力的矩阵元时,我们才应该期望恢复配

对理论。由于简单配对力的情况在实际应用中也最常用,我们现在根据对角配对势的假设

$$\Delta_{k-k'} = \Delta_k \delta_{kk'} \tag{7.257}$$

把上面的方程化简。与哈特里-福克方程一样,选择单粒子态作为适当选择的单粒子哈密顿量 $\hat{h}$ 的本征态,问题可以简化。在这种情况下,自然的选择是

$$h_{kk'} = t_{kk'} - \lambda\delta_{kk'} + \Gamma^{\mathrm{BCS}}_{kk'} = \varepsilon_k \delta_{kk'} \tag{7.258}$$

将上式代入,得到哈特里-福克-博戈留博夫方程的简化形式:

$$2\varepsilon_k u_k v_k - \Delta_k (u_k^2 - v_k^2) = 0 \quad (\text{全体 } k) \tag{7.259}$$

如果配对矩阵元不是对角的,仍然可以根据式(7.258)选择本征函数,但式(7.259)仍然是一个矩阵方程。

为了领会与上一小节中发展的BCS理论的联系,将式(7.259)与BCS方程

$$2\varepsilon_k u_k v_k + (v_k^2 - u_k^2) G \sum_{k>0} u_k v_k = 0 \tag{7.260}$$

进行比较。如果

$$\Delta_k = G \sum_{k>0} u_k v_k \tag{7.261}$$

则式(7.260)与式(7.259)相同。这意味着矩阵元是常数:

$$\bar{v}_{k-k'k''-k''} = -G\delta_{kk'} \tag{7.262}$$

对 u_k 和 v_k 求解式(7.259),得到与BCS理论相似的公式,只有常数能隙被 Δ_k 代替:

$$u_k^2 = \frac{1}{2}\left(1 + \frac{\varepsilon_k}{\sqrt{\varepsilon_k^2 + \Delta_k^2}}\right), \quad v_k^2 = \frac{1}{2}\left(1 - \frac{\varepsilon_k}{\sqrt{\varepsilon_k^2 + \Delta_k^2}}\right) \tag{7.263}$$

对于对角配对势,通过将这些表达式代入式(7.234)的版本中,可得到能隙方程的类似物,得到

$$\Delta_k = -\frac{1}{2}\sum_{k''>0} \frac{\bar{v}_{k-kk''-k''}}{\sqrt{\varepsilon_{k''}^2 + \Delta_{k''}^2}} \Delta_{k''} \tag{7.264}$$

与简单BCS理论相比,出现在上式中的主要新特点是占据数与自洽性问题的错综复杂的耦合。单粒子哈密顿量式(7.258)取决于占据数 v_k^2,后者必须通过同时求解能隙方程式(7.254)和自洽场的迭代来确定。

最后,我们可以将纯配对力的结果代入哈密顿量的其他部分。基态能量变成

$$U = \sum_{k>0}\left[\left(t_{kk} + \frac{1}{2}\Gamma^{\mathrm{BCS}}_{kk} - \lambda\right) 2v_k^2 - \Delta_k u_k v_k\right] \tag{7.265}$$

对于准粒子-准空穴部分,我们得到

$$\hat{H}_{11} = \sum_{k>0}\left[\varepsilon_k (u_k^2 - v_k^2) + 2\Delta_k u_k v_k\right](\hat{\alpha}_k^\dagger \hat{\alpha}_k + \hat{\alpha}_{-k}^\dagger \hat{\alpha}_{-k}) \tag{7.266}$$

利用

$$u_k^2 - v_k^2 = \frac{\varepsilon_k}{\sqrt{\varepsilon_k^2 + \Delta_k^2}}, \quad u_k v_k = \frac{1}{2}\frac{\Delta_k}{\sqrt{\varepsilon_k^2 + \Delta_k^2}} \tag{7.267}$$

它可以进一步简化。最终结果是

$$\hat{H}_{11} = \sum_{k>0} e_k (\hat{\alpha}_k^\dagger \hat{\alpha}_k + \hat{\alpha}_{-k}^\dagger \hat{\alpha}_{-k}) \tag{7.268}$$

具有准粒子能量

$$e_k = \sqrt{\varepsilon_k^2 + \Delta_k^2} \tag{7.269}$$

它具有无相互作用准粒子哈密顿量的形式。从这个意义上说，配对关联问题已经被大大简化了：基态现在通过部分占据数包含了核子之间的关联，激发态可以近似为由无相互作用的准粒子组成，它们的能量通过式(7.269)与深层的单粒子哈特里-福克本征能量联系。

现在很容易构造激发态，尽管与粒子数有关的更多细节经常被忽略。基态包含各种(但始终是偶数的)总粒子数的贡献，这样它将总是描述偶-偶核。用一个准粒子产生算符对其进行操作会将总数更改为奇数，因此它应该描述一个奇数核(我们一会儿会再谈这个)。添加两个准粒子算符可以保持偶的总数，但我们如何保证 $\hat{N}$ 的期望值不变呢？在形式上，我们只要求基态的(而不是激发态的)核子数有固定的期望值。事实上，如果 $\hat{\alpha}_k^\dagger$ 涉及远高于费米能的态，它将几乎等于 $\hat{a}_k^\dagger$(因为 $v_k \approx 1$ 和 $u_k \approx 0$)，且具有两个准粒子的态平均而言将比基态多含有两个核子。远低于费米面的准粒子几乎与通常的空穴相吻合。只有接近费米面的态，算符 $\hat{\alpha}_k^\dagger$ 才以几乎相等的概率产生和湮没核子，所以平均粒子数变化不大，我们保持在基态所描述的同一个原子核中！

这样，偶数核的最低非集体激发态应该取形式

$$\hat{\alpha}_k^\dagger \hat{\alpha}_{k'}^\dagger \mid \mathrm{BCS}\rangle \tag{7.270}$$

其中具有激发能

$$e_k + e_{k'} > \Delta_k + \Delta_{k'} \tag{7.271}$$

这样，又有一个由 Δ_k 决定的能隙。对于奇数核，如上所讨论的，基态为

$$\hat{\alpha}_k^\dagger \mid \mathrm{BCS}\rangle \tag{7.272}$$

其中选择了最低准粒子能量 e_k 的态。只需将准粒子移到另一个态，就可以产生一个激发态 $\hat{\alpha}_{k'}^\dagger |\mathrm{BCS}\rangle$，它具有激发能 $e_{k'} - e_k$。显然，这个表达式可以与单粒子能级 ε_k 之间的距离相比较，且没有能隙。

7.5.6　广义密度矩阵

通过使用密度矩阵，哈特里-福克-博戈留博夫方程可以被转换成一个与哈特里-福克方程本身类似的简单形式[29,205]。BCS 基态的密度矩阵可以很容易地计算：

$$\rho_{lk} = \langle \mathrm{BCS} \mid \hat{a}_k^\dagger \hat{a}_l \mid \mathrm{BCS}\rangle = v_k^2 \delta_{lk} \tag{7.273}$$

然而，哈特里-福克-博戈留博夫方程也包含组合 $u_k v_k$，它不能用这种方式产生。这样，我们需要一个额外的“反常”密度矩阵

$$\kappa_{lk} = \langle \mathrm{BCS} \mid \hat{a}_k \hat{a}_l \mid \mathrm{BCS}\rangle \tag{7.274}$$

如果 $k>0$，只有当 $l=-k$ 时，矩阵元才是非零的，这种组合将右边 BCS 态下产生的

振幅为 v_k 的对湮没，通过不存在于左边 BCS 态下的对的振幅提取一个因子 u_k。符号为正，因为在 BCS 态下，使用 $\hat{a}_k^\dagger \hat{a}_{-k}^\dagger$ 产生对。如果 $k<0$，必须再次有 $l=-k$，但是现在有一个负号，因为算符以错误的顺序破坏了两个核子。综上所述，结果是

$$\kappa_{lk} = \begin{cases} u_k v_k \delta_{k-l} & (k>0) \\ -u_k v_k \delta_{k-l} & (k<0) \end{cases} \tag{7.275}$$

显然，κ 是反对称的：

$$\kappa^{\mathrm{T}} = -\kappa \tag{7.276}$$

我们的讨论仅限于实系数 u_k 和 v_k 的情况。对于复系数的情况，在文献中通常引用密度矩阵处理(例如，在时间依赖问题中，这是必要的)，现在我们给出这个更一般情况的公式。上面的方程必须用下式代替：

$$\kappa^\dagger = -\kappa \tag{7.277}$$

它与实矩阵的旧结果一致。我们将忽略复杂的情况并使用下面简单的定义，这对应于省略了一些复共轭及自始至终使用转置代替厄米共轭。

密度矩阵不再是等幂的，取而代之的是

$$(\rho^2-\rho)_{lk} = (v_k^4 - v_k^2)\delta_{lk} = -v_k^2 u_k^2 \delta_{lk} = -\sum_m \kappa_{lm}\kappa_{km} \tag{7.278}$$

或者在纯矩阵标记中

$$\rho^2 - \rho = -\kappa\kappa^{\mathrm{T}} \tag{7.279}$$

显示

$$\rho\kappa = \kappa\rho \tag{7.280}$$

是平凡的。矩阵 ρ 和 κ 可以组合成一个广义密度矩阵

$$\mathscr{R} = \begin{pmatrix} \rho & \kappa \\ -\kappa & 1-\rho \end{pmatrix} \tag{7.281}$$

矩阵 $\mathscr{R}$ 被构造成对称的(对于复数值是厄米的)和等幂的。这些性质中的第一个来自 ρ 和式(7.276)的对称性，而等幂性可以被以显式方式检查：

$$\mathscr{R}^2 = \begin{pmatrix} \rho^2-\kappa^2 & \rho\kappa+\kappa-\kappa\rho \\ -\kappa\rho+\rho-\rho^2 & -\kappa^2+(1-\rho)^2 \end{pmatrix} \tag{7.282}$$

在非对角元中，ρ 和式(7.280)的等幂性导出期望的结果，在对角元中，使用式(7.279)连同式(7.276)。

现在只需简单计算就可以显示，按照

$$\mathscr{H} = \begin{pmatrix} h & \Delta \\ -\Delta & -h \end{pmatrix} \tag{7.283}$$

定义一个广义哈密顿量允许人们用简明的形式

$$[\mathscr{H},\mathscr{R}] = 0 \tag{7.284}$$

来公式化哈特里-福克-博戈留博夫方程，使人回忆起标准哈特里-福克理论的密度矩阵公式，并对正式操作有用。

第8章　集体运动和单粒子运动的相互作用

8.1　核芯加粒子模型

8.1.1　基本考虑

目前为止，集体模型总是处理含有偶数个质子和中子的原子核。如果这些数字中有一个是奇数，即如果将一个质子或中子加入到这样的集体核中，就会出现复杂的下一步。于是，必须预料到，集体和单粒子特性的激发将都是可能的，而且通常将会是耦合的。作为一级近似，将偶-偶核视为一个集体核芯似乎是合理的，其内部结构不受粒子在其表面移动的影响。

更具体地说，我们来研究由几何集体模型描述的集体核芯的情况。这样，这个概念是指单个粒子在由时间依赖的核芯产生的势中运动。该粒子“感受”到一个尼尔逊类型(7.4.2小节)的瞬时势，反过来，它的存在会在核芯上产生一种力，从而扭曲核芯的集体运动。这是指导该模型初始发展的绝热近似[25,119]。情况如图8.1所示，该图也展示出稍后讨论的角动量耦合。

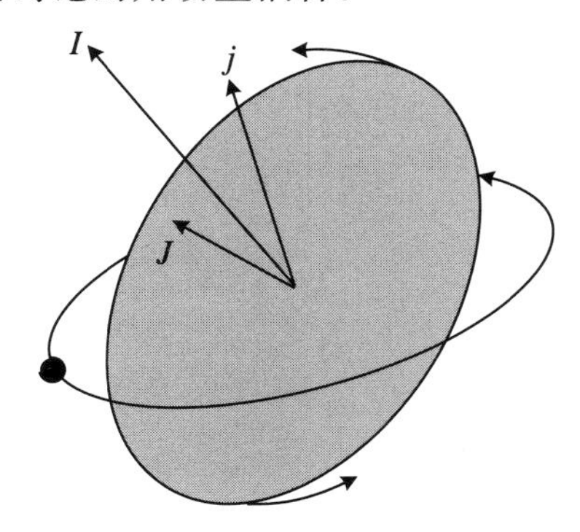

图8.1　核芯加粒子模型的示意图，也展示出核芯的角动量 J 与奇粒子的角动量 j 耦合成总角动量 I

考虑到所涉及的时间尺度,得出一个有用的近似。费米能附近典型的单粒子能量为 40 MeV 量级,其中大约一半是动能,而集体振动有一个量级为 0.5 MeV 的能级间隔。这显示集体运动要比单粒子运动慢得多,所以后者能够适应核芯运动,平均势能随核的形变而变化。如果核表面以通常的方式定义为

$$R(\theta,\varphi)=R_0\left(1+\sum_\mu \alpha_{2\mu}^* Y_{2\mu}(\theta,\varphi)\right) \tag{8.1}$$

核表面应该对应于势的等势面。具有正确等势面的势可以用如下形式建立:

$$V(\boldsymbol{r};\alpha_{2\mu})=V_0\left[r/\left(1+\sum_\mu \alpha_{2\mu}^* Y_{2\mu}(\theta,\varphi)\right)\right] \tag{8.2}$$

可以对 $\alpha_{2\mu}$展开到一阶:

$$V(\boldsymbol{r};\alpha_{2\mu})\approx V(\boldsymbol{r},\alpha_{2\mu}=0)-r\frac{\mathrm{d}V_0}{\mathrm{d}r}\sum_\mu \alpha_{2\mu}^* Y_{2\mu}(\theta,\varphi) \tag{8.3}$$

如果 V_0 是一个振子势,$V_0(r)=m\omega^2 r^2/2$,上式就变成

$$V(\boldsymbol{r};\alpha_{2\mu})=\frac{1}{2}m\omega^2 r^2-mr^2\omega^2\sum_\mu \alpha_{2\mu}^* Y_{2\mu}(\theta,\varphi) \tag{8.4}$$

与尼尔逊模型势一致。注意,此近似中的等势面是纯椭球面类型的,与四极形状只在 α 的一阶上一致。

对于这样的耦合势,确定本征态的最佳方法取决于其强度。如果核芯是球形的,它将相对较小,仅由围绕球形的小振荡产生。在这种情况下,似乎足以从球形振子的波函数耦合球形壳模型的单粒子函数来构造组合系统的解。这是弱耦合极限。如果基态是强形变的,最好通过使用转动-振动模型,在核芯波函数中直接考虑基态形变。然后,单粒子将用尼尔逊模型波函数来表示,这对应于强耦合极限。

8.1.2 弱耦合极限

如上所述,弱耦合极限建立在球形振子和球形单粒子模型上。这样,它的哈密顿量可以被分解为

$$\hat{H}=\hat{H}_{\text{coll}}+\hat{H}_{\text{sp}}+\hat{H}_{\text{耦合}} \tag{8.5}$$

其中

$$\begin{aligned}
\hat{H}_{\text{coll}}&=\frac{\sqrt{5}}{2B}[\pi\times\pi]^0+\frac{\sqrt{5}C}{2}[\alpha\times\alpha]^0\\
\hat{H}_{\text{sp}}&=-\frac{\hbar^2}{2m}\nabla^2+\frac{m\omega^2}{2}r^2+C\hat{\boldsymbol{l}}\cdot\hat{\boldsymbol{s}}+D\hat{\boldsymbol{l}}^2\\
\hat{H}_{\text{耦合}}&=-m\omega^2 r^2\sum_\mu \alpha_{2\mu}^* Y_{2\mu}(\theta,\varphi)
\end{aligned} \tag{8.6}$$

这里给出了完整的单粒子哈密顿量,包括自旋轨道耦合。

如果它足够弱,耦合项可以用微扰理论处理。如果我们使用集体球形振子态 $|NJM_J\rangle$ 和球形单粒子振子态 $|nljm\rangle$ 作为基态,则奇数核的态由角动量耦合给出:

$$| NJnlj; IM\rangle = \sum_{mM_J} (JlI \mid mM_J M) \mid NJM_J\rangle \mid nljm\rangle \tag{8.7}$$

在基态，核芯必须处于声子真空态$|0\rangle$，其中 $N=0$，$J=0$，而这个粒子在泡利原理允许的最低单粒子态。如果单粒子态是$|nljm\rangle$，则奇数核的基态将是

$$| 00nlj; jm\rangle = |0\rangle \mid nljm\rangle \tag{8.8}$$

所以很明显，这个基态只显示了单粒子态的角动量性质。由于单粒子能级的间隔通常大于集体振动能级的间隔，最低激发态将建立在单声子态$|12M_J\rangle = \hat{\beta}^{\dagger}_{M_J} |0\rangle$上，导致奇数核态为

$$| 12nlj; IM\rangle = \sum_{mM_J} (2jI \mid m\, M_J M) \hat{\beta}^{\dagger}_{M_J} \mid 0\rangle \mid nljm\rangle \tag{8.9}$$

总角动量在$|j-2|$到 $j+2$ 之间。这种结构可以类似地继续到较高的声子多重态，如图 8.2 所示。然而，这些态还是简并的，只有在核芯-粒子耦合的影响下才会分裂，我们现在处理这一耦合。

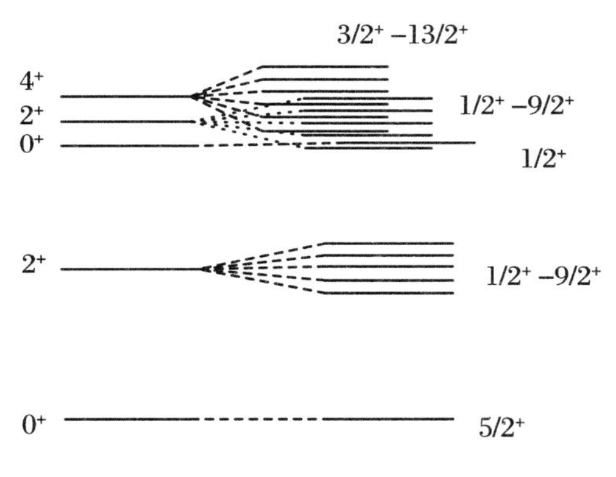

图 8.2　在核芯-粒子耦合影响下集体振动态的劈裂

式(8.6)的耦合项$\hat{H}_{耦合}$明显与声子数相差 1 的集体态耦合，与在角动量和径向量子数上差别达到两个单位的单粒子态耦合。例如，核的基态$|00nlj; jm\rangle$耦合到形式为$|12n'l'j'; jm\rangle$的所有态，具有相同结果的角动量 j 和投影 m。将矩阵元分解为集体和单粒子部分，得到

$$\langle 12n'\ l'\ j'; jm \mid \hat{H}_{耦合} \mid 00nlj; jm\rangle = \sqrt{\frac{\hbar}{2B\omega_2}} \langle j' \| Y_2 \| j\rangle \langle n'\ l' \mid m\omega^2 r^2 \mid nl\rangle \tag{8.10}$$

这里将包含在 $\alpha_{2\mu}$ 中的产生算符的矩阵元代入了，单粒子矩阵元分解为角度和径向部分，后者通过约化矩阵元表示。径向部分是不平凡的，它可以通过计算给出：

$$\langle n'\ l' \mid m\omega^2 r^2 \mid nl\rangle$$

$$
= \hbar\omega \times \begin{cases} l + 2n + \dfrac{3}{2} & (n' = n, l' = l) \\ \dfrac{1}{2}\sqrt{2n(2n + 2l + 1)} & (n' = n - 1, l' = l) \\ \dfrac{1}{2}\sqrt{(2n + 2l + 1)(2n + 2l - 1)} & (n' = n, l' = l - 2) \\ \sqrt{(2n + 2)(2n + 2l + 1)} & (n' = n + 1, l' = l - 2) \\ \dfrac{1}{2}\sqrt{2n(2n - 2)} & (n' = n + 1, l' = l + 2) \end{cases} \tag{8.11}
$$

所有其他矩阵元都消失了。这样,系统的真实基态将是未扰动基态的叠加,并混合了与角动量规则允许的低位单粒子态耦合的单声子态组合。微扰理论可以用来寻找一种相对简单的耦合处理方法。

不幸的是,在实验中,这个模型的最简单版本并不太成功。虽然前几个激发态的角动量和宇称通常与预测值相对应,但它们的次序和能量间隔不能被定量描述,并且必须考虑到与其他声子或单粒子态的耦合。

8.1.3 强耦合近似

在弱耦合模型中,假设集体核芯是球形的,可以用球振子波函数来描述。对于形变的核芯,原则上可以如6.6.1小节所讨论的那样用一个广义哈密顿量来代替球振子模型,将奇核的波函数在由与球形单粒子态耦合的集体波函数的乘积构成的基上展开。然而,这样做有两个障碍:

(1) 在这种情况下,粒子和核芯之间的相互作用预计会很强,因为我们从形变壳模型(7.3.2小节)得知,单粒子波函数会受核芯形变的影响很大。从概念上讲,形变的单粒子波函数应该被核芯"牵引",紧跟着它的转动或振动。在不知道核芯当前趋向的球形基上展开,可能会导致非常糟糕的一级近似。

(2) 单粒子组态随形变而变化:取决于核芯的瞬时形状,可能会占据不同的态。由于核芯本身代表被占据的能级(除了那个奇粒子),必须注意不要引入假的双重占据,并且式子会变得相当复杂。

另一方面,在强耦合哈密顿量中,通过使用与形变壳模型的波动函数耦合的转动-振动模型的波函数,直接在基态(basis state)中考虑核芯形变的效应。在这个构想中出现的新问题是如何处理角动量的耦合,因为单粒子波函数是在集体模型的内禀参考系中给出的,它不是转动不变的。下面我们将看到这个问题可以非常简单地解决,并且值得注意的是,类似的概念也已经应用于其他问题,例如形变核的八极振动。虽然粒子和核芯的角动量耦合首先由玻尔和莫特尔森[25]及克尔曼(Kerman)[119]处理,但耦合到振动的完整处理由费斯勒首先给出[71]。

这样，基本思路是在形变核芯的内禀参考系中写出奇粒子的哈密顿量和波函数。单粒子角动量$\hat{\boldsymbol{j}}$必须耦合到核芯的角动量$\hat{\boldsymbol{M}}$以给出核的总角动量：

$$\hat{\boldsymbol{I}} = \hat{\boldsymbol{M}} + \hat{\boldsymbol{j}} \tag{8.12}$$

强耦合极限下核的总哈密顿量被分成

$$\hat{H}_{\mathrm{sc}} = \hat{H}_{\mathrm{coll}} + \hat{H}_{\mathrm{sp}} \tag{8.13}$$

其中假设不需要一个额外的耦合项（至少在最低阶如此），因为它已经包含在强耦合近似中。集体部分包括

$$\hat{H}_{\mathrm{coll}} = \hat{H}_{\mathrm{rot}} + \hat{H}_{\mathrm{vib}} \tag{8.14}$$

（像以前一样，我们忽略转动-振动相互作用）并且可以立即写下来，只需注意核芯的角动量现在由$\hat{\boldsymbol{M}} = \hat{\boldsymbol{I}} - \hat{\boldsymbol{j}}$给出：

$$\begin{aligned}\hat{H}_{\mathrm{rot}} &= \frac{(\hat{\boldsymbol{I}}' - \hat{\boldsymbol{j}}')^2 - (\hat{I}_z' - \hat{j}_z')^2}{2\mathscr{J}} + \frac{(\hat{I}_z' - \hat{j}_z')^2}{16B\eta^2} \\ \hat{H}_{\mathrm{vib}} &= -\frac{\hbar^2}{2B}\left(\frac{\partial^2}{\partial\xi^2} + \frac{1}{2}\frac{\partial^2}{\partial\eta^2}\right) + \frac{1}{2}C_0\xi^2 + C_2\eta^2 - \frac{\hbar^2}{16B\eta^2}\end{aligned} \tag{8.15}$$

单粒子哈密顿量只是在内禀坐标系中写出的形变壳模型的哈密顿量：

$$\begin{aligned}\hat{H}_{\mathrm{sp}} =& \frac{\hat{p}'^2}{2m} + \frac{m\omega^2}{2}r'^2 + C\hat{\boldsymbol{l}}'\cdot\hat{\boldsymbol{s}}' + D\hat{\boldsymbol{l}}'^2 \\ &- m\omega^2 r'^2\left[a_0 Y_{20}(\theta',\varphi') + a_2(Y_{22}(\theta',\varphi') + Y_{2-2}(\theta',\varphi'))\right]\end{aligned} \tag{8.16}$$

形变势在这里用内禀形变$a_0 = \beta_0 + \xi$和$a_2 = \eta$来表示。

我们现在通过将基函数（basis function）中的对角项与描述相互作用的项分开，把哈密顿量$\hat{H}_{\mathrm{sc}}$的各个部分重新组合。在单粒子哈密顿量中，唯一的非对角项是涉及ξ和η的项，而集体部分中，单粒子角动量项必须被消除（除了内禀z投影，它在形变壳模型中仍然是一个好量子数）。于是分解看起来像这样：

$$\hat{H}_{\mathrm{sc}} = \hat{H}_{0\mathrm{coll}} + \hat{H}_{0\mathrm{sp}} + \hat{H}' \tag{8.17}$$

其中

$$\begin{aligned}\hat{H}_{0\mathrm{coll}} =& \frac{\hat{\boldsymbol{I}}'^2 - (\hat{I}_z' - \hat{j}_z')^2}{2\mathscr{J}} + \frac{(\hat{I}_z' - \hat{j}_z')^2 - 1}{16B\eta^2} \\ &- \frac{\hbar^2}{2B}\left(\frac{\partial^2}{\partial\xi^2} + \frac{1}{2}\frac{\partial^2}{\partial\eta^2}\right) + \frac{1}{2}C_0\xi^2 + C_2\eta^2 \\ \hat{H}_{\mathrm{sp}} =& \frac{\hat{p}'^2}{2m} + \frac{m\omega^2}{2}r'^2 + C\hat{\boldsymbol{l}}'\cdot\hat{\boldsymbol{s}}' + D\hat{\boldsymbol{l}}'^2 - m\omega^2 r'^2\beta_0 Y_{20}(\theta',\varphi')\end{aligned} \tag{8.18}$$

和

$$\hat{H}' = \frac{\hat{\boldsymbol{j}}'^2}{2\mathscr{J}} - \frac{\hat{I}_+'\hat{j}_-' + \hat{I}_-'\hat{j}_+' + 2\hat{I}_z'\hat{j}_z'}{2\mathscr{J}} - m\omega^2 r'^2\left[\xi Y_{20}' + \eta(Y_{22}' + Y_{2-2}')\right] \tag{8.19}$$

由于转动-振动相互作用已经被忽略，$\hat{H}'$项也不作进一步考虑。我们只注意到它的第一部分描述转动参考系中作用于粒子的科里奥利力，而第二部分则包含了核芯振动和奇粒子之间的相互作用。

无相互作用哈密顿量的解可以简单地写下来，只需形成转动-振动模型的波函数与形变壳模型的波函数的乘积即可。然而，由于内禀系统选择的模糊性（见6.1.4小节），对称性必须单独考虑。对于集体部分，非对称波函数由下式给出（见6.4.3小节）：

$$\psi_{\text{coll}}(\xi,\eta,\boldsymbol{\theta}) = N\,\mathscr{D}_{MK}^{(I)*}(\boldsymbol{\theta})\,\chi_{K-\Omega n_\gamma}(\eta)\langle\beta\mid n_\beta\rangle \tag{8.20}$$

其中有一个尚未指定的归一化因子 N，这里 Ω 是 $\hat{j}'_z$的本征值，即奇数粒子角动量在内禀 z 轴上的投影，K 是总角动量的对应投影。很明显，K 是转动本征函数的正确标志，但为什么在 η 振动函数中被$K-\Omega$ 取代？原因是 $1/\eta^2$ 中的“离心”势包含$\hat{I}'_z-\hat{j}'_z$，因此对于 η 振动，有效势包含 $K-\Omega$，必须被接纳进入波函数。

单粒子波函数是形变壳模型的波函数，它唯一精确的量子数是投影 Ω。用一个枚举下标 κ 区分同一Ω 的不同态，它们解

$$\hat{H}_{0\text{sp}}\varphi_{\kappa\Omega} = E_{\kappa\Omega}\varphi_{\kappa\Omega} \tag{8.21}$$

总哈密顿量 $\hat{H}_{\text{sc}}$的本征函数现在变成

$$\Psi_{IK\Omega n_\gamma n_\beta\kappa} = N\,\mathscr{D}_{MK}^{(I)*}(\boldsymbol{\theta})\chi_{K-\Omega n_\gamma}(\eta)\langle\beta\mid n_\beta\rangle\,\varphi_{\kappa\Omega} \tag{8.22}$$

本征能量是这两部分的和：

$$\begin{aligned}E_{IK\Omega n_\gamma n_\beta\kappa} = {} & E_{\kappa\Omega} + \frac{\hbar^2}{2\mathscr{J}}\left[I(I+1)-(K-\Omega)^2\right]\\ & + \left(\frac{1}{2}\left|K-\Omega\right| + 2n_\gamma + 1\right)\hbar\omega_\gamma + \left(n_\beta + \frac{1}{2}\right)\hbar\omega_\beta\end{aligned} \tag{8.23}$$

同样，唯一的调整是在由 η 振动贡献引起的项中用$K-\Omega$ 代替K。

允许的量子数照旧受对称性要求的影响。与6.4.3小节中的过程类似，我们注意到 $\hat{R}_3$ 不适用，因为 z'轴是特殊的。其他算符中，比较简单的是 $\hat{R}_2$，它将 η 的符号颠倒，并将 $\pi/2$ 加到 θ_3。与纯转动-振动模型一样，后一个操作从转动矩阵中提取一个因子 $\exp(\mathrm{i}\pi K/2)$，而把 η 的符号颠倒这个操作现在从η 振动波函数中产生一个因子$(-1)^{(K-\Omega)/2}$而不是$(-1)^{K/2}$。然而，有一个来自单粒子波函数的额外贡献$(-1)^{-\Omega/2}$，它（单粒子波函数）作为 $\hat{j}'_3$的本征函数包含一个因子 $\exp(-\mathrm{i}\Omega\theta_3)$。这样，$\hat{R}_2$ 的总效应是

$$\begin{aligned}\hat{R}_2\Psi_{IK\Omega n_\gamma n_\beta\kappa} &= (-1)^{K/2}(-1)^{(K-\Omega)/2}(-1)^{-\Omega/2}\Psi_{IK\Omega n_\gamma n_\beta\kappa}\\ &= (-1)^{K-\Omega}\,\Psi_{IK\Omega n_\gamma n_\beta\kappa}\end{aligned} \tag{8.24}$$

只有当 $K-\Omega$ 为偶数时，波函数才是不变的。

对于 $\hat{R}_1$，记住这对应于用$(x', -y', -z')$替换轴(x', y', z')的选择。对转动矩阵的效应已经给出：

$$\hat{R}_1 \mathcal{D}_{MK}^{(I)*}(\boldsymbol{\theta}) = (-1)^{I-2K} \mathcal{D}_{M-K}^{(I)*}(\boldsymbol{\theta}) \tag{8.25}$$

我们不能在指数中省略 $2K$，因为它现在是半整数。不幸的是，$\hat{R}_1$ 对单粒子波函数的效应不能简单地表述出来。因为在一般情况下它不会导致额外的选择规则，我们不给出任何细节，只是简单地写下对称波函数：

$$\Psi_{IK\Omega n_\gamma n_\beta \kappa} = \sqrt{\frac{2I+1}{16\pi^2}}\left[\mathcal{D}_{MK}^{(I)*}\varphi_{\kappa\Omega} + (-1)^{I-2K}\mathcal{D}_{M-K}^{(I)*}\hat{R}_1\varphi_{\kappa\Omega}\right] \cdot \chi_{|K-\Omega| n_\gamma}\langle\beta \mid n_\beta\rangle \tag{8.26}$$

现在最后的任务是构造模型的谱。这必然比纯转动-振动模型复杂得多。关键的出发点是关于基态形变 β_0 的知识。检查图 7.6、图 7.7 中形变壳模型的谱，必须填充这些态，直到嵌入除奇粒子之外的所有粒子。于是，包含奇粒子的单粒子能级确定在 $\varphi_{\kappa_0\Omega_0}$ 中的最低可达函数。在 $\varphi_{\kappa_0\Omega_0}$ 之上的那些(用 $\varphi_{\kappa_i\Omega_i}$ 表示)引起单粒子激发。于是，存在这样的激发谱，其能量由 $E_{\kappa_i\Omega_i} - E_{\kappa_0\Omega_0}$ 给出。

在这些单粒子激发的每一个能级上建立一个转动-振动带，其结构可以从式(8.23)看出。例如，基态带有

$$K = \Omega_0, \quad n_\gamma = n_\beta = 0 \tag{8.27}$$

它的角动量顺序必须由下式给出：

$$I = \Omega_0, \Omega_0 + 1, \cdots \tag{8.28}$$

对于具有不同 K 的带或建立在另一个单粒子态上的带，情况是相似的。主要的限制来自于 $\hat{R}_2$，即 $K - \Omega_i$ 是偶数。这样量子数取

$$K = \Omega_i, \Omega_i + 2, \cdots, \quad I = |\Omega_i|, |\Omega_i| + 1, \cdots \tag{8.29}$$

此外，β 和 γ 振动可以被激发。对于 β 振动，只有 n_β 必须改变，而如果 $K > \Omega_i$，γ 振动当然已经存在，就像在转动-振动模型中，在那里标准 γ 带对应于 $K=2$。原则上 $n_\gamma > 0$ 也是可能的。

在实践中，通常有几个接近费米能的单粒子能级，尼尔逊模型不够精确，无法依赖于准确的顺序。在这些情况下，通常从能级图预期的所有角动量和在其上建立的带出现实验谱中。

在对强耦合模型的简要描述的最后，我们注意到科里奥利耦合通常非常重要，甚至可以显著改变能级序列。遗憾的是，一个彻底的处理需要更广泛的计算，因此在此省略了。然而，值得一提的是，文献[25,119]中发展的哈密顿量的原始形式中没有考虑振动，使角动量的耦合成为关键特征。添加到标准的尼尔逊和转动-振动哈密顿量，我们现在发现了形式为

$$\hat{H}' = \frac{1}{2\mathcal{J}}(\hat{I}'_- \hat{j}'_+ + \hat{I}'_+ \hat{j}'_-) \tag{8.30}$$

的相互作用。现在，这种耦合的一个有趣特征是，它只有在 $K=\Omega=1/2$ 的基态(basis states)中才有对角矩阵元，这是因为相反投影的分量混合在式(8.26)中的方式。这些对角元可以计算，得到

$$-\frac{1}{2\mathscr{J}}\langle IK\Omega\, n_\gamma\, n_{\beta\kappa} \mid \hat{H}' \mid IK\Omega\, n_\gamma\, n_{\beta\kappa}\rangle = a\,(-1)^{I+1/2}\left(I+\frac{1}{2}\right) \tag{8.31}$$

其中包含矩阵元的单粒子部分的 a 称为去耦参数。它有一个有趣的结果，即系统地修改了 $K=1/2$ 带的 $I(I+1)$ 规则：

$$E_K(I) = E_K^{(0)} + \frac{\hbar^2}{2\mathscr{J}}\left[I(I+1) + a\,(-1)^{I+1/2}\left(I+\frac{1}{2}\right)\delta_{K,1/2}\right] \tag{8.32}$$

实验中看到了这种效应，但理论在对去耦参数的定量描述方面做得不好，显示了这个非常简单的哈密顿量的局限性。

练习 8.1　强耦合模型中^{183}W 的谱

问题　用强耦合模型解释^{183}W 核的谱。

解答　表 8.1 给出了该核的最低能级。

表 8.1　^{183}W 的最低实验能级

I^π	能量/keV
$1/2^-$	0.0
$3/2^-$	46.5
$5/2^-$	99.1
$7/2^-$	207.0
$3/2^-$	208.8
$5/2^-$	291.7
$9/2^-$	308.9
$9/2^+$	309.5
$7/2^-$	412.1
$7/2^-$	453.1
$9/2^-$	554.2

另一个不在这张表中的必要信息是核的变形 β_0 约为 0.21。

^{183}W 有 74 个质子和 109 个中子。这样，奇粒子是一个中子，我们必须在图 7.8 所示的尼尔逊图中找到它的能级。原则上，人们可以用二重克拉默斯简并来计所有占满能级，但在实践中，比较容易注意到哪些满壳层完全低于费米能。在这种情况下，82 壳保持填充状态，所以忽略这个来自较低壳的 $h_{11/2}$ 态，我们对经过的每个能级计数 2，到达 108，其具有$9/2^+$ 态。奇粒子的下一个可用能级是$1/2^-$、$3/2^-$ 和$7/2^-$，它们差异太小，无法进行可靠的预测。然而，在这种情况下，顺序是正确的，我们可以根据适当的角动量将谱分成带。另外还有一个$9/2^+$ 态，可以理

解为一个空穴态：一个中子跃起加入这个奇粒子，这样9/2$^+$态就被单独占据了，并决定了角动量和宇称。

以这种方式获得的谱的解释如图8.3所示，其基于单粒子能级将谱分解成不同的带。

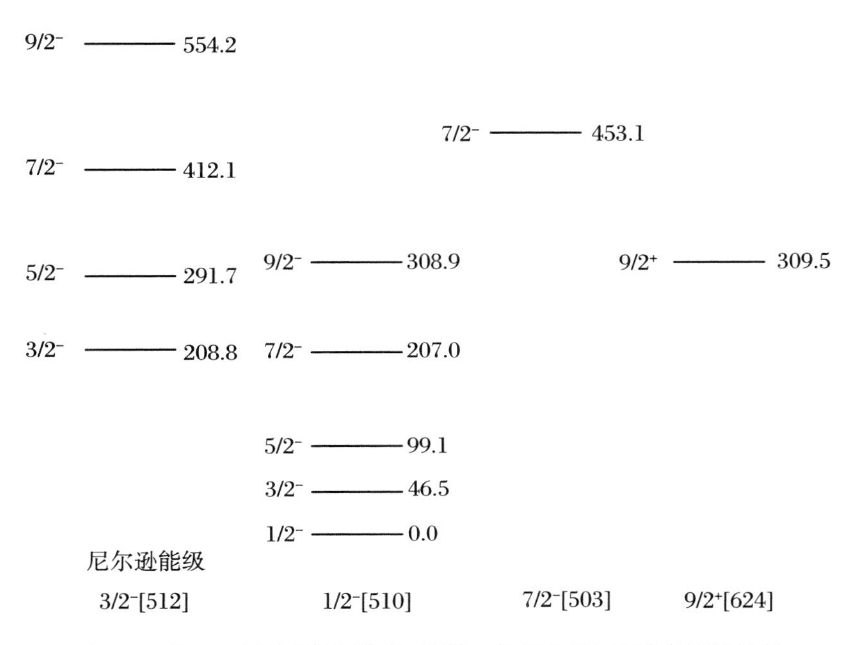

图8.3　基于不同的单粒子能级，将^{183}W的低位能级指定给不同的带

8.1.4　相互作用玻色子-费米子模型

6.8节中的相互作用玻色子模型也适用于与一个额外的奇粒子耦合，就像几何集合模型一样。这种组合模型称为相互作用玻色子-费米子模型（IBFM），它由伊切罗（Iachello）和朔尔滕（Scholten）提出[109,110]。

该模型的主要成分非常直截了当：除了相互作用玻色子模型的s玻色子和d玻色子之外，还引入了奇粒子的产生和湮没算符 $\hat{a}^\dagger_{jm}$ 和 $\hat{a}_{jm}$。奇粒子的角动量由可用轨道决定，因此，一般来说，奇粒子的波函数是由费米能以上许多不同的单粒子态贡献的。这种处理在精神上更接近于弱耦合模型，其中核芯和粒子的角动量都使用了。哈密顿量分解为玻色子、费米子和耦合项：

$$\hat{H} = \hat{H}_{\text{IBM}} + \hat{H}_{\text{费米子}} + \hat{H}_{\text{耦合}} \tag{8.33}$$

第一部分是标准的IBM或IBM2哈密顿量，对于费米子部分，使用了在同一精神下的一般展开：

$$\hat{H}_{费米子} = \sum_{j} n_j \left[\hat{a}_j^{\dagger} \times \hat{a}_j\right]^0 + \sum_{\lambda} \sum_{j_1 j_2 j_3 j_4} v_{j_1 j_2 j_3 j_4}^{(\lambda)} \left[\left[\hat{a}_{j_1}^{\dagger} \times \hat{a}_{j_2}\right]^{\lambda} \times \left[\hat{a}_{j_3}^{\dagger} \times \hat{a}_{j_4}\right]^{\lambda}\right]^0 \tag{8.34}$$

最后,耦合部分的建立方式与$[\hat{a}_j^{\dagger} \times \hat{a}_{j'}]^{\lambda}$的所有乘积之和相同,具有将一个玻色子产生算符和一个湮没算符耦合到相同λ的组合。所有项分别使玻色子和费米子数守恒,它们正应该是这样。

该模型的本征态的实际构建太深入到群论中,无法在此给出。作为替代,我们提一下所采用的一些想法和取得的成功。一个问题是由于哈密顿量的一般数学形式而出现大量参数。在几何模型中,由于在形变势(理想情况下它完全决定了相互作用)中运动的清晰图像,情况比较简单。在 IBFM 中,人们也可以尝试从深层的物理中确定系数,例如,文献[19,39,53,188]中呈现了此类计算。

一个有独立兴趣的替代方法是对玻色子和费米子部分使用组合对称群的群理论分解,这最好在超对称的框架下完成[11,116]。它在描述同位素链的谱和跃迁概率方面取得了一些成功,类似于 IBM 本身的方法可以通过这样的链来研究集体结构的系统变化。由于该模型将偶-偶核的态与奇核的态联系起来,它可以很好地满足提供超对称性在自然界中的首次应用的要求。

8.2 微观模型中的集体振动

8.2.1 塔姆-丹科夫近似

在哈特里-福克模型中,原子核的激发态是粒子-空穴激发。其中最低的是单粒子/单空穴激发,其能量对应于最后填充的态和第一个空态的能量差。

如果原子核具有幻数的质子数和中子数,这些激发大多具有负宇称,因为在一个谐振子中连续的壳具有交替的宇称。自旋轨道耦合只导致偶尔出现具有相反宇称的闯入态。这样,我们期望有大量负宇称态,其能量约为壳能隙的能量,并且看起来也很清楚,剩余相互作用将消除简并。这些态应该很容易通过电磁偶极子场激发,因为电磁激发由单粒子算符描述。

例如,在^{16}O中,壳能隙约为 11.5 MeV。然而,我们没有观察到激发概率大致相等的态集中,而是观察到在两个态中激发概率的集中,分别是在 6 MeV 附近的一个3^-态与在 22 MeV 和 25 MeV 附近的两个巨共振1^-态。其他负宇称态仅以小概率激发。这样,剩余相互作用导致了具有更大电磁激发概率的集体态的存在。在下面的章节中,我们将看到如何解释这一点。

再次使用符号惯例，下标 i 和 j 指的是低于费米能的单粒子态，m 和 n 指的是高于费米能的单粒子态，粒子-空穴可以写成

$$|mi\rangle = \hat{a}_m^\dagger \hat{a}_i |\mathrm{HF}\rangle \tag{8.35}$$

存在剩余相互作用时，这些当然不是哈密顿量的本征态，但它们可以作为变分过程的基。于是，我们研究变分问题

$$\delta\langle \Psi | \hat{H} | \Psi \rangle = 0 \tag{8.36}$$

变分仅限于如下形式的归一化波函数：

$$|\Psi\rangle = \sum_{mi} c_{mi} |mi\rangle = \sum_{mi} c_{mi} \hat{a}_m^\dagger \hat{a}_i |\mathrm{HF}\rangle \tag{8.37}$$

一般的二体哈密顿量为

$$\hat{H} = \sum_{k_1 k_2} t_{k_1 k_2} \hat{a}_{k_1}^\dagger \hat{a}_{k_2} + \frac{1}{2} \sum_{k_1 k_2 k_3 k_4} v_{k_1 k_2 k_4 k_3} \hat{a}_{k_1}^\dagger \hat{a}_{k_2}^\dagger \hat{a}_{k_3} \hat{a}_{k_4} - \langle \mathrm{HF} | \hat{H} | \mathrm{HF} \rangle \tag{8.38}$$

由于我们只对激发能量感兴趣，因此减去了哈特里-福克基态能量。类似于7.2.2小节，考虑到归一化的约束，并且随 c_{mi} 而变化，得到

$$\sum_{nj} (\langle \mathrm{HF} | \hat{a}_i^\dagger \hat{a}_m \hat{H} \hat{a}_n^\dagger \hat{a}_j | \mathrm{HF} \rangle - E \langle \mathrm{HF} | \hat{a}_i^\dagger \hat{a}_m \hat{a}_n^\dagger \hat{a}_j | \mathrm{HF} \rangle) c_{nj} = 0 \tag{8.39}$$

第二个矩阵元是 $\delta_{ij}\delta_{mn}$，哈密顿量的矩阵元可以用标准方法来计算。势矩阵元在对角项与非对角项表现有些不同：

$$\begin{aligned} \langle mi | \hat{H} | mi \rangle &= t_{mm} - t_{ii} + \sum_j (\langle mj | \bar{v} | mj \rangle - \langle ij | \bar{v} | ij \rangle) + \langle mi | \bar{v} | im \rangle \\ &= \varepsilon_m - \varepsilon_i + \langle mi | \bar{v} | im \rangle \end{aligned} \tag{8.40}$$

$$\langle mi | \bar{v} | nj \rangle = \langle mj | \bar{v} | in \rangle$$

在这些表达式中，哈特里-福克单粒子能量的定义和反对称矩阵元的定义取自7.2节。

将这个结果代入式(8.39)，得到塔姆-丹科夫(Tamm-Dancoff)方程

$$\sum_{jn} [(\varepsilon_m - \varepsilon_i)\delta_{mn}\delta_{ij} + \langle mj | \bar{v} | in \rangle] c_{nj}^\nu = E_\nu c_{mi}^\nu \tag{8.41}$$

其中使用附加下标 ν 来列举不同的本征态。能量 E_ν 是高于基态的激发能。在文献[33,66]中，塔姆-丹科夫方法被引入到核物理中。

为了理解这个方程是如何产生集体态的，检查所谓的图解模型是很有用的[33,34]。这是基于对势矩阵元的可分离近似：

$$\langle mj | \bar{v} | in \rangle \approx \lambda D_{mi} D_{nj} \tag{8.42}$$

λ 为强度参数。注意，量 D_{mi} 对应于单粒子矩阵元，可以假定为实数。在讨论这个近似的适当性之前，我们将首先用它来导出解的性质。将式(8.42)代入式(8.41)，我们得到

$$(E_\nu - \varepsilon_m + \varepsilon_i) c_{mi}^\nu = \lambda D_{mi} \sum_{nj} D_{nj} c_{nj}^\nu \tag{8.43}$$

此式很容易求解，注意右边的和只代表一个总体常数，这个常数也可以通过波函数的归一化 $\sum_{mi} |c_{mi}^\nu|^2 = 1$ 来确定：

$$c_{mi}^\nu = \frac{D_{mi}}{E_\nu - \varepsilon_m + \varepsilon_i} \lambda \sum_{nj} D_{nj} c_{nj}^\nu \tag{8.44}$$

能量的方程是通过如下表达式得出的：

$$\sum_{mi} D_{mi} c_{mi}^\nu = \sum_{mi} \frac{D_{mi}^2}{E_\nu - \varepsilon_m + \varepsilon_i} (\lambda \sum_{nj} D_{nj} c_{nj}^\nu) \tag{8.45}$$

从中我们得到

$$\sum_{mi} \frac{D_{mi}^2}{E_\nu - \varepsilon_m + \varepsilon_i} = \frac{1}{\lambda} \tag{8.46}$$

作为 E_ν 的函数，这个方程的左边在所有的粒子-空穴能量 $\varepsilon_{mi} = \varepsilon_m - \varepsilon_i$ 处都有奇点，在这些能量之上为正，在这些能量之下为负。对于 $E_\nu \to \pm \infty$，它趋于 ± 0。其行为如图 8.4 所示。通过寻找该曲线与常数 $1/\lambda$ 的交点得到本征能量，常数 $1/\lambda$ 可能有任一符号。显然，所有本征能量都将被包含在粒子-空穴能量之间，除了一个向上（$\lambda > 0$）或向下（$\lambda < 0$）移动很远的本征能量。我们现在将显示这个态显示出集体行为。

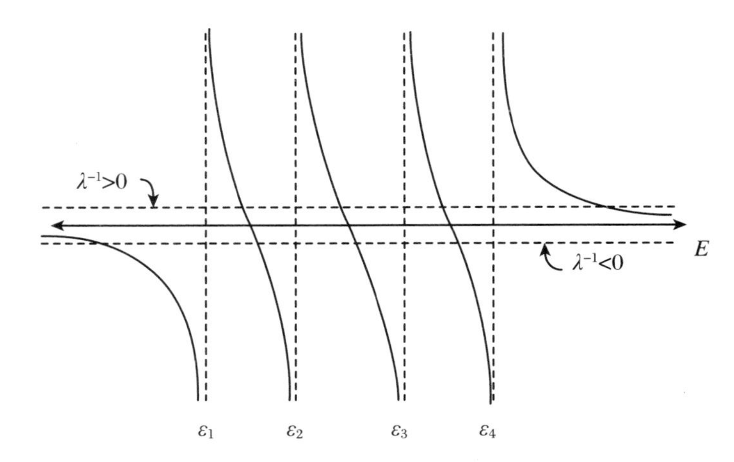

图 8.4　式(8.41)的解的图解。该方程左侧的函数对 E 作图。它在粒子-空穴能量(在这种情况下，用 $\varepsilon_{1\sim4}$ 表示)上有奇点。曲线与 $\lambda<0$ 和 $\lambda>0$ 的水平线的交点产生以点标记的解，其横坐标给出了本征能量 E_ν。注意，虽然大多数本征值呆在粒子-空穴能量之间，但最低或最高的本征值分别被向下或向上推得很远

为了看到这个特殊态是集体态，检查所有粒子-空穴能量等于 $\varepsilon_m - \varepsilon_i = \varepsilon$ 的情况。在这种情况下，图形结构显示所有本征能量将等于 ε，除了一个导致非零分母的态。它的能量给出如下：

$$E = \varepsilon + \lambda \sum_{mi} D_{mi}^2 \tag{8.47}$$

展开系数为

$$c_{mi} = \frac{D_{mi}}{\sqrt{\sum_{nj} D_{nj}^2}} \tag{8.48}$$

这清楚地表明集体态是单个粒子的高度相干激发。

剩余相互作用的可分离展开是否有意义当然取决于为这种相互作用作出的精确假设。矩阵元 D_{mi} 常被偶极算符的矩阵元取代，因为相邻壳的宇称不同，所以偶极算符是连接这些态的最简单算符。

在实际应用中，粒子-空穴态必须耦合到好的角动量，并且对于轻核来说，必须耦合到好的同位旋。人们发现，对于通常的相互作用，具有单位同位旋的态在能量上被推高(即具有 $\lambda>0$)，而那些具有 $T=0$ 的态有 $\lambda<0$。

练习 8.2　对^{16}O 做塔姆-丹科夫计算

问题　解释如何为^{16}O 核建立塔姆-丹科夫计算。

解答　从 7.4.1 小节的单粒子模型的能级图可以看出^{16}O 的壳结构。最后一个被占据的壳是具有 $1p_{3/2}$和 $1p_{1/2}$态的负宇称 p 壳，而第一个空壳是包含正宇称的 $1d_{5/2}$，$2s_{1/2}$和 $1d_{3/2}$态的 sd 壳。这样，耦合角动量可以允许表 8.2 中列出的组合。

表 8.2　通过将 sd 壳中的一个粒子与 p 壳中的一个空穴耦合而获得的^{16}O 中的粒子-空穴态。耦合的特定态在第一列和第一行中指出并导致所列的耦合角动量和宇称

	$1d_{3/2}$	$2s_{1/2}$	$1d_{5/2}$
$1p_{1/2}$	1^-，2^-	0^-，1^-	2^-，3^-
$1p_{3/2}$	0^-，1^-，2^-，3^-	1^-，2^-	1^-，2^-，3^-，4^-

对于 $T=0$ 和 $T=1$，该表是相同的。波函数在其中展开的空间对于 0^- 为 2 维，对于 1^- 为 5 维，对于 2^- 为 5 维，对于 3^- 为 3 维，只有一个 4^- 类型的态。因此，计算发生在相对较小的空间(当然，对于较重的系统来说，它会迅速增大)。粒子-空穴激发能大约为 $\hbar\omega = 41\ \text{MeV}\times A^{-1/3}$，也就是说，在这种情况下，接近 16 MeV。实验上人们发现三个显著的集体态，一个在 6 MeV 的 3^-、$T=0$ 的态，两个在 22.6 MeV和 25.2 MeV 的 1^-、$T=1$ 的态。用一个现实的剩余相互作用的计算可以解释这种结构，并显示集体态确实对应于单粒子态的混合，在深层的粒子-空穴态上具有广泛的分布。

有另一种推导塔姆-丹科夫近似的方法，它将为今后的发展提供便利的基础，特别是因为它与将激发态处理为玻色子的集体模型方法有关。我们正在寻找的集体态 $|\nu\rangle$ 可解定态薛定谔方程

$$\hat{H} \mid \nu\rangle = E_\nu \mid \nu\rangle \tag{8.49}$$

我们现在定义一个算子 $\hat{Q}_\nu^\dagger$,它从真空中“产生”这个态,也类似于一个产生算符,相关的湮没算符当应用于真空时产生零:

$$\hat{Q}_\nu^\dagger \mid 0\rangle = \mid \nu\rangle, \quad \hat{Q}_\nu \mid 0\rangle = 0 \tag{8.50}$$

在这个要求中没有近似。实际上,这种算符可以形式化地给出为 $\hat{Q}_\nu^\dagger = |\nu\rangle\langle 0|$,很容易看出此式满足这两个条件。对算符 $\hat{Q}_\nu^\dagger$ 的近似值的引入将像往常一样基于变分原理:

$$0 = \delta\langle \nu | \hat{H} - E_\nu |\nu\rangle = \delta\langle 0 | \hat{Q}_\nu \hat{H} \hat{Q}_\nu^\dagger - E_\nu \hat{Q}_\nu \hat{Q}_\nu^\dagger | 0\rangle \tag{8.51}$$

关于变分原理的标准版本,我们可以继续研究,注意,算符 $\hat{Q}_\nu$ 及其伴随项(而不是波函数及其复共轭)可以独立取变分。$\hat{Q}_\nu$ 的变分导致

$$\langle 0 | \delta \hat{Q}_\nu \hat{H} \hat{Q}_\nu^\dagger | 0\rangle = E\langle 0 | \delta \hat{Q}_\nu \hat{Q}_\nu^\dagger | 0\rangle \tag{8.52}$$

注意到

$$\hat{H} \hat{Q}_\nu^\dagger | 0\rangle = [\hat{H}, \hat{Q}_\nu^\dagger] | 0\rangle + E_0 \hat{Q}_\nu^\dagger \mid 0\rangle \tag{8.53}$$

E_0 是基态的能量,我们可以把它重写为

$$\langle 0 | \delta \hat{Q}_\nu [\hat{H}, \hat{Q}_\nu^\dagger] | 0\rangle = (E_\nu - E_0)\langle 0 \mid \delta \hat{Q}_\nu \hat{Q}_\nu^\dagger \mid 0\rangle \tag{8.54}$$

最后,一切都可以写成对易子:

$$\langle 0 | [\delta \hat{Q}_\nu, [\hat{H}, \hat{Q}_\nu^\dagger]] | 0\rangle = (E_\nu - E_0)\langle 0 \mid [\delta \hat{Q}_\nu, \hat{Q}_\nu^\dagger] | 0\rangle \tag{8.55}$$

这可以用$\langle 0 | \hat{Q}_\nu^\dagger = \langle 0 | \hat{H}\hat{Q}_\nu^\dagger = 0$ 来证明。方程(8.55)将作为下一小节推导无规相位近似的基础。然而,在此之前,将在练习中检查是否可以从新形式中恢复塔姆-丹科夫近似。

练习 8.3 塔姆-丹科夫方程的推导

问题 由式(8.55)导出塔姆-丹科夫近似。

解答 在塔姆-丹科夫近似中,声子真空是哈特里-福克基态$|\mathrm{HF}\rangle$,基态能量设为零。由为塔姆-丹科夫近似定义的试验态,得算符 $\hat{Q}_\nu^\dagger$ 应定义为

$$Q_\nu^\dagger = \sum_{mi} c_{mi}^\nu \hat{a}_m^\dagger \hat{a}_i \tag{①}$$

其中 c_{mi}^ν 是变分参数。此算符显然满足所需的要求 $\hat{Q}_\nu |0\rangle = 0$,因此,我们可以恢复推出式(8.55)的最后论点并省略对易子,得到

$$\sum_{mi} \delta c_{mi}^{\nu *} \sum_{nj} \langle \mathrm{HF} \mid \hat{a}_i^\dagger \hat{a}_m (\hat{H} - E_\nu) \hat{a}_n^\dagger \hat{a}_j \mid \mathrm{HF}\rangle c_{nj}^\nu = 0 \tag{②}$$

这与式(8.39)相同,因为 c_{mi} 的变分是独立的。

8.2.2 无规相位近似

在上一小节结尾处发展起来的公式,对于推导塔姆-丹科夫近似来说似乎带来

了不必要的麻烦。然而,正如我们现在所看到的,它非常适合发展更先进的理论。

"无规相位近似(RPA)"这一名称指的是原始推导之一中所做的近似,参见文献[129]中的处理。

塔姆-丹科夫近似的严重缺点是使用未经修改的哈特里-福克基态。剩余相互作用的存在也应该改变基态本身,使其与激发态一致,人们只需要允许粒子-空穴混合就可以构建新的基态$|\mathrm{RPA}\rangle$。与哈特里-福克基态的关键区别在于,激发态不仅可以用通常的粒子-空穴产生算符 $\hat{a}_m^\dagger\hat{a}_i$ 来构造,还可以用诸如 $\hat{a}_i^\dagger\hat{a}_m$ 这样的组合来构造,它自基态获得粒子-空穴激发(注意,默认的假设仍然成立,下标 m,n 指的是费米能之上的单粒子态,而 i,j 指的是低于费米能的态)。这样,产生集体态的算符可以采用更一般的形式

$$\hat{Q}_\nu^\dagger = \sum_{mi} x_{mi}^\nu \hat{a}_m^\dagger \hat{a}_i - \sum_{mi} y_{mi}^\nu \hat{a}_i^\dagger \hat{a}_m \tag{8.56}$$

应该满足条件

$$\hat{Q}_\nu \mid \mathrm{RPA}\rangle = 0 \tag{8.57}$$

算符的变分包含系数 x_{mi}^ν 或 y_{mi}^ν 的变分,由式(8.55)得到两个分别乘以 δx_{mi}^ν 和 δy_{mi}^ν 的方程:

$$\begin{aligned}\langle \mathrm{RPA}|[\hat{a}_i^\dagger\hat{a}_m,[\hat{H},\hat{Q}_\nu^\dagger]]|\mathrm{RPA}\rangle &= (E_\nu - E_0)\langle \mathrm{RPA}\mid[\hat{a}_i^\dagger\hat{a}_m,\hat{Q}_\nu^\dagger]\mid \mathrm{RPA}\rangle \\ \langle \mathrm{RPA}|[\hat{a}_m^\dagger\hat{a}_i,[\hat{H},\hat{Q}_\nu^\dagger]]|\mathrm{RPA}\rangle &= (E_\nu - E_0)\langle \mathrm{RPA}\mid[\hat{a}_m^\dagger\hat{a}_i,\hat{Q}_\nu^\dagger]\mid \mathrm{RPA}\rangle\end{aligned} \tag{8.58}$$

为了更进一步,原则上必须使用一些关于$|\mathrm{RPA}\rangle$态的信息,但幸运的是,有一种方法可以解决这个问题。在这个方程的右边,可以求对易子的值:

$$[\hat{a}_i^\dagger \hat{a}_m, \hat{a}_n^\dagger \hat{a}_j] = \delta_{mn}\delta_{ij} - \delta_{mn}\hat{a}_j\hat{a}_i^\dagger - \delta_{ij}\hat{a}_n^\dagger\hat{a}_m \tag{8.59}$$

我们需要这个表达式在态$|\mathrm{RPA}\rangle$中的期望值。现在最后一项应该和费米能之上的粒子数一样小。同样地,第一项应该是小的,它由 RPA 态中空穴的存在而产生。这样,我们得到近似

$$\begin{aligned}&\langle \mathrm{RPA}\mid[\hat{a}_i^\dagger\hat{a}_m,\hat{a}_n^\dagger\hat{a}_j]\mid \mathrm{RPA}\rangle \\ &\quad= \delta_{ij}\delta_{mn} - \delta_{mn}\langle \mathrm{RPA}|\hat{a}_j\hat{a}_i^\dagger|\mathrm{RPA}\rangle - \delta_{ij}\langle \mathrm{RPA}|\hat{a}_n^\dagger\hat{a}_m|\mathrm{RPA}\rangle \\ &\quad\approx \delta_{ij}\delta_{mn} \\ &\quad= \langle \mathrm{HF}|[\hat{a}_i^\dagger\hat{a}_m,\hat{a}_n^\dagger\hat{a}_j]|\mathrm{HF}\rangle\end{aligned} \tag{8.60}$$

结果是粒子-空穴产生算符 $\hat{a}_i^\dagger\hat{a}_m$ 的行为就好像它们满足玻色子对易关系 $[\hat{a}_i^\dagger\hat{a}_m,\hat{a}_n^\dagger\hat{a}_j]=\delta_{ij}\delta_{mn}$ 一样,由于这个原因,这种方法也被称为准玻色子近似。注意,这个近似严格来说违反泡利不相容原理。

现在,通过将式(8.58)左边的 RPA 态也替换为 TDHF 态完成近似。注意,这并不意味着返回到塔姆-丹科夫近似,因为我们仍有对 x_{nj}^ν 和 y_{nj}^ν 的求和。于是可以容易地计算矩阵元,我们为它们定义了缩写:

$$A_{mi,nj} = \langle \mathrm{HF} | [\hat{a}_i^\dagger \hat{a}_m, [\hat{H}, \hat{a}_n^\dagger \hat{a}_j]] | \mathrm{HF} \rangle = (\varepsilon_m - \varepsilon_i)\delta_{mn}\delta_{ij} + \bar{v}_{mjin}$$
$$B_{mi,nj} = -\langle \mathrm{HF} | [\hat{a}_i^\dagger \hat{a}_m, [\hat{H}, \hat{a}_j^\dagger \hat{a}_n]] | \mathrm{HF} \rangle = \bar{v}_{mnij} \tag{8.61}$$

于是,RPA 方程采用以下形式:

$$\sum_{nj} (A_{mi,nj} x_{nj}^\nu + B_{mi,nj} y_{nj}^\nu) = (E_\nu - E_0) x_{mi}^\nu$$
$$\sum_{nj} (B_{mi,nj}^* x_{nj}^\nu + A_{mi,nj}^* y_{nj}^\nu) = -(E_\nu - E_0) y_{mi}^\nu \tag{8.62}$$

这些方程常常用矩阵符号书写,其中指标以一个明显的方式指定:

$$\begin{pmatrix} A & B \\ B^* & A^* \end{pmatrix} \begin{pmatrix} X^\nu \\ Y^\nu \end{pmatrix} = (E_\nu - E_0) \begin{pmatrix} 1 & 0 \\ 0 & -1 \end{pmatrix} \begin{pmatrix} X^\nu \\ Y^\nu \end{pmatrix} \tag{8.63}$$

RPA 近似首先是在电子气体的背景下发展起来的[26],然后很快应用于核理论,例如文献[9,76,77]。

这确实提供了塔姆-丹科夫方程的推广,如果考虑到当 y 设为零时会发生什么,则这一点变得很明显:这些方程会简单地化为塔姆-丹科夫方程。从物理上看,这是显而易见的,因为系数 y 衡量了在基态中的相关性,这在塔姆-丹科夫方程中被忽视。

RPA 中激发态的整体归一化要求

$$\sum_{mi} (|x_{mi}^\nu|^2 + |y_{mi}^\nu|^2) = 1 \tag{8.64}$$

现在我们来看看 RPA 的一些一般特性。从方程式(8.63)的矩阵形式中可以明显看出的一个问题是它们的非厄米性质。结果,本征能量可能是复杂的。然而,在实践中,这只在不寻常的情况下发生。基态本身并没有明确给出。事实上,它的形式是相当复杂的,必须根据对于所有 ν 有 $\hat{Q}^\nu |\mathrm{RPA}\rangle = 0$ 这一条件来确定。

像在塔姆-丹科夫近似中一样,对于可分离矩阵元,人们可以研究图解模型的扩展版本:

$$\bar{v}_{mnij} = \lambda D_{mi} D_{nj} \tag{8.65}$$

如果我们进一步假设矩阵D_{mi}是实的和对称的,则 RPA 方程化简为

$$\lambda \sum_{nj} D_{jn} D_{mi} x_{nj}^\nu + \lambda \sum_{nj} D_{mi} D_{nj} y_{nj}^\nu = (E_\nu - E_0 - \varepsilon_m + \varepsilon_i) x_{mi}^\nu$$
$$\lambda \sum_{nj} D_{mi} D_{jn} x_{nj}^\nu + \lambda \sum_{nj} D_{mi} D_{nj} y_{nj}^\nu = -(E_\nu - E_0 + \varepsilon_m - \varepsilon_i) y_{mi}^\nu \tag{8.66}$$

现在,同样的技巧也适用于简单的图解模型。如果我们注意到相同的和

$$S = \sum_{nj} D_{nj} x_{nj}^\nu + \sum_{nj} D_{nj} y_{nj}^\nu \tag{8.67}$$

出现在两个方程中,这些方程对于未知系数

$$x_{mi}^\nu = \frac{\lambda S D_{mi}}{E_\nu - E_0 - \varepsilon_m + \varepsilon_i}, \quad y_{mi}^\nu = \frac{\lambda S D_{mi}}{-E_\nu + E_0 - \varepsilon_m + \varepsilon_i} \tag{8.68}$$

可以立即求解。将这些解代入到 S 的定义中得到

$$S = \sum_{mi} \lambda D_{mi}^2 S \left(\frac{1}{\varepsilon_i - \varepsilon_m + E_\nu - E_0} + \frac{1}{\varepsilon_i - \varepsilon_m - E_\nu + E_0} \right)$$

$$= \sum_{mi} \frac{2\lambda D_{mi}^2 S(\varepsilon_i - \varepsilon_m)}{(\varepsilon_i - \varepsilon_m)^2 - (E_\nu - E_0)^2} \tag{8.69}$$

或者

$$1 = \sum_{mi} \frac{2\lambda D_{mi}^2 (\varepsilon_m - \varepsilon_i)}{(E_\nu - E_0)^2 - (\varepsilon_m - \varepsilon_i)^2} \tag{8.70}$$

练习 8.4　扩展的图解模型

问题　在简并的粒子-空穴能量情况下，检查扩展的图解模型的性质。集体态的能量能降至基态能量下吗？

解答　将简并情况 $\varepsilon_m - \varepsilon_i \equiv \varepsilon$ 代入式(8.70)中产生

$$1 = \frac{2\lambda \sum_{mi} D_{mi}^2 \varepsilon}{(E_\nu - E_0)^2 - \varepsilon^2} \quad ①$$

得到对于集体态的解

$$E_\nu - E_0 = \sqrt{\varepsilon^2 + 2\varepsilon\lambda \sum_{mi} D_{mi}^2} \quad ②$$

将上式和与塔姆-丹科夫近似有关的图解模型

$$E_\nu - E_0 = \varepsilon + \lambda \sum_{mi} D_{mi}^2 \quad ③$$

进行比较，式③只是新结果的最低阶展开。显然，集体态的能量只依赖于参数 $\lambda \sum_{mi} D_{mi}^2$，它表征了剩余相互作用的强度。函数行为如图 8.5 所示，显示对于足够强的负相互作用强度，集体激发能可能确实变为负。这种集体激发的崩溃的物理解释是相当简单的：相互作用导致势能面上的一个变形极小，所以围绕球形的振动激发不再稳定。

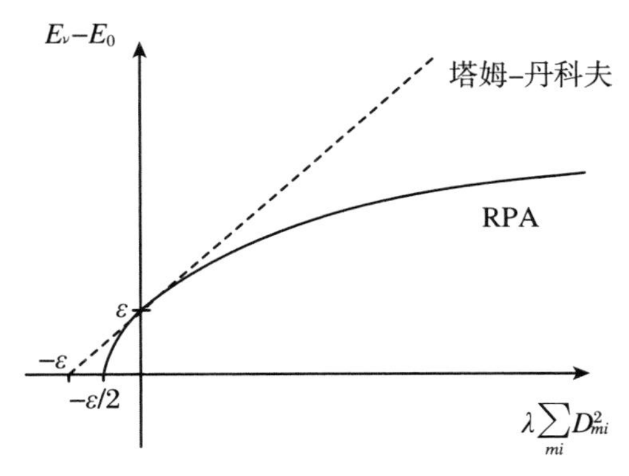

图 8.5　集体激发能对相互作用强度的依赖性由参数 $\lambda \sum_{mi} D_{mi}^2$ 给出。这两条曲线都是指在适当的图解模型中完全简并的粒子-空穴谱的情形

8.2.3 时间依赖的哈特里-福克和线性响应

RPA 近似的一个完全不同且非常有启发性的推导是所谓的线性响应理论，它也采用哈特里-福克方程的时间依赖形式[63,89,201]。它不在有限的粒子-空穴激发空间中观察哈密顿量的稳态，而是研究原子核对外界刺激的时间依赖响应。推导过程在优雅地使用密度矩阵方法方面也非常有教育意义。

假设外部扰动是由一个谐时间依赖的单粒子算符

$$\hat{F}(t) = \hat{F}\, \mathrm{e}^{-\mathrm{i}\omega t} + \hat{F}^{\dagger}\, \mathrm{e}^{\mathrm{i}\omega t} \tag{8.71}$$

描述的。这个算符在结构上是厄米的。在二次量子化中可以表示为

$$\hat{F}(t) = \sum_{kl} f_{kl}(t)\, \hat{a}_k^{\dagger}\, \hat{a}_l \tag{8.72}$$

稍后我们将利用扰动理论，这样微扰也被假定为是小的。我们期望每当 $\hbar\omega$ 接近集体态的能量时在核响应中看到强烈的共振。如 6.8 节所示，偶极算符连接着巨共振，可以作为这种扰动的例子。

在外界时间依赖扰动的影响下，原子核的波函数 $|\Phi(t)\rangle$ 也变得依赖于时间了，这也适用于相关的单粒子密度矩阵

$$\rho_{kl} = \langle \Phi(t) |\ \hat{a}_l^{\dagger}\, \hat{a}_k\ | \Phi(t) \rangle \tag{8.73}$$

除了微扰很小之外，我们还将假设原子核的态总是由斯莱特行列式给出，即 $\rho^2(t) = \rho(t)$。密度矩阵的运动方程很容易从 $|\Phi(t)\rangle$ 的薛定谔方程得到：

$$\mathrm{i}\hbar\, \dot{\rho}_{kl}(t) = \langle \Phi(t) |\ [\hat{a}_l^{\dagger}\, \hat{a}_k, \hat{H}]\ | \Phi(t) \rangle \tag{8.74}$$

将标准的二体哈密顿量

$$\hat{H} = \sum_{ij} t_{ij}\, \hat{a}_i^{\dagger}\, \hat{a}_j + \frac{1}{2} \sum_{ijkl} v_{ijkl}\, \hat{a}_i^{\dagger}\, \hat{a}_j^{\dagger}\, \hat{a}_l\, \hat{a}_k \tag{8.75}$$

代入(适当地重命名下标)并且求出对易子的值，得到

$$\mathrm{i}\hbar\, \dot{\rho}_{kl} = \sum_{p} (t_{kp}\, \rho_{pl} - \rho_{kp}\, t_{pl}) + \frac{1}{2} \sum_{prs} (\bar{v}_{kprs}\, \rho_{rslp}^{(2)} - \bar{v}_{rslp}\, \rho_{kprs}^{(2)}) \tag{8.76}$$

其中 $\rho^{(2)}$ 是二体密度矩阵，被定义为

$$\rho_{klpq}^{(2)} = \langle \Phi(t) |\ \hat{a}_p^{\dagger}\, \hat{a}_q^{\dagger}\, \hat{a}_l\, \hat{a}_k\ | \Phi(t) \rangle \tag{8.77}$$

原则上，二体密度矩阵描述二体关联，它出现在关于单粒子密度矩阵的方程中，因为它通过相互作用 v 包含了二体散射的效应。遗憾的是，这意味着这个方程并不完整。然而，推导出二体密度矩阵的时间依赖显示它反过来与三体密度矩阵耦合，等等。因此，必须在某一点切断这条链，这就是上述假设，即 $|\Phi(t)\rangle$ 在任何时候都是斯莱特行列式。对于一个斯莱特行列式我们有

$$\langle \Phi(t) |\, \hat{a}_p^{\dagger}\, \hat{a}_q^{\dagger}\, \hat{a}_l\, \hat{a}_k\, | \Phi(t) \rangle = \rho_{kp}\, \rho_{ql} - \rho_{kq}\, \rho_{lp} \tag{8.78}$$

就像从对角表示中可以立即看出的那样，并且现在单粒子密度矩阵的时间演变变成自成体系的了：

$$i\hbar\dot{\rho} = [t + \Gamma, \rho] = [h(\rho), \rho] \tag{8.79}$$

具有平均势

$$\Gamma_{kl} = \sum_{pq} \bar{v}_{kqlp} \rho_{pq} \tag{8.80}$$

和密度依赖的单粒子哈密顿量 $\hat{h}$，$\hat{h}$ 由相应的矩阵表示：

$$h(\rho) = t + \Gamma \tag{8.81}$$

实际上，这看着像是哈特里-福克密度矩阵公式的时间依赖版本，基于这个原因，相关的近似被称为时间依赖的哈特里-福克近似(TDHF)。之后，在9.4小节中，我们将看到，在这种情况下波函数简单地满足含时薛定谔方程，其中平均场表现为势。然而，在这里我们对小振动极限感兴趣。

将外部扰动加到单粒子哈密顿量中产生

$$i\hbar\dot{\rho} = [h(\rho) + \boldsymbol{F}(t), \rho] \tag{8.82}$$

其中 $\boldsymbol{F}(t)$ 表示单粒子态中的扰动算符的矩阵 $\langle k|\hat{F}(t)|l\rangle$。如果核的无扰动基态具有密度矩阵 ρ_0，时间依赖的密度矩阵可以扩展为

$$\rho(t) = \rho_0 + \delta\rho(t) \tag{8.83}$$

条件 $\rho^2(t) = \rho(t)$ 到 $\delta\rho(t)$ 的一阶要求

$$\delta\rho(t) = \rho_0\delta\rho(t) + \delta\rho(t)\rho_0 \tag{8.84}$$

左乘以 ρ_0，立即得到

$$\rho_0\delta\rho\rho_0 = 0 \tag{8.85}$$

这意味着 $\delta\rho(t)$ 在哈特里-福克基态中占据的单粒子态之间有消失的矩阵元。

类似地，对于投射到未占据态 $\sigma_0 = 1 - \rho_0$ 上的投影子，我们得到

$$\sigma_0\delta\rho\sigma_0 = 0 \tag{8.86}$$

这样相应的矩阵元也会消失。利用7.2.4小节的记号，也可以将其概括为 $(\delta\rho)_{pp} = (\delta\rho)_{hh} = 0$。

为了简化下面的讨论，我们将假设单粒子态正好是基态单粒子哈密顿量的本征态，$h_0 = h(\rho_0)$，即

$$(\rho_0)_{ij} = \delta_{ij}, \quad (\rho_0)_{mn} = (\rho_0)_{mi} = (\rho_0)_{im} = 0 \tag{8.87}$$

这里又使用下标 i,j 指占据态，下标 m,n 指未占据态，下标 k,l 指任意单粒子态的惯例。单粒子哈密顿量由下式给出：

$$(h_0)_{kl} = h(\rho_0)_{kl} = \varepsilon_k\delta_{kl} \tag{8.88}$$

注意，由于扰动引起的时间依赖密度，单粒子哈密顿量 h 偏离其基态对应物 h_0。

在一阶(线性响应)中，密度矩阵的运动方程变为

$$i\hbar\delta\dot{\rho} = [h_0, \delta\rho] + \left[\frac{\delta h}{\delta\rho}\delta\rho, \rho_0\right] + [\boldsymbol{F}, \rho_0] \tag{8.89}$$

这需要一些解释：h 的密度依赖展开到一阶为

$$\rho\mid_{\rho=\rho_0+\delta\rho}\approx\rho_0+\frac{\delta h}{\delta\rho}\delta\rho \tag{8.90}$$

矩阵记号$\frac{\delta h}{\delta\rho}\delta\rho$代表

$$\left(\frac{\delta h}{\delta\rho}\delta\rho\right)_{kl}=\sum_{im}\left(\frac{\partial h_{kl}}{\partial\rho_{mi}}\bigg|_{\rho=\rho_0}\delta\rho_{mi}+\frac{\partial h_{kl}}{\partial\rho_{im}}\bigg|_{\rho=\rho_0}\delta\rho_{im}\right) \tag{8.91}$$

求和写成只有 $\delta\rho_{mi}$ 和 $\delta\rho_{im}$ 类型的非消失矩阵元出现。

式(8.89)的一个重要性质是它有消失的 pp 和 hh 矩阵元。对右边的第二项和最后一项，这源于

$$\rho_0[A,\rho_0]\rho_0=\rho_0 A\rho_0-A\rho_0 A=0 \tag{8.92}$$

它适用于任何矩阵 A。对于第一项，使用$[h_0,\rho_0]=0$ 和式(8.85)；左边类似。用 σ_0 代替 ρ_0，讨论可以同样地应用。

密度矩阵的扰动应与扰动场具有相同的时间依赖，考虑到厄米性，我们可以将其表示为

$$\delta\rho(t)=\rho^{(1)}\mathrm{e}^{-\mathrm{i}\omega t}+\rho^{(1)\dagger}\mathrm{e}^{\mathrm{i}\omega t} \tag{8.93}$$

由于这两个贡献是线性无关的，它们可以分开考虑。分别检查包含 $\exp(\mathrm{i}\omega t)$ 的 ph 矩阵元(下标 mi)的各项：

$$\begin{aligned}\mathrm{i}\hbar(\delta\rho)_{mi}&=\hbar\omega\rho_{mi}^{(1)}\mathrm{e}^{-\mathrm{i}\omega t}\\ [h_0,\delta\rho]_{mi}&=\sum_k(\varepsilon_m\delta_{mk}\rho_{ki}^{(1)}-\rho_{mk}^{(1)}\varepsilon_k\delta_{ki})\mathrm{e}^{-\mathrm{i}\omega t}\\ &=\sum_{nj}(\varepsilon_m-\varepsilon_i)\delta_{mn}\delta_{ij}\rho_{nj}^{(1)}\mathrm{e}^{-\mathrm{i}\omega t}\end{aligned} \tag{8.94}$$

在最后一步，求和下标被重新命名，以表示克罗内克符号对 k 的求和限制在费米能之上和对 l 的求和限制在费米能之下这一事实。对于最后一个要处理的项，我们注意到

$$\left[\frac{\delta h}{\delta\rho}\delta\rho,\rho_0\right]_{mi}=\left[\frac{\delta h}{\delta\rho}\delta\rho\right]_{mi} \tag{8.95}$$

这是因为在首位的 ρ_0 使反转项没有 ph 矩阵元。而且对于这种类型的矩阵元，在末尾的 ρ_0 将退出。我们可以将这个表达式中隐含的求和分解成 ph 和 hp 的贡献：

$$\sum_{kl}\frac{\partial h_{mi}}{\partial\rho_{kl}}\delta\rho_{kl}=\sum_{nj}\left(\frac{\partial h_{mi}}{\partial\rho_{nj}}\rho_{nj}^{(1)}+\frac{\partial h_{mi}}{\partial\rho_{jn}}\rho_{jn}^{(1)}\right)\mathrm{e}^{-\mathrm{i}\omega t} \tag{8.96}$$

最后，相同的讨论可以应用于扰动项：

$$[f,\rho_0]_{mi}=f_{mi} \tag{8.97}$$

把所有这些结果放在一起，我们得到方程

$$\sum_{nj}A_{mi,nj}\rho_{nj}^{(1)}+B_{mi,jn}\rho_{jn}^{(1)}-\hbar\omega\rho_{mi}^{(1)}=-f_{mi} \tag{8.98}$$

其中定义

$$A_{mi,nj} = (\varepsilon_m - \varepsilon_i)\delta_{mn}\delta_{ij} + \frac{\partial h_{mi}}{\partial \rho_{nj}}, \quad B_{mi,jn} = \frac{\partial h_{mi}}{\partial \rho_{jn}} \tag{8.99}$$

如果我们假设

$$\frac{\partial h_{kl}}{\partial \rho_{k'l'}} = \bar{v}_{kl'lk'} \tag{8.100}$$

这个方程的左边与 RPA 方程相同。对于标准哈特里-福克，这确实是正确的，因为在这种情况下

$$\hat{h} = \sum_{kl}(t_{kl} + \sum_i \bar{v}_{ikil})\hat{a}_k^\dagger \hat{a}_l \tag{8.101}$$

上式可以用密度矩阵和在整个下标范围内的求和来表示，为

$$h_{kl} = t_{kl} + \sum_{k'l'} \bar{v}_{k'kl'l}\rho_{k'l'} \tag{8.102}$$

通过求解无扰动的齐次方程(这正是 RPA 方程本身)得到了系统的本征模。

然而，现在的方程略比 RPA 方程一般，因为单粒子哈密顿量的密度依赖性可以起源于例如三体力，它包括在斯克姆力中。

第 9 章　大振幅集体运动

9.1 引　　言

随着重离子加速器的出现,远离基态的核形状的研究引起了相当大的关注。在此之前,已知唯一与平衡态有很大偏差的过程是核裂变,因此重离子反应在某种意义上构成了裂变的“逆过程”,为更详细的研究开辟了道路。本章所讨论的理论都致力于第 6 章意义上的大表面形变。激发原子核远离基态的其他方法包括高角动量或温度。

出发点是拉格朗日量的构建,它依赖于由一个矢量 $\boldsymbol{\beta}=\{\beta_i\}(i=1,\cdots,N)$ 和相关速度 $\boldsymbol{\beta}$ 表示的一组集体参数。这种表面参数化的一个例子由双中心壳模型提供(9.2.3 小节)。我们将假设如下形式的拉格朗日量:

$$L(\boldsymbol{\beta},\boldsymbol{\beta})= T(\boldsymbol{\beta},\boldsymbol{\beta})- V(\boldsymbol{\beta}) \tag{9.1}$$

其中

$$T(\boldsymbol{\beta},\boldsymbol{\beta})= \frac{1}{2}\boldsymbol{\beta}\cdot\boldsymbol{B}\cdot\boldsymbol{\beta} \tag{9.2}$$

为动能,$V(\boldsymbol{\beta})$为势能。符号 $\boldsymbol{B}$ 表示质量参数的对称张量,其反过来可以依赖于坐标,所以完整地说,动能是

$$T(\boldsymbol{\beta},\boldsymbol{\beta})= \frac{1}{2}\sum_{i,j=1}^{N}\beta_i B_{ij}(\boldsymbol{\beta})\beta_j \tag{9.3}$$

假设这样的拉格朗日量真正存在,即使在经典处理中也对应于一个相当严格的近似。它要求如下条件:

• 内部复杂的单粒子结构应该由集体参数唯一决定,即核的态应仅是其表面形状的函数。通常假定给定表面形状的最低可能态被实现,这样在集体运动期间不可能有内部激发。这被称为绝热近似,并将结合推转模型加以讨论。没有这种近似,核的内部状态必将依赖于它以前的集体运动。虽然经典的摩擦力能解释一定程度的激发,这也需要核结构的温度依赖模型来描述通过耗散引起的内部能量变化。然而,使用摩擦力使得最终的量子化相当困难。

• 动能必须保持简单的二次型。记忆效应再次被排除了，高阶修正也是(它将导致对速度的高阶依赖)。注意，必须允许质量参数张量依赖于形变：这描述了在不同形变下动态改变集体参数所需的不同能量。同样地，不同坐标下的质量必须具有不同的大小，以允许所涉及的标度。

忽略质量参数，仅从势能中读出原子核的动力学行为，是一种危险但诱人且广泛使用的实践。如果我们看看经典的运动方程，就很清楚是什么让这变得危险：

$$0 = \frac{\mathrm{d}}{\mathrm{d}t}\frac{\partial L}{\partial \beta_i} - \frac{\partial L}{\partial \beta_i} = \sum_j B_{ij}\ddot{\beta}_j + \sum_{jk}\left(\frac{\partial B_{ij}}{\partial \beta_k} - \frac{1}{2}\frac{\partial B_{jk}}{\partial \beta_i}\right)\beta_j\beta_k + \frac{\partial V}{\partial \beta_i} \tag{9.4}$$

显然，如果质量参数强烈地依赖于坐标，或者如果非对角项不为零，则式(9.4)中的附加项可能严重扭曲运动。

下面的章节解释了一些今天用来计算势和质量参数的方法。

9.2　宏观-微观方法

9.2.1　液滴模型

6.2.1 小节中使用了液滴模型来研究小形变时原子核的能量变化。虽然它没有解释一些更精致的特征，如形变基态和双峰裂变势垒，但它在玻尔和惠勒(Wheeler)关于裂变的原始解释中非常成功，仍然是许多大形变理论的基本成分。分别用 E_{C0} 和 E_{S0} 表示球形核的库仑能和表面能，相对于基态的形变能是

$$E_{\mathrm{LDM}} = E_{\mathrm{S}}(\boldsymbol{\beta}) - E_{\mathrm{S0}} + E_{\mathrm{C}}(\boldsymbol{\beta}) - E_{\mathrm{C0}} \tag{9.5}$$

对于 $\alpha_{\lambda\mu}$ 所描述的小形变，可将 6.2.1 小节的结果代入，以获得以球体表面能为单位的形变能量：

$$\frac{E_{\mathrm{LDM}}}{E_{\mathrm{S0}}} = \frac{1}{2\pi}\sum_{\lambda\mu}\left[\frac{(\lambda-1)(\lambda+2)}{4} - x\frac{5(\lambda-1)}{2\lambda+1}\right]|\alpha_{\lambda\mu}|^2 \tag{9.6}$$

这里 x 是易裂变性，由下式给出：

$$x = \frac{E_{\mathrm{C0}}}{2E_{\mathrm{S0}}} = \frac{Z^2/A}{(Z^2/A)_{\mathrm{C}}} \tag{9.7}$$

其中

$$(Z^2/A)_{\mathrm{C}} = \frac{40\pi\sigma r_0^3}{3e^2} \approx 50 \tag{9.8}$$

这一结果已经显示了表面效应和库仑效应之间的平衡：当表面能随形变增大而增大时，库仑能减小。对于每个多极性，两者的平衡取决于易裂变性。当 $\lambda=2$ 时，液

滴最不稳定,如果 $x=1$,即如果 Z^2/A 超过临界值 50,液滴对四极形变变得不稳定。

对于较大的形变,这些表达式不再有效。如果原子核分裂成两个碎片,两项都接近由两个分离碎片的相应表达式给出的极限值。当原子核分裂后,表面能不再发生很大的变化,但库仑能仍有长程贡献,仅与碎片之间的距离成反比衰减。对于重核,紧接着能量的初始上升的是急剧下降,它们之间有一个势垒。例如,在铀同位素中,液滴势垒的高度接近 12 MeV,而碎片的能量大约低于该势垒 180 MeV。因此,我们应该记住,与巨大的能量增益相比,裂变势垒是一个相对较小的效应。由于这个原因,在下一小节中讨论的壳修正尽管很小,对于势垒来说,也可以发挥如此重要的作用。例如,对于铀,势垒降低到约 6 MeV。

对于更复杂的形状参数化,液滴能量自然只能用数值计算。图 9.1 显示了典型情况下的表面能、库仑能和总形变能。

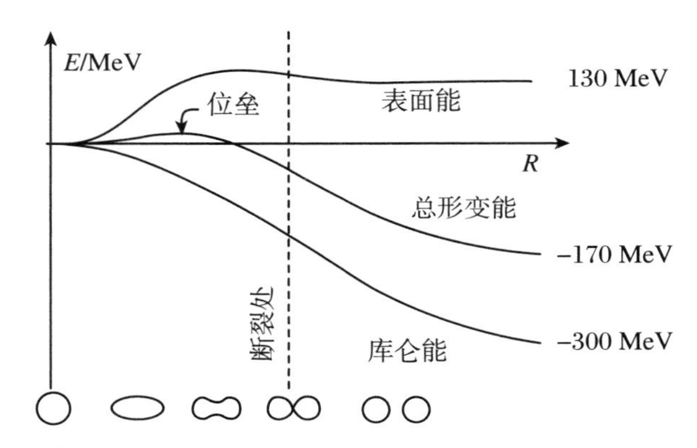

图 9.1　液滴模型中的典型裂变势,在这里作为双中心距离的函数连同表面能和库仑能贡献单独绘制。渐近数表示铀区,并将裂变势垒放大,使其清晰可见。曲线图下方给出了相关的形状。注意,因为新生的碎片是形变的,表面能超过了近断裂处两个分开的碎片的能量

最后,我们注意到液滴模型有更精致的版本,其中一个已经提到的是小液滴模型,它考虑了与核表面有限宽度相关的许多效应,如压缩、极化、曲率等[148]。也有各种能量函数公式,用一些相互作用势通过折叠密度分布来确定能量。一个例子是汤川加指数公式,它也被广泛地应用于裂变势和重离子相互作用势[125]。

9.2.2　壳修正方法

虽然液滴模型很好地解释了裂变的总体特征,但此模型预测的光滑质量和电荷依赖性存在系统偏差。其中之一是在锕系元素区域中势垒的近似恒定高度,与预期的随着电荷数的增加而急剧下降形成对比,绝对值仅大致在两倍范围内是正确的。这是由壳效应引起的，如下面所见到的，壳效应会产生一个具有较低能量的形变基态，也会修改势垒。第二个问题是在许多裂变系统中偏爱非对称质量裂变，这也同时被解释为由于壳层结构效应而降低了非对称势垒。此外，对裂变同核异能素的观测[166]已经导致了双峰裂变势垒的发现，这可以理解为在较大形变时壳层封闭的效应。

这些考虑可能导致人们假设，势能可以很容易地在形变的唯象壳模型（例如双中心模型，见9.2.3小节）中计算。势能应由下式给出：

$$V(\boldsymbol{\beta}) = \frac{3}{4}\sum_{i \quad \text{occ}} \varepsilon_i(\boldsymbol{\beta}) \tag{9.9}$$

其中维里定理（virial theorem）被用来表示势能，势能的一半必须被减去以避免双重计数，作为单粒子能量的一半（这个技巧对于纯谐振子势是可能的）。然而，在实践中计算这个求和会得到令人失望的结果。求和随形变变化很大，典型地对于重核，振幅量级为100 MeV。这显然与实验的裂变势垒不一致，并且没有被更复杂的势能表达式所改善。

这种非物理行为的原因在于能级图的深束缚较低态，其能量随形变变化强烈。自洽模型如斯克姆力哈特里-福克得到的结果非常接近液滴模型，并与实验结果一致。虽然即使在今天，也很难将这些模型用于所有用途，因为在裂变理论中，人们常常想研究势能面对几个集体参数的依赖性，在不止一个约束条件下进行哈特里-福克计算仍需要过多的计算机资源。

因此，斯特鲁廷斯基（Strutinsky）提出的壳修正解决方案[198,199]意味着巨大的进步，至今仍被广泛使用。它的基本思想是使用液滴模型来描述核结合能的体部分，其平滑地依赖于质量和电荷数，仅添加唯象单粒子模型的校正，其描述了与费米面附近光滑壳结构的偏差。计算这种校正要求减去单粒子能量之和的“平滑变化”部分。单粒子能量的真实分布由下式给出：

$$g(\varepsilon) = \sum_{i=1}^{\infty} \delta(\varepsilon - \varepsilon_i) \tag{9.10}$$

以及被占据的能级的总能量为

$$U = \int_{-\infty}^{\varepsilon_F} d\varepsilon g(\varepsilon)\varepsilon \tag{9.11}$$

积分到费米能 ε_F，可以确保事实上只有被占据的能级被求和。类似地，粒子总数由下式给出：

$$N = \int_{-\infty}^{\varepsilon_F} d\varepsilon g(\varepsilon) \tag{9.12}$$

正如唯象单粒子模型中常见的那样，质子和中子被完全分开处理，因此 N 表示被处理种类的粒子数。通过一个平滑分布

$$\tilde{g}(\varepsilon) = \sum_{i=1}^{\infty} f\left(\frac{\varepsilon - \varepsilon_i}{\gamma}\right) \tag{9.13}$$

替换每个 δ 函数,现在得到单粒子能量的"平滑"和。函数 f 应该类似于高斯函数:

$$f\left(\frac{\varepsilon-\varepsilon_i}{\gamma}\right)=\frac{1}{\sqrt{2\pi}\gamma}\exp\left(\frac{\varepsilon-\varepsilon_i}{\gamma}\right)^2 \tag{9.14}$$

其中积分归一化为 1。应适当选择参数 γ,使平滑的能级分布仅在主壳结构附近显示波动,对于振子模型,建议取 $\hbar\omega$ 附近的值。确实,正如我们将看到的,经验的典型值是 $\gamma\approx1.2\hbar\omega$。

人们应该注意到,在这个过程中,对邻近质量和电荷数所期望的平滑实际上被对单粒子能量的平滑所取代。考虑到占据和总粒子数之间的关系,这是合理的。

给出能级的平滑分布,要确定的第一个量是这种情况下的费米能 $\tilde{\varepsilon}_F$,它必须满足

$$N=\int_{-\infty}^{\tilde{\varepsilon}_F}d\varepsilon\,\tilde{g}(\varepsilon) \tag{9.15}$$

于是平滑的总能量可以被确定为

$$\tilde{U}=\int_{-\infty}^{\tilde{\varepsilon}_F}d\varepsilon\,\tilde{g}(\varepsilon)\varepsilon \tag{9.16}$$

注意,对于所有那些足够低于费米能的能级,积分只贡献单粒子能量:

$$\int_{-\infty}^{\varepsilon_F}d\varepsilon f\left(\frac{\varepsilon-\varepsilon_i}{\gamma}\right)\varepsilon\approx\varepsilon_i \tag{9.17}$$

而远高于费米能的能级贡献为零,这样壳修正

$$\delta U=U-\tilde{U} \tag{9.18}$$

具有所期望的仅依赖于费米能附近能级结构的性质(远高于费米能的能级将再次贡献为零)。

人们应该期待壳修正有什么样的行为?结果应取决于费米面附近典型涂抹宽度 γ 内的能级分布。如果有许多能级实际上是均匀排列的,平滑的能级密度将几乎是一个常数,δU 应该接近于零。如果在 ε_F 附近有一个间隙,就像幻核一样,平滑的密度将在那里有一个最小值,$\tilde{\varepsilon}_F$ 会落入这个间隙,引起在 $\tilde{U}$ 中较高能量的贡献大于在 U 中,这样 $\tilde{U}>U$ 或 $\delta U<0$。反之,对于费米能附近的低能级密度,壳修正将是正的。这些考虑与预期一致,即与液滴相比,幻核应该具有增强的结合。

从上述讨论中,该方法的原理是清楚的,应该如何计算 δU 也相当明显。然而,有些细节不应该被省略。

(1) 采用高斯分布是不够的。原因在于,第二次应用平滑过程时,不应明显地改变结果。原则上,我们应该要求

$$\tilde{g}(\varepsilon)=\frac{1}{\gamma}\int_{-\infty}^{\infty}d\varepsilon'\,\tilde{g}(\varepsilon')f\left(\frac{\varepsilon'-\varepsilon}{\gamma}\right) \tag{9.19}$$

这对于高斯形式的 f 显然是不正确的,但是可以仅用一个 δ 函数来精确地满足,当然,这是不可接受的,因为它对应于完全没有平滑。解决办法是公式不必对任意函

数 $\tilde{g}(\varepsilon)$有效,而仅对那些在 γ 尺度上已经充分光滑的函数有效。构造 f 的习惯方法是使用高斯函数和多项式的乘积。多项式必须是平坦的,以不改变某一能级的平均值。计算的结果是

$$f(x) = \frac{1}{\sqrt{\pi}}e^{-x^2}\sum_{i=0}^{n} L_i^{1/2}(x^2) \tag{9.20}$$

用一个新的参数 n 确定多项式的阶数,例如 $n=3$ 是第六阶。

(2) 还需要确定参数 n 和 γ。理想情况下,结果不应该依赖于“宽广”合理值范围内的精确值。在实践中,人们发现 $n=3$ 通常就足够了,并且对于振子势,在 $\gamma=\hbar\omega$ 附近确实一个范围很广的 γ 值具有近似常数 δU。对于有限势阱,情况往往不是这样的,并且由于存在对光滑积分有贡献的连续态,还存在其他问题。为了解决这些问题,人们提出了许多建议,但并非所有建议都令人信服,感兴趣的读者可以在这篇著名的“滑稽山”评论文章中找到深入的讨论和更多的背景[38]。

在任何情况下,计算的壳校正的理论可靠性估计为 0.5 MeV 量级,其 δU 典型地小于 10 MeV。尽管存在这一事实及其不稳定的理论基础,但由于其不可否认的成功,该方法仍广受欢迎。计算结合能和实验结合能之间的差异从 ±10 MeV 减小到 ±1 MeV。基态形变和裂变势垒描述得非常好,可能最大的成功是预测形变形状的强壳效应,这导致裂变同核异能素的预测。因为即使是粗略地检查作为形变函数的能级图,也已经显示出相当明显的间隙的存在,人们普遍相信,随着形变的增加,壳效应会迅速消失,这似乎令人惊讶。目前的状态如图 9.2 所示,其显示了一个典型锕系核作为双中心壳模型中心分离的函数的液滴和总能量。显然,壳修正会产生形变的基态和就在液滴势垒位置附近的第二个极小值。

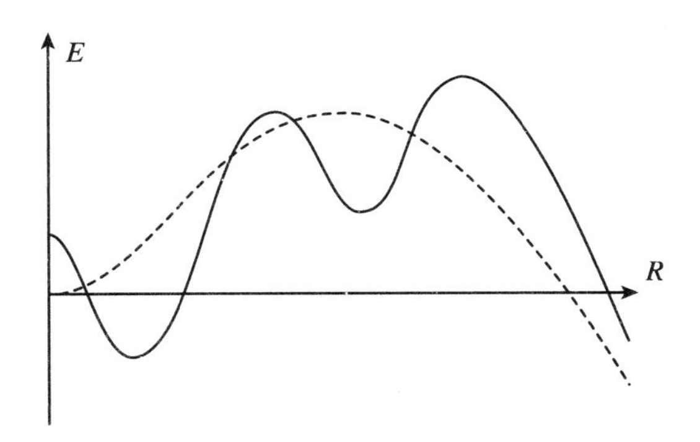

图 9.2　锕系区的一个核作为双中心壳模型中心分离的函数的典型液滴裂变势垒(短划线)和总能量。振荡壳修正产生一个形变极小和双峰势垒

与液滴表面能和库仑能相比,壳修正很小,对于一个重核来说,液滴表面能和库仑能都是数百 MeV 数量级。壳修正的重要性仅仅是因为对于小形变,两个液

滴加在一起的贡献几乎不受形变的影响，于是壳结构中的小振荡在实验中变得非常明显，因为它们决定了诸如势垒高度、寿命等容易测量的量。这种方法中的裂变寿命计算通常采用具有多个形状参数的双中心型模型，求形变能量，最后使用从 α 衰变熟知的 WKB 穿透概率，在一维版本中由下式给出：

$$P = \exp\left[-\int \mathrm{d}\beta \sqrt{2m(V(\beta)-E)/\hbar^2}\right] \tag{9.21}$$

积分沿着轨迹的 $E<V(\beta)$ 那部分计算。对于集体参数的情况，首先需要多维推广，其次是形变相关的质量参数。如果只看沿已知路径计算穿透的最简单近似，而不考虑相邻路径，那么多维推广是微不足道的。就质量参数而言，在许多裂变计算中，仅使用相对运动自由度，加上碎片的约化质量（代替 m），但这显然是不正确的。后面我们将更详细地讨论质量参数的计算（9.3 节）。

9.2.3 双中心壳模型

核表面在球谐函数中的展开不足以使裂变过程中的子核完全分离。从根本上说，存在这样一个问题：如果核颈发生足够的收缩，半径将成为角度的多值函数，但是处理大量的展开参数也是不方便的。因此，许多专门的模型已经被发展出来，允许专门适应核裂变过程的核形状。

较广泛使用的模型之一是基于双振子势的双中心壳模型[140]。我们在这里将它作为一个例子讨论是因为它简单，但值得注意的是，该模型是专门设计成可用 20 年前的计算机资源计算的。然而，说明这种方法的基本成分仍然是足够的。

模型中考虑的一般形状如图 9.3 所示。碎片的椭球体形状允许单独形变，总尺寸比决定了不同质量的碎片，允许不对称裂变。当然，中心分离 $z_2 - z_1$ 起到裂变坐标的作用。最后，可以在两个碎片之间改变颈部的大小。这将产生总共五个参数：

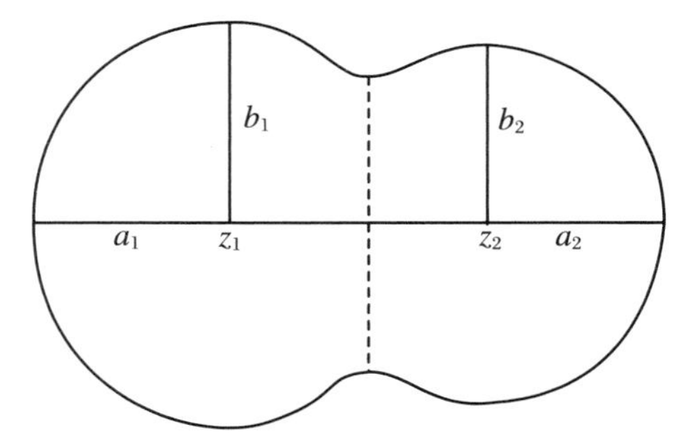

图 9.3　双中心壳模型中的核形状。碎片由具有半轴 $a_{1,2}$ 和 $b_{1,2}$ 的椭球体组成。椭球的中心位于 z 轴上的 $z_{1,2}$ 位置，z 轴是对称轴，在颈部附近用一条平滑的曲线对表面进行插值

$\Delta z = z_2 - z_1$，中心分离；

$\xi = (A_1 - A_2)/(A_1 + A_2)$，不对称性，这取决于碎片质量（这是简单地根据椭球体的体积来估计的）；

$\beta_1 = a_1/b_1, \beta_2 = a_2/b_2$，碎片形变；

ε，一个控制颈部的参数，它出现在势的定义中。

当然，一个附加参数是总质量 $A = A_1 + A_2$，它反映在核形状的总体积 $V = 4\pi r_0^3 A$ 中。

适合这种形状的单粒子哈密顿量主要由势给出。它根据下式分解：

$$\hat{H} = -\frac{\hbar^2}{2m}\nabla^2 + V(\rho, z) + V_{ls} + V_{l^2} \tag{9.22}$$

决定性的几何项是振子势，其定义取决于沿 z 轴的定位：

$$V(\rho, z) = \begin{cases} \frac{m}{2}\omega_{z1}^2 z'^2 + \frac{m}{2}\omega_{\rho 1}^2 \rho^2 & (z < z_1) \\ \frac{m}{2}\omega_{z1}^2 z'^2(1 + c_1 z' + d_1 z'^2) + \frac{m}{2}\omega_{\rho 1}^2(1 + g_1 z'^2)\rho^2 & (z_1 < z < 0) \\ \frac{m}{2}\omega_{z2}^2 z'^2(1 + c_2 z' + d_2 z'^2) + \frac{m}{2}\omega_{\rho 2}^2(1 + g_2 z'^2)\rho^2 & (0 < z < z_2) \\ \frac{m}{2}\omega_{z2}^2 z'^2 + \frac{m}{2}\omega_{\rho 2}^2 \rho^2 & (z > z_2) \end{cases} \tag{9.23}$$

其中

$$z' = \begin{cases} z - z_1 & (z < 0) \\ z - z_2 & (z > 0) \end{cases} \tag{9.24}$$

系数 c_i，d_i 和 g_i 的取值使得在 $z = 0$ 处两个振子势之间有一个平滑的过渡。细节对这个讨论不重要。

设计这种势的目的是使其矩阵元可解析计算。从现代的观点来看，自旋-轨道势更有趣。它被定义为

$$V_{ls} = \begin{cases} -\left\{\frac{\hbar\kappa_1}{m\omega_1}, (\nabla V \times \hat{\boldsymbol{p}}) \cdot \hat{\boldsymbol{s}}\right\} & (z < 0) \\ -\left\{\frac{\hbar\kappa_2}{m\omega_2}, (\nabla V \times \hat{\boldsymbol{p}}) \cdot \hat{\boldsymbol{s}}\right\} & (z > 0) \end{cases} \tag{9.25}$$

有几点需要注意：轨道角动量算符被表达式 $\nabla V \times \hat{\boldsymbol{p}}$ 取代，对于球振子势后者约化到 $\boldsymbol{r} \times \hat{\boldsymbol{p}}$。这对使它在分离的碎片中转为正确的自旋-轨道势是必要的。所有唯象模型使用这样的表达式，而自洽模型则自动包含这一表达式。对于振子模型而言，更具特征的规定是碎片的自旋-轨道强度不同，同样必须对碎片进行插值（表达式中的反对易子是使势厄米所必需的）。l^2 项的设置类似。

势中的参数可以从几何形状来确定，其中有核表面对应于等势 $V(\rho,z)=m\omega_0^2R^2/2$ 的条件，其中 R 为等效球形核的半径。颈部参数确定为在($\rho=0,z=0$)处内插与纯振子势($c_i=d_i=0$)之比，因此仅与形状间接相关。

图 9.4 显示了裂变的特征能级图。随着变形的增加，球形核的规则壳结构发生了劈裂(类似于尼尔逊模型)，但是对于大的中心分离则被分为碎片的分离壳结构。在这种情况下，碎片是球形的，但质量不同，这样就可以很容易地将渐近能级归属于轻碎片或重碎片。在这个过程中能级图中的空穴负责壳修正，在许多情况下，它们对不对称性的依赖导致不对称裂变的倾向[141]。

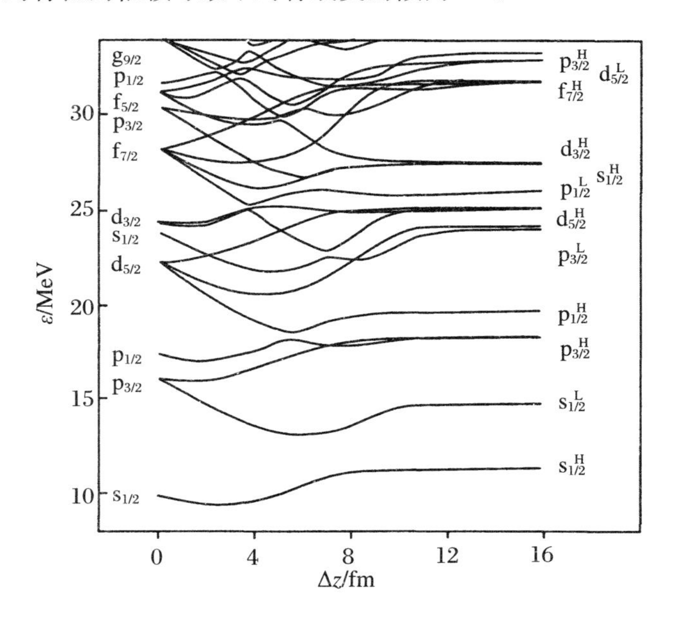

图 9.4 依赖于中心间距 Δz 的双中心壳模型的能级。在分离过程中，质量不对称性也会增加，导致最终碎片具有不同振子间距的谱特征；这些能级分别用上标“H”或“L”对应重碎片或轻碎片

现在让我们来了解这个模型的一些有趣的应用。裂变的最重要特征之一(这对寿命的确定起着至关重要的作用)是对不对称形状的偏好。这首先是通过使用不对称的双中心模型来理解的，因为早在分离之前，新生碎片的壳结构已经影响了势能[151]。因为我们很快就会讨论超重核，这一点以(仍然是)假设的超重核 $^{298}_{114}X$ 为例进行说明。势能面对中心分离和不对称的依赖关系如图 9.5 所示。很明显，随着原子核朝着裂变的方向发展，有许多谷，这表明偏好二元质量分裂，这些分裂通常以一个接近于幻数的子核的形成为特征。检查断裂处最有利的形状，人们通常会发现这个碎片是球形的，另一个则强烈形变。然而，由于形变壳结构，也存在冷

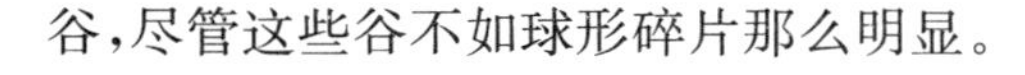
谷，尽管这些谷不如球形碎片那么明显。

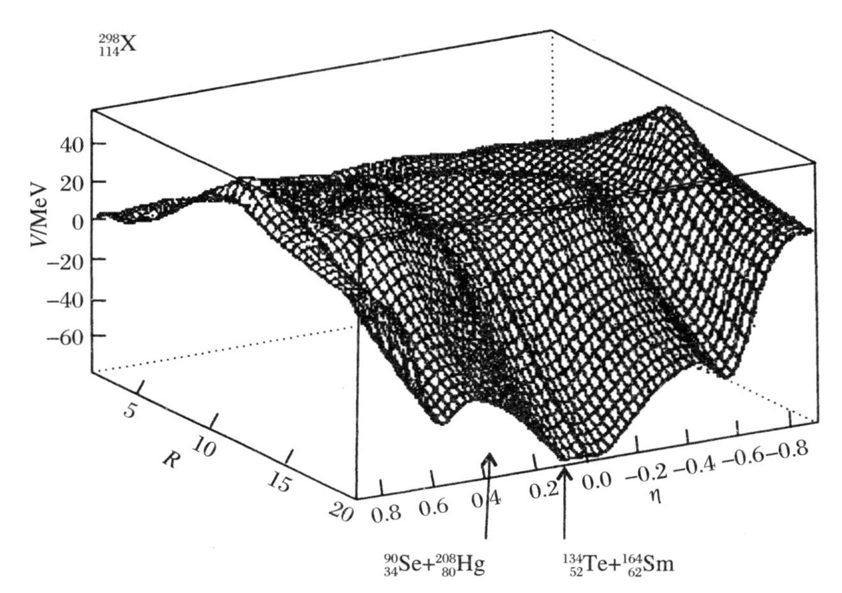

图 9.5　假设的超重核$^{298}_{114}X$的势能面对中心分离和不对称性的依赖。与偏好的不对称相对应的谷清晰可见，也提供了使用所列“冷”靶-弹组合来产生这种核的机会。当然，轰击能量的选择必须使冷谷内的势垒刚好被克服

在图 9.5 中，在 $\eta\approx\pm0.1$ 附近存在轻微的不对称性倾向，然后在 $\eta\approx\pm0.4$ 附近又出现明显的谷。后者有一个接近双幻核铅的碎片，是导致锕系元素（这些原子核太轻了，不允许在最深的谷中出现这些组合）裂变的强烈不对称的谷。

还要注意的是，当我们增加 Δz 到接近断裂时，谷几乎具有恒定的结构，因此，对碎片质量分布的决定似乎已经接近势垒。

这种势能面可作为计算预期质量分布的基础。为此目的，可以建立非对称自由度的集体薛定谔方程，然后对一组已知的势和质量进行求解[79,131,141]。如果裂变是通过隧穿进行的且非对称和相对运动的耦合不重要（有关讨论请参见文献[144]），则非对称分布应由基态集体波函数给出。对于^{256}Fm 的裂变，图 9.6 给出了此类计算的一个例子[135]。对自发裂变，实验数据得到了很好的再现，此外，增加一个较高集体态的温度诱导激发也描述了中子诱导裂变分布的加宽。

一种研究隧穿寿命和质量分布的替代方法涉及通过势垒的穿透因子。由于隧穿发生在多维集体空间中，原则上这应该用通过集体空间中所有可能路径的贡献之和来求。实际上，这仍然是不可能的，因此通常只考虑最大穿透性的路径，假设其他路径的贡献呈指数下降。这对应于伽莫夫（Gamow）因子的公式

$$G=\frac{2}{\hbar}\int_{t_i}^{t_f}\mathrm{d}t\,\sqrt{2[V(\boldsymbol{q}(t))-E]}\sqrt{\sum_{ij}B_{ij}(\boldsymbol{q}(t))\dot{q}_i(t)\dot{q}_j(t)}\tag{9.26}$$

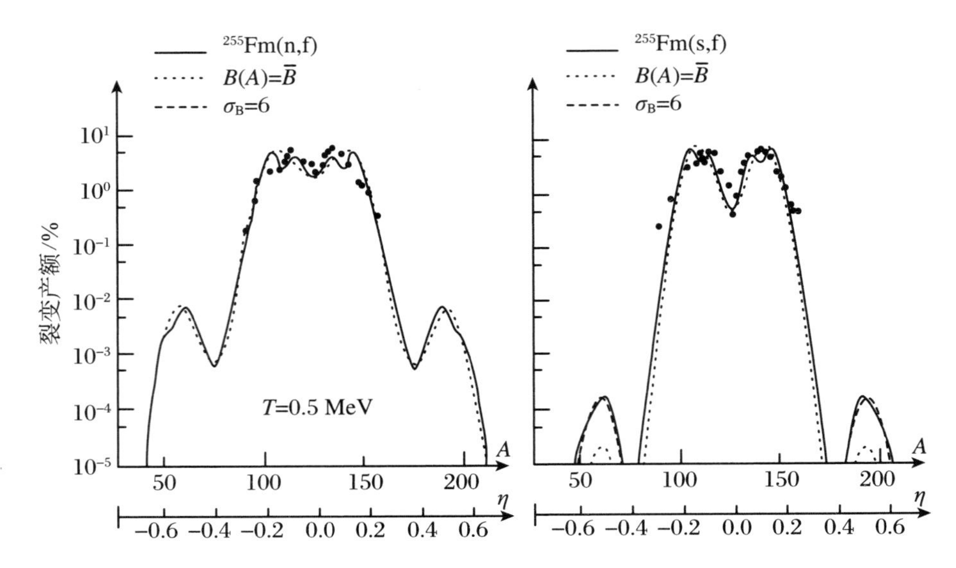

图 9.6 ^{256}Fm 裂变质量分布。实线由集体薛定谔方程的基态计算得出，而虚点线则显示了将形变依赖质量参数替换为其平均值的结果。实验值[81,82]用小圆点表示。右侧显示自发裂变，而左侧对应于中子诱发裂变，其在理论上通过假设温度为 $T=0.5$ MeV 进行处理，布居激发的非对称态。取自文献[135]

其中 $\boldsymbol{q}(t)=\{q_i(t)\}$ 是裂变路径的参数化，B_{ij} 是质量参数。图 9.7 给出了这样一个计算的例子，它也很好地说明了形变依赖质量参数的作用。特别要注意的是，最佳路径是如何不遵循直观的路径通过势的，这对于恒定质量参数是正确的。然而，有趣的是，在这种计算中，已知核的寿命可以在许多数量级上得到很好的再现(参见图 9.8)。

所有这些计算不仅预测了标准的非对称裂变，而且还预测了称为“超不对称”裂变的附加谷(对应于图 9.6 中 $\eta=\pm0.5$ 附近的峰)甚至结团衰变(发射碳或氖等轻核的衰变，或作为极限过程的 α 衰变本身)。结团衰变在文献[96,167,184]中进行了综述，图 9.9 说明了结团衰变在衰变链中采取的戏剧性的捷径。

虽然对结团衰变和高度不对称裂变的预测[134,183]一般来说最初并没有受到重视，但随后的结团衰变的实验发现[179]和超不对称裂变的一些迹象(参见下面)确实证实了裂变显示出一个连续的质量分布，这似乎只被分为两个独立的过程：裂变和 α 衰变，因为一些中间质量分裂的概率很低。图 9.10 显示了质量分布中额外“超不对称”肩部的第一个实验证据[117]。

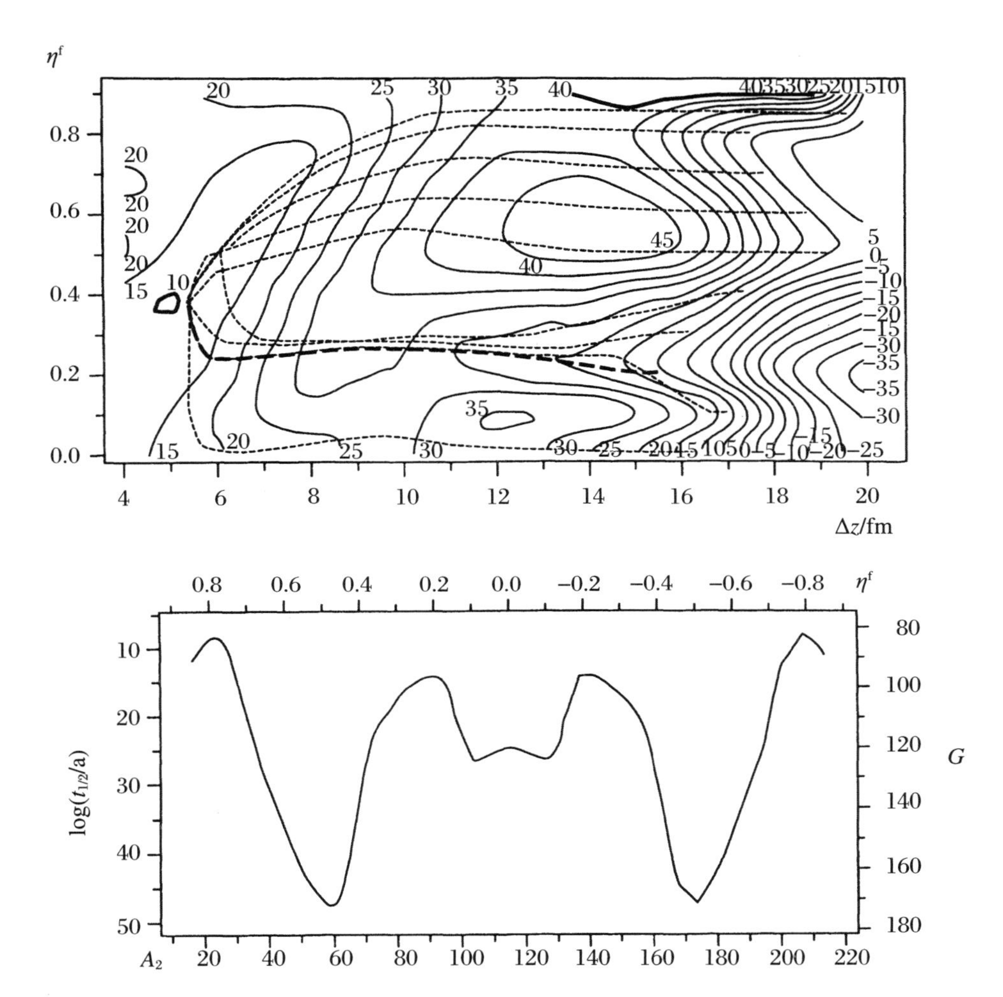

图 9.7　^{232}U 原子核自发裂变性质的计算。上图显示了势，以虚线表示穿透性最大的路径。它们是通过固定起始点（靠近左边的基态）、在势垒出口处的最后一点和具有规定的质量不对称 η 得到的。三个质量参数（一个对于 η，一个对于 Δz，一个对于前两个的耦合）的强形变依赖性反映在裂变路径不遵循直观经典路径的方式上。下图给出了寿命随质量不对称的预期变化，这在定性上与实验质量分布相似。在下图中，右边的刻度显示了伽莫夫因子，而左边给出了半衰期 $t_{1/2}$。取自文献[122]

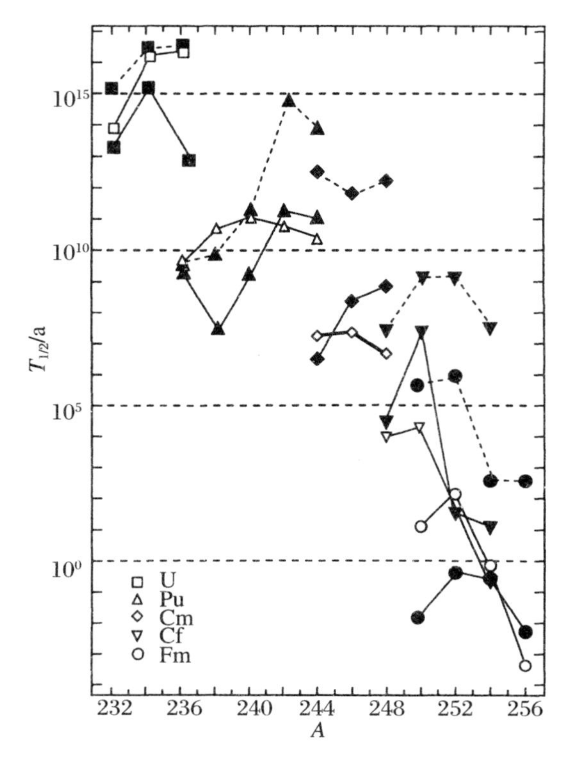

图 9.8　一些锕系核的计算和实验裂变半衰期。符号形状区分元素，横坐标表示质量数。实心符号对应于理论，空心符号对应于测量。虚线连接的符号是对最有利的结团衰变（见图 9.9）的预测

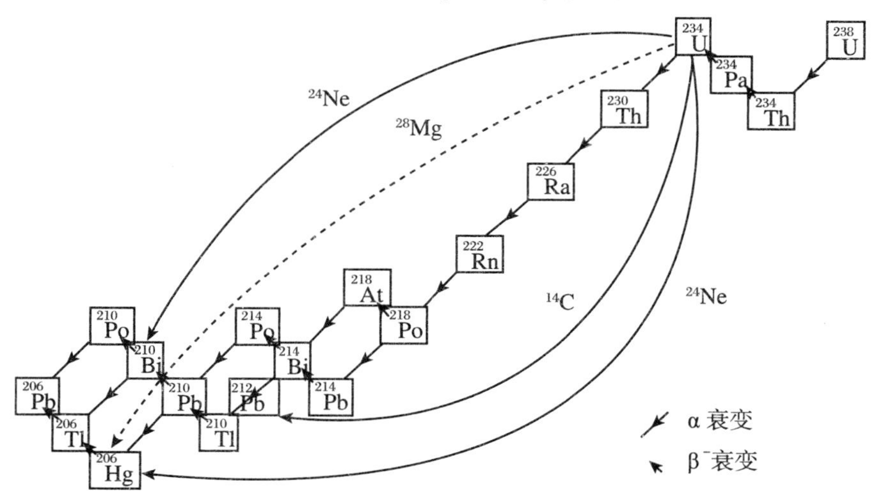

图 9.9　结团衰变的图示。在^{238}U 的衰变链（通常由许多 α 衰变和 β^- 衰变组成，它们使 Z 和 N 的变化最多为两个单位）中由长箭头显示的结团衰变提供了 Z 和 N 这两个数字的巨大往下跳跃

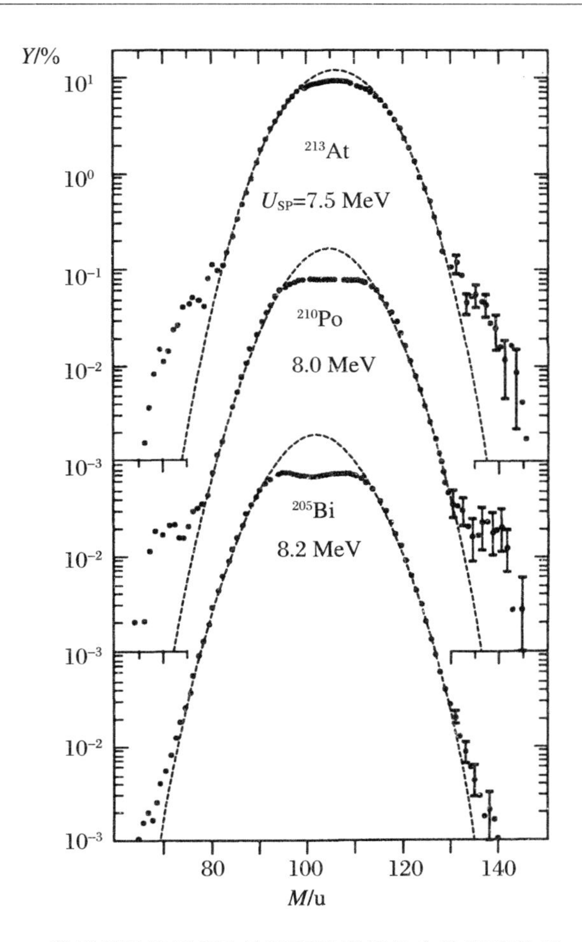

图 9.10　一些质量数接近 200 的裂变核质量分布的实验数据。在这个实验中，分布的指数尾巴可以被跟踪到如此低的概率，以至于由超不对称裂变引起的肩部变得清晰可见。取自文献[117]

裂变势垒的计算对于超重元素的预测非常重要。图 9.11 显示了已知同位素的区域，其中稳定的同位素只占很小的一部分，被一片不稳定的海洋包围。虽然目前由于生产了非常丰中子或丰质子的原子核，岛的两侧都被扩大了，但是在总质量增加的方向上取得进展要困难得多，因为 α 衰变和自发裂变大大缩短了该方向上的寿命。然而，这种趋势可以部分地被额外的幻数的存在所逆转。大多数理论[78,95,114,160,172]预测幻数在$(Z,N)=(114,184)$附近，在$(164,318)$附近也有可能，但细节不尽相同：最有利的质子数可能是 110 或 114，预计寿命从几个月[95]到数十亿年[78]不等。在文献[128]中可以找到详细的综述。这些计算的第一个细节如图 9.12 所示。不过，人们应该记住，裂变的寿命取决于隧穿概率，而隧穿概率会随着势垒高度或宽度的微小变化而发生巨大变化。因此，这种预测的不确定性可能是几个数量级。

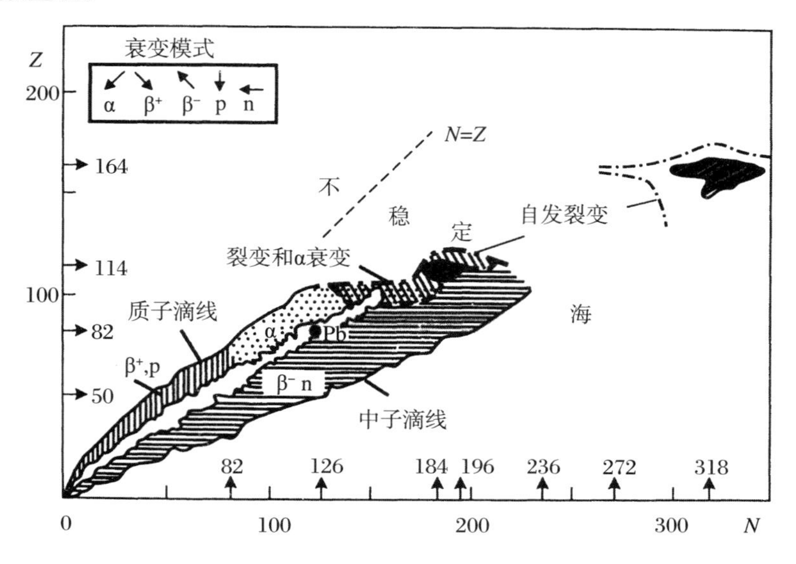

图 9.11 同位素的地形图，显示了可能的超重元素岛。对于已知的同位素，给出了普遍的衰变模式，包围了稳定核岛，该岛从原点经铅延伸到锕系区。它由 α 衰变和裂变不稳定核区与靠近幻数 $(Z,N)\approx(114,184)$ 的第一个超重核岛分离。甚至可能有靠近幻数 $(Z,N)\approx(164,318)$ 的第二个岛。在每个区域中，指出了主要的衰变模式。"滴线"显示了在那里一个额外的质子或中子不再被束缚（它们的确切位置目前正在深入研究中）

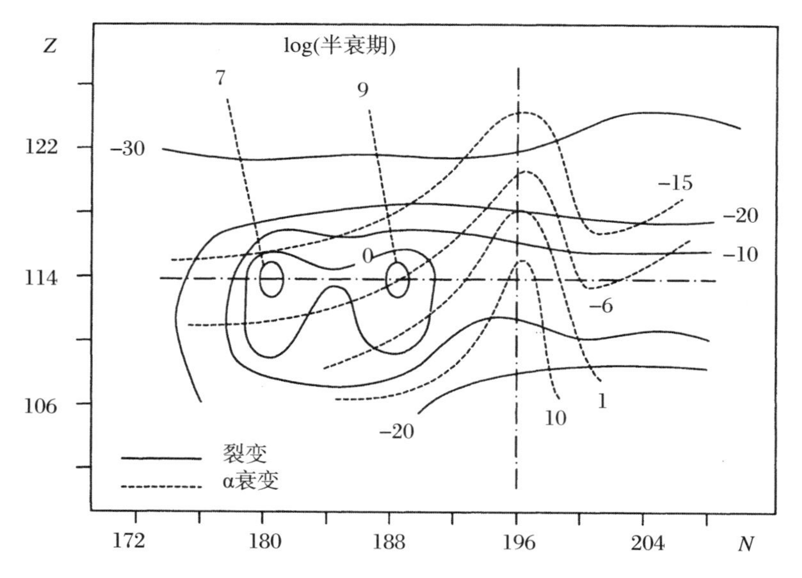

图 9.12 第一个超重岛中核的自发裂变和 α 衰变寿命的对数。等值线上的数字对应于 $\log(T_{1/2}/1\ \mathrm{a})$。取自文献[95]

当然，如何生产超重元素有很大的实际问题。因为中子和质子之比随着 A 的增加而增加，所以人们不能轻易地将已知区域的核结合起来，因为复合系统严重缺乏中子。到目前为止，生产一种含有过多核子的复合系统并希望释放出多余的核子还没有成功，取而代之的是，迄今为止，最重的元素是通过使用非常丰中子的弹和靶组合产生的，这与理论所建议的势中不对称谷相对应[98,181]。例如，图 9.5 显示了 ${}^{90}_{34}\mathrm{Se}+{}^{208}_{80}\mathrm{Hg}$ 和 ${}^{134}_{52}\mathrm{Te}+{}^{164}_{62}\mathrm{Sm}$ 作为产生 ${}^{298}_{114}\mathrm{X}$ 的合适组合。

图 9.13 给出了在已知周期系统上端产生元素的这些“冷谷”的概述。GSI 实验室的实验人员最近仅仅通过使用弹-靶组合确实发现了 Bh～Rg 元素。他们利用这些贫中子核的快速 α 发射，通过观察 α 衰变链来识别它们（参见图 9.14、图 9.15）。尽管这些核并不像人们想象的那样靠近超重岛，因为它们非常缺中子，但这增加了人们的希望，即在不久的将来这个岛本身将变得容易接近。图 9.14、图 9.15 显示了令人兴奋的实验结果，这导致了两种新的最重元素的发现[107,108]。在每种情况下，都可以测量一系列具有不同能量和寿命的 α 粒子（有时不完整），所以一小部分甚至一个事件就足以建立新元素。

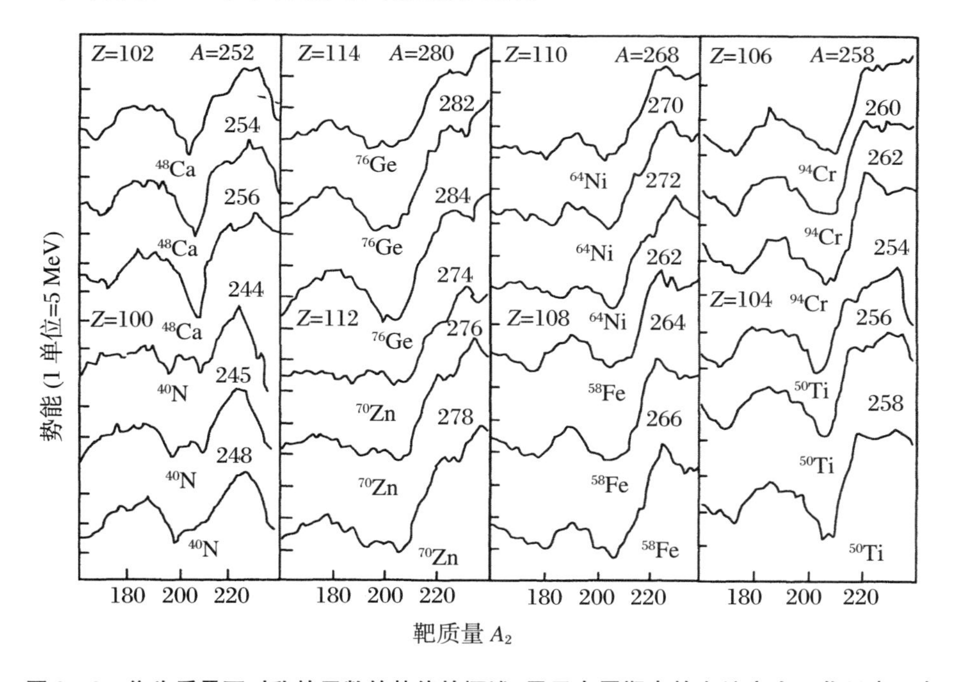

图 9.13　作为质量不对称的函数的势能的概述，用于在周期表的上端产生一些元素。在这些曲线的每一条（对应于指出的（Z，N）组合）中，对于最深的谷指出了弹核；相应的靶必须有缺失的质量和中子数。取自文献[98]

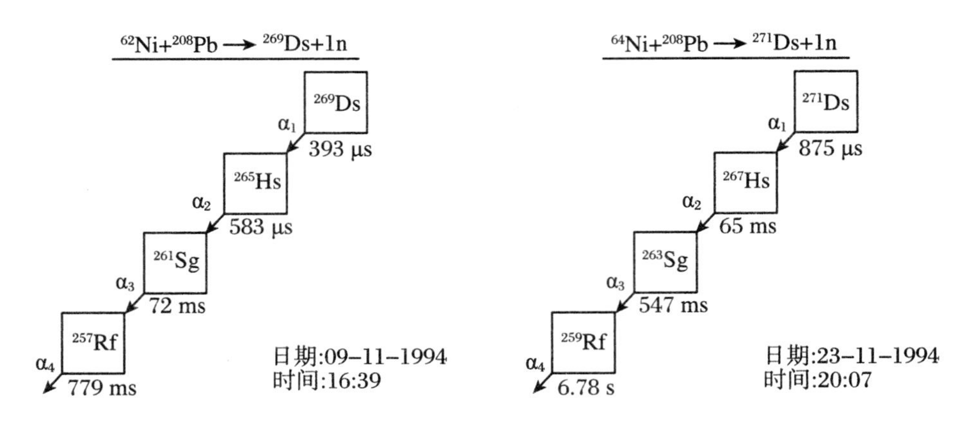

图 9.14　导致鉴别 Ds 元素的衰变链，由 GSI 的一个实验小组给出，日期和时间已指出[107]

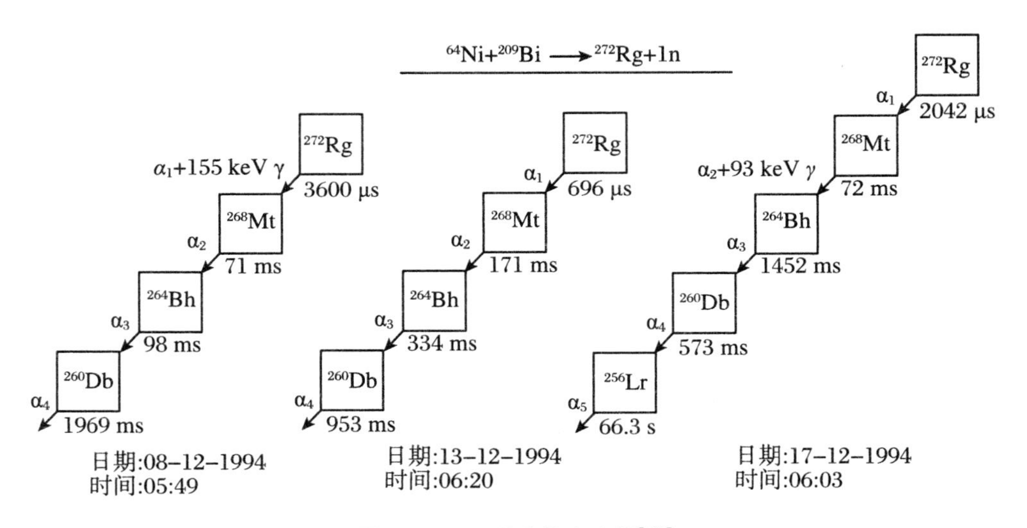

图 9.15　Rg 元素的衰变链[108]

9.2.4　自洽模型中的裂变

自洽模型提供了一种观察裂变的替代方法。用今天的计算机，对重核用一个、甚至两个约束条件来计算势能面是非常可行的。与具有规定形状的唯象模型相比，自洽模型具有以下优点：

(1) 没有壳修正的需要。计算得到的总能量与唯象模型的液滴加壳修正结果吻合较好。

(2) 对于固定约束，人们可能希望不被约束冻结的形状自由度以产生能量上最有利的组态这样一种方式调整，所以不需要事先猜测最佳形状。例如，如果数值方法允许非对称形变，那么沿着裂变路径的形状将自动变得非对称，只要这是有利的。

(3) 势和密度分布本身会变得更加复杂。例如,由大的原子核的电荷产生的越来越大的排斥力能将质子推出原子核的中心。在唯象模型中,这必须通过手工改变势来实现,通常这不包括在模型中。

(4) 另一方面,经常需要更多的约束。下面的结果表明,对于同一组约束,最小化可能导致不只一个极小值,表明在多维势能面中存在由某些附加形状参数所区分的不同谷。如果这些在能量上交叉,谷之间的跃迁只能用一个额外的约束来描述,这允许人们也可以检查极小值之间的势垒。

图 9.16 显示了具有四极约束的相对论平均场模型中裂变势垒的典型结果。特别感兴趣的是,根据上述讨论,在大形变时出现了两个截然不同的谷,一个对应于很长的、向内弯曲但仍然相连的形状,另一个对应于分离的碎片。因为它们有相同的四极矩,它们表现为具有这一约束的不相交解,但如果添加了合适的第二个约束,则可以通过穿过一个势垒连续地连接。图 9.17 中的相应形状说明了这一效应以及在第二势垒附近对不对称组态的偏好。

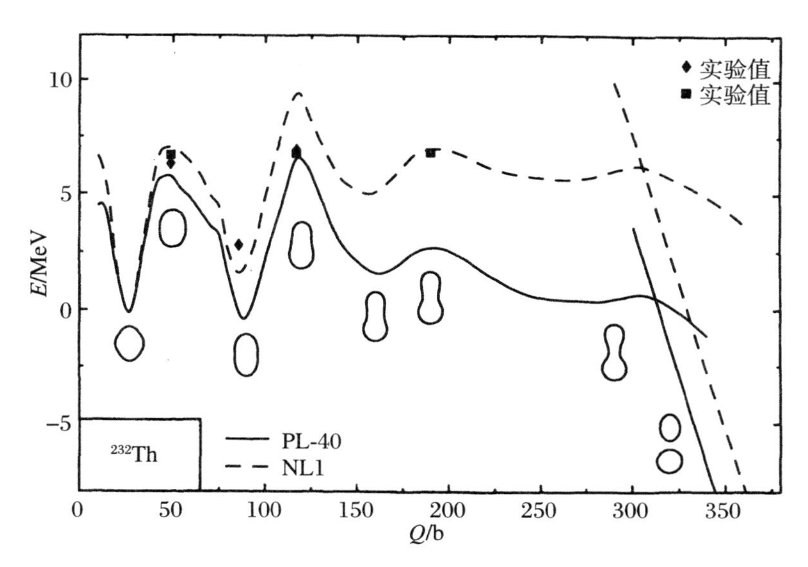

图 9.16　鲁茨(Rutz)等人在相对论平均场模型(参见 7.4 节)中用两种不同参数"PL-40"和"NL1"计算了^{232}Th 原子核的裂变势[180]。在这种情况下,约束条件是质量四极矩 Q。两种计算在定性上一致,但在大形变下表现出越来越不同的行为。形变基态极小值和裂变同核异能素清晰可见。在这种情况下,第一势垒较高。还有第三个极小值对应于一个非常细长的形状。实验值[20,132,210,216]用菱形和方块表示。在 $Q=300$ b 附近开始的陡峭曲线属于第二个谷,以分离的碎片作为特征,如曲线附近的小形状图所示。可能裂变核会穿过这个谷,但这种情况发生在何处取决于两个谷之间的势垒,这只能用一个附加的约束来确定,可能是十六极性质的。在下一个图中给出形状的更多细节

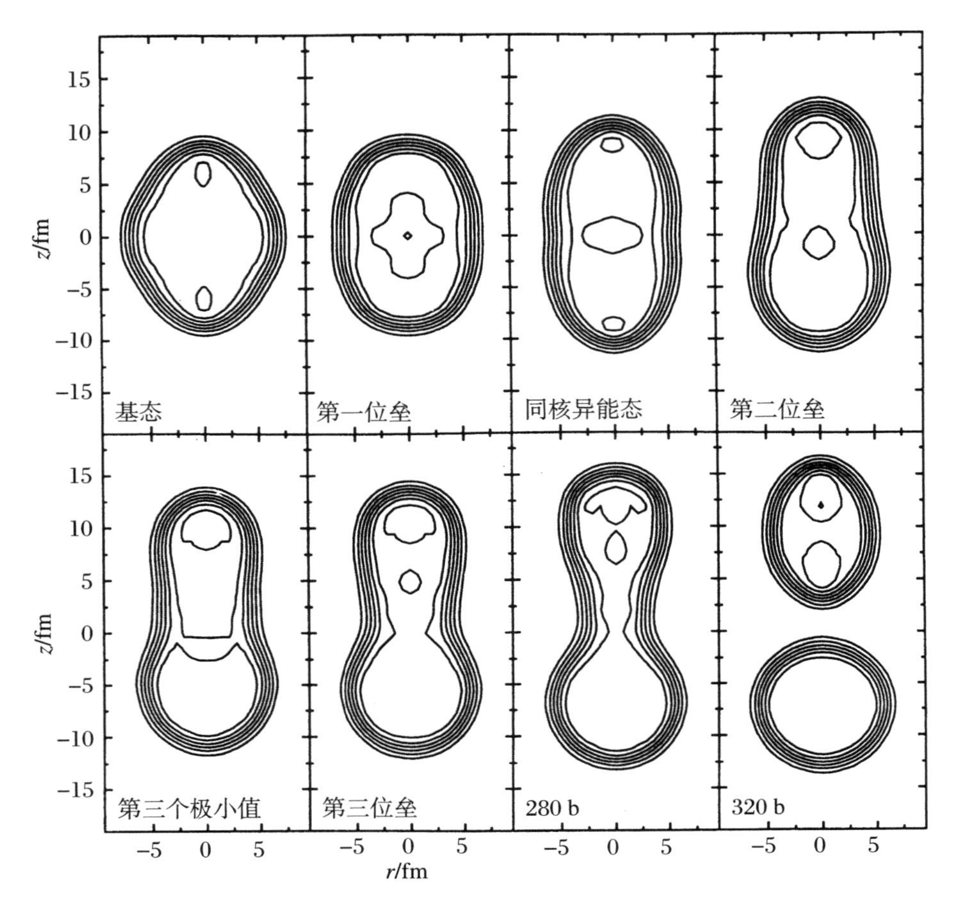

图 9.17　与图 9.16 裂变路径上各点对应的核形状，绘制为密度等值线。$Q=340$ b 的最后一个图来自第二个谷，显然，比起 $Q=380$ b 的来自第一个谷的拉长形状，它已经裂变产生一个较小的四极矩。同时观察到在第二势垒附近，对不对称组态有决定性的偏好，导致偏向不对称质量分裂。第三个极小值的形状非常细长，因此是一个超形变的组态

9.3　质量参数和推转模型

9.3.1　概述

正如我们将看到的，动能的问题远没有势能的问题那样容易解决。虽然有一些计算质量参数的理论方法，但这些方法都不被普遍接受，而且在实验中很难对它们的预测进行检验。大尺度的集体运动只发生在裂变和重离子反应中，这些反应足够复杂，如果理论与实验不符，很难看出是否这是由集体坐标数目的不足、摩擦或底层模型的真正失败造成的。然而，通常必须在质量参数和摩擦项中引入有效参数，以便更接近实验数据。现在我们将简要讨论两种广泛使用的质量参数计算方法：无旋流体模型和推转模型。

9.3.2　无旋流体模型

在 6.2.1 小节中对于小形变引入了无旋流体模型。它很容易推广：集体坐标的时间依赖性导致了核表面的局部速度，在无旋流体假设下，可以作为求解核内速度场的边界条件。将流体的动能积分，就会产生一个动能，这个动能在集体速度中是二阶的，这样可以读取质量参数。虽然这个模型被很好地定义了，但是对于一般的表面形状和运动来说，它绝不容易构造出解。圆柱对称形状的一个众所周知的近似方法被称为沃纳-惠勒(Werner-Wheeler)方法[121,159]。请注意，这个模型仍然没有可靠的理论支持，它被广泛使用主要是因为它定义明确、可计算和期望至少可以给出各种类型的集体坐标的质量参数之间的数量级差异，而且替代方法也有自己的问题。

9.3.3　推转模型

另一种计算质量参数的方法是由英格里斯(Inglis)发明的推转模型。这个名字反映了一种外部影响的观念，它迫使唯象的单粒子势和波函数在形状参数上随时间变化。在计算形变能时，最关键的假设是绝热。为了保持一致性，这也必须以某种方式扩展到动态情况。我们可以想象，集体坐标的变化非常缓慢，这样原子核就可以在每一点都稳定到它的绝热状态。另一方面，波函数在运动过程中必须改变，这种时间依赖性与动能有关联，我们想对此进行研究。因此，原子核并不是真正处于绝热状态，但除了支持集体运动所必需之外，不应包含任何真实的激发。在推导过程中，这种区别将如何起作用将变得清晰。

我们从参数化地依赖于形变参数 $\beta_1,\cdots,\beta_M$ 的哈密顿量 $\hat{H}(\boldsymbol{r}_1,\cdots,\boldsymbol{r}_A;\beta_1,\cdots,\beta_M)$ 开始。相关的绝热本征函数依赖于参数并满足

$$
\begin{aligned}
&\hat{H}(\boldsymbol{r}_1,\cdots,\boldsymbol{r}_A;\beta_1,\cdots,\beta_M)\psi_i(\boldsymbol{r}_1,\cdots,\boldsymbol{r}_A;\beta_1,\cdots,\beta_M)\\
&\quad= E_i(\beta_1,\cdots,\beta_M)\psi_i(\boldsymbol{r}_1,\cdots,\boldsymbol{r}_A;\beta_1,\cdots,\beta_M)
\end{aligned}
\tag{9.27}
$$

为了使如下推导简洁，我们省略粒子坐标并使用矢量记号 $\boldsymbol{\beta}$，这样方程就变为

$$
\hat{H}(\boldsymbol{\beta})\psi_i(\boldsymbol{\beta}) = E_i(\boldsymbol{\beta})\psi_i(\boldsymbol{\beta})
\tag{9.28}
$$

现在假设一个规定的时间依赖 $\boldsymbol{\beta}=\boldsymbol{\beta}(t)$，它是如此的慢以至于不产生任何激发。这意味着与单粒子时间尺度相比，集体运动的特征时间尺度应该非常长。我们现在有一个时间依赖的哈密顿量和基波函数(basis wave function)。含时薛定谔

方程

$$\mathrm{i}\hbar\frac{\partial}{\partial t}\Psi = \hat{H}(\boldsymbol{\beta}(t))\Psi \tag{9.29}$$

的解可以在绝热本征态下展开：

$$\Psi(\boldsymbol{r}_1,\cdots,\boldsymbol{r}_A,t) = \sum_i c_i(t)\psi_i(\boldsymbol{r}_1,\cdots,\boldsymbol{r}_A;\boldsymbol{\beta}(t))\exp\left(-\frac{\mathrm{i}}{\hbar}\int^t \mathrm{d}t' E_i(\boldsymbol{\beta}(t'))\right) \tag{9.30}$$

如此设计相位因子，以至由于方程中的本征能量而取消相位。将此表达式代入到薛定谔方程中，得到

$$\sum_i (\mathrm{i}\hbar c_i + \mathrm{i}\hbar c_i\boldsymbol{\beta}\cdot\nabla_{\boldsymbol{\beta}} + E_i c_i)\psi_i(\boldsymbol{\beta})\exp\left(-\frac{\mathrm{i}}{\hbar}\int^t \mathrm{d}t' E_i(\boldsymbol{\beta}(t'))\right)$$
$$= \sum_i c_i E_i(\boldsymbol{\beta})\psi_i(\boldsymbol{\beta})\exp\left(-\frac{\mathrm{i}}{\hbar}\int^t \mathrm{d}t' E_i(\boldsymbol{\beta}(t'))\right) \tag{9.31}$$

如前面所建议的，$\boldsymbol{\beta}$ 的矢量记号被扩展到

$$\boldsymbol{\beta}\cdot\nabla_{\boldsymbol{\beta}} = \sum_{k=1}^{M}\beta_k\frac{\partial}{\partial\beta_k} \tag{9.32}$$

式(9.31)可通过使用

$$\int \mathrm{d}^3 r_1\cdots\int \mathrm{d}^3 r_A \psi_j^*(\boldsymbol{r}_1,\cdots,\boldsymbol{r}_A;\boldsymbol{\beta}) \times \text{式(9.31)} \tag{9.33}$$

形成矩阵元，转换为关于展开参数的方程。也尽可能地消除相位因子，导致

$$\mathrm{i}\hbar c_j = -\mathrm{i}\hbar\sum_i c_i\langle\psi_j \mid \boldsymbol{\beta}\cdot\nabla_{\boldsymbol{\beta}} \mid \psi_i\rangle\exp\left\{-\frac{\mathrm{i}}{\hbar}\int^t \mathrm{d}t'[E_i(\boldsymbol{\beta}(t')) - E_j(\boldsymbol{\beta}(t'))]\right\} \tag{9.34}$$

现在我们必须使用不同时间尺度和绝热的假设。我们只在 t 附近的一小段时间内对这个解很感兴趣，因为在绝热极限下，系统在时间 t 的状态应该在那时完全确定，而不受系统以前历史的任何影响。在这段时间内，矩阵元和相位因子中的本征能量变化很小，因为它们只显示出对集体坐标的缓慢依赖。另一方面，相位因子本身随时间变化很快。绝热意味着对于固定形变 $\boldsymbol{\beta}(t)$，基态的系数接近一个单位，$c_0\approx 1$，而其他的都很小。因此，在右侧，只有 $i=0$ 有贡献，我们得到

$$c_j(t) = \frac{\langle\psi_j \mid \boldsymbol{\beta}\cdot\nabla_{\boldsymbol{\beta}} \mid \psi_0\rangle}{E_j - E_0}$$
$$\cdot\exp\left\{-\frac{\mathrm{i}}{\hbar}\int^t \mathrm{d}t'[E_0(\boldsymbol{\beta}(t')) - E_j(\boldsymbol{\beta}(t'))]\right\} \quad (j\neq 0) \tag{9.35}$$

而对于 $j=0$，可以简单地使用归一化：

$$|c_0|^2 = 1 - \sum_{i\neq 0}|c_i|^2 \tag{9.36}$$

实际上，式(9.35)中有一个微妙的点。积分常数设置为零，所以当 $t=0$ 时，我们不会得到未扰动的基态 $c_0=1$，$c_j=0(j>0)$。如果这被用作初始条件，该解将描述振

幅随时间的强烈变化。事实上,深层的图像不是一个在 $t=0$ 时处于绝热基态的系统的图像,突然开始集体运动,而是集体运动已经开始了,系统已经适应了这一点。方程式(9.35)正好描述了这一点:当复系数快速振荡时,它们的振幅只有缓慢的时间依赖性。从总能量来看,这一点也变得明显,总能量是哈密顿量的期望值:

$$\langle \Psi(t) \mid \hat{H}(\boldsymbol{\beta}(t)) \mid \Psi(t)\rangle = \sum_j \mid c_j(t) \mid^2 E_j(t)$$
$$= E_0(\boldsymbol{\beta}(t)) + \frac{1}{2}\boldsymbol{\beta} \cdot \boldsymbol{B} \cdot \boldsymbol{\beta} \tag{9.37}$$

其中质量参数

$$B_{kl} = 2\hbar^2 \sum_{j\neq 0} \frac{\langle \psi_0 \mid \partial/\partial\beta_k \mid \psi_j\rangle\langle \psi_j \mid \partial/\partial\beta_l \mid \psi_0\rangle}{E_j - E_0} \tag{9.38}$$

这是英格里斯首先给出的推转公式[112,113]。对它求值需要一个多体波函数 ψ_j 的模型,但此时我们已经可做一些一般性的观察。分子中的矩阵元携带有关单粒子态随形变而变化的信息,如果波函数必须强烈地重新排列以改变形变,则质量中会有一个峰值。质量参数值大的另一个原因可能是靠近基态的激发态的存在,这使分母几乎消失。如果后者是由于避免能级交叉造成的,那么在交叉过程中波函数也将会强烈变化,从而产生一个强烈的峰值。

9.3.4　推转公式的应用

为了进行具体计算,必须在推转公式中指定集体参数和波函数的含义,该公式通常可以简化为更简单的形式。

对于独立粒子模型,原子核的基态是由最低的单粒子轨道组成的斯莱特行列式。二次量子化中的算符 $\partial/\partial\beta$ 变成

$$\frac{\partial}{\partial\beta} = \sum_{\mu\nu} \langle \mu \mid \frac{\partial}{\partial\beta} \mid \nu\rangle \hat{a}_\mu^\dagger \hat{a}_\nu \tag{9.39}$$

并且只把基态和单粒子/单空穴的态连接起来。我们在这里用希腊字母标记单粒子态,以区别于多体态 $|j\rangle$。这样,粒子-空穴激发就变成了要求和的激发态。能量分母变为粒子空穴态的激发能:

$$E_j - E_0 \rightarrow \varepsilon_\mu - \varepsilon_\nu \tag{9.40}$$

而矩阵元被简化为

$$\langle j \mid \frac{\partial}{\partial\beta} \mid 0\rangle \rightarrow \langle \mu \mid \frac{\partial}{\partial\beta} \mid \nu\rangle \tag{9.41}$$

推转公式用

$$B_{kl} = 2\hbar^2 \sum_{\substack{\mu\ 未占据 \\ \nu\ 占据}} \frac{\langle \nu \mid \partial/\partial\beta_k \mid \mu\rangle\langle \mu \mid \partial/\partial\beta_l \mid \nu\rangle}{\varepsilon_\mu - \varepsilon_\nu} \tag{9.42}$$

表示。注意,如果在费米面有能级交叉,则这个表达式甚至变成奇异的。这只能通过使用配对来避免。

上面的公式仍然没有指定所考虑的集体坐标的类型。最简单的质量参数(也是最容易与实验相比较的参数)是转动惯量。在这种情况下,集体坐标是绕一个与原子核对称轴不一致的轴转动的角度,通常选择 x 轴。对于角度的导数可以用角动量算符 $\partial/\partial\beta \to \mathrm{i}J_x/\hbar$ 表示,转动惯量变为

$$\Theta = 2\sum_j \frac{|\langle j \mid J_x \mid 0\rangle|^2}{E_j - E_0} \tag{9.43}$$

在这个公式中,独立粒子的情况可以如上所述代入。可以显示,在一定条件下,所得值正好为刚体转动惯量,即密度均匀且形状与核形变相对应的经典固体的值。然而,与实验比较表明,这个值通常太大,大了两倍。这表明并非所有的核物质都可以参与集体转动,配对的引入再次提供了解决方案。

练习 9.1　BCS 模型的推转公式

问题　推导 BCS 模型的推转公式。

解答　在这种情况下,核基态被配对的基态所取代:$|0\rangle \to |\mathrm{BCS}\rangle$。算符 $\partial/\partial\beta$ 不仅作用于如式(9.39)中的单粒子态,而且作用于配对占据概率 u_μ 和 v_μ,一般来说,这将是形变依赖的。用 $\overline{\partial/\partial\beta}$ 表示额外的贡献,我们可以写出

$$\frac{\partial}{\partial\beta} = \overline{\frac{\partial}{\partial\beta}} + \sum_{\mu\nu}\langle\mu \mid \frac{\partial}{\partial\beta} \mid \nu\rangle\, \hat{a}_\mu^\dagger \hat{a}_\nu \tag{①}$$

按照

$$\hat{a}_\mu = u_\mu \hat{\alpha}_\mu + v_\mu \hat{\alpha}_{-\mu}^\dagger \tag{②}$$

及它的厄米伴随用准粒子算符替换算符,我们得到

$$\begin{aligned}
\frac{\partial}{\partial\beta} - \overline{\frac{\partial}{\partial\beta}} &= \sum_{\mu\nu}\langle\mu \mid \frac{\partial}{\partial\beta} \mid \nu\rangle\, \hat{a}_\mu^\dagger \hat{a}_\nu \\
&= \sum_{\mu\nu}\langle\mu \mid \frac{\partial}{\partial\beta} \mid \nu\rangle (u_\mu \hat{\alpha}_\mu^\dagger + v_\mu \hat{\alpha}_{-\mu})(u_\nu \hat{\alpha}_\nu + v_\nu \hat{\alpha}_{-\nu}^\dagger) \\
&\to \sum_{\mu\nu}\langle\mu \mid \frac{\partial}{\partial\beta} \mid \nu\rangle u_\mu v_\nu \hat{\alpha}_\mu^\dagger \hat{\alpha}_{-\nu}^\dagger
\end{aligned} \tag{③}$$

最后一行显示在算符中仅那一项对矩阵元有贡献。其他组合产生零,因为激发态在准粒子数上必须与基态不同。还要注意的是,求和扩展到 μ 和 ν 的正值和负值,而在 BCS 态下只使用正值。为避免歧义,对于后一种情况,$\mu>0$ 等将明确说明。

矩阵元的形式显示只需要考虑两个准粒子的态。取 $|\kappa\lambda\rangle = \hat{\alpha}_\kappa^\dagger \hat{\alpha}_{-\lambda}^\dagger |\mathrm{BCS}\rangle$($\kappa$,$\lambda<0$)和 BCS 基态之间的矩阵元,得到

$$\begin{aligned}
\langle\kappa\lambda \mid \frac{\partial}{\partial\beta} - \overline{\frac{\partial}{\partial\beta}} \mid \mathrm{BCS}\rangle &= \sum_{\mu\nu}\langle\mu \mid \frac{\partial}{\partial\beta} \mid \nu\rangle u_\mu v_\nu \langle\mathrm{BCS} \mid \hat{\alpha}_{-\lambda} \hat{\alpha}_\kappa \hat{\alpha}_\mu^\dagger \hat{\alpha}_{-\nu}^\dagger \mid \mathrm{BCS}\rangle \\
&= \sum_{\mu\nu}\langle\mu \mid \frac{\partial}{\partial\beta} \mid \nu\rangle u_\mu v_\nu (\delta_{\mu\kappa}\delta_{\nu\lambda} - \delta_{\mu-\lambda}\delta_{\nu-\kappa})
\end{aligned}$$

$$= u_\kappa v_\lambda \langle \kappa \mid \frac{\partial}{\partial\beta} \mid \lambda \rangle + u_\lambda v_\kappa \langle -\lambda \mid \frac{\partial}{\partial\beta} \mid -\kappa \rangle \qquad ④$$

最后一步使用了 $u_\kappa = u_{-\kappa}$ 和 $v_{-\kappa} = -v_\kappa$。

只有当式④中的两个矩阵元彼此有关时，才能进一步简化该结果。显然，这与时间反演有点关系，因为所涉及的态是通过该操作相联系的。记住时间反演下任意算符 $\hat{O}$ 的矩阵元的变换：

$$\langle A \mid \hat{O} \mid B \rangle = \langle \hat{\mathscr{T}} A \mid \hat{\mathscr{T}} \hat{O} \hat{\mathscr{T}}^{-1} \mid \hat{\mathscr{T}} B \rangle^* \qquad ⑤$$

假设 $\partial/\partial\beta$ 具有确定的时间反演性质：

$$\hat{\mathscr{T}} \frac{\partial}{\partial\beta} \hat{\mathscr{T}}^{-1} = \pm \frac{\partial}{\partial\beta} \qquad ⑥$$

我们得到

$$\langle -\lambda \mid \frac{\partial}{\partial\beta} \mid -\kappa \rangle = \langle \lambda \mid \pm \frac{\partial}{\partial\beta} \mid \kappa \rangle^* = \mp \langle \kappa \mid \frac{\partial}{\partial\beta} \mid \lambda \rangle \qquad ⑦$$

在最后一步中，使用了 $\partial/\partial\beta$ 的反厄米性质（参见算符 $\partial/\partial\beta$，它是反厄米的，因为 $\hat{p}_x = -\mathrm{i}\hbar\partial/\partial x$ 是厄米的）。矩阵元现在变成

$$\langle \kappa\lambda \mid \frac{\partial}{\partial\beta} - \overline{\frac{\partial}{\partial\beta}} \mid \mathrm{BCS} \rangle = \langle \kappa \mid \frac{\partial}{\partial\beta} \mid \lambda \rangle (u_\kappa v_\lambda \mp u_\lambda v_\kappa) \qquad ⑧$$

对于时间偶的 $\partial/\partial\beta$，负号有效。

最后的任务是计算作用于占据概率的导数。BCS 基态的定义直接导致

$$\overline{\frac{\partial}{\partial\beta}} \mid \mathrm{BCS} \rangle = \sum_{\mu>0} \left(\frac{\partial u_\mu}{\partial\beta} + \frac{\partial v_\mu}{\partial\beta} \hat{a}_\mu^\dagger \hat{a}_{-\mu}^\dagger \right) \prod_{\substack{\nu\neq\mu \\ \nu>0}} (u_\nu + v_\nu \hat{a}_\nu^\dagger \hat{a}_{-\nu}^\dagger) \mid 0 \rangle \qquad ⑨$$

只有当 κ 和 λ 在求和中的每一项中都等于 μ 时，与两准粒子态 $|\kappa\lambda\rangle$ 的重叠将不为零，因为任何其他指标都将会在乘积中遇到未扰动的 BCS 系数，从而产生零。取消在两准粒子和 BCS 态中都包含非相关指标 ν 的乘积并用 μ 表示唯一剩下的指标，得到

$$\begin{aligned}
\langle \mu\mu \mid \overline{\frac{\partial}{\partial\beta}} \mid \mathrm{BCS} \rangle &= \langle 0 \mid (u_\mu + v_\mu \hat{a}_{-\mu} \hat{a}_\mu) \hat{\alpha}_{-\mu} \hat{\alpha}_\mu \left(\frac{\partial u_\mu}{\partial\beta} + \frac{\partial v_\mu}{\partial\beta} \hat{a}_\mu^\dagger \hat{a}_{-\mu}^\dagger \right) \mid 0 \rangle \\
&= \frac{\partial u_\mu}{\partial\beta} \langle 0 \mid - u_\mu^2 v_\mu \hat{a}_{-\mu} \hat{a}_{-\mu}^\dagger - v_\mu^3 \hat{a}_{-\mu} \hat{a}_\mu \hat{a}_\mu^\dagger \hat{a}_{-\mu}^\dagger \mid 0 \rangle \\
&\quad + \frac{\partial v_\mu}{\partial\beta} \langle 0 \mid u_\mu v_\mu^2 \hat{a}_{-\mu} \hat{a}_\mu \hat{a}_\mu^\dagger \hat{a}_\mu \hat{a}_\mu^\dagger \hat{a}_{-\mu}^\dagger + u_\mu^3 \hat{a}_{-\mu} \hat{a}_\mu \hat{a}_\mu^\dagger \hat{a}_{-\mu}^\dagger \mid 0 \rangle \\
&= -\frac{\partial u_\mu}{\partial\beta} (u_\mu^2 v_\mu + v_\mu^3) + \frac{\partial v_\mu}{\partial\beta} (u_\mu v_\mu^2 + u_\mu^3) \\
&= -\frac{\partial u_\mu}{\partial\beta} \left(v_\mu + \frac{u_\mu^2}{v_\mu} \right) = -\frac{1}{v_\mu} \frac{\partial u_\mu}{\partial\beta}
\end{aligned} \qquad ⑩$$

这本质上只涉及通常的二次量子化技术。在第二步中括号的展开考虑了只有保持

粒子数不变的项才能生存,而最后一步使用了归一化:

$$u_\mu^2 + v_\mu^2 = 1 \quad \rightarrow \quad v_\mu \frac{\partial v_\mu}{\partial \beta} = - u_\mu \frac{\partial u_\mu}{\partial \beta} \tag{⑪}$$

现在总矩阵元是

$$\langle \kappa\lambda \mid \frac{\partial}{\partial \beta} \mid \text{BCS} \rangle = \langle \kappa \mid \frac{\partial}{\partial \beta} \mid \lambda \rangle (u_\kappa v_\lambda \mp u_\lambda v_\kappa) - \delta_{\kappa\lambda} \frac{1}{v_\kappa} \frac{\partial u_\kappa}{\partial \beta} \tag{⑫}$$

对于推转公式,它必须取平方并对 $\kappa,\lambda>0$ 求和。交叉项没有贡献,因为第一个矩阵元由于波函数的归一化而对角地消失:

$$\frac{\partial}{\partial \beta}\langle \kappa \mid \kappa \rangle = 0 \quad \rightarrow \quad \langle \kappa \mid \frac{\partial}{\partial \beta} \mid \kappa \rangle = 0 \tag{⑬}$$

这样,我们得到了带配对的推转模型的最终公式:

$$\begin{aligned} B_{kl} = {} & 2\hbar^2 \sum_{\kappa\lambda} \frac{\langle \kappa \mid \frac{\partial}{\partial \beta_k} \mid \lambda \rangle \langle \lambda \mid \frac{\partial}{\partial \beta_l} \mid \kappa \rangle}{e_\kappa + e_\lambda} (u_\kappa v_\lambda \mp v_\kappa u_\lambda)^2 \\ & + \hbar^2 \sum_\kappa \frac{1}{u_\kappa^2 e_\kappa} \frac{\partial u_\kappa}{\partial \beta_k} \frac{\partial u_\kappa}{\partial \beta_l} \end{aligned} \tag{⑭}$$

注意分母中两准粒子态的激发能。对于时间偶的 $\partial/\partial\beta$,负号是正确的。

对于转动惯量,单粒子能级结构不会随着转动而改变,因此推转公式中的第二个贡献会消失,而第一个贡献减小,因为能隙增加了能量分母。另一方面,对于形变坐标如四极形变,带有占据概率导数的项通常占主导地位。

配对的另一个好处是,能隙消除了分母消失的可能性,现在分母至少为 2Δ。

包含配对的推转模型的这个版本首先是由别利亚耶夫(Belyaev)[13,14]和普兰格(Prange)[168]给出的。

9.4 时间依赖的哈特里-福克

8.2.2 小节中提出的时间依赖的哈特里-福克方程为研究大尺度集体运动提供了一种有吸引力的可能性。如果我们用一般形式写出方程

$$\mathrm{i}\hbar \frac{\partial}{\partial t}\psi_j(\boldsymbol{r},t) = \hat{H}[\rho]\psi_j(\boldsymbol{r},t) \quad (j = 1,\cdots,A) \tag{9.44}$$

很明显,给出的单粒子波函数的初始条件在未来的任何时刻决定了它们,尽管哈密顿量也依赖于如所指出的对单粒子求和的密度。大量的单粒子波函数和非线性允许波函数的极其复杂的发展,无需引入集体参数、质量参数等。

由于在时间依赖理论中隧穿过程的处理更加困难,时间依赖的哈特里-福克

(TDHF)主要用于重离子反应,这不在本书讨论的范围内。对于重离子碰撞的有趣情况,人们实际上可以数值地确定解,这一发现激起了相当大的兴趣[30,51,52,57,143,182],在随后的几年中又有许多论文发表。然而,由于该方法与这里提出的其他集体运动理论有着密切的联系,因此将给出更多的细节。

TDHF 的大多数实际应用都是基于斯克姆力的。原因与静态哈特里-福克相同:交换项可以简单地处理,一切都可以用几个局部密度来表示。

在重离子碰撞中,对于两个初始核,初始波函数被假定为静态哈特里-福克的解。它们被插入到数值空间网格中相应原子核的位置,然后乘以平面波因子来运动。这样,如果我们把弹核的核子从 1 到 A_1 编号,把靶核的核子从 A_1+1 到 A_1+A_2 编号,我们将有

$$\begin{aligned}\psi_j(\boldsymbol{r},t=0)&=\varphi_j(\boldsymbol{r}-\boldsymbol{R}_1)\exp(\mathrm{i}\boldsymbol{k}_1\cdot\boldsymbol{r})\quad(j=1,\cdots,A_1)\\\psi_j(\boldsymbol{r},t=0)&=\varphi_j(\boldsymbol{r}-\boldsymbol{R}_2)\exp(\mathrm{i}\boldsymbol{k}_2\cdot\boldsymbol{r})\quad(j=A_1+1,\cdots,A_1+A_2)\end{aligned}\tag{9.45}$$

这里 $\boldsymbol{R}_{1,2}$ 表示弹核和靶核的初始位置,$\boldsymbol{k}_{1,2}$ 表示与它们共同速度有关的核子波数。

随着时间的推移,核子波函数将以速度 $\boldsymbol{v}=\hbar\boldsymbol{k}_{1,2}/m$ 移动,直到两个核重叠,然后更复杂的新阶段开始。让我们简单地了解一下接下来发生的事情的一些概念特征。

很容易验证,单粒子波函数的正交归一化不随时间的发展而改变(单粒子哈密顿量是厄米的,导致一个酉时间发展算符)。由于在静态哈特里-福克中,单个波函数没有独立的物理意义,只有一组占据态才是重要的。态的时间依赖性是相当普遍的。如果用绝热态(即属于给定时间点的密度分布的本征态)展开它们,我们会发现它们可以是高激发的,因为在能级交叉附近发生的激发会被精确地考虑(因为它依赖于集体运动的速度)。

虽然所有这些都使得该方法看起来非常有吸引力和通用性,但再次审视也有严重的缺点。在许多计算中发现,就概率分布的扩展很小而言,TDHF 的解几乎表现为"经典的"。这表明斯莱特行列式只探查波函数空间的一小部分,下面这个简单的例子显示了真正的多体波函数可以丰富得多。

想象两个原子核相互作用,在碰撞后再次分离的一个系统。最后的碎片在终态下可能有不同的质量,例如,反应 $^{16}\mathrm{O}+{}^{16}\mathrm{O}$ 可能导致 $^{12}\mathrm{C}+{}^{20}\mathrm{Ne}$ 甚至 $^{4}\mathrm{He}+{}^{28}\mathrm{Si}$。TDHF 终态波函数包含此类分裂的振幅,但它们是被假交叉道关联耦合的:虽然每一个碎片可能有一个不同质量数的范围,具有非消失概率,但它们都以相同的平均势传播,该平均势实际上把它们耦合起来。这样,描述一个出射粒子 $^{4}\mathrm{He}$ 的波函数的一个分量将发现自己位于适合于 $^{16}\mathrm{O}$ 的势阱中,且所有这些碎片甚至会被迫以同样的速度(与它们的质量无关)移动。因为对于质量与平均值相差很大的碎片,这在能量上是非常不合适的,其结果是对质量转移的强烈抑制。这显示斯莱特行列式充其量只能描述反应的平均行为。

这会带来进一步的危险：虽然 TDHF 方程也可以从变分原理的时间依赖版本

$$\delta\langle \Psi \mid \hat{H} - \mathrm{i}\hbar \frac{\partial}{\partial t} \mid \Psi \rangle = 0 \tag{9.46}$$

中推导出来，其中 $|\Psi\rangle$ 和以前一样被限制为一个斯莱特行列式，但这不能保证近似值的质量。即使初始波函数是核基态的一个很好的近似值，最小化仅意味着时间导数将以可能的最佳方式近似，但这并不意味着在一定时间后，解不会与真正的解有太大的偏离。

有关 TDHF 实际应用的更多信息，请参阅文献[58,156]，读者还可在文献[146]中找到 TDHF 一维解的代码。

9.5 生成坐标法

生成坐标法提供了集体运动的一个非常普遍和概念上吸引人的基础，它最初是由希尔(Hill)、惠勒(Wheeler)和格里芬(Griffin)提出的[91,92,105]。它已经在核理论中得到了广泛的应用，在文献[175]中可以找到一个最近的综述。基本思想是从一组微观波函数 $|\Phi(a)\rangle$ 开始，这些微观波函数参数化地依赖于一个或多个集体自由度 a。例如，它可能是由尼尔逊模型中被占据的单粒子波函数构成的斯莱特行列式，这取决于唯象单粒子势的形变。

在这个集体参数中包含集体运动的波函数被设为

$$|\Psi\rangle = \int \mathrm{d}a f(a) \mid \Phi(a)\rangle \tag{9.47}$$

权重函数 $f(a)$ 尚未确定。注意，这种方式没有引入多余的坐标，波函数 $|\Psi\rangle$ 仍然只取决于微观自由度。

权重函数由变分原理确定：

$$\delta\langle \Psi \mid \hat{H} - E \mid \Psi \rangle = 0 \tag{9.48}$$

其中，拉格朗日乘子 E 是确保归一化所必需的。进行变分导致希尔-惠勒-格里芬(HWG)方程：

$$\int \mathrm{d}a' \langle \Phi(a) \mid \hat{H} \mid \Phi(a')\rangle f(a') = E \int \mathrm{d}a' \langle \Phi(a) \mid \Phi(a')\rangle f(a') \tag{9.49}$$

它在形式上可以用较短的形式书写：

$$\mathcal{H} f = E \mathcal{N} f \tag{9.50}$$

新符号是哈密顿核函数(Hamiltonian kernel)

$$\mathcal{H}(a, a') = \langle \Phi(a) \mid \hat{H} \mid \Phi(a')\rangle \tag{9.51}$$

和重叠核函数(overlap kernel)

$$\mathcal{N}(a,a') = \langle \Phi(a) \mid \Phi(a') \rangle \tag{9.52}$$

显然,它们作用于 f 被定义为 a' 上的折叠积分。

如果参数 a 是离散的,式(9.49)变为本征值方程,用适当改变的记号,它可表示为

$$\sum_{a'} \mathcal{H}_{aa'} f_{a'} = E \sum_{a'} \mathcal{N}_{aa'} f_{a'} \tag{9.53}$$

这是在非正交基(即在其中基态不是正交归一的但有重叠 $\mathcal{N}_{aa'}$)中的典型本征值方程。从物理上来说,这起因于这样一个事实:不同 a 值的斯莱特行列式不需要是正交归一的。用 $\mathcal{N}$ 的倒数乘两边来简化这个问题似乎很有吸引力:

$$\mathcal{N}^{-1}\mathcal{H}f = EF \tag{9.54}$$

这导致一个标准本征值问题,但伴随着左边的矩阵不必是厄米的复杂性。

然而,在实践中,这通常是不可能的,因为 $\mathcal{N}$ 可能有消失的本征值(这是由于 $|\Phi(a)\rangle$ 可以是线性相关的)。因此,一种较好的方法是执行革兰-施密特(Gram-Schmidt)正交归一化,即建立一个新基 $u_k(a)$,其满足(切换回连续的 a)

$$\int \mathrm{d}a' \mathcal{N}(a,a') u_k(a') = n_k u_k(a) \tag{9.55}$$

其中一些范数因子 $n_k \geqslant 0$。现在我们仍然需要担心那些 $n_k = 0$ 的基函数。这对应于相关波函数 $\sum_a u_k \mid \Phi(a)\rangle$ 的零范数,这再次表明在这种情况下,单粒子波函数是线性相关的。这样,这种波函数的空间事实上具有较低的维度,这样的基函数应该被简单地省略。这样我们可以假设所有的 u_k 都是非零的。

剩下的由 $u_k(a)$ 产生的波函数现在可以归一化了,形成自然态

$$\mid k\rangle = \frac{1}{\sqrt{n_k}} \int \mathrm{d}a u_k(a) \mid \Phi(a)\rangle \tag{9.56}$$

在这种方法中,它跨越了集体态的希尔伯特空间(Hilbert space)。

在自然态下展开集体态 $|\Psi\rangle$:

$$\mid \Psi\rangle = \sum_k g_k \mid k\rangle \tag{9.57}$$

导致标准形式的本征值问题

$$\sum_{k'} H_{kk'} g_{k'} = E g_k \tag{9.58}$$

其中

$$H_{kk'} = \int \mathrm{d}a \int \mathrm{d}a' \frac{u_k^*(a)\mathcal{H}(a,a')u'_k(a')}{\sqrt{n_k n_{k'}}} \tag{9.59}$$

当然,这些发展是纯形式化的,在实践中我们必须注意用这种方法构造的态是否是哈密顿量本征态的好的近似,这是从例如具有相邻形变参数的斯莱特行列式上的积分描述了一个真正的集体零点振动或一个激发振动态这个意义上来说的。

如何才能真正求解 HWG 方程？直接离散化是有问题的。在 a 中细化离散化对应于更精确的展开，但在线性无关性降低的态中，因为当 $\Delta a \to 0$ 时 $|\Phi(a)\rangle$ 和 $|\Phi(a+\Delta a)\rangle$ 变成了相同的波函数。结果是 E 和 $|\Psi\rangle$ 收敛，但权重函数不收敛。

有些情况下重叠核函数可以精确地对角化，这种情况展示在练习 9.2 中。然而，最有用的方法是高斯重叠近似法，我们稍后作简要讨论。然而，首先我们要找出如何在 a 空间中构造一个集体哈密顿量。

练习 9.2 生成坐标法中的谐振子

问题 基于中心在可变坐标位置的高斯波包的展开，用生成坐标法处理谐振子。

解答 这个练习不仅仅出于数学上的兴趣，因为我们已经看到许多类型的集体运动可以在谐振子近似中得到很好的处理。这里涉及大量的详细计算，这些计算很费劲，但不是很有指导意义，因此这里只给出了大致的框架。

我们从哈密顿量

$$\hat{H} = \frac{\hat{p}^2}{2m} + \frac{m\omega^2 \hat{q}^2}{2} \tag{①}$$

开始，并使用一组如下形式的归一化波函数：

$$\langle q \mid \Phi(a) \rangle = (\pi s^2)^{-1/4} \exp\left[-\frac{(q-a)^2}{2s^2}\right] \tag{②}$$

这里 q 代表微观自由度，a 是“集体参数”，$|\Phi(a)\rangle$ 描述了以参数 a 指定的位置为中心的微观波函数。波包的宽度 s 是一个自由参数，必须通过一些额外的考虑来确定。现在可以用高斯积分来计算核(kernel)函数：

$$\begin{aligned} \mathcal{N}(a,a') &= \exp\left[-\frac{(a-a')^2}{4s^2}\right] \\ \mathcal{H}(a,a') &= \mathcal{N}(a,a')\left[\frac{\hbar^2}{2m}\left(\frac{1}{2s^2} - \frac{(a-a')^2}{4s^2}\right) + \frac{m\omega^2}{2}\left(\frac{s^2}{2} + \frac{(a+a')^2}{4}\right)\right] \end{aligned} \tag{③}$$

在这种情况下，简化因子是 $\mathcal{N}(a,a')$ 只依赖于 $a-a'$，也就是说，它在空间 a 中是平移不变的，且本征函数是平面波：

$$u_k(a) = \frac{1}{\sqrt{2\pi}} \mathrm{e}^{-\mathrm{i}ka} \tag{④}$$

这些自然态的范数变成

$$n_k = \int \mathrm{d}a\, \mathrm{e}^{-\mathrm{i}ka} \mathcal{N}(a,0) = 2\sqrt{\pi s^2}\, \mathrm{e}^{-k^2 s^2} \tag{⑤}$$

没有 $n_k = 0$ 的态，但是零是 $k \to \infty$ 的极限值。

因为 k 是一个连续参数，在此基上的哈密顿量成为一个分布：

$$H_{kk'} = \frac{\hbar^2 k^2}{2m} \delta(k-k') - \frac{m\omega^2}{2} \delta''(k-k') \tag{⑥}$$

有趣的是，这只是我们开始讨论的谐振子哈密顿量的动量空间版本，在这种特殊情况下，自由参数 s 消失了。

现在，展开系数 $g(k)$ 的薛定谔方程是

$$\frac{\hbar^2 k^2}{2m}g(k) - \frac{m\omega^2}{2}g''(k) = Eg(k) \quad ⑦$$

在形式上几乎与坐标空间版本相同，这样基态解很容易写下来：

$$g_0(k) = \left(\frac{b^2}{\pi}\right)^{1/4} e^{-b^2k^2/2}, \quad b = \sqrt{\frac{\hbar}{m\omega}} \quad ⑧$$

这对应于权重函数

$$f_0(a) = \int dk \frac{g_0(k)}{\sqrt{n_k}} u_k(a) = \frac{1}{\sqrt{2\pi}} \frac{1}{\sqrt{b^2 - s^2}} \sqrt{\frac{b}{s}} \exp\left[-\frac{a^2}{2(b^2 - s^2)}\right] \quad ⑨$$

这显然只对 $b > s$ 有效。

最后，我们可以计算出微观基态波函数本身为

$$\langle q \mid \Psi_0 \rangle = \int da f_0(a) \langle q \mid \Phi(a) \rangle = (\pi b^2)^{-1/4} \exp\left(-\frac{q^2}{2b^2}\right) \quad ⑩$$

得到谐振子的准确基态。这是一个惊喜还是微不足道的？一方面，如果有一个理论甚至不能再现谐振子，那将是令人不安的；另一方面，在数学上发生的事情并不十分微不足道。我们将宽度为 b 的精确波函数展开为以所有可能位置为中心的不同宽度 s 的高斯函数的叠加。所以权重函数上的积分恰好执行了这个展开，并不奇怪的是它只适用于 $b > s$：在其他高斯函数中以更大的宽度展开一个高斯函数是不可能的（实际上，这种情况也可以实现，但 $f_0(a)$ 作为分布函数，而不是有规律的波函数）。

生成坐标法的一个重要优点是可以相对容易地导出集体哈密顿量。目标是如下形式的方程：

$$\hat{H}_{\text{coll}} \varphi(a) = E\varphi(a) \tag{9.60}$$

用 $\varphi(a)$ 表示集体波函数，它应该与权重函数 $f(a)$ 有关。主要的区别是 $\varphi(a)$ 应该以标准的方式进行归一化：

$$\int da \varphi^*(a) \varphi(a) = 1 \tag{9.61}$$

这样重叠核函数必须被消除。这可以通过写下

$$\varphi(a) = \int da' \mathcal{N}^{1/2}(a, a') f(a') \tag{9.62}$$

来从形式上做到，或者更简洁地说，

$$\varphi = \mathcal{N}^{1/2} f \tag{9.63}$$

这里 $\mathcal{N}$ 的“平方根”必须满足

$$\mathcal{N}(a, a') = \int da'' \mathcal{N}^{1/2}(a, a'') \mathcal{N}^{1/2}(a'', a') \tag{9.64}$$

将 φ 的定义代入希尔-惠勒-格里芬方程，得到

$$\mathcal{N}^{1/2}(\mathcal{N}^{-1/2}\mathcal{H}\mathcal{N}^{-1/2}-E)\varphi=0 \tag{9.65}$$

如果 N 没有奇点或零本征值,这意味着一个集体哈密顿量

$$\hat{H}_{\text{coll}}=\mathcal{N}^{-1/2}\mathcal{H}\mathcal{N}^{-1/2} \tag{9.66}$$

这个集体哈密顿量的正式表达式仍然非常复杂,一般来说是一个积分算符。在布林克(Brink)和魏格尼(Weiguny)[36]提出的高斯重叠近似(GOA)中,它可以简化为更为熟悉的形式。假设重叠核函数的行为类似于高斯函数,随着集体坐标的不同而下降。计算非常复杂,因此这里我们提供了一个稍微简化的版本,一般情况见文献[175]。

首先,我们通过下式做坐标变换到一个"质心"系统:

$$q=\frac{1}{2}(a+a'),\quad \xi=\frac{1}{2}(a-a') \tag{9.67}$$

其中导数变换为

$$\frac{\partial}{\partial\xi}=\frac{\partial}{\partial a}-\frac{\partial}{\partial a'},\quad \frac{\partial}{\partial q}=\frac{\partial}{\partial a}+\frac{\partial}{\partial a'} \tag{9.68}$$

高斯重叠近似现在可以表示为

$$\mathcal{N}(q,\xi)=\mathrm{e}^{-\lambda(q)\xi^2} \tag{9.69}$$

虽然宽度 λ 通常依赖于位置 q,但至少在单参数情况下,可以通过坐标变换消除这一点,所以我们假设 λ 是一个常数和 $\mathcal{N}(q,\xi)\to\mathcal{N}(\xi)$。

由于假设高斯函数的狭小性,人们可以采用二阶近似。例如,对于哈密顿重叠

$$\mathcal{H}(q,\xi)=\left(\mathcal{H}_0(q)-\frac{1}{2}\xi^2\mathcal{H}_2(q)\right)\mathcal{N}(\xi) \tag{9.70}$$

其中

$$\mathcal{H}_0(q)=\mathcal{H}(q,\xi=0),\quad \mathcal{H}_2(q,\xi)=-\frac{\partial^2}{\partial\xi^2}\mathcal{H}(q,\xi)\bigg|_{\xi=0} \tag{9.71}$$

我们还将使用

$$\lambda=-\frac{\partial^2}{\partial\xi^2}\mathcal{N}(\xi) \tag{9.72}$$

现在的任务是使用 GOA 重写式(9.66)。首先用给出的集体参数和积分:明确地写出该方程

$$\hat{H}_{\text{coll}}(a,a')=\int \mathrm{d}x\mathrm{d}x'\mathcal{N}^{-1/2}(a,x)\mathcal{H}(x,x')\mathcal{N}^{-1/2}(x',a') \tag{9.73}$$

引入 $\bar{q}=\frac{1}{2}(x+x')$ 和 $\bar{\xi}=\frac{1}{2}(x-x')$,哈密顿核函数的 GOA 可以写成如下形式:

$$\mathcal{H}(x,x')=\left[\mathcal{H}_0(\bar{q})-\frac{\mathcal{H}_2(\bar{q})}{2\lambda^2}\frac{\partial^2}{\partial\bar{\xi}^2}-\lambda\mathcal{H}_2(\bar{q})\right]\mathcal{N}(\bar{\xi}) \tag{9.74}$$

请注意,与式(9.70)相比,二阶展开是如何通过让导数作用于重叠核函数而重写的。

如果我们在式(9.73)的集体哈密顿量中代入展开式,对 x 和 x' 的导数可以用 a 和 a' 的导数代替,通过使用部分积分和注意

$$\frac{\partial}{\partial a}\mathcal{N} = -\frac{\partial}{\partial a'}\mathcal{N} \tag{9.75}$$

对核函数的平方根类似。以这种方式我们得到

$$\hat{H}_{\text{coll}}(a,a') = \int \mathrm{d}x\mathrm{d}x'\mathcal{N}^{-1/2}(a,x) \cdot \left(\mathcal{H}(\bar{q}) - \frac{\mathcal{H}_2(\bar{q})}{2\lambda^2}\frac{\partial^2}{\partial\xi^2} - \lambda\mathcal{H}_2(\bar{q})\right)\mathcal{N}(\xi)\mathcal{N}^{-1/2}(x',a') \tag{9.76}$$

其中对 a 的导数应该作用在左边。

下一步是在积分中处理 $\bar{q}$。对于 q 点,我们一致地将所有项展开到二阶:

$$\begin{aligned}\mathcal{H}_0(\bar{q}) &\approx \mathcal{H}_0(q) + (\bar{q}-q)\frac{\partial\mathcal{H}_0(q)}{\partial q} + \frac{1}{2}(\bar{q}-q)^2\frac{\partial^2\mathcal{H}_0(q)}{\partial q^2} \\ \mathcal{H}_2(\bar{q}) &\approx \mathcal{H}_2(q)\end{aligned} \tag{9.77}$$

所以最后剩余的任务是对 $\bar{q}-q$ 积分的计算。这很直截了当,但很费力。例如,线性项可以重写为

$$\begin{aligned}X &= \int \mathrm{d}x\mathrm{d}x'\mathcal{N}^{-1/2}(a,x)(\bar{q}-q)\mathcal{H}_0'(q)\mathcal{N}(x,x')\mathcal{N}^{-1/2}(x',a') \\ &= \int \mathrm{d}x\mathrm{d}x'\mathcal{N}^{-1/2}(a,x)\frac{1}{2}(x-a+x'-a')\mathcal{H}_0'(q)\mathcal{N}(x,x')\mathcal{N}^{-1/2}(x',a') \\ &= \int \mathrm{d}x\mathrm{d}x'\frac{1}{4\lambda}\left\{\left[\left(\frac{\partial}{\partial x}-\frac{\partial}{\partial a}\right)\mathcal{N}^{-1/2}(a,x)\right]\mathcal{H}_0'(q)\mathcal{N}(x,x')\mathcal{N}^{-1/2}(x',a')\right. \\ &\quad \left. + \mathcal{N}^{-1/2}(a,x)\mathcal{H}_0'(q)\mathcal{N}(x,x')\left[\left(\frac{\partial}{\partial x'}-\frac{\partial}{\partial a'}\right)\mathcal{N}^{-1/2}(x',a')\right]\right\} \\ &= -\frac{1}{4\lambda}\left(\frac{\partial}{\partial a}+\frac{\partial}{\partial a'}\right)\mathcal{H}_0'(q)\int \mathrm{d}x\mathrm{d}x'\mathcal{N}^{-1/2}(a,x)\mathcal{N}(x,x')\mathcal{N}^{-1/2}(x',a') \\ &\quad + \frac{1}{4\lambda}\mathcal{H}_0'(q)\int \mathrm{d}x\mathrm{d}x'\mathcal{N}^{-1/2}(a,x)\left(\frac{\partial}{\partial x}+\frac{\partial}{\partial x'}\right)\mathcal{N}(x,x')\mathcal{N}^{-1/2}(x',a') \\ &= -\frac{1}{4\lambda}\left(\frac{\partial}{\partial a}+\frac{\partial}{\partial a'}\right)\mathcal{H}_0'(q)\delta(a-a') \\ &= -\delta(a-a')\frac{1}{4\lambda}\mathcal{H}_0''(q)\end{aligned} \tag{9.78}$$

$(\bar{q}-q)^2$ 项可以类似地处理,但不影响所考虑的量级。综合这些结果,我们得到

$$\hat{H}_{\text{coll}}(a,a') = \left(\mathcal{H}_0(q) - \frac{1}{4\lambda}\mathcal{H}''(q) - \lambda\mathcal{H}_2(q) - \frac{\mathcal{H}_2(q)}{2\lambda^2}\frac{\partial^2}{\partial\xi^2}\right)\delta(\xi) \tag{9.79}$$

在 HWG 方程中,算符充当作用在权重函数上的积分算符。然而,在这种特殊形式中,它与 δ 函数成比例,这样,可以通过向左和向右移动隐含在 ξ 中的对于 a 和 a' 的导数,将其转变为微分算符。结果是

$$\hat{H}_{\text{coll}} = \mathscr{H}_0(q) - \frac{1}{4\lambda}\mathscr{H}_0''(q) - \lambda\mathscr{H}_2(q) + \left\{\hat{p}, \left\{\frac{\mathscr{H}_2(q)}{8\lambda^2}, \hat{p}\right\}\right\} \tag{9.80}$$

这里 $\hat{p} = -\mathrm{i}\partial/\partial q$ 是集体动量算符,最后一项中的括号表示反对易子。

这一有趣的结果表明,集体哈密顿量由若干个势能项(前三项,不仅包含参数值 q 下的微观哈密顿量的期望值,还包含依赖于微观波函数在 q 空间的传播而进行的修正)和具有通常二阶导数的动能组成。集体质量参数在该公式中有明确规定,由下式给出:

$$\frac{1}{2B} = \frac{\mathscr{H}_2(q)}{8\lambda^2} \tag{9.81}$$

这个表达式与在更简单的推转模型方法中得到的表达式相似,但不完全相同。

这样,我们达到了本章的目标:显示在相对一般的情况下,可以从微观理论推导出一个量子化的集体运动方程。关键的近似是 GOA,它本质上是用来将 HWG 型的运动积分方程简化为类似于薛定谔方程的微分方程。

生成坐标法已应用于许多集体运动问题,包括裂变,而且通常都很成功,虽然计算机的局限性限制了应用,主要局限于相对较轻的原子核。再一次,有关详细信息请读者参阅文献[175]。

9.6 高自旋态

9.6.1 概述

通过使用重离子碰撞研究大角动量下的原子核已经成为可能。这里将简要讨论一些理论背景,重点在于如何推广目前提出的模型。

重离子反应可以布居具有很高角动量的核态,即高自旋态,可达到 $I\approx 60\hbar$ 的量级。反应产生这样的组态:它们具有相当大的内部激发,但少量中子的发射有效地降低了激发能,同时并没有使自旋大幅度降低。这样,原子核就会下降到转晕线(yrast line,yrast 是瑞典语 yr 的最高级,意思是眩晕),它由给定角动量的最低可获得的态组成。这样,沿着这条线,我们期望没有内部激发,即有点像那个角动量的"基态"。

描述高自旋态的一种方法是哈特里-福克方法的适当扩展[32,170]。主要的理论考虑是如何从违反转动不变性的理论中获得具有好角动量的波函数。记住,哈特里-福克基态通常是形变的。为此目的,人们开发了各种投影技术。在这里,取而代之的是我们将考虑基于液滴模型和壳修正的更唯象方法。在下一小节中,我们将更仔细地研究转动核的尼尔逊模型，但在此之前，我们应该对一般行为给出一些概念。

科恩(Cohen)、普拉西尔(Plasil)和斯威泰克(Swiatecki)[49]计算了转动液滴的性质，西尔克(Sierk)把它扩展到了更精致的版本[194]。虽然模型只能数值处理，但基本的思想很简单：对于给定的表面形状，液滴能量按标准方法计算，其中表面和库仑贡献是主要成分。在这上面加上转动能，转动能由刚体转动的假设决定，假设原子核在核内每一点 $\boldsymbol{r}$ 以 $\boldsymbol{v}=\boldsymbol{\omega}\times\boldsymbol{r}$ 的内部速度场转动及密度分布均匀。角动量是用同样的假设计算的。

于是，对于给定的角动量，我们可以计算出原子核在能量上最有利的形状。当然，在基态下，液滴模型产生一个球形，然后当核子被离心力推出时，它就变成了扁椭组态，所以原子核看起来像一个绕其短轴转动的圆盘。在更高的自旋下，这种组态变得不稳定，形状开始沿着其中一个轴拉伸，从而达到三轴形状。随着拉伸的进行，形状变得更接近于长椭形变，绕较短的轴之一转动，最后还有一个极限角动量，超过这个极限，原子核就会裂变。到目前为止，有证据表明存在非常大的长椭形变(实验上对应于间隔很近的转动带)，称为超形变。

然而，如前所述，沿着转晕线没有内部激发，因此，单粒子效应和配对可以像那些接近真实基态的一样发挥重要作用。我们已经看到配对会影响小自旋的转动惯量，并且发现配对随角动量的变化而剧烈变化。科里奥利力倾向于通过使核子更有利地沿集体转动轴排列它们的角动量来拆核子对，而不是将它们相互耦合到零。不需要详细的数学推导就能容易地看出发生了什么：每当一对核子破裂时，转动惯量增加，就像随着角频率的微小变化，角力矩增加，这样转动带就得到了较小的间距。如图 9.18 所示，这是带的一个交叉，转晕带追随较低的一组能级。如果以适当的戏剧性的方式绘制，则会产生众所周知的回弯效应。这些图中的转动频率是由观测到的能级 $E(I)$ 经典地定义的，为

$$\omega=\frac{\mathrm{d}E(I)}{\mathrm{d}J},\quad J=\sqrt{I(I+1)}\tag{9.82}$$

所以对于离散态

$$\omega\approx\frac{E(I)-E(I-2)}{\sqrt{I(I+1)}-\sqrt{(I-1)(I-2)}}\tag{9.83}$$

于是转动惯量确定为

$$\Theta=\frac{J}{\omega}\approx\frac{2I-1}{E(I)-E(I-2)}\tag{9.84}$$

在足够大的角动量下，配对完全被破坏，刚体转动惯量成为一个很好的近似，允许我们相当直接地推断形变。然而，即使在这此区域，单粒子结构仍然很重要，壳效应可以用下一小节所描述的转动唯象壳模型来研究。

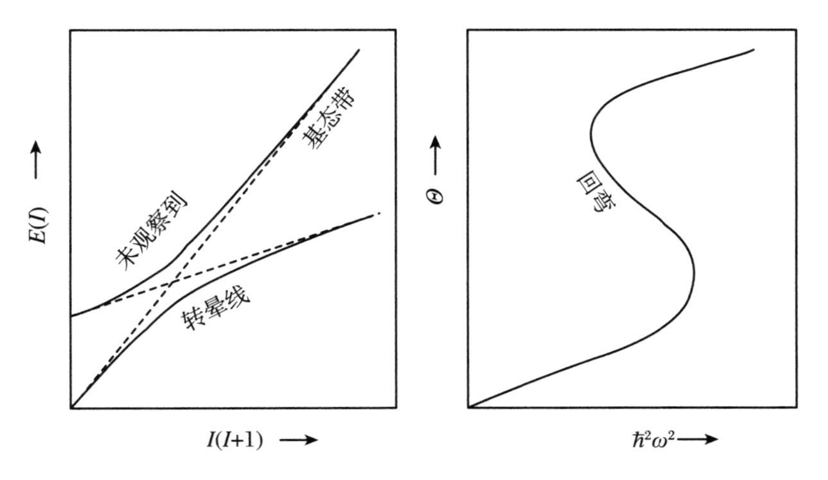

图 9.18　回弯效应图示。正常带与具有一个破对和较大转动惯量的带交叉。在交叉附近,通常的排斥作用会将这些带混合及将它们分开,从而使过渡变得平缓。沿转晕线的可观测态是每个角动量的较低态。在右边,转动惯量被绘制成 $\hbar^2\omega^2$ 的函数,显示了回弯行为。实验上,这种过渡通常出现在角动量为 10～20

9.6.2　推转尼尔逊模型

推转尼尔逊模型给出了描述单粒子结构随转动变化的一种简单而广泛使用的方法[3,17,154,155]。

我们假设粒子在形变振子势中运动,就像在尼尔逊模型(7.3.2 小节)中一样,但是这个势绕 x 轴转动。核芯的形变像往常一样由 β 和 γ 来描述,但事实证明,在这种情况下,非轴向形变非常重要,因此 $\gamma = 0$ 的限制是不合理的。其中一个原因是显而易见的:即使原子核在基态下绕 z 轴对称,x 轴现在也起着与 y 轴不同的作用,科里奥利力肯定会违反轴对称性。

使用与原子核一起转动的坐标系似乎很自然。这对哈密顿量有什么影响?我们把空间固定坐标(x', y', z')转换成体固定坐标(x, y, z),体固定坐标绕 $x' = x$ 轴以角速度 ω 转动。坐标变换是

$$\begin{aligned} x &= x' \\ y &= y'\cos(\omega t) + z'\sin(\omega t) \\ z &= -y'\sin(\omega t) + z'\cos(\omega t) \end{aligned} \tag{9.85}$$

动能很容易变换:

$$\begin{aligned} T &= \frac{1}{2}m(x'^2 + y'^2 + z'^2) \\ &= \frac{1}{2}m[x^2 + y^2 + z^2 + 2\omega(yz - zy) + \omega^2(y^2 + z^2)] \end{aligned}$$

因为共转参考系中的势正好就是 $V(x, y, z)$(在这个参考系中,它当然是与时间无

关的)，拉格朗日量是标准的 $L = T - V(x,y,z)$，但是共轭动量变得有点复杂：

$$p_x = \frac{\partial L}{\partial x} = mx$$
$$p_y = \frac{\partial L}{\partial y} = m(y - \omega z) \tag{9.86}$$
$$p_z = \frac{\partial L}{\partial z} = m(z + \omega y)$$

现在哈密顿量可以被建立起来，它变成

$$\begin{aligned} H_\omega &= xp_x + yp_y + zp_z - L \\ &= \frac{1}{2m}(p_x^2 + p_y^2 + p_z^2) - \omega(yp_z - zp_y) + V(x,y,z) \\ &= \frac{1}{2m}(p_x^2 + p_y^2 + p_z^2) + V(x,y,z) - \omega j_x \end{aligned} \tag{9.87}$$

这里 j_x 是定义在转动坐标系中对 x 轴的粒子角动量。这对应于集体模型中的带撇角动量(j_x')(在这里撇号的用法相反，以与文献中的用法保持一致)。

注意，式(9.87)中的前两项正是非转动情况下的标准哈密顿量，因此，我们可以得出这样的结论：转动系统中的哈密顿量与它的区别仅仅在于项

$$H_\omega = H_0 - \omega j_x \tag{9.88}$$

这种推导对多粒子系统是相同的；然后 j_x 用总角动量代替。量子化也可以通过平凡的方式进行，并导致角动量算符取代 j_x。

但是要注意，对于转动坐标系(且一般来说，对于时间依赖的约束)，哈密顿量不等于系统的能量，取而代之的是它必须作为静态哈密顿量 H_0 的期望值进行计算。当我们以不同的方式解释式(9.88)时，这一点也变得明显：它对应一个变分问题

$$0 = \delta\langle \Psi \mid \hat{H}_\omega \mid \Psi\rangle = \delta\langle \Psi \mid \hat{H}_0 - \omega \hat{j}_x \mid \Psi\rangle \tag{9.89}$$

附带条件为 j_x 是规定的(ω 扮演拉格朗日乘子的角色)。

由

$$\hat{H}_\omega \mid \chi_i^\omega\rangle = \varepsilon_i^\omega \mid \chi_i^\omega\rangle \tag{9.90}$$

确定的 $\hat{H}_\omega$ 的本征值与单粒子态的能量不同，单粒子态的能量必须按

$$e_i^\omega = \langle \chi_i^\omega \mid \hat{H}_0 \mid \chi_i^\omega\rangle \tag{9.91}$$

进行计算。角动量量子数也没有了，甚至 x 轴上的投影也只能作为期望值计算。

唯一保留的对称性是反射对称性，这意味着守恒的宇称，以及绕 x 轴转动 180° 的对称性。后者导致所谓的旋称量子数 α。绕 x 轴转动角 π 对具有好 j_x 的波函数产生因子 $\exp(-\mathrm{i}\pi j_x)$。对于半整数角动量，结果可以写为

$$\mathrm{e}^{-\mathrm{i}\pi j_x} = \mathrm{e}^{-\mathrm{i}\alpha}, \quad 其中 \quad \alpha = \begin{cases} \frac{1}{2} & \left(j_x = \frac{1}{2}, \frac{5}{2}, \frac{9}{2}, \cdots\right) \\ -\frac{1}{2} & \left(j_x = \frac{3}{2}, \frac{7}{2}, \cdots\right) \end{cases} \tag{9.92}$$

这一事实有利于将本征函数在沿着 x 轴有好角动量投影的基上展开，因为这样只有那些具有相同 α 值的态才会耦合。

此模型中的完整计算需要更多的成分，其中大部分已经讨论过。为了给出对所涉及内容的介绍，我们可以看看文献[18]中发表的计算机程序的大纲。它使用一个具有轴向不对称但包含十六极形变的尼尔逊势。对于给定的形变和角频率 ω，执行以下步骤：

(1) 单粒子态通过对角化 $\hat{H}_\omega$ 来确定。

(2) 壳修正通过 9.2.2 小节中概述的过程进行计算，使用能量期望值 e_i。

(3) 在 BCS 模型(7.5.4 小节)中计算配对。在较高的角动量下正确处理配对变得更加困难，因此在这个代码中，例如，它仅用于 $\omega = 0$。

(4) 加入液滴能量。它通常包括形状依赖的库仑能和表面能，但也包括根据 9.6.1 小节的液滴转动能，其有时也会进行壳校正。

这类计算的结果是一个势能面，不仅依赖于各种形变参数，还依赖于 ω。这允许我们研究势阱随自旋的系统移动，并且经常显示，即使对于高自旋的转动核，壳层结构仍然非常重要。图 9.19 显示了能级图的一个例子，并清楚地表明壳能隙发生在大 ω 值以及非转动核。如图 9.20 所示，壳修正足够大，即使加上液滴能量，它们也能导致形变的系统位移。

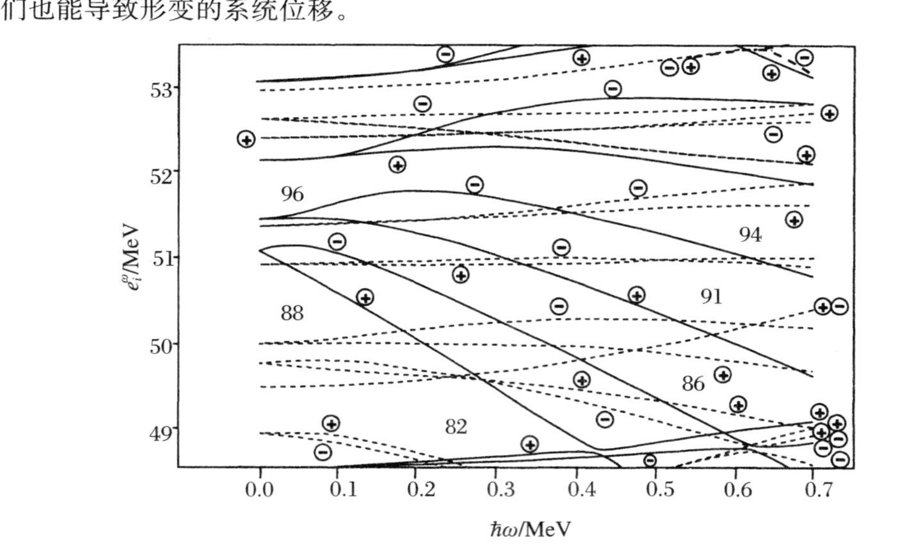

图 9.19　摘自推转尼尔逊模型中的能级图[18]。所示为具有四极形变形状，$\beta = 0.2$，$\gamma = 0$ 的中子轨道，无十六极形变。宇称由线的类型表示(虚线，正宇称；实线，负宇称)，而旋称 $\alpha = \pm 1/2$ 的符号则标示在靠近线的圆圈里。新的幻数标示在能隙处。注意，由于克拉默斯简并的解除，每个轨道只能被一个核子占据

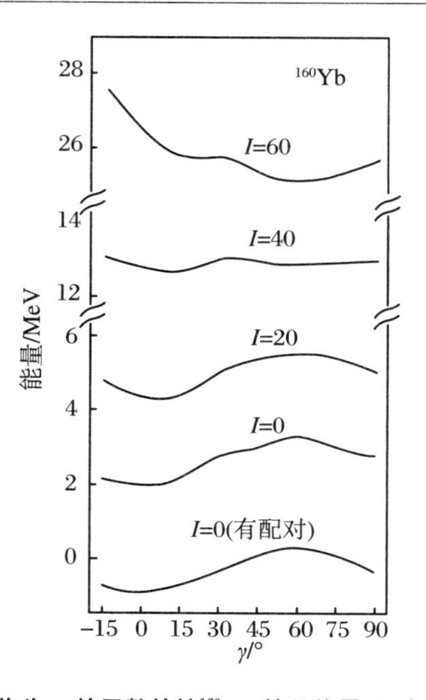

图 9.20　不同自旋下作为 γ 的函数的核 ^{160}Yb 的总能量，取自文献[18]。从长椭形状（$\gamma = 0^\circ$）到扁椭形状（$\gamma = 60^\circ$），最小值的移动是显而易见的。然而，在这种情况下，四极形变 β 保持不变，不允许随着自旋增加

附　录

这里给出角动量理论的一些公式。

对称性质：

$$
\begin{aligned}
(j_1 j_2 J \mid m_1 m_2 M) &= (-1)^{j_1+j_2-J}(j_2 j_1 J \mid m_2 m_1 M) \\
&= (-1)^{j_1-m_1}\sqrt{\frac{2J+1}{2j_2+1}}(j_1 J j_2 \mid m_1 -M -m_2) \\
&= (-1)^{j_1-m_1}\sqrt{\frac{2J+1}{2j_2+1}}(J j_1 j_2 \mid M -m_1 m_2) \\
&= (-1)^{j_2+m_2}\sqrt{\frac{2J+1}{2j_1+1}}(J j_2 j_1 \mid -M m_2 -m_1) \\
&= (-1)^{j_2+m_2}\sqrt{\frac{2J+1}{2j_1+1}}(j_2 J j_1 \mid -m_2 M m_1)
\end{aligned} \tag{A.1}
$$

$$
(j_1 j_2 J \mid m_1 m_2 M) = (-1)^{j_1+j_2-J}(j_1 j_2 J \mid -m_1 -m_2 -M)
$$

所有投影为零：类型$(j_1 j_2 J \mid 000)$的系数。有两种情况：如果 $j_1 + j_2 + J$ 是奇数，

$$
(j_1 j_2 J \mid 000) = 0 \tag{A.2}
$$

否则，定义 $g = (j_1 + j_2 + J)/2$，于是

$$
(j_1 j_2 J \mid 000) = \frac{(-1)^{g-J}\sqrt{2J+1}\,g!}{(g-j_1)!(g-j_2)!(g-J)!} \cdot \sqrt{\frac{(2h-2j_1)!(2g-2j_2)!(2g-2J)!}{(2g+1)!}} \tag{A.3}
$$

与零耦合和耦合到零：

$$
(j_1 j_2 0 \mid m_1 - m_2 0) = (-1)^{j_1-m_1}\frac{\delta_{j_1 j_2}\delta_{m_1 m_2}}{\sqrt{2j_1+1}} \tag{A.4}
$$

$$
(j_1 0 j_2 \mid m_1 0 m_2) = \delta_{j_1 j_2}\delta_{m_1 m_2}
$$

与单位角动量耦合：

$$
(l-1\,1\,l \mid m-1\,1\,m) = \sqrt{\frac{(l+m-1)(l+m)}{2l(2l-1)}}
$$

$$
(l-1\,1\,l \mid m\,0\,m) = \sqrt{\frac{(l+m)(l-m)}{l(2l-1)}}
$$

$$(l-1\,1l \mid m+1\,-1m) = \sqrt{\frac{(l-m-1)(l-m)}{2l(2l-1)}}$$

$$(l1l \mid m-1\,1m) = -\sqrt{\frac{(l-m+1)(l+m)}{2l(l+1)}}$$

$$(l1l \mid m0m) = \frac{m}{\sqrt{l(l+1)}} \tag{A.5}$$

$$(l1l \mid m+1\,-1m) = \sqrt{\frac{(l+m+1)(l-m)}{2l(l+1)}}$$

$$(l+1\,1l \mid m-1\,1m) = \sqrt{\frac{(l-m+1)(l-m+2)}{(2l+2)(2l+3)}}$$

$$(l+1\,1l \mid m0m) = -\sqrt{\frac{(l+m+1)(l-m+1)}{(l+1)(2l+3)}}$$

$$(l+1\,1l \mid m+1\,-1m) = \sqrt{\frac{(l+m+2)(l+m+1)}{(2l+2)(2l+3)}}$$

角动量 2 的一些特殊系数：

$$(222 \mid -220) = (222 \mid 0\pm 2\pm 2) = (222 \mid \pm 20 \pm 2) = -(222 \mid 000) = \sqrt{\frac{2}{7}}$$

$$(221 \mid m\,-m0) = (-1)^m \frac{m}{\sqrt{10}}$$

$$(221 \mid m+1\,-m1) = \frac{(-1)^{m+1}}{2\sqrt{5}} \sqrt{(2-m)(3+m)} \tag{A.6}$$

$$(221 \mid m\,-1\,-m-1) = \frac{(-1)^m}{2\sqrt{5}} \sqrt{(2+m)(3-m)}$$

$$(l2l \mid m0m) = \frac{3m^2 - l(l+1)}{\sqrt{l(l+1)(2l+3)(2l-1)}}$$

转动矩阵：

$$\int \mathscr{D}^{(l)*}_{mm'}(\varphi,\theta,0)\mathscr{D}^{(l)}_{\mu\mu'}(\varphi,\theta,0)\mathrm{d}\Omega = \frac{4\pi}{2l+1}\delta_{m\mu}\delta_{m'\mu'} \tag{A.7}$$

$$d^{(j)}_{mm'}(\theta_2) = (-1)^{j-m} d^{(j)}_{m-m'}(\pi - \theta_2) \tag{A.8}$$

$$\int \mathscr{D}^{(I_3)}_{M_3K_3}(\boldsymbol{\theta})\mathscr{D}^{(I_2)*}_{M_2K_2}(\boldsymbol{\theta})\mathscr{D}^{(I_1)*}_{M_1K_1}(\boldsymbol{\theta})\sin\theta_2\mathrm{d}\theta_1\mathrm{d}\theta_2\mathrm{d}\theta_3$$

$$= \frac{8\pi^2}{2I_3+1}(I_1I_2I_3 \mid M_1M_2M_3)(I_1I_2I_3 \mid K_1K_2K_3) \tag{A.9}$$

球谐函数的矩阵元：

$$\langle l \,||\, Y_L \,||\, l' \rangle = \sqrt{\frac{(2l'+1)(2L+1)}{4\pi(2l+1)}}(l'Ll \mid 000) \tag{A.10}$$

参考文献

[1] Abramowitz M, Stegun I A. Handbook of Mathematical Functions[M]. Washington, DC: National Bureau of Standards, 1964.

[2] Anderson P W. Phys. Rev., 1957, 112: 1900.

[3] Andersson G, Larsson S E, Leander G, et al. Nucl. Phys., 1976, A268: 205.

[4] Anastasio M R, Celenza L S, Pong W S, et al. Phys. Rep., 1983, 100: 327.

[5] Arima A, Iachello F. Phys. Rev. Lett., 1975, 35: 1069.

[6] Arima A, Iachello F. Ann. Phys. (NY), 1976, 99: 253.

[7] Arima A, Ohtsuka T, Iachello F, et al. Phys. Lett., 1977, B66: 205.

[8] Bardeen J, Cooper L N, Schrieffer J R. Phys. Rev., 1957, 108: 1175.

[9] Baranger M. Phys. Rev., 1960, 120: 957.

[10] Bassichis W H, Strayer M R. Ann. Phys. (NY), 1971, 66: 457.

[11] Balantekin A B, Bars I, Iachello F. Phys. Rev., 1983, C27: 1761.

[12] Bethe H A, Bacher F. Rev. Mod. Phys., 1936, 8: 82.

[13] Belyaev S T. Kgl. Danske Videnskab Selskab Mat.-Fys. Medd., 1959, 31, No. 11.

[14] Belyaev S T. Nucl. Phys., 1961, 24: 322.

[15] Bethe H A. Phys. Rev., 1973, 167: 879.

[16] Beiner M, Fiocard H, van Giai N, et al. Nucl. Phys., 1975, A238: 29.

[17] Bengtsson R, Larsson S E, Leander G, et al. Phys. Lett., 1975, B57: 301.

[18] Bengtsson T, Ragnarsson I, Aberg S//Langanke K, Maruhn J A, Koonin S E. Computational Nuclear Physics 1 – Nuclear Structure[M]. Berlin and Heidelberg: Springer-Verlag, 1991: 88.

[19] Bijker R, Dieperink A E L. Nucl. Phys., 1982, A379: 221.

[20] Bjomholm S, Lynn J E. Rev. Mod. Phys., 1980, 52: 725.

[21] Blaizot P. J. Phys. Rep., 1980, C64: 171.

[22] Blunden P G, Iqbal M J. Phys. Lett., 1977, B196: 295.

[23] Blum V, Fink J, Reinhard P G, et al. Phys. Lett., 1989, B223: 123.

[24] Bohr A. Kgl. Danske Videnskab Selskab Mat.-Fys. Medd., 1953, 26, No. 14.

[25] Bohr A, Mottelson B. Kgl. Danske Videnskab Selskab Mat. Fys. Medd., 1953, 27, No. 16.

[26] Bohm D, Pines D. Phys. Rev., 1953, 92: 609.
[27] Bohr A. Rotational States in Atomic Nuclei[M]. Copenhagen: Thesis, 1954.
[28] Bogolyubov N N. Soviet Phys. JETP, 1958, 7: 41; Nuovo Cimento, 1958, 7: 843.
[29] Bogolyubov N N. Soviet Phys. Usp., 1959, 2: 236; Usp. Fiz. Nauk, 1959, 67: 549.
[30] Bonche P, Koonin S E, Negele J W. Phys. Rev., 1976, 13: 1226.
[31] Boguta J, Bodmer A R. Nucl. Phys., 1977, A292: 414.
[32] Bonche P, Fiocard H, Heenen P H. Nucl. Phys., 1987, A467: 115.
[33] Brown G E, Boisterli M. Phys. Rev. Leu., 1959, 3: 472.
[34] Brown G E, Evans J A, Thouless D J. Nucl. Phys., 1961, 24: 1.
[35] Bruckner K A, Buchler J R, Jorna S, et al. Phys. Rev., 1968, 171: 1188.
[36] Brink D M, Weiguny A. Nucl. Phys., 1968, A120: 59.
[37] Brink D M, Satchler G R. Angular Momentum[M]. Oxford: Clarendon Press, 1968.
[38] Brack M, Damgaard J, Jensen A S, et al. Rev. Mod. Phys., 1972, 44: 320.
[39] von Brentano P, Gelberg A, Kaup U//Iachello F. Interacting Boson-Fermion Systems in Nuclei[M]. New York: Plenum, 1981: 303.
[40] Brockmann R, Machleidt R. Phys. Lett., 1984, B149: 283.
[41] Brack M. Proc. of a NATO ASI on Density Functional Methods in Physics[M]. New York: Plenum Press, 1985: 331.
[42] Brockmann R, Frank J. Phys. Rev. Lett., 1992, 68: 1830.
[43] Casten R F, Warner D D. Rev. Mod. Phys., 1988, 60: 389.
[44] Celenza L S, Shakin C S. Relativistic Nuclear Physics Theories of Structure and Scattering[M]. Singapore: World Scientific, 1986.
[45] Chacon E, Moshinsky M, Sharp R T. J. Math. Phys., 1976, 17: 668.
[46] Chin S A. Phys. Lett., 1976, B62: 263.
[47] Chacon E, Moshinsky M. J. Math. Phys., 1977, 18: 870.
[48] Chin S A. Ann. Phys., 1977, B108: 301.
[49] Cohen S, Plasil F, Swiatecki W J. Ann. Phys. (NY), 1974, 82: 557.
[50] Csernai L P, Strottman D D. Relativistic Heavy Ion Physics[M]. Singapore: World Scientific, 1991.
[51] Cusson R Y, Smith R K, Maruhn J A. Phys. Rev. Lett., 1976, 36: 1166.
[52] Cusson R Y, Maruhn J A, Meldner H W. Phys. Rev., 1978, C18: 2589.
[53] Cunningham M A. Nucl. Phys., 1982, A385: 204, 221.
[54] Davydov A S, Fillipov B F. Nucl. Phys., 1958, 8: 237.
[55] Danos M, Greiner W. Phys. Lett., 1964, 8: 113.
[56] Danos M, Greiner W. Phys. Rev., 1964, 134: B284.
[57] Davies K T R, Maruhn-Rezvani V, Koonin S E, et al. Phys. Rev. Lett., 1978, 41: 632.
[58] Davies K T R, Devi K R S, Koonin S E, et al//Bromley D A. Treatise on Heavy-Ion Science, Vol. 3[M]. New York: Plenum Press, 1985.

[59] Dirac P A M. Proc. Cambridge Phil. Soc., 1930, 26: 376.

[60] Dieperink A E L, Scholten O, Iachello F. Phys. Rev. Lett., 1980, 44: 1747.

[61] Duerr H P. Phys. Rev., 1956, 103: 469.

[62] Edmonds A R. Angular Momentum in Quantum Mechanics[M]. 2nd ed. Princeton: Princeton University Press, 1960.

[63] Ehrenreich H, Cohen M H. Phys. Rev., 1959, 115: 786.

[64] Eisenberg J M, Greiner W. Nuclear Theory. Volume 3: Microscopic Theory of the Nucleus[M]. Amsterdam: North Holland, 1973.

[65] Eisenberg J M, Greiner W M. Nuclear Theory. Volume 1: Nuclear Models[M]. 3rd ed. Amsterdam: North Holland, 1987.

[66] Elliott J P, Rowers B H. Proc. Royal Soc. (London), 1957, 24 (2A): 57.

[67] Engel Y M, Brink D M, Goeke K, et al. Nucl. Phys., 1975, A249: 215.

[68] Faessler A, et al. Physik, 1962, 168: 425.

[69] Faessler A, Greiner W. Z. Physik, 1962, 170: 105.

[70] Faessler A, Greiner W. Z. Physik, 1964, 177: 190.

[71] Faessler A, Greiner W. Nucl. Phys., 1964, 59: 177.

[72] Faessler A, Greiner W, Sheline R K. Nucl. Phys., 1965, 62: 241.

[73] Faessler A, Greiner W, Sheline R K. Nucl. Phys., 1965, 70: 33.

[74] Faessler A, Greiner W, Sheline R K. Nucl. Phys., 1965, 80: 417.

[75] Feenberg E. Phys. Rev., 1949, 75: 320.

[76] Ferentz G M, Gell-Mann M, Pines D. Phys. Rev., 1953, 92: 836.

[77] Ferrell R A. Phys. Rev., 1957, 107: 1631.

[78] Fiset E O, Nix J R. Nucl. Phys., 1972, A193: 647.

[79] Fink H-J, Maruhn J, Scheid W, et al. Z. Physik, 1974, 268: 321.

[80] Fink J, Blum V, Reinhard P-G, et al. Phys. Lett., 1989, B218: 277.

[81] Flynn K F, Horvitz E P, Bloomquist C A A, et al. Phys. Rev., 1972, C5: 1725.

[82] Flynn K F, Gindler J E, Sjoblom R K, et al. Phys. Rev., 1975, C11: 1676.

[83] Gambhir Y K, Ring P. Phys. Lett., 1988, B202: 5.

[84] Giannoni M J, Quentin P. Phys. Rev., 1980, C21: 2060.

[85] Giannoni M J, Quentin P. Phys. Rev., 1980, C21: 2076.

[86] Gneuss G, Greiner W. Nucl. Phys., 1971, A171: 449.

[87] Goldhaber M, Teller E. Phys. Rev., 1948, 74: 1946.

[88] Gottfried K. Phys. Rev., 1956, 103: 1017.

[89] Goldstone J, Gottfried K. Nuovo Cimento, 1959, 13: 849.

[90] Gogny D. Proc. of the International Conference on Nuclear Physics, München 1973 [C]. Amsterdam: North Holland, 1973.

[91] Griffin J J, Wheeler J A. Phys. Rev., 1957, 108: 311.

[92] Griffin J J. Phys. Rev., 1957, 108: 328.

[93] Gradshteyn I S, Ryzhik I W. Table of Integrals, Series, and Products[M]. New York: Ac-

ademic Press, 1965.
[94] Green I M, Moszkowski S A. Phys. Rev., 1965, 139: B790.
[95] Grumann J, Mosel U, Fink B, et al. Z. Physik, 1969, 228: 371.
[96] Greiner W, Ivascu M, Poenaru D N, et al//Bromley D A. Treatise on Heavy Ion Science, Vol. 8[M]. New York: Plenum, 1989: 641.
[97] Gustafsson C, Lamm I L, Nilsson B, et al//Forsling W, Herrlander C J, Ryde H. Proc. of the International Symposium on Why and How Should We Investigate Nuclides Far off Stability Line Lysekil, Sweden, 1966[C]. Stockholm: Almquist & Wiksell, 1974.
[98] Gupta R K, Parvulescu C, Sandulescu A, et al. Z. Physik, 1977, A283: 217.
[99] Haxel O, Jensen J H D, Suess H E. Phys. Rev., 1949, 75: 1766.
[100] Hamada T, Johnston I D. Nucl. Phys., 1962, 34: 382.
[101] Hasse R W, Myers W D. Geometrical Relationships of Macroscopic Nuclear Physics [M]. Berlin and Heidelberg: Springer-Verlag, 1988.
[102] Hamilton J H//Bromley D A. Treatise on Heavy Ion Physics, Vol. 8[M]. New York: Plenum Press, 1989: 3.
[103] Hess P O, Seiwert M, Maruhn J A, et al. Z. Physik, 1980, A296: 147.
[104] Hess P O, Maruhn J A, Greiner W. J. Phys., 1981, G7: 737.
[105] Hill D L, Wheeler J A. Phys. Rev., 1953, 89: 1106.
[106] Horowitz C J, Serot B D. Nucl. Phys., 1987, A464: 613.
[107] Hofmann S, Ninov V, HeBberger F P, et al. Z. Physik, 1995, A350: 277.
[108] Hofmann S, Ninov V, HeBberger F P, et al. Z. Physik, 1995, A350: 281.
[109] Iachello F, Scholten O. Phys. Rev. Lett., 1979, 43: 679.
[110] Iachello F. Nucl. Phys., 1980, A347: 51.
[111] Iachello F, Arima A. The Interacting Boson Model[M]. Cambridge: Cambridge University Press, 1987.
[112] Inglis D R. Phys. Rev., 1954, 96: 1059.
[113] Inglis D R. Phys. Rev., 1956, 103: 1786.
[114] Irvine J M. Heavy Nuclei, Superheavy Nuclei, and Neutron Stars[M]. Oxford: Oxford University Press, 1975.
[115] van Isacker P, Chen J Q. Phys. Rev., 1981, C24: 684.
[116] van Isacker P, Frank A, Sun B Z. Ann. Phys. (NY), 1984, 157: 183.
[117] Itkis M G, et al. Sov. J. Nucl. Phys., 1990, 52: 601.
[118] Janssen D, Jolos R V, Donau F. Nucl. Phys., 1974, A224: 93.
[119] Kerman A K. Kgl. Danske Videnskab Selskab Mat.-Fys. Medd., 1956, 30, No. 15.
[120] Kerman A K. Ann. Phys. (NY), 1961, 12: 300.
[121] Kelson I. Phys. Rev., 1964, B136: 1667.
[122] Klein H, Schnabel D, Maruhn J, et al. unpublished results.
[123] Kohler H S, Lin Y C. Nucl. Phys., 1971, A167: 305.

[124] Kohler H S. Nucl. Phys., 1976, A258: 301.

[125] Krappe H J, Nix J R, Sierk A J. Phys. Rev., 1979, C20: 992.

[126] Krivine H, Treiner J, Bohigas O. Nucl. Phys., 1980, A336: 155.

[127] Kumar K, Bhaduri R. Phys. Rev., 1961, 122: 1926.

[128] Kumar K. Superheavy Elements[M]. Bristol and New York: Adam Hilger, 1989.

[129] Lane A M. Nuclear Theory[M]. New York: W. A. Benjamin, 1964.

[130] Lipkin H J. Ann. Phys. (NY), 1960, 9: 272.

[131] Lichtner P, Drechsel D, Maruhn J, et al. Phys. Lett., 1973, B45: 175.

[132] Lobner K E G, Vetter M, Honig V. Atomic Data and Nuclear Data Tables, 1970, A7: 495.

[133] Lombard R J. Ann. Phys. (NY),1973, 77: 380.

[134] Sandulescu A, Lustig H J, Hahn J, et al. Phys., 1978, G4: L279.

[135] Lustig H J, Maruhn J A, Greiner W. J. Phys., 1980, G6: L25.

[136] Mayer M G. Phys. Rev., 1948, 74: 235.

[137] Mayer M G. Phys. Rev., 1949, 75: 1969.

[138] Mayer M G. Phys. Rev., 1950, 78: 22.

[139] Mayer M G, Jensen J H D. Elementary Theory of Nuclear Shell Structure[M]. New York: Wiley, 1955.

[140] Maruhn J, Greiner W. Z. Physik, 1972, 251: 431.

[141] Maruhn J, Greiner W. Phys. Rev. Lett., 1974, 32: 548.

[142] Maruhn-Rezwani V, Greiner W, Maruhn J A. Phys. Lett., 1975, 57B: 109.

[143] Maruhn J A, Cusson R Y. Nucl. Phys., 1976, A270: 471.

[144] Maruhn J A, Greiner W. Phys. Rev., 1976, C13: 2404.

[145] Maruhn J A, Greiner W. Relativistic Heavy-Ion Reactions: Theoretical Models// Bromley D A. Treatise on Heavy-Ion Science, Vol. 4[M]. New York: Plenum Press, 1985.

[146] Maruhn J A, Koonin S E//Langanke K, Maruhn J A, Koonin S E. Computational Nuclear Physics 2:Nuclear Reactions[M]. Berlin and Heidelberg: Springer-Verlag, 1993: 88.

[147] Miller L D, Green L D S. Phys. Rev., 1972, C5: 241.

[148] Myers W D. Atomic Data and Nuclear Data Tables, 1976, 17: 411.

[149] Moszkowski S A. Phys. Rev., 1955, 99: 803.

[150] Mottelson B R. Cours de l'Ecole d'Eté de Physique Theéorique des Houches 1958[M]. Paris: Dunod, 1959: 283.

[151] Mosel U, Maruhn J A, Greiner W. Phys. Lett., 1971, 43B: 587.

[152] Mordechai S, Moore C F. Int. J. Mod. Phys., 1994, E3: 39.

[153] von Neumann J, Wigner E. Physik. Zeitschrift, 1929, XXX: 467.

[154] Neergard K, Pashkevich V V. Phys. Lett., 1975, B59: 218.

[155] Neergard K, Pashkevich V V, Frauendorf S. Nucl. Phys., 1976, A262: 61.

[156] Negele J. Rev. Mod. Phys., 1982, 54: 913.
[157] Nilsson S G. Kgl. Danske Videnskab. Selsk. Mat.-Fys. Medd., 1955, 29.
[158] Nilsson S G, Prior O. Kgl. Danske Videnskab. Selsk. Mat.-Fys. Medd., 1961, 32, No. 16.
[159] Nix J R. Los Alamos Report UCRL-17958, 1968.
[160] Nilsson S G, Tsang C F, Sobiczewski A, et al. Nucl. Phys., 1969, A131: 1.
[161] Nogami Y. Phys. Rev., 1964, 134: B313.
[162] Noack C C. Nucl. Phys., 1968, A108: 493.
[163] Ohtsuka T, Arima A, Iachello F, et al. Phys. Lett., 1978, B76: 139.
[164] Perry R J. Phys. Lett., 1986, B182: 269.
[165] Podolsky B. Phys. Rev., 1928, 32: 812.
[166] Polikanov S M, et al. Exp. Theor. Phys., 1962, 42: 1464.
[167] Poenaru D N, Ivascu M, Greiner W//Poenaru D N, Ivascu M. Particle Emissions from Nuclei, Vol. Ⅲ[M]. Boca Raton, FL: CRC, 1989: 203.
[168] Prange R. Nucl. Phys.,1962, 22: 287.
[169] Pradhan H C, Nogami Y, Law J. Nucl. Phys., 1973, A201: 357.
[170] Quentin P, Flocard H. Ann. Rev. Nucl. Part. Sci., 1978, 28: 523.
[171] Racah G. Phys. Rev., 1943, 63: 367.
[172] Randrup J, Larsson S E, Möller P, et al. Phys. Scr., 1974, 10A: 60.
[173] Reid R V. Ann. Phys. (NY), 1968, 50: 411.
[174] Reinhard P-G, Rufa M, Maruhn J, et al. Physik, 1986, A323: 13.
[175] Reinhard P-G, Goeke K. Rep. Prog. Phys., 1987, 50: 1.
[176] Reinhard P-G. Rep. Prog. Phys., 1989, 52: 439.
[177] Rose M E. Elementary Theory of Angular Momentum[M]. New York: Wiley, 1957.
[178] Rost E. Phys. Lett., 1968, 26B: 184.
[179] Rose H J, Jones G A. Nature, 1984, 307: 245.
[180] Rutz K, Maruhn J A, Reinhard P-G, et al. Nucl. Phys., 1995, A590: 680.
[181] Săndulescu A, Gupta R K, Scheid W, et al. Phys. Lett., 1976, 60B: 225.
[182] Sandhya-Devi K R, Strayer M R. Phys. Lett., 1978, 77B: 135.
[183] Săndulescu A, Poenaru D, Greiner W. Sov. J. of Particles and Nuclei, 1980, 11: 528.
[184] Săndulescu A. J. Phys., 1989, G15: 529.
[185] Scharff-Goldhaber G, Weneser J. Phys. Rev., 1955, 98: 212.
[186] Scheid W, Ligensa R, Greiner W. Phys. Rev. Lett., 1968, 21: 1479.
[187] Scholten O, Iachello F, Arima A. Ann. Phys. (NY), 1978, 115: 325.
[188] Scholten O, Blasi N. Nucl. Phys., 1982, A380: 509.
[189] Scholten O//Langanke K, Maruhn J A, Koonin S E. Computational Nuclear Physics Ⅰ: Nuclear Structure[M]. Berlin and Heidelberg: Springer-Verlag, 1991: 88.
[190] Seeger P A, Perisko R C. Los Alamos Report No. LA-3751, 1967.
[191] Seeger P A. Los Alamos Report No. LA-DC-8950a, 1968.

[192] Serot B D, Walecka J D. Advances in Nuclear Physics, 1986, 16.
[193] Serot B D//Soyeur M, Flocard H, Tamain B, et al. Nuclear Matter and Heavy Ion Collisions[C]. New York: Plenum Press, 1989.
[194] Sierk A J. Phys. Rev., 1986, C86: 2039.
[195] Skyrme T H R. Phil. Mag., 1956, 1: 1043.
[196] Skyrme T H R. Nucl. Phys., 1959, 9: 615.
[197] Steinwedel H, Jensen J H D. Z. Naturforschung, 1950, 5a: 413.
[198] Strutinsky V M. Nucl. Phys., 1967, A95: 420.
[199] Strutinsky V M. Nucl. Phys., 1968, A122: 1.
[200] Ter Haar B, Malftiet B. Phys. Lett., 1986, B172: 10; Phys. Rev. Lett., 1986, 56: 1237.
[201] Thouless D J. Nucl. Phys., 1961, 22: 78.
[202] Troltenier D, Maruhn J A, Greiner W, et al. Z. Physik, 1991, A338: 261.
[203] Troltenier D, Maruhn J A, Hess P O//Langanke K, Maruhn J A, Koonin S E. Computational Nuclear Physics Ⅰ: Nuclear Structure[M]. Berlin and Heidelberg: Springer-Verlag, 1991: 105.
[204] Valatin J G. Nuovo Cimento, 1958, 7: 843.
[205] Valatin J G. Phys. Rev., 1961, 122: 1012.
[206] Vautherin D, Brink D M. Phys. Lett., 1970, 32B: 149.
[207] Vautherin D, Brink D M. Phys. Rev., 1972, C5: 626.
[208] Varshalovich D A, Moskalev A N, Khersonskii V K. Quantum Theory of Angular Momentum[M]. Singapore: World Scientific, 1988.
[209] Walecka J D. Ann. Phys. (NY), 1974, 83: 491.
[210] Wapstra A H, Bos K. At. Data and Nucl. Data Tables, 1977, 19: 177.
[211] Waldhauser B, Maruhn J, Stöcker H, et al. Phys. Rev., 1988, C38: 1003.
[212] von Weizsäcker C F. Z. Physik, 1935, 96: 461.
[213] Wilets L, Jean M. Phys. Rev., 1956, C102: 788.
[214] Wilets L. Rev. Mod. Phys., 1958, 30: 542.
[215] Woods R D, Saxon D S. Phys. Rev., 1954, 95: 577.
[216] Zhang H X, Yeh T R, Lancman H. Phys. Rev., 1986, C34: 1397.